森林・林業白書の刊行に当たって

農林水産大臣

坂本哲志

　森林は、国土の保全、水源の涵養（かん）、地球温暖化の防止、生物多様性の保全、木材の供給等の多面的機能を有しており、国民生活に様々な恩恵をもたらす「緑の社会資本」です。これらの機能を持続的に発揮させていくためには、森林を適切に整備・保全していくことが必要です。また、木材利用は、森林整備の促進に加え、二酸化炭素の排出抑制及び炭素の貯蔵を通して、循環型社会の実現に寄与します。

　今回の白書では、特集を「花粉と森林」としました。スギは日本の固有種で林業にとっては有用な樹種ですが、スギ花粉症患者の方にとっては毎年の悩みの種となっています。一方で、スギ花粉を減らしていくためには、我々が積極的にスギを利用して植替え等を促していくことが極めて重要です。特集では、スギ花粉症等に関する経緯を解説するとともに、花粉発生源を減らしていく今後の道筋や、それが森林の多面的機能の発揮等にもつながっていることを紹介していますので、人と森林がより良い関係を築いていけるよう、国民の皆様にもご協力を頂ければと考えています。

　また、トピックスでは、令和5年度の特徴的な動きとして、森林環境譲与税の取組が広がっていることや、合法伐採木材等をさらに広げるためクリーンウッド法が改正されたこと、令和6年能登半島地震における山地災害等への対応などを紹介しています。

　さらに、森林経営管理制度による施業の集約化、収支をプラス転換する「新しい林業」に向けた取組等が進められているほか、都市部において中高層建築物等での木材利用が広がりをみせるなど、持続可能な社会づくりに向けて森林や木材への関心が高まり、様々な取組が進んでいます。このような動向を、写真やデータ、具体的な事例もまじえながら紹介しています。

　この白書が、我が国の森林・林業・木材産業の役割や重要性について、国民の皆様の御理解を深めていただく一助となれば幸いです。

令和6年6月

この文書は、森林・林業基本法（昭和39年法律第161号）第10条第1項の規定に基づく令和5年度の森林及び林業の動向並びに講じた施策並びに同条第2項の規定に基づく令和6年度において講じようとする森林及び林業施策について報告を行うものである。

令和5年度
森林及び林業の動向

第213回国会（常会）提出

第1部 森林及び林業の動向

はじめに ……………………………………………………………………………………… 1

特集　花粉と森林 ………………………………………………………………………… 3

1．森林資源の利用と造成の歴史 ……………………………………………………… 4

（1）森林資源の利用拡大と造林技術の発達 ………………………………………… 4

　　　（森林資源の利用拡大の歴史）

　　　（造林技術の発達）

（2）戦後の人工林の拡大 ……………………………………………………………… 5

　　　（国土保全に向けた復旧造林の実施）

　　　（旺盛な木材需要に対応した拡大造林の進展）

2．スギ等による花粉症の顕在化と対応 ……………………………………………… 8

（1）顕在化してきたスギ等の花粉症 ………………………………………………… 8

　　　（世界における花粉症の発見）

　　　（我が国におけるスギ花粉症の初確認と増加）

　　　（花粉症を引き起こす仕組み）

　　　（その他の花粉症の状況）

（2）これまでの花粉症・花粉発生源対策 …………………………………………… 10

（ア）花粉生産量の実態把握に向けた調査と成果 ………………………………… 10

（イ）スギ花粉症・花粉発生源対策の着手と進展 ………………………………… 10

　　　（関係省庁の連携がスタート）

　　　（花粉の少ないスギの開発に着手）

　　　（国による花粉発生源対策の取組）

　　　（地方公共団体による取組）

（ウ）花粉の少ないスギ等の開発と苗木の増産 …………………………………… 12

　　　（少花粉スギ品種の開発）

　　　（無花粉スギ品種の開発）

　　　（スギ特定母樹の指定）

　　　（花粉の少ない苗木の増産）

（エ）その他の花粉症対策 …………………………………………………………… 14

　　　（スギ花粉の発生を抑える技術の開発）

　　　（治療法の研究と普及）

3．花粉発生源対策の加速化と課題 …………………………………………………… 16

（1）これからの花粉発生源対策 ……………………………………………………… 16

　　　（関係閣僚会議が「花粉症対策の全体像」を決定）

　　　（花粉発生源対策の目標）

（2）スギ人工林の伐採・植替え等の加速化 ………………………………………… 17

　　　（スギ人工林伐採重点区域の設定）

（意欲ある経営体への森林の集約化）

（伐採・植替えの一貫作業と路網整備の推進）

（その他の伐採・植替えの加速化の取組）

（3）スギ材需要の拡大‥‥‥‥‥‥‥‥‥‥‥‥‥‥‥‥‥‥‥‥‥‥‥‥‥‥‥‥18

（住宅分野）

（非住宅・中高層建築分野）

（内装・家具等への対応や輸出の拡大）

（需給の安定化）

（4）花粉の少ない苗木の生産拡大‥‥‥‥‥‥‥‥‥‥‥‥‥‥‥‥‥‥‥‥‥‥21

（種穂の供給及び苗木の生産体制の整備）

（その他の技術開発の取組）

（5）林業の生産性向上と労働力の確保‥‥‥‥‥‥‥‥‥‥‥‥‥‥‥‥‥‥‥22

4．人と森林のより調和した関係を目指して‥‥‥‥‥‥‥‥‥‥‥‥‥‥‥24

（1）森林・林業基本計画の指向する森林の状態‥‥‥‥‥‥‥‥‥‥‥‥‥‥‥24

（森林の有する多面的機能の発揮に関する目標）

（2）花粉発生源対策を含む多様なニーズを踏まえた森林づくり‥‥‥‥‥‥‥25

（多様な森林づくりを通じた花粉発生源対策への寄与）

（人と森林のより調和した状態を目指して）

トピックス‥‥‥‥‥‥‥‥‥‥‥‥‥‥‥‥‥‥‥‥‥‥‥‥‥‥‥‥‥‥‥‥‥27

1．国民一人一人が、森を支える。森林環境税
　〜森林環境税の課税開始と森林環境譲与税の取組状況〜‥‥‥‥‥‥‥‥‥28

2．合法伐採木材等をさらに広げるクリーンウッド法の改正‥‥‥‥‥‥‥‥‥30

3．地域一体で取り組む「デジタル林業戦略拠点」がスタート‥‥‥‥‥‥‥‥31

4．G7広島サミットにおいて持続可能な森林経営・木材利用に言及‥‥‥‥‥32

5．令和6年能登半島地震による山地災害等への対応‥‥‥‥‥‥‥‥‥‥‥‥33

第Ⅰ章　森林の整備・保全‥‥‥‥‥‥‥‥‥‥‥‥‥‥‥‥‥‥‥‥‥‥‥37

1．森林の適正な整備・保全の推進‥‥‥‥‥‥‥‥‥‥‥‥‥‥‥‥‥‥‥38

（1）我が国の森林の状況と多面的機能‥‥‥‥‥‥‥‥‥‥‥‥‥‥‥‥‥‥‥38

（我が国の森林の現状）

（森林の多面的機能）

（SDGsや2050年カーボンニュートラル、GXに貢献する森林・林業・木材産業）

（国土の強靱化に資する森林・林業・木材産業）

（2）森林の適正な整備・保全のための森林計画制度‥‥‥‥‥‥‥‥‥‥‥‥‥41

（ア）森林・林業基本計画‥‥‥‥‥‥‥‥‥‥‥‥‥‥‥‥‥‥‥‥‥‥‥‥‥41

（森林・林業施策の基本的な方向を明示）

（森林の有する多面的機能の発揮並びに林産物の供給及び利用に関する目標）

（森林及び林業に関し、政府が総合的かつ計画的に講ずべき施策）

（イ）全国森林計画・地域森林計画等‥‥‥‥‥‥‥‥‥‥‥‥‥‥‥‥‥‥‥42

　　　　（全国森林計画等）

　　　　（地域森林計画等）

　　　（3）研究・技術開発及び普及の推進 ………………………………………………………43

　　　　（研究・技術開発のための戦略及び取組）

　　　　（林業イノベーションの推進）

　　　　（「グリーン成長戦略」や「みどりの食料システム戦略」による取組）

　　　　（林業普及指導事業の実施等）

2．森林整備の動向………………………………………………………………………………46

　　（1）森林整備の推進状況………………………………………………………………………46

　　　　（森林整備による健全な森林づくりの必要性）

　　　　（地球温暖化対策としての森林整備の必要性）

　　　　（森林整備の実施状況）

　　　　（適正な森林施業の確保等のための措置）

　　　　（造林適地の選定）

　　（2）優良種苗の安定的な供給 ………………………………………………………………47

　　　　（優良種苗の安定供給）

　　　　（成長等に優れた苗木の供給に向けた取組）

　　（3）路網の整備 ………………………………………………………………………………49

　　　　（路網整備の現状と課題）

　　　　（望ましい路網整備の考え方）

　　　　（路網整備を担う人材育成）

　　（4）森林経営管理制度及び森林環境税・森林環境譲与税 ………………………………50

　　　（ア）森林経営管理制度 ……………………………………………………………………50

　　　　（制度の概要）

　　　　（制度の進捗状況）

　　　（イ）森林環境税・森林環境譲与税 ……………………………………………………51

　　　　（税制の概要）

　　　　（森林環境譲与税の使途と活用状況）

　　　（ウ）市町村に対する支援 …………………………………………………………………53

　　（5）社会全体で支える森林づくり ……………………………………………………………56

　　　　（全国植樹祭と全国育樹祭）

　　　　（多様な主体による森林づくり活動が拡大）

　　　　（森林のカーボンニュートラル貢献価値等の見える化）

　　　　（森林関連分野の環境価値のクレジット化等の取組）

　　　　（森林環境教育の推進）

　　　　（「緑の募金」による森林づくり活動の支援）

3．森林保全の動向………………………………………………………………………………62

　　（1）保安林等の管理及び保全 ………………………………………………………………62

　　　　（保安林）

　　　　（林地開発許可）

　　　　（盛土等の安全対策）

　（2）山地災害等への対応‥‥‥‥‥‥‥‥‥‥‥‥‥‥‥‥‥‥‥‥‥‥‥‥‥‥‥‥‥‥‥‥‥63

　　　　（治山事業の目的及び実施主体）

　　　　（山地災害等の発生状況及び迅速な対応）

　　　　（防災・減災、国土強靱化に向けた取組）

　　　　（海岸防災林の整備）

　（3）森林における生物多様性の保全‥‥‥‥‥‥‥‥‥‥‥‥‥‥‥‥‥‥‥‥‥‥‥‥‥‥‥66

　　　　（生物多様性保全の取組を強化）

　　　　（我が国の森林を世界遺産等に登録）

　（4）森林被害対策の推進‥‥‥‥‥‥‥‥‥‥‥‥‥‥‥‥‥‥‥‥‥‥‥‥‥‥‥‥‥‥‥‥68

　　　　（野生鳥獣による被害の状況）

　　　　（野生鳥獣被害対策を実施）

　　　　（「松くい虫」による被害）

　　　　（ナラ枯れ被害の状況）

　　　　（外来カミキリムシの確認）

　　　　（林野火災の状況）

　　　　（森林保険制度）

4．国際的な取組の推進‥‥‥‥‥‥‥‥‥‥‥‥‥‥‥‥‥‥‥‥‥‥‥‥‥‥‥‥‥‥‥‥72

　（1）持続可能な森林経営の推進‥‥‥‥‥‥‥‥‥‥‥‥‥‥‥‥‥‥‥‥‥‥‥‥‥‥‥‥72

　　　　（世界の森林は依然として減少）

　　　　（「持続可能な森林経営」に関する国際的議論）

　　　　（持続可能な森林経営の基準・指標）

　　　　（森林認証の取組）

　　　　（我が国における森林認証の状況）

　（2）地球温暖化対策と森林‥‥‥‥‥‥‥‥‥‥‥‥‥‥‥‥‥‥‥‥‥‥‥‥‥‥‥‥‥‥75

　　　　（気候変動に関する政府間パネルによる科学的知見）

　　　　（国連気候変動枠組条約の下での気候変動対策）

　　　　（地球温暖化対策計画と2030年度森林吸収量目標）

　　　　（開発途上国の森林減少・劣化に由来する排出の削減等（REDD＋）への対応）

　　　　（気候変動への適応）

　（3）生物多様性に関する国際的な議論‥‥‥‥‥‥‥‥‥‥‥‥‥‥‥‥‥‥‥‥‥‥‥‥77

　（4）我が国の国際協力‥‥‥‥‥‥‥‥‥‥‥‥‥‥‥‥‥‥‥‥‥‥‥‥‥‥‥‥‥‥‥‥78

　　　　（我が国の取組）

　　　　（国際機関を通じた取組）

第Ⅱ章　林業と山村（中山間地域）‥‥‥‥‥‥‥‥‥‥‥‥‥‥‥‥‥‥‥‥‥‥‥81

1．林業の動向‥‥‥‥‥‥‥‥‥‥‥‥‥‥‥‥‥‥‥‥‥‥‥‥‥‥‥‥‥‥‥‥‥‥‥‥82

　（1）林業生産の動向‥‥‥‥‥‥‥‥‥‥‥‥‥‥‥‥‥‥‥‥‥‥‥‥‥‥‥‥‥‥‥‥‥82

　　　　（木材生産の産出額の推移）

　　　　（国産材の素材生産量の推移）

（素材価格の推移）

（山元立木価格の推移）

（2）林業経営の動向 ……………………………………………………………… 84

（林家）

（林業経営体）

（林業経営体の作業面積）

（林業経営体による素材生産量は増加）

（林業所得に係る状況）

（森林組合の動向）

（民間事業体の動向）

（3）林業労働力の動向 …………………………………………………………… 89

（林業労働力の現状）

（林業労働力の確保）

（高度な知識と技術・技能を有する従事者育成）

（林業大学校等での人材育成）

（安全な労働環境の整備）

（林業労働災害の特徴に応じた対策）

（雇用環境の改善）

（林業活性化に向けた女性の活躍促進）

（4）林業経営の効率化に向けた取組 …………………………………………… 96

（林業経営の効率化の必要性）

（ア）施業の集約化 …………………………………………………………… 96

（施業の集約化の必要性）

（森林経営計画）

（所有者不明森林の課題）

（所有者特定、境界明確化等に向けた取組）

（林地台帳制度）

（森林情報の高度利用に向けた取組）

（施業集約化を担う人材）

（持続的な林業経営を担う人材）

（イ）「新しい林業」に向けて …………………………………………… 100

（「新しい林業」への取組）

（高性能林業機械と路網整備による素材生産コストの低減）

（造林・育林の省力化と低コスト化に向けた取組）

（「新しい林業」を支える先端技術等の導入）

2．特用林産物の動向 ……………………………………………………………… 104

（1）きのこ類等の動向 …………………………………………………………… 104

（特用林産物の生産額）

（きのこ類の生産額等）

（きのこ類の安定供給に向けた取組）

　　　（きのこ類の消費拡大に向けた取組）

　　　（きのこ類の輸出拡大に向けた取組）

　（2）薪炭・竹材・漆の動向 ……………………………………………………… 107

　　　（薪炭の動向）

　　　（竹材の動向）

　　　（漆の動向）

3．山村(中山間地域)の動向 …………………………………………………… 111

　（1）山村の現状 ……………………………………………………………………… 111

　　　（山村の役割と特徴）

　　　（過疎地域等の集落の状況）

　（2）山村の活性化 ………………………………………………………………… 112

　　　（山村の内発的な発展）

　　　（山村地域のコミュニティの活性化）

　　　（多様な森林空間利用に向けた「森林サービス産業」の創出）

第Ⅲ章　木材需給・利用と木材産業 ……………………………… 117

1．木材需給の動向 ………………………………………………………………… 118

　（1）世界の木材需給の動向 ……………………………………………………… 118

　　（ア）世界の木材需給の概況 …………………………………………………… 118

　　　　（世界の木材消費量及び生産量）

　　　　（世界の木材輸入量の動向）

　　　　（世界の木材輸出量の動向）

　　（イ）2022年の各地域における木材需給の動向 …………………………… 120

　　　　（北米の動向）

　　　　（欧州の動向）

　　　　（ロシアの動向）

　　　　（中国の動向）

　　（ウ）国際貿易交渉の動向 ……………………………………………………… 120

　（2）我が国の木材需給の動向 …………………………………………………… 121

　　　　（木材需要は回復傾向）

　　　　（国産材供給量は増加傾向）

　　　　（木材輸入）

　　　　（ロシア・ウクライナ情勢の影響）

　　　　（木材自給率は4割を維持）

　（3）木材価格の動向 ……………………………………………………………… 125

　　　　（国産材の製材品価格等）

　　　　（国内の素材価格）

　（4）違法伐採対策 ………………………………………………………………… 126

　　　　（世界の違法伐採木材の貿易の状況）

　　　　（政府調達において合法性・持続可能性が確保された木材等の利用を促進）

目次

（「合法伐採木材等の流通及び利用の促進に関する法律」による
合法伐採木材等の更なる活用）

（国際的な取組）

2．木材利用の動向 ………………………………………………………………… 129

（1）木材利用の意義 ……………………………………………………………… 129

（2）建築分野における木材利用 ……………………………………………… 130

（ア）建築分野における木材利用の概況 ………………………………… 130

（建築物の木造率）

（建築物全般における木材利用の促進）

（イ）住宅分野における木材利用の動向 ………………………………… 130

（住宅分野における木材利用の概況）

（住宅向けの木材製品への品質・性能に対する要求）

（地域で流通する木材を利用した住宅の普及）

（ウ）非住宅・中高層建築物における木材利用の動向 ……………… 132

（非住宅・中高層建築物における木材利用の概況）

（非住宅・中高層建築物での木材利用拡大の取組）

（エ）公共建築物等における木材利用 …………………………………… 138

（公共建築物の木造化・木質化の実施状況）

（学校等の木造化・木質化を推進）

（応急仮設住宅における木材の活用）

（3）木質バイオマスの利用 …………………………………………………… 139

（ア）木質バイオマスの新たなマテリアル利用 ……………………… 139

（イ）木質バイオマスのエネルギー利用 ………………………………… 140

（木質バイオマスエネルギー利用の概要）

（木質バイオマスエネルギー利用量の概況）

（木質バイオマスによる発電の動き）

（燃料材の安定供給等に向けた取組）

（木質バイオマスの熱利用）

（「地域内エコシステム」の構築）

（4）消費者等に対する木材利用の普及 …………………………………… 144

（「木づかい運動」を展開）

（表彰に係る取組の展開）

（「木育」の取組の広がり）

（木材利用における林福連携の取組）

（5）木材輸出の取組 …………………………………………………………… 147

（木材輸出の概況）

（木材輸出拡大に向けた方針）

（具体的な輸出の取組）

3．木材産業の動向 ………………………………………………………………… 149

（1）木材産業の概況 ……………………………………………………………… 149

　　　　（木材産業の概要）
　　　　（木材産業の生産規模）
　（2）木材産業の競争力強化 ……………………………………………………………… 150
　　　　（国際競争力の強化）
　　　　（地場競争力の強化）
　　　　（品質・性能の確かな製品の供給）
　　　　（原木の安定供給体制の構築に向けた取組）
　　　　（木材産業における労働力の確保）
　（3）国産材活用に向けた製品・技術の開発・普及 ………………………………… 155
　　　　（大径材の利用に向けた取組）
　　　　（CLTの利用と普及に向けた動き）
　　　　（木質耐火部材の開発）
　　　　（低コスト化等に向けた新たな工法等の開発・普及）
　　　　（内装・家具等における需要拡大）
　（4）木材産業の各部門の動向 …………………………………………………………… 158
　　（ア）製材業 ……………………………………………………………………………… 158
　　　　（製材業の概要）
　　　　（製材品の動向）
　　（イ）集成材製造業 ……………………………………………………………………… 159
　　　　（集成材製造業の概要）
　　　　（集成材の動向）
　　（ウ）合板製造業 ………………………………………………………………………… 160
　　　　（合板製造業の概要）
　　　　（合板の動向）
　　（エ）木材チップ製造業 ………………………………………………………………… 161
　　　　（木材チップ製造業の概要）
　　　　（木材チップの動向）
　　（オ）パーティクルボード製造業・繊維板製造業 ………………………………… 162
　　　　（パーティクルボード製造業・繊維板製造業の概要）
　　　　（パーティクルボード・繊維板の動向）
　　（カ）プレカット製造業 ………………………………………………………………… 162
　　　　（プレカット材の概要）
　　　　（プレカット材の動向）
　　（キ）木材流通業 ………………………………………………………………………… 163
　　　　（木材流通業の概要）
　　　　（木材流通業の動向）

第Ⅳ章　国有林野の管理経営 ……………………………………………………… 165
1．国有林野の役割 ………………………………………………………………………… 166
　（1）国有林野の分布と役割 ……………………………………………………………… 166

（2）国有林野の管理経営の基本方針 ………………………………………………………… 166
2．国有林野事業の具体的取組 …………………………………………………………………… 168
　（1）公益重視の管理経営の一層の推進 ………………………………………………………… 168
　　（ア）重視すべき機能に応じた管理経営の推進 ……………………………………………… 168
　　　　（重視すべき機能に応じた森林の区分と整備・保全）
　　　　（治山事業の推進）
　　　　（路網整備の推進）
　　（イ）地球温暖化対策の推進 …………………………………………………………………… 169
　　（ウ）生物多様性の保全 ………………………………………………………………………… 170
　　　　（国有林野における生物多様性の保全に向けた取組）
　　　　（保護林の設定）
　　　　（緑の回廊の設定）
　　　　（世界遺産等における森林の保護・管理）
　　　　（希少な野生生物の保護等）
　　　　（鳥獣被害対策等）
　　（エ）民有林との一体的な整備・保全 ………………………………………………………… 173
　　　　（公益的機能維持増進協定の推進）
　（2）森林・林業の再生への貢献 ……………………………………………………………… 173
　　　　（低コスト化等の実践と技術の開発・普及）
　　　　（民有林と連携した施業）
　　　　（森林・林業技術者等の育成）
　　　　（森林経営管理制度への貢献）
　　　　（相続土地国庫帰属制度への対応）
　　　　（樹木採取権制度の推進）
　　　　（林産物の安定供給）
　（3）「国民の森林」としての管理経営等 …………………………………………………… 177
　　（ア）「国民の森林」としての管理経営 ……………………………………………………… 177
　　　　（国有林野事業への理解と支援に向けた多様な情報受発信）
　　　　（森林環境教育の推進）
　　　　（NPO、地域、企業等との連携）
　　（イ）地域振興への寄与 ………………………………………………………………………… 177
　　　　（国有林野の貸付け・売払い）
　　　　（公衆の保健のための活用）
　　　　（観光資源としての活用の推進）

第Ⅴ章　東日本大震災からの復興 …………………………………………………… 181
1．復興に向けた森林・林業・木材産業の取組 ………………………………………………… 182
　（1）東日本大震災からの復興に向けて ………………………………………………………… 182
　（2）森林等の被害と復旧・復興 ………………………………………………………………… 182
　　（ア）山地災害等と復旧状況 …………………………………………………………………… 182

　　　（イ）海岸防災林の復旧・再生 ……………………………………………………… 183
　　　　　（復旧に向けた方針）
　　　　　（植栽等の実施における民間団体等との連携）
　　（３）復興への木材の活用と森林・林業・木材産業の貢献 ……………………… 184
　　　（ア）林業・木材産業の被害と復旧状況 …………………………………………… 184
　　　（イ）まちの復旧・復興に向けた木材の活用 …………………………………… 184
　　　　　（応急仮設住宅における木材の活用）
　　　　　（災害公営住宅における木材の貢献）
　　　　　（公共施設等での木材の活用）
　　　（ウ）エネルギー安定供給に向けた木質バイオマスの活用 ………………… 185
　　　（エ）新たな木材工場の稼働 ………………………………………………………… 185
２．原子力災害からの復興 ………………………………………………………………… 186
　　（１）森林の放射性物質対策 …………………………………………………………… 186
　　　（ア）森林内の放射性物質に関する調査・研究 ……………………………… 186
　　　　　（森林においても空間線量率は減少）
　　　　　（森林内の放射性物質の分布状況の推移）
　　　　　（森林整備等に伴う放射性物質の移動）
　　　　　（ぼう芽更新木等に含まれる放射性物質）
　　　　　（情報発信等の取組）
　　　（イ）林業の再生及び安全な木材製品の供給に向けた取組 ………………… 187
　　　　　（福島県における素材生産量の回復）
　　　　　（林業再生対策の取組）
　　　　　（里山の再生に向けた取組）
　　　　　（林内作業者の安全・安心対策の取組）
　　　　　（木材製品や作業環境等の安全証明対策の取組）
　　　　　（樹皮の処理対策の取組）
　　　　　（しいたけ等原木が生産されていた里山の広葉樹林の再生に向けた取組）
　　（２）安全な特用林産物の供給 …………………………………………………… 188
　　　　　（栽培きのこの生産状況）
　　　　　（きのこ原木等の安定供給に向けた取組）
　　　　　（きのこ等の放射性物質低減に向けた取組）
　　　　　（野生きのこ、山菜等の状況）
　　　　　（薪、木炭、木質ペレットの指標値の設定）
　　（３）損害の賠償 ……………………………………………………………………… 191

事例一覧

第Ⅰ章

事例Ⅰ－1　森林総合監理士・林業普及指導員の取組 …………………………45
事例Ⅰ－2　災害リスクに備えた林道の整備 …………………………………50
事例Ⅰ－3　地域に応じた森林経営管理制度の取組 …………………………54
事例Ⅰ－4　森林環境譲与税を活用した取組 …………………………………55
事例Ⅰ－5　企業版ふるさと納税の活用によるネイチャーポジティブを
　　　　　　目指した活動 …………………………………………………57
事例Ⅰ－6　航空レーザ計測を活用したJ-クレジット認証が拡大 …………59
事例Ⅰ－7　幼児期から森林とふれあえる「森のようちえん」の取組 ………61
事例Ⅰ－8　令和5年6月に発生した大雨における熊本県の治山施設の効果 ………64
事例Ⅰ－9　治山事業におけるICT活用 ……………………………………66
事例Ⅰ－10　ケニア乾燥・半乾燥地域における長根苗植林技術の開発 ………79

第Ⅱ章

事例Ⅱ－1　世界伐木チャンピオンシップでの日本人選手の活躍 ……………92
事例Ⅱ－2　高校におけるスマート林業教育の展開 …………………………93
事例Ⅱ－3　「新しい林業」を目指す林業経営モデルの構築 …………………101
事例Ⅱ－4　造林作業の省力化と低コスト化の実証 …………………………102
事例Ⅱ－5　きのこの消費拡大・食育に向けた取組 …………………………106
事例Ⅱ－6　乾しいたけの輸出に向けた取組 …………………………………107
事例Ⅱ－7　フランスへの木炭の海上輸出に向けた取組 ……………………108
事例Ⅱ－8　地域の豊かな森林資源を活かした商品開発 ……………………113
事例Ⅱ－9　里山林の保全活動からつながる地域活性化 ……………………114
事例Ⅱ－10　森林サービス産業推進地域における企業等へのサービス提供 ………115

第Ⅲ章

事例Ⅲ－1　国際熱帯木材機関(ITTO)への拠出によるベトナムにおける
　　　　　　持続可能な木材消費促進プロジェクト …………………………128
事例Ⅲ－2　森林経営の持続性を担保しつつ行う木材利用促進の取組 ………137
事例Ⅲ－3　建築物木材利用促進協定に基づく店舗の木造化の取組 …………137
事例Ⅲ－4　木質バイオマス熱供給事業の取組 ………………………………144
事例Ⅲ－5　県産材を用いた木工体験指導と木工品販売 ……………………146
事例Ⅲ－6　鹿児島県で原木調達から住宅の製造・販売まで一貫して行う
　　　　　　大規模工場が稼働 ………………………………………………152
事例Ⅲ－7　JAS構造材を使用した共同住宅の建築 …………………………153
事例Ⅲ－8　AI等を活用した木工機械の開発 ………………………………154
事例Ⅲ－9　2025年大阪・関西万博日本館での木材利用 ……………………156

第Ⅳ章

事例Ⅳ-1 「令和2年7月豪雨」による熊本県芦北地区における
山地災害の復旧が完了 ……………………………………………… 169

事例Ⅳ-2 小笠原諸島における市民参加による外来種駆除の取組 ……………… 171

事例Ⅳ-3 LPWAを活用した民国連携によるシカ捕獲の取組 …………………… 172

事例Ⅳ-4 スギ特定苗木の普及促進に向けた需給協定の締結 …………………… 174

事例Ⅳ-5 「ふれあいの森」における植樹活動 ………………………………… 178

第Ⅴ章

事例Ⅴ-1 企業による海岸防災林の植樹・保育活動 …………………………… 183

コラム一覧

花粉からわかる過去の森林の変化 ………………………………………………………7

花粉症の原因となる植物 …………………………………………………………………11

世界と日本における林木育種の展開 …………………………………………………15

「農林水産祭」における天皇杯等三賞の授与…………………………………………34

森林×脱炭素チャレンジ …………………………………………………………………35

第2部　令和5年度 森林及び林業施策

概説 ………………………………………………………………………… 195

 1　施策の重点 …………………………………………………………… 195
 2　財政措置 ……………………………………………………………… 196
 3　税制上の措置 ………………………………………………………… 197
 4　金融措置 ……………………………………………………………… 198
 5　政策評価 ……………………………………………………………… 198

Ⅰ　森林の有する多面的機能の発揮に関する施策 …………………… 199

 1　適切な森林施業の確保 ……………………………………………… 199
 2　面的なまとまりをもった森林管理 ………………………………… 199
 3　再造林の推進 ………………………………………………………… 199
 4　野生鳥獣による被害への対策の推進 ……………………………… 200
 5　適切な間伐等の推進 ………………………………………………… 200
 6　路網整備の推進 ……………………………………………………… 200
 7　複層林化と天然生林の保全管理等の推進 ………………………… 200
 8　カーボンニュートラル実現への貢献 ……………………………… 201
 9　国土の保全等の推進 ………………………………………………… 202
 10　研究・技術開発及びその普及 ……………………………………… 203
 11　新たな山村価値の創造 ……………………………………………… 204
 12　国民参加の森林づくり等の推進 …………………………………… 205
 13　国際的な協調及び貢献 ……………………………………………… 205

Ⅱ　林業の持続的かつ健全な発展に関する施策 ……………………… 206

 1　望ましい林業構造の確立 …………………………………………… 206
 2　担い手となる林業経営体の育成 …………………………………… 206
 3　人材の育成・確保等 ………………………………………………… 207
 4　林業従事者の労働環境の改善 ……………………………………… 208
 5　森林保険による損失の補填 ………………………………………… 208
 6　特用林産物の生産振興 ……………………………………………… 208

Ⅲ　林産物の供給及び利用の確保に関する施策 ……………………… 209

 1　原木の安定供給 ……………………………………………………… 209
 2　木材産業の競争力強化 ……………………………………………… 209
 3　都市等における木材利用の促進 …………………………………… 209
 4　生活関連分野等における木材利用の促進 ………………………… 210
 5　木質バイオマスの利用 ……………………………………………… 210

　　6　木材等の輸出促進 ……………………………………………………………… 211
　　7　消費者等の理解の醸成 ………………………………………………………… 211
　　8　林産物の輸入に関する措置 …………………………………………………… 211

Ⅳ　国有林野の管理及び経営に関する施策 ……………………………… 212
　　1　公益重視の管理経営の一層の推進 …………………………………………… 212
　　2　森林・林業の再生への貢献 …………………………………………………… 213
　　3　「国民の森林」としての管理経営と国有林野の活用 ……………………… 214

Ⅴ　その他横断的に推進すべき施策 ……………………………………… 214
　　1　デジタル化の推進 ……………………………………………………………… 214
　　2　新型コロナウイルス感染症への対応 ………………………………………… 214
　　3　東日本大震災からの復興・創生 ……………………………………………… 215

Ⅵ　団体に関する施策 ……………………………………………………… 215

注1：本報告に掲載した我が国の地図は、必ずしも、我が国の領土を包括的に示すものではありません。

注2：森林・林業・木材産業とSDGsの関わりを示すため、特に関連の深い目標のアイコンを付けています。
　　　（関連する目標全てを付けているものではありません。）

第1部

森林及び林業の動向

はじめに

　「森林及び林業の動向」(以下「本報告書」という。)は、「森林・林業基本法」に基づき、森林及び林業の動向に関する報告を、毎年、国会に提出しているものである。

　戦後、我が国は、荒廃した国土の緑化や旺盛な木材需要への対応といった社会的要請に応え、スギ等の人工林を拡大させてきた。一方で、これらの人工林が成長するにつれて、スギ花粉等によるアレルギー疾患が顕在化し、国民を悩ませる社会問題となっている。今後は、森林の地球環境保全機能や国土保全機能、木材生産機能などの多面的機能を高度に発揮させつつ、それらと調和した形で花粉発生源を減らしていく取組を進めていく必要がある。このため、本報告書の特集では、「花粉と森林」を取り上げた。

　さらに、令和5(2023)年度の動きを紹介するトピックスでは、「国民一人一人が、森を支える。森林環境税〜森林環境税の課税開始と森林環境譲与税の取組状況〜」、「合法伐採木材等をさらに広げるクリーンウッド法の改正」、「地域一体で取り組む「デジタル林業戦略拠点」がスタート」、「G7広島サミットにおいて持続可能な森林経営・木材利用に言及」、「令和6年能登半島地震による山地災害等への対応」を取り上げた。

　トピックスに続いては、「森林の整備・保全」、「林業と山村(中山間地域)」、「木材需給・利用と木材産業」、「国有林野の管理経営」、「東日本大震災からの復興」について章立てを行い、主な動向を記述した。

　本報告書の記述に当たっては、統計データの分析や解説だけでなく、全国各地で展開されている取組事例等を可能な限り紹介し、写真も交えて分かりやすい内容とすることを目指した。また、関心のある方が更に情報を得やすくなるための工夫として、各所にQRコードを掲載し、関連する林野庁ホームページを参照できるようにした。

　本報告書を通じて、我が国の森林・林業に対する国民の関心と理解が一層深まることを期待している。

花粉が飛散するスギ林(令和6(2024)年3月上旬撮影)

花粉と森林

　我が国は、森林資源を利用してきた長い歴史の中で、スギの優れた性質を見いだし、人工林として造成して建築や生活道具等に必要な木材を生産する仕組みを育んできた。さらに、第二次世界大戦後は、荒廃した国土の緑化や旺盛な木材需要への対応といった社会的要請に応え、スギ等の人工林を拡大させてきた。一方で、これらの人工林が成長するにつれて、スギ花粉等によるアレルギー疾患が顕在化し、国民を悩ませる社会問題となっている。

　スギ花粉の発生源対策としては、これまで花粉の少ない品種の開発・普及や植替え等の取組が進められてきたが、令和5(2023)年4月に「花粉症に関する関係閣僚会議」が設置され、同年5月には「花粉症対策の全体像」において花粉発生源対策を加速化させる道筋が示された。今後は、森林の有する地球環境保全機能や国土保全機能、木材生産機能などの多面的機能を高度に発揮させつつ、それらと調和した形で花粉発生源を減らしていく取組を進めていくこととなる。

　本特集では、スギ等の人工林が造成されてきた経緯やスギ花粉症等の顕在化と対応の経緯を解説するとともに、伐採・植替えの加速化や木材需要の拡大等の施策を総合的に推進するという花粉発生源対策の方向性や、花粉発生源対策を含め国民の多様なニーズに対応した森林を育むという今後の森林整備の方向性について紹介する。

1．森林資源の利用と造成の歴史

（1）森林資源の利用拡大と造林技術の発達

（森林資源の利用拡大の歴史）

　有史以前の日本列島は、日本の固有種であるスギやヒノキ等の針葉樹が、気候に応じて落葉広葉樹のブナや常緑広葉樹のシイ・カシ類等と様々な割合で混交し、広葉樹林の樹冠層を針葉樹が突き抜けるような林相の森林によって広く覆われていたと考えられている[1]（資料 特－1）。例えば静岡県の登呂遺跡では建築物や道具類、田や畔を区画する矢板などにスギ材が使われていたとともに、周囲でスギやシラカシ等の埋没林が発見されたことからも、低地にも天然のスギ林が広く分布していたと考えられている[2]。なお、現在、日本各地に残されている原生的な森林のうち、広葉樹や針葉樹がそれぞれ純林の様相を呈している森林の中には、人間が針葉樹や広葉樹を選択的に伐採したことが関係しているところも多いと考えられている[3]。

　奈良時代に入ると、大規模な建築物の造営等により、建築用材として優れた特性を持つスギやヒノキ等の針葉樹の伐採が進んだ。時代を追って大径の良材は減少し、伐採の範囲は畿内から次第に拡大していった。

（造林技術の発達）

　江戸時代を迎える頃になると、森林の荒廃による災害の発生が深刻となり、幕府や各藩によって留山（とめやま）など森林を保全するための規制や公益的機能の回復を目的とした造林が推進されたほか、スギやヒノキの天然資源が減少してきた中で積極的に資源を造成する観点から、山城国（京都府）の北山地域や大和国（奈良県）の吉野地域、遠江国（静岡県）の天竜地域等で、スギやヒノキを植栽する人工造林が開始された。さらに、その他の河川での流送が可能な地域でも、大都市等での需要に対応して木材生産を目的とする造林が拡大し、現在に至る伝統的な林業地が形成された（資料 特－2）。

資料 特－1　**各地の原生的なスギ天然林**

自生山スギ希少個体群保護林
（宮城県大崎市）

春日山原始林
（奈良県奈良市）

資料 特－2　**各地のスギ林業地**

吉野地域（奈良県）

飫肥地域（宮崎県）

[1] 湯本貴和編「シリーズ 日本列島の三万五千年－人と自然の環境史6　環境史をとらえる技法」（2011）

[2] 鈴木三男「日本人と木の文化」（2002）

[3] 堤利夫編「造林学」（1994）

このような経緯の中で、スギやヒノキの育苗、植栽、保育等の技術の発達及び普及が進んだ。特にスギは、各地域の地理的・気候的な特徴に合った多様な品種系統が存在したことや、幅広い立地で生育が可能であること、成長が早い、面積当たりの収穫量が多いといった利点があるとともに、通直で柔らかいため加工しやすく、建築物や船、生活用具等の幅広い用途に利用できることから、全国各地で造林された。

スギの施業方法は一定の区域をまとめて伐採して植栽し同齢林を造成するものが多く、目的とする木材の形状や性質に応じて、植栽本数や間伐の回数、伐期(植栽から最終的な伐採までの期間)は多様なものとなった。例えば、吉野地域ではスギを密植(1万本/ha程度)し、間伐を繰り返すことで、様々な太さの丸太を生産して各種の需要に応えるとともに、長期間をかけて育成された大径材は年輪が細かく完満で無節の材が採れることから日本酒等を運搬する樽の材料として使われた。日向国(宮崎県)の飫肥藩では、油脂分に富み弾力性のある飫肥スギの特徴を活かして、単木の成長に重点を置いた疎植により成長を促して造船用の大径材を生産していた。

明治時代に入ると、近代産業の発展に伴って建設資材や産業用燃料等の様々な用途に木材が使われるようになり、国内各地で森林伐採が盛んに行われたため、森林の荒廃は再び深刻化し、災害が頻発した。その後、明治30(1897)年に森林法が制定され、保安林制度の創設等によって森林の伐採を本格的に規制するなど森林の保全を図る措置が講じられた。さらに、民有林において吉野地域などの先進林業地を模範とした林業技術の改良・導入の意欲が高まり、特に日清・日露戦争後は、木材需要の増大を背景に各地で林業生産が盛んとなり、新たな林業地も生まれた。

(2)戦後の人工林の拡大
(国土保全に向けた復旧造林の実施)

昭和10年代には第二次世界大戦の拡大に伴い、軍需物資等として森林の伐採が進んだ。また、戦後も復興のために我が国の森林は大量に伐採された。一方、食料その他多くの物資の不足から食料生産や生活必需品の確保が優先され、造林を行う余力が少なかったため、造林面積は低位となった。これらの結果、昭和24(1949)年における造林未済地は約150万haに上り、我が国の森林は大きく荒廃した状況にあった。また、昭和20年代には、各地で大型台風等による大規模な山地災害や水害が発生した。

こうした中で、国土保全の面から早急な国土緑化の必要性が国民の間で強く認識されるようになり、育苗・造林技術の確立していたスギ等を用いた復旧造林が各地で実施された。このような復旧造林の取組は、引揚者も含め人口が多かった山村における雇用対策の側面もあった。さらに、昭和25(1950)年には「荒れた国土に緑の晴れ着を」をスローガンに第1回の全国植樹祭が山梨県で開催され、以後国土緑化運動の中心的行事として毎年開催されている。こうした一連の施策により、戦後約10年を経た昭和31(1956)年度には、それまでの造林未済地への造林がほぼ完了した。
(旺盛な木材需要に対応した拡大造林の進展)

昭和25(1950)年頃から我が国の経済は復興の軌道に乗り、住宅建築等のための木材の需要は急速に増大し、木材価格も大幅に上昇した。一方、昭和30年代以降は、石油やガスへの燃料転換や化学肥料の使用が一般化したことに伴い、里山の広葉樹林等の天然林がそれ

までのように薪炭用林や農用林として利用されなくなってきた。このような経済状況から、国内における木材の大幅な増産、そのための天然林の伐採と人工林化を望む声が大きくなった。

また、パルプ用材については、原料の大部分を占めていたマツ類の原木の調達が困難になっていたことを背景に、原料を広葉樹に転換するための設備投資が急速に行われたことにより、広葉樹の利用が後押しされた。このようにして里山の薪炭林や奥地の天然広葉樹林が伐採された跡地には、早期の森林回復と将来の高い収益を見込み、成長が早く建築用材等としての利用価値が高いスギ等の針葉樹を植栽する拡大造林が進展した（資料 特－3）。昭和40年代半ばまで、伐採跡地等においてスギを中心として毎年40万ha弱の造林が行われ、その後、拡大造林は急速に減少した（資料 特－4）。その要因としては、造林対象地が少なくなったこと、残っているのは権利関係が複雑で造林を進めにくい森林であったこと、外材輸入の増加等による木材価格の先行き不安、労賃や苗木代等の経費の増大などがあった。

このように、昭和20年代後半から40年代にかけて集中的にスギ等の人工林が造成されたことにより、人工林面積は昭和24(1949)年の約500万haから現状の約1,000万haまでに達するとともに、スギはそのうちの約4割を占める主要林業樹種となった。

| 資料 特－3 | 造林作業の様子 |

熊本県(昭和37(1962)年)

| 資料 特－4 | 戦後の樹種別造林面積の推移 |

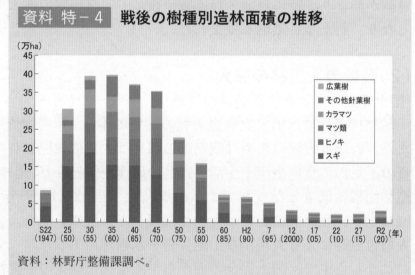

資料：林野庁整備課調べ。

コラム 花粉からわかる過去の森林の変化

花粉は、種や属ごとに特徴的な形態を持ち、湖底等の堆積物中では長期間保存されることから、過去の植生の変遷を解明する有効な手段の一つとして、花粉の含有量や割合を分析する手法が用いられる。

寒冷な氷期や温暖な間氷期を繰り返してきた過去40万年の日本列島の植生の変遷を調べると、氷期にはマツ科のトウヒ類やモミ類が増え、間氷期にはスギやヒノキ等の温帯性針葉樹が優勢だったと考えられている。また、各間氷期においても、広葉樹の出現率が異なるなど、様々な植生が成立していたことが明らかになってきている。

西日本における氷期・間氷期変動と植生変遷

MIS	万年前	氷期・間氷期	気候	植生(神吉盆地・琵琶湖)
1	現在～1	後氷期	温暖	温帯針葉樹・常緑広葉樹
2	1～3	最終氷期最盛期	寒冷	マツ科針葉樹
3	3～6	亜間氷期	やや温暖	温帯針葉樹
4	6～7	亜氷期	寒冷	マツ科針葉樹
5a-5d	7～11	亜間氷期	やや温暖	温帯針葉樹
5e	11～12	最終間氷期	温暖	温帯針葉樹・常緑広葉樹
6	12～19	氷期	寒冷	マツ科針葉樹
7	19～24	間氷期	温暖	温帯針葉樹
8	24～30	氷期	寒冷	マツ科針葉樹
9	30～34	間氷期	温暖	温帯針葉樹
10	34～37	氷期	寒冷	マツ科針葉樹
11	37～42	間氷期	温暖	温帯針葉樹・常緑広葉樹
12	42～48	氷期	寒冷	マツ科針葉樹

注:MIS(海洋酸素同位体ステージ)は、海洋底堆積物の酸素同位体比を基に定められている寒暖を表す時代区分。

資料:湯本貴和編「シリーズ 日本列島の三万五千年－人と自然の環境史6 環境史をとらえる技法」(2011)を一部改変。

2．スギ等による花粉症の顕在化と対応

（1）顕在化してきたスギ等の花粉症

（世界における花粉症の発見）

　19世紀の英国において、夏に目のかゆみなどの結膜炎症状や、くしゃみ、鼻水等の鼻炎症状を発症する例が報告された。この症状は新しい干し草の匂いによって発症するとの説によって干し草熱(hay fever)と呼ばれるようになり、その後の研究によってイネ科の牧草等の花粉が症状を引き起こすことが確認された。また、同時期の米国では、秋に同様の症状を発症する者がみられるようになり、研究の結果、開拓地等の荒地に繁茂するようになったブタクサ等の花粉が原因であることが確認された[4]。

　その後、シラカバやハンノキ等のカバノキ科、ブナやナラ等のブナ科の樹木等も花粉症を引き起こすことが知られるようになり、現在はこれらの草本及び樹木による花粉症がヨーロッパや米国で人々の生活に影響を与えている。また、世界各国で様々な植物の花粉を原因とする花粉症が報告されるようになっている[5]。

（我が国におけるスギ花粉症の初確認と増加）

　我が国においても、明治時代には花粉症は枯草熱の名称で紹介されていたが、日本人における症例は長く報告されなかった。日本初の花粉症患者の報告はブタクサ花粉症について昭和36(1961)年に報告されたものである[6]。最初のスギ花粉症の報告は昭和39(1964)年になされ、栃木県日光地方で春にくしゃみ等を発症した患者を研究した結果、スギ花粉をアレルゲンとする花粉症であると結論付けられた[7]。

　スギ花粉症患者の数を正確に把握することは困難だが、耳鼻咽喉科医及びその家族約2万人を対象とした全国的な疫学調査によれば、有病率は平成10(1998)年の16%から約10年ごとに約10ポイントずつ増加し、令和元(2019)年には39%に達していると推定された(資料 特－5)。

（花粉症を引き起こす仕組み）

　花粉症は、花粉によって引き起こされるアレルギー疾患の総称であり、体内に入った花粉に対して人間の身体が抗原抗体反応を起こすことで発症する。花粉が粘膜に付着する

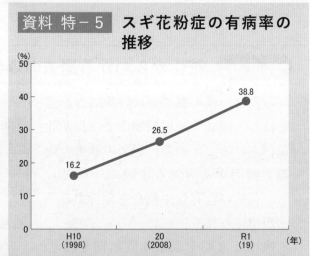

資料 特－5　スギ花粉症の有病率の推移

資料：松原篤ほか「鼻アレルギーの全国疫学調査2019(1998年、2008年との比較)：速報－耳鼻咽喉科医およびその家族を対象として－」(日本耳鼻咽喉科学会会報 123巻6号(2020))を一部改変。

---

[4] 斎藤洋三・井出武・村山貢司「花粉症の科学」(2006)、小塩海平「花粉症と人類」(2021)

[5] Björkstén B Clayton T, Ellwood P, Stewart A, and Strachan D and the ISAAC Phase III Study Group. Worldwide time trends for symptoms of rhinitis and conjunctivitis: Phase III of the International Study of Asthma and Allergies in Childhood. Pediatric Allergy and Immunology 2008; 19(2): 110-124.

[6] 荒木英斉「花粉症の研究 II 花粉による感作について」(アレルギー 10巻6号(1961))

[7] 堀口申作・斎藤洋三「栃木県日光地方におけるスギ花粉症 Japanese Cedar Pollinosisの発見」(アレルギー 13巻1-2号(1964))

と表面や内部にあるタンパクを放出し、アレルギー素因を持っている人の体内ではこれが抗原となって抗体が作られ、粘膜上の肥満細胞(マスト細胞)に結合する。人によって異なるが数年から数十年花粉を浴びると抗体が十分な量になり、抗原が再侵入すると抗体がそれをキャッチして(抗原抗体反応)、肥満細胞が活性化しヒスタミンやロイコトリエンなど

の化学伝達物質が放出され、それらが花粉症の症状を引き起こす[8]。

　同じ季節・場所でも症状が起こる時期や症状の強さは人によって変わるが、一般には体内に取り込む花粉の量によって症状の強さが変わり、短期的にみれば症状の強さや新規有病者数はその年の花粉飛散量の影響を強く受ける[9]。

　長期的な花粉症有病率の増加の背景としては、花粉症は一度発症すると自然に症状が消えることが少ないために有病者が蓄積していくことに加え、花粉飛散量の増加(資料特-6)や、食生活の変化、腸内細菌の変化や感染症の減少などが指摘されている。また、症状を悪化させる可能性があるものとして、空気中の汚染物質や喫煙、ストレスの影響、都市部における空気の乾燥などが考えられている[10]。

　花粉飛散量の増加の要因としては、昭和45(1970)年以降、スギ人工林の成長に伴い、雄花を付け始めると考えられる20年生以上のスギ林の面積が増加してきていることが考えられる(資料 特-7)。

(その他の花粉症の状況)

　スギとヒノキはともにヒノキ科であり、花粉中の主要な抗原となる物質の構造が似て

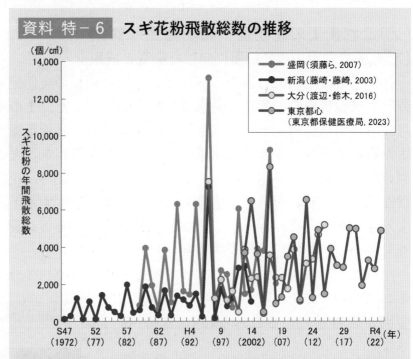

資料 特-6　スギ花粉飛散総数の推移

(個/cm²)

凡例：
- 盛岡(須藤ら, 2007)
- 新潟(藤崎・藤崎, 2003)
- 大分(渡辺・鈴木, 2016)
- 東京都心(東京都保健医療局, 2023)

縦軸：スギ花粉の年間飛散総数

横軸：S47(1972) 52(77) 57(82) 62(87) H4(92) 9(97) 14(2002) 19(07) 24(12) 29(17) R4(22)(年)

資料：倉本恵生「気候変動と花粉症」(環境情報科学(Vol.50 No.1)平成29年3月号)を一部改変。

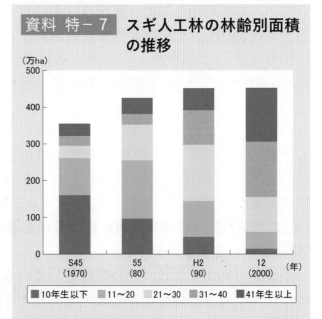

資料 特-7　スギ人工林の林齢別面積の推移

(万ha)

横軸：S45(1970) 55(80) H2(90) 12(2000)(年)

凡例：10年生以下　11～20　21～30　31～40　41年生以上

資料：FAO「世界農林業センサス」に基づいて林野庁企画課作成。

---

[8] 日本耳鼻咽喉科免疫アレルギー感染症学会編「鼻アレルギー診療ガイドライン－通年性鼻炎と花粉症－2020年度版」(令和2(2020)年7月改訂)

[9] 大久保公裕監修「的確な花粉症の治療のために」(2011)

[10] 環境省「花粉症環境保健マニュアル2022」(令和4(2022)年3月改訂)

いることから、ヒノキ花粉症はスギ花粉症と併発することが多い。ヒノキは関東以西に多く植えられており、それらの地域でヒノキ花粉飛散量が多い傾向にある。

北海道においては、スギは道南など限られた地域のみに植栽されていることからスギ花粉症患者の割合は低く、代わりにシラカバやイネ科の花粉症患者が多い[11]。

（2）これまでの花粉症・花粉発生源対策
（ア）花粉生産量の実態把握に向けた調査と成果

林野庁では昭和62（1987）年度から、花粉生産量の実態把握や飛散量予測に向けて、雄花の着生状況等を調べる花粉動態調査を実施してきた。その中で、雄花が形成される6〜7月において日照時間が長く気温の高い日数が多いと着花量が増えることが判明しており、また着花量が多い年の翌年は減少する傾向がみられることから、これらの知見を活かして翌年度の飛散量を予測することが可能となった。また、花粉生産量の推定のため各地に設けた定点スギ林において雄花着生状況を観察・判定する手法が確立され、飛散量の予測精度が向上した（資料　特－8）。なお、平成16（2004）年度以降、環境省においても着花量を調査しており、林野庁の調査結果と併せて公表している。

定点スギ林の着花量は年によって変動するものの、林分内でも個体間で着花量に差があることから、雄花の着きやすさには遺伝的な要因が影響しているとみられる（資料　特－8）。

一方、林齢によって面積当たりの着花量が増減するといった明確な傾向は観察されていない。この理由として、雄花は日光の良く当たる枝（陽樹冠）に形成される性質があり、林齢が上がって面積当たりのスギの本数が減少したとしても林分全体の陽樹冠の表面積は大きく変わらないことが考えられる[12]。そのため、間伐による密度調整や枝打ちによる下枝の除去といった森林施業では単位面積当たりの着花量を大きく削減することは期待できない[13]。

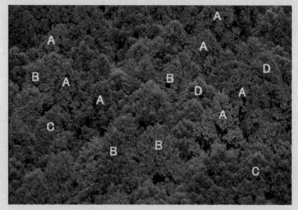

資料 特－8　**定点スギ林における雄花着生状況の例**

11月中旬（観測時）の定点スギ林
雄花着生状況に応じてAからDに区分して表示

資料：林野庁「スギ林の雄花調査法」（平成19（2007）年）

（イ）スギ花粉症・花粉発生源対策の着手と進展
（関係省庁の連携がスタート）

平成2（1990）年には、社会問題化している花粉症の諸問題について検討を行うため、環境庁、厚生省、林野庁及び気象庁で構成する「花粉症に関する関係省庁担当者連絡会議」が設置された[14]。この中で、花粉及び花粉症の実態把握、花粉症の原因究明や対応策につい

---

[11] 環境省「花粉症環境保健マニュアル2022」（令和4（2022）年3月改訂）

[12] 梶原幹弘「スギ同齢林における樹冠の形成と量に関する研究（Ⅴ）樹冠表面積と樹冠体積」（日本森林学会誌　59巻7号（1977））

[13] 清野嘉之「スギ花粉発生源対策のための森林管理指針」（日本森林学会誌　92巻6号（2010））

[14] 令和5（2023）年の構成員は、文部科学省、厚生労働省、農林水産省、気象庁、環境省。

て連絡検討が継続されている。

（花粉の少ないスギの開発に着手）

「花粉の少ないスギ」とは無花粉スギ品種、少花粉スギ品種、低花粉スギ品種及びスギの特定母樹を指す。平成3（1991）年から、林野庁は花粉の少ないスギの選抜のための調査を開始した。その結果に基づき、平成8（1996）年以降、少花粉スギ品種を開発し順次実用に供している。また、無花粉スギ品種の開発や特定母樹の指定も進められており、各地で花粉の少ないスギの普及が進められている。

（国による花粉発生源対策の取組）

平成13（2001）年に施行された森林・林業基本法に基づき新たに策定された森林・林業基本計画において花粉症対策の推進が明記されるとともに、林野庁では、国や都道府県、森林・林業関係者等が一体となってスギ花粉発生源対策に取り組むことが重要であるとの観点から、関連施策の実施に当たっての技術的助言を定めた「スギ花粉発生源対策推進方針」を策定した。

その後、林野庁では、花粉発生源対策として、①花粉を飛散させるスギ人工林の伐採・

コラム　花粉症の原因となる植物

スギやヒノキ、イチョウなどの裸子植物は、約3億8,000万年前にシダ植物から分かれた際に、種子の生産のために雄花（胞子囊）で花粉を生産し、風に乗せて花粉を運ぶようになった（風媒）と考えられている。現生の裸子植物も大部分は風媒となっている。その後、植物の進化により被子植物が誕生し、その多くは、目立つ花や香りによって昆虫等を引き寄せ、蜜を提供することによって共生関係を構築して花粉を運んでもらうようになった（虫媒）。一方で、被子植物の中でも大群落を形成するようなブナ科やカバノキ科などの樹木、ヨモギなどの草本は風媒であり、風媒の方が効率が良いために進化の過程で回帰したグループといえる。

これらの風媒による植物は多量の花粉を風に乗せるため、離れた場所からも花粉症を生じさせる原因となり得る。なお、裸子植物のマツ類（クロマツ、カラマツ等）も風媒だが、花粉中にアレルゲンとなる物質が少なく、比較的花粉症を引き起こしにくいとされている。

また、虫媒であっても、農業ハウス内での受粉作業等により花粉に接する機会の多い農家等に対して職業性花粉症を発症させることが知られており、これらの特殊なものも合わせて日本国内ではこれまでに50種類以上の花粉症が報告されている。

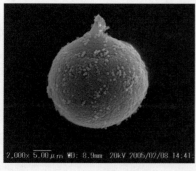  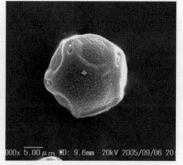

スギ（ヒノキ科）の花粉　　　　クロマツ（マツ科）の花粉　　　　ハンノキ（カバノキ科）の花粉

（写真提供：特定非営利活動法人花粉情報協会　佐橋紀男氏）

利用、②花粉の少ない苗木等による植替えや広葉樹の導入、③スギ花粉の発生を抑える技術の実用化に取り組んできたところであり、ヒノキについても同様に花粉の少ない森林への転換等を推進してきた。また、平成28(2016)年度から、花粉発生源対策として、花粉の少ない苗木や広葉樹等への植替えを促すため、素材生産業者等が行う森林所有者等への働き掛け等を支援している。

(地方公共団体による取組)

首都圏の9都県市では、平成20(2008)年に花粉発生源対策10か年計画を策定し、現在も第二期10か年計画により、スギ・ヒノキ人工林の針広混交林化や植替えへの支援等を行っている。また、兵庫県や岡山県、福岡県等でも少花粉スギ品種の苗木生産や植替え等に対して支援している。

さらに、令和4(2022)年には全国知事会が花粉発生源対策の推進に向けて提案・要望を行っている。

(ウ)花粉の少ないスギ等の開発と苗木の増産
(少花粉スギ品種の開発)

着花量はスギの系統によって異なることから、平成3(1991)年以降、林野庁では、林木育種センター[15]と都府県の参画を得て、第1世代精英樹[16]を対象に雄花着生性の調査を実施してきた。その調査結果に基づき、花粉生産量が一般的なスギの1%以下であるものを選抜して、平成8(1996)年以降、少花粉スギ品種を開発している(資料 特-9)。これまで147品種が開発され、現在は花粉の少ない品種の中で最も普及している。

(無花粉スギ品種の開発)

| 資料 特-9 | 少花粉スギ品種の例 |

一般的なスギ　　　　少花粉スギ品種
　　　　　　　　　　(神崎15号)

(写真提供：国立研究開発法人森林研究・整備機構森林総合研究所林木育種センター)

平成4(1992)年に富山県で花粉を全く生産しない無花粉(雄性不稔)スギが発見されたことを契機に、全国で無花粉スギの探索が開始され、20個体以上が発見された。その後の研究で、花粉の形成に関する遺伝子の突然変異により無花粉になること、無花粉の性質は潜性遺伝[17]すること等が判明した。また、各地での無花粉個体の発見確率から、自然に無花粉個体が生じる確率は6千分の1から1万分の1であること[18]、無花粉個体は成長、材質、雪害抵抗性等の他の形質は通常個体と変わらないこと[19]が示唆されている。

---

[15] 昭和32(1957)年以降に設立された国立中央林木育種場及び各地方の国立林木育種場を前身とし、現在は国立研究開発法人森林研究・整備機構の一組織となっている。

[16] 1950年代以降、全国の人工林等から成長・形質の優れた木を選抜したもの。

[17] ある形質を決める一対の遺伝子のうち、一方の形質に隠れて表現型として現れにくい形質を持つ遺伝様式。過去には劣性遺伝と呼ばれていたもの。

[18] 五十嵐正徳ほか「福島県でスギ雄性不稔個体を発見(I)－探索地の選定と雄性不稔個体の確認－」(東北森林科学会誌9巻2号(2004))、平英彰ほか「スギ雄性不稔個体の選抜」(林木の育種 216号(2005))、斎藤真己ほか「採種園産実生個体からの雄性不稔スギの選抜」(日本森林学会誌 87巻1号(2005))

[19] 三浦沙織ら「スギ雄性不稔個体選抜地における不稔個体と可稔個体の形質の比較」(日本森林学会誌 91巻4号(2009))

これらの無花粉個体を種子親として、精英樹の花粉を交配して得られた個体の雄花に花粉が入っているかどうかを調べることで、花粉親の精英樹の中から、無花粉の遺伝子を持ちながら花粉を生成するものが発見された。そのような精英樹等を活用した優良な無花粉スギ品種の開発が、林木育種センターと都県の連携により進められており、令和6(2024)年3月時点で28品種が開発されている(資料 特－10)。

　なお、植栽木は自然界で長期間生育する間に様々な病虫害や気象害にさらされる可能性があることから、遺伝的多様性を確保するため、地域ごとに多様な少花粉・無花粉スギ品種が開発されている。

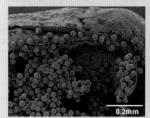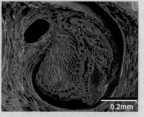

資料 特－10　**無花粉スギ品種の例**

一般的なスギの雄花内部
花粉が形成されている

無花粉スギ品種(爽春)の
雄花内部
花粉は形成されていない

(写真提供：国立研究開発法人森林研究・整備機構森林総合研究所林木育種センター)

(スギ特定母樹の指定)

　第1世代精英樹の交配・選抜により第2世代精英樹(エリートツリー)の開発が進展している。平成25(2013)年に改正された「森林の間伐等の実施の促進に関する特別措置法」に基づき、これらの精英樹等の中から成長に優れ雄花着生性が低いなどの基準[20]を満たすものが特定母樹に指定されている。令和6(2024)年3月時点で、305種類のスギ特定母樹が指定されている。特定母樹から採取された種穂から育成された苗木は特定苗木と呼ばれ、その普及が進められている。

(花粉の少ない苗木の増産)

　開発された花粉の少ないスギを早期に普及させるためには、都道府県の採種園・採穂園[21]における種穂の生産等、苗木生産に係る工程を短縮する必要がある。

　このため、従来の採種園では母樹を植栽してから種子を採取できるようになるまで10年程度要していたところ、現在、都道府県において、ジベレリン処理等により種子生産までの期間を4年程度に短縮可能なミニチュア採種園の整備が広く推進されている。ミニチュア採種園の母樹は、植栽間隔を狭くし、樹高を低く仕立てるため、作業の効率・安全性を確保できるという利点もある。

　さらに近年は、閉鎖型採種園の整備が推進されている。閉鎖型採種園は、外部花粉の影響を防ぎ花粉の少ないスギ同士の確実な交配が可能となることから種子の質の向上が期待されるとともに、果樹で導入されている「根圏制御栽培法」を応用し、温度や水分量等を管理することで種子生産までの期間を2年程度に短縮させることが可能となっている。

　また、再造林に必要な花粉の少ないスギ苗木の増産に向けてコンテナ苗生産施設の整備を推進している。

　これらの取組により、花粉の少ないスギ苗木の生産量は令和4(2022)年度(2022年秋から2023年夏)で約1,600万本まで増加し、10年前と比べ約10倍、スギ苗木の生産量の約5割

---

[20] 成長量が同様の環境下の対照個体と比較しておおむね1.5倍以上、材の剛性や幹の通直性に著しい欠点がなく、雄花着生性が一般的なスギ・ヒノキのおおむね半分以下等。

[21] 苗木を生産するための種子やさし穂を採取する目的で、精英樹等を用いて造成した圃場。

に達している(資料 特－11)。

　特に、関東地方では各都県の集中的な取組により令和4(2022)年度でスギ苗木生産量の99%以上が花粉の少ないスギ苗木となっている。

　なお、花粉の少ないヒノキについても品種の開発に取り組んでおり、令和6(2024)年3月時点で、少花粉ヒノキ等159品種が開発されている。花粉の少ないヒノキ苗木の生産量は令和4(2022)年度で約200万本であり、ヒノキ苗木の生産量の約3割となっている[22]。ヒノキについては、採種園において着花を促す薬剤処理技術等の課題があるため、採種園における種子の生産工程の短縮技術が確立されておらず、現在、増産に向けて林木育種センターが短期間で安定的に種子を生産する技術の開発に取り組んでいる。

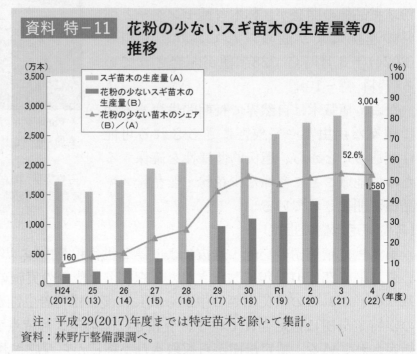

資料 特－11　花粉の少ないスギ苗木の生産量等の推移

注：平成29(2017)年度までは特定苗木を除いて集計。
資料：林野庁整備課調べ。

(エ)その他の花粉症対策
(スギ花粉の発生を抑える技術の開発)

　スギ花粉の発生を抑える技術の実用化に向けては、スギの雄花だけを枯死させる日本固有の菌類(*Sydowia japonica*)や食品添加物(トリオレイン酸ソルビタン)を活用したスギ花粉飛散防止剤の開発が進展している。林野庁では、スギ林への効果的な散布方法の確立や散布による生態系への影響調査、花粉飛散防止剤の製品化などの技術開発等を支援しており、令和5(2023)年度は、空中散布の方法に関する実証試験等を支援した(資料 特－12)。

資料 特－12　スギ花粉飛散防止剤の開発

通常のスギの雄花　　　飛散防止剤(菌類)により枯死したスギの雄花

(写真提供：国立研究開発法人森林研究・整備機構森林総合研究所)

(治療法の研究と普及)

　花粉発生源に関する研究と並行して、大学や製薬会社等により治療法の研究が進められてきた。ヒスタミン等の化学伝達物質の影響を緩和する対症療法が開発されているほか、根本的治療に近いものとして、あらかじめ微量の抗原を繰り返し皮下注射することで花粉を取り込んだ際のアレルギー反応が減る減感作療法またはアレルゲン免疫療法と呼ばれる治療法が開発された。平成26(2014)年には更に患者の負担が少ない減感作療法である舌下

[22] 林野庁整備課調べ。

免疫療法が承認され、効果的な治療法として普及が図られている。

　舌下免疫療法に使用される治療薬には原材料としてスギ花粉が必要であり、治療薬の増産に向けて、花粉を採取する森林組合等と製薬会社の連携が拡大している。

コラム　世界と日本における林木育種の展開

　林木の遺伝的改良を行う林木育種は人工林の生産性等の向上に直結することから世界各地で長年取り組まれている。日本においては、更に情勢の変化に応じて、病虫害への抵抗性や花粉生産量等に着目した育種へと展開している。

　我が国において造林技術が発達した江戸時代には、望ましい性質を示す個体を母樹として苗木を育てることが推奨され、各地で在来品種群[注]が成立した。

　20世紀初頭のヨーロッパでは、様々な産地から取り寄せた種苗を造林予定地域に植栽して生育を比較する「産地試験」が定着した。我が国においても、明治時代のスギ造林地拡大期に、他地域から導入した苗木が雪害等を受けるなど多くの不成績事例が報告されたことなどから産地試験を行うことが広まった。

　20世紀中頃には、精英樹の選抜、採種園の整備と交配、次世代の検定と更なる交配・選抜を繰り返すことにより林木集団を遺伝的に改良していく「集団選抜法」がスウェーデンで確立され、世界中に普及した。このような方法は、自然に存在する豊富な遺伝的変異を活用することで大きな改良効果につなげることができるとともに、自然環境下で健全に生存できることを確認しながら進められるといった利点を持っている。スウェーデンのヨーロッパアカマツ、米国のテーダマツ、ニュージーランドのラジアータパイン等では、既に第3世代以上の選抜が進んでおり、成長量や材質の向上等に大きな効果を発揮している。

　さらに、マツ枯れ等の病虫害については、被害林から生き残った木に病原体を接種するといった検定法等により抵抗性品種が育成されている。

注：各地域の天然品種等から挿し木等により選択されて生じた品種。

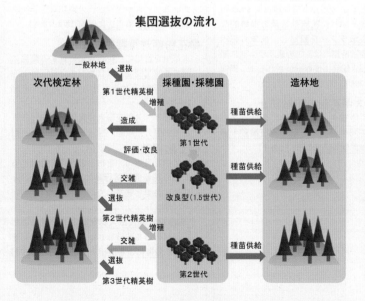

集団選抜の流れ

資料：井出雄二・白石進編「森林遺伝育種学」(2012)を一部改変。

左：植栽3年後の従来スギ品種
右：植栽3年後のスギ第2世代精英樹

3．花粉発生源対策の加速化と課題

（1）これからの花粉発生源対策
（関係閣僚会議が「花粉症対策の全体像」を決定）

　これまで各省庁で様々な取組が行われてきたが、今もスギ花粉症の有病率は高く、多くの国民が悩まされ続けている状況となっている。

　そのため、令和5（2023）年4月、政府は「花粉症に関する関係閣僚会議」を設置し、同年5月に「花粉症対策の全体像」を決定した。その中では、花粉の発生源であるスギ人工林の伐採・植替え等の「発生源対策」や、花粉飛散量の予測精度向上や飛散防止剤の開発等の「飛散対策」、治療薬の増産等の「発症・曝露対策」を3本柱として総合的に取り組み、花粉症という社会問題を解決するための道筋を示している。

　同年10月には、花粉症に関する関係閣僚会議において、「花粉症対策の全体像」が想定している期間の初期の段階から集中的に実施すべき対応を「花粉症対策　初期集中対応パッケージ」として取りまとめた（資料 特-13）。

資料 特-13　花粉症対策　初期集中対応パッケージの概要

1．発生源対策

●スギ人工林の伐採・植替え等の加速化【林野庁】
本年度中に**重点的に伐採・植替え等を実施する区域を設定**し、次の取組を実施
・スギ人工林の**伐採・植替えの一貫作業**の推進
・伐採・植替えに必要な**路網整備**の推進
・意欲ある林業経営体への**森林の集約化**の促進

●スギ材需要の拡大【林野庁・国土交通省】
・木材利用をしやすくする**改正建築基準法の円滑な施行**（令和6年4月施行予定）
・本年中を目処に、国産材を活用した**住宅に係る表示制度を構築**
・本年中を目処に、**住宅生産者の国産材使用状況等を公表**
・建築物への**スギ材利用**の機運の醸成、住宅分野における**スギ材への転換促進**
・大規模・高効率の**集成材工場、保管施設等の整備支援**

●花粉の少ない苗木の生産拡大【林野庁】
・国立研究開発法人森林研究・整備機構における**原種増産施設の整備支援**
・都道府県における**採種園・採穂園の整備支援**
・民間事業者による**コンテナ苗増産施設の整備支援**
・スギの未熟種子から花粉の少ない**苗木を大量増産する技術開発支援**

●林業の生産性向上及び労働力の確保【林野庁】
・意欲ある木材加工業者、木材加工業者と連携した素材生産者等に対する**高性能林業機械の導入支援**
・農業・建設業等の**他産業**、施業適期の異なる**他地域や地域おこし協力隊**との連携の推進
・**外国人材**の受入れ拡大

2．飛散対策

●スギ花粉飛散量の予測
来年の花粉飛散時期には、より精度が高く、分かりやすい花粉飛散予測が国民に提供されるよう、次の取組を実施
・今秋に実施するスギ雄花**花芽調査**において民間事業者へ提供する情報を**詳細化**するとともに、12月第4週に調査結果を公表【環境省・林野庁】
・引き続き、航空レーザー計測による**森林資源情報の高度化、及び、そのデータの公開**を推進【林野庁】
・飛散が本格化する3月上旬には、スーパーコンピューターやAIを活用した、花粉飛散予測に特化した詳細な**三次元の気象情報**を提供できるよう、クラウド等を整備中【気象庁】
・本年中に、**花粉飛散量の標準的な表示ランクを設定**し、来年の花粉飛散時期には、この表示ランクに基づき国民に情報提供されるよう**周知**【環境省】

●スギ花粉の飛散防止
・引き続き、森林現場におけるスギ花粉の**飛散防止剤の実証試験・環境影響調査**を実施【林野庁】

3．発症・曝露対策

●花粉症の治療
・花粉飛散時期の前に、関係学会と連携して**診療ガイドラインを改訂**【厚生労働省】
・**舌下免疫療法治療薬**について、まずは**2025年からの倍増（25万人分→50万人分）**に向け、森林組合等の協力による**原料の確保や増産体制の構築等**の取組を推進中【厚生労働省・林野庁】
・花粉飛散時期の前に、飛散開始に合わせた**早めの対症療法の開始**が有効であることを周知
・患者の状況等に合わせて医師の判断により行う、**長期処方や令和4年度診療報酬改定で導入されたリフィル処方**について、前シーズンまでの治療で合う治療薬が分かっているケースや現役世代の通院負担等を踏まえ、**活用を積極的に促進**【厚生労働省】

●花粉症対策製品など
・本年中を目処に、**花粉対策に資する商品に関する認証制度**をはじめ、各業界団体と連携した花粉症対策製品の**普及啓発**を実施【経済産業省】
・引き続き、**スギ花粉米の実用化**に向け、官民で協働した取組の推進を支援【農林水産省】

●予防行動
・本年中を目処に、花粉への曝露を軽減するための**花粉症予防行動**について、自治体、関係学会等と連携した**周知**を実施【環境省・厚生労働省】
・「健康経営優良法人認定制度」の評価項目に従業員の花粉曝露対策を追加することを通じ、**企業による取組**を促進中【経済産業省】

（花粉発生源対策の目標）

　「花粉症対策の全体像」において、10年後の令和15(2033)年には花粉発生源となるスギ人工林を約2割減少させることを目標としている（資料 特−14）。これにより、花粉量の多い年でも過去10年間（平成26(2014)年〜令和5(2023)年）の平年並みの水準まで減少させる効果が期待される。また、将来的（約30年後）には花粉発生量の半減を目指すこととしている。

　これを実現するため、スギ人工林の伐採量を増加させるとともに、花粉の少ない苗木や他樹種による植替えを推進することとしている。

　花粉を発生させるスギ人工林の減少を図っていくためには、伐採・植替え等の加速化、スギ材の需要拡大、花粉の少ない苗木の生産拡大、生産性向上と労働力の確保等の対策を総合的に推進する必要がある（資料 特−15）。

（2）スギ人工林の伐採・植替え等の加速化

　花粉発生源対策を進めるため、花粉の少ない苗木の植栽、広葉樹の導入等に引き続き取り組むとともに、「花粉症対策の全体像」を踏まえ、以下の取組により伐採・植替え等を加速化させていくこととしている。

（スギ人工林伐採重点区域の設定）

　「花粉症対策　初期集中対応パッケージ」では、人口の多い都市部周辺など[23]において

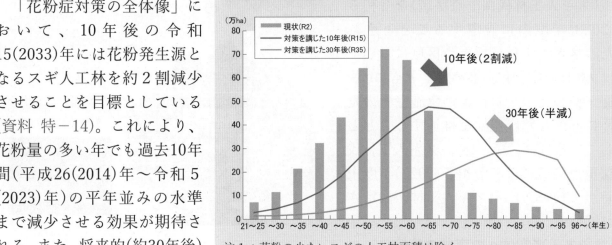

資料 特−14　花粉発生源となるスギ人工林の将来像

（万ha）

凡例：
- 現状(R2)
- 対策を講じた10年後(R15)
- 対策を講じた30年後(R35)

10年後（2割減）
30年後（半減）

（横軸：年生）21〜 〜25 〜30 〜35 〜40 〜45 〜50 〜55 〜60 〜65 〜70 〜75 〜80 〜85 〜90 〜95 96〜

注1：花粉の少ないスギの人工林面積は除く。
　2：20年生以下のスギ人工林は花粉の飛散がわずかであることから、20年生を超えるスギ人工林を花粉発生源となるスギ人工林とした。
資料：「花粉症対策の全体像」（令和5(2023)年5月30日 花粉症に関する関係閣僚会議決定）

資料 特−15　花粉発生源の減少に向けた取組

森林資源の循環利用

伐る（主伐）
使う → スギ材需要の拡大
植える（植栽・下刈り） → 花粉の少ない苗木の生産拡大
育てる（間伐）
伐採・植替え等の加速化
生産性向上と労働力の確保

23　① 県庁所在地、政令指定都市、中核市、施行時特例市及び東京都区部から50km圏内にあるまとまったスギ人工林のある森林の区域。

　② 上記のほか、スギ人工林の分布状況や気象条件等から、スギ花粉を大量に飛散させるおそれがあると都道府県が特に認める森林の区域。

重点的に伐採・植替え等を実施する区域(スギ人工林伐採重点区域)を令和5(2023)年度内に設定することとされた。スギ人工林伐採重点区域においては、森林の集約化を進めるとともに、伐採・植替えの一貫作業の実施やそのために必要な路網整備を推進することとしている(資料 特−16)。スギ人工林伐採重点区域には、令和5(2023)年度末時点で約98万haのスギ人工林が設定されている。

資料 特−16　**スギ人工林伐採重点区域のイメージ**

森林の集約化の促進

伐採・植替えの一貫作業と路網整備の推進

(意欲ある経営体への森林の集約化)

　伐採・植替え等の加速化を進めるためには、現状で林業経営体による集約化が進んでいない森林においても伐採・植替えの実施を促していく必要がある。

　そのため、スギ人工林伐採重点区域内で、森林経営計画の未作成森林を対象に、森林経営計画の作成と長期施業受委託契約の締結を条件として、林業経営体による森林所有者への伐採・植替えの働き掛け等を支援し、森林の集約化を推進している。

(伐採・植替えの一貫作業と路網整備の推進)

　花粉発生源となるスギ人工林を減少させていくに当たっては、水源涵養機能や山地災害防止機能・土壌保全機能といった公益的機能が持続的に発揮されるよう、伐採後の適切な更新が必要である。そのため、伐採後の再造林を確実に確保する観点からも、伐採・植替えの一貫作業を推進している。

　また、路網は、間伐や再造林等の施業を効率的に行うとともに、木材を安定的に供給するために重要な生産基盤であり、これまでも傾斜や作業システムに応じて林道と森林作業道を適切に組み合わせた路網の整備を推進してきた。スギ人工林伐採重点区域においても、スギ人工林の伐採・植替えに寄与する路網の開設・改良を推進している。

　また、国有林においても、国土保全や木材需給の動向等に配慮しつつ、伐採・植替えに率先して取り組んでいる。

(その他の伐採・植替えの加速化の取組)

　スギ人工林の伐採・植替えの加速化に際し、森林環境譲与税等を活用することにより、林業生産に適さないスギ人工林の広葉樹林化等の地方公共団体による森林整備を促進することとしている。

(3)スギ材需要の拡大

　スギ人工林の伐採・植替えを加速化する上で、スギ材の需要を拡大することは不可欠である。「花粉症対策の全体像」では、住宅分野におけるスギ材製品への転換の促進や木材活用大型建築の新築着工面積の倍増等の需要拡大対策を進め、スギ材の需要を現状の1,240万㎥[24]から10年後までに1,710万㎥に拡大することを目指すとしている。

---

[24] 平成31(2019)年から令和3(2021)年におけるスギの素材生産量の平均。

（住宅分野）

　我が国の木造戸建住宅の工法で最も普及している木造軸組工法において、スギを用いた製材や集成材は柱材等に一定のシェアを有し、スギを用いた構造用合板は面材に高いシェアを有している。一方、例えば、梁や桁といった横架材では、スギよりも曲げヤング率[25]の高い米マツの製材やヨーロッパアカマツの集成材等が好んで利用されていることなどにより、スギ材製品の利用は低位となっている。また、国内の木造の新設住宅着工戸数の約2割のシェアを占める枠組壁工法(ツーバイフォー工法)においても、枠組材としてのスギ材製品の利用は低位となっている[26]。

　このため林野庁では、国産材率の低い横架材やツーバイフォー工法部材等について、スギ材の利用拡大に向けた技術開発を進めるとともに、スギ材を活用した集成材、LVL[27](単板積層材)、製材の柱材や横架材等を効率的かつ安定的に生産できる木材加工流通施設の整備を推進することとしている(資料 特－17)。あわせて、スギJAS構造材[28]等の利用を促進することとしている。

　さらに、国土交通省、林野庁及び関係団体が連携して、国産材を多く活用した住宅であることを表示する仕組みの構築や、住宅生産者による花粉症対策の取組の見える化等により、2050年カーボンニュートラルの実現や花粉症対策に関心のある消費者層への訴求力を向上していくこととしている(資料 特－18)。

資料 特－17　スギを活用した建築用木材の例

左：スギ製材(平角)
中央：スギと他の樹種を組み合わせた異樹種集成材
右：構造用LVL

資料 特－18　国産材を活用した住宅の表示

国産木材活用住宅ラベル

JAPAN WOOD LABEL

カーボンニュートラルや花粉症対策に貢献しています。

○○産材の家

国産木材活用レベル　　　スギの使用量

Level 3 ★★★　　約○○本分

建物名称：○○部
住宅生産者名：○○工務店
表示年月日：2024.○.○

国産木材活用住宅ラベル協議会の
ガイドラインに基づき表示

提供：国産木材活用住宅ラベル協議会

（非住宅・中高層建築分野）

　林野庁では、製材やCLT[29](直交集成板)、木質耐火部材等に係る技術の開発・普及や、公共建築物の木造化・木質化、木造建築に詳しい設計者の育成、標準的な設計や工法等の普及によるコストの低減等を推進している(資料 特－19)。また、国土交通省では、耐火基準

---

[25] ヤング率は材料に作用する応力とその方向に生じるひずみとの比。このうち、曲げヤング率は、曲げ応力に対する木材の変形(たわみ)のしにくさを表す指標。

[26] 住宅分野における木材利用の動向については、第Ⅲ章第2節(2)130-132ページを参照。

[27] 「Laminated Veneer Lumber」の略。単板を主としてその繊維方向を互いにほぼ平行にして積層接着したもの。

[28] JAS構造材については、第Ⅲ章第3節(2)152-153ページを参照。

[29] 「Cross Laminated Timber」の略。一定の寸法に加工されたひき板(ラミナ)を繊維方向が直交するように積層接着したもの。

の見直しなど、建築物における木材利用の促進に向けた建築基準の合理化を進めている。

　さらに、施主の木材利用に向けた意思決定に資する取組として、林野庁では、建築コスト・期間、健康面等における木造化のメリットの普及や、建築物に利用した木材に係る炭素貯蔵量を表示する取組を推進するとともに、国土交通省では、建築物に係るライフサイクルカーボンの評価方法の構築を進めている[30]。

（内装・家具等への対応や輸出の拡大）

　このほか、スギ材の需要拡大に資する取組として、スギ材の持つ軽さ、柔らかさ、断熱性、調湿作用、香り等の特性を活かして建築物の内外装や家具類等にスギ材を活用する取組もみられる[31]（資料 特－20、資料 特－21）。また、情報発信や木材に触れる体験の提供等により、スギ材を含めた木材の良さや木材利用の意義を消費者等に普及する取組も行われている[32]。

　さらに、農林水産省では、製材及び合板を重点品目として、海外市場の獲得に向けた輸出先国・地域の規制やニーズに対応した取組により輸出を促進することとしている[33]。

（需給の安定化）

　スギ材の供給量の増加により、一時的に木材需給の安定性に影響が生じることも想定されるため、上記の需要拡大策に加え、ストック機能強化に向けた製品保管庫や原木ストックヤードの整備を促進す

資料 特－19　スギを活用した新たな木質部材の開発

左：難燃薬剤処理スギLVLで被覆した木質耐火部材（写真提供：一般社団法人全国LVL協会）
右：スギCLT（9層9プライ）の長期的な強度性能の測定（写真提供：国立研究開発法人森林研究・整備機構森林総合研究所）

資料 特－20　内外装にスギ材製品を活用した事例

東京おもちゃ美術館
子どもの遊ぶスペースの床にクッション性のある無垢のスギ材を使用（写真提供：特定非営利活動法人芸術と遊び創造協会（東京おもちゃ美術館））

堀切の家
スギの厚板等を用いた防火構造により木材現しの外装を実現（写真提供：桜設計集団）

資料 特－21　スギ材によるDIYの事例

さね加工により隙間が生じにくく床や家具が自作できるスギの厚板（写真提供：中国木材株式会社）

スギの貫板等を使って自作できる家具デザインの普及（写真提供：杉でつくる家具公式サイト）

---

[30] 非住宅・中高層建築分野における木材利用の動向については、第Ⅲ章第2節(2)132-137ページを参照。

[31] 内装・家具分野における需要拡大については、第Ⅲ章第3節(3)157-158ページを参照。

[32] 消費者等に対する木材利用の普及については、第Ⅲ章第2節(4)144-147ページを参照。

[33] 木材輸出の促進については、第Ⅲ章第2節(5)147-148ページを参照。

ることとしている。また、林地残材を含む地域内の低質材の需要確保に資する木質バイオマスエネルギーの利用拡大に取り組むこととしている。

（4）花粉の少ない苗木の生産拡大

スギ人工林の伐採・植替えに併せて、植替えに必要となる花粉の少ない苗木の生産拡大が必要である。「花粉症対策の全体像」では、10年後には花粉の少ないスギ苗木の生産割合をスギ苗木の生産量の9割以上に引き上げることを目指している。

（種穂の供給及び苗木の生産体制の整備）

山林に植栽する苗木を生産するには、①林木育種センターが原種園[34]等で管理している樹木から挿し木等により原種苗木を増殖し、都道府県等へ配布する、②都道府県等はこの原種苗木を採種園・採穂園に植栽・育成して母樹とし、その母樹から採取した種穂を苗木生産事業者へ供給する、③苗木生産事業者はこの種穂から苗木を生産する、という工程が必要となる（資料 特－22）。

花粉の少ない苗木の生産拡大のためには、これらの各生産過程における生産量を増加させる必要があることから、林木育種センターにおける原種苗木増産施設、都道府県等における採種園・採穂園、苗木生産事業者におけるコンテナ苗生産施設の整備を進めるなど、官民を挙げて花粉の少ない苗木の生産体制の強化を進めている。

さらに、国有林野事業においては、花粉の少ない苗木の生産拡大を後押しする観点から、苗木生産の関係者等に対し、数年先までの花粉の少ない苗木の必要数の見通しを提示するなどの取組を推進している。

資料 特－22　花粉の少ない苗木の生産の流れ

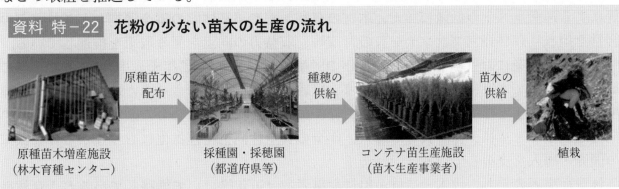

原種苗木の配布 → 種穂の供給 → 苗木の供給

| 原種苗木増産施設
（林木育種センター） | 採種園・採穂園
（都道府県等） | コンテナ苗生産施設
（苗木生産事業者） | 植栽 |

（その他の技術開発の取組）

無花粉スギ品種については、種子により生産する手法と挿し木により生産する手法がある。種子により生産する場合、無花粉品種同士では種子を生産できないため、無花粉スギを種子親、無花粉遺伝子を持つ有花粉のスギを花粉親として交配させる。無花粉の特性は潜性遺伝であるため、この交配により得られた種子は50％の割合で無花粉スギになる。この手法では、花粉親の候補木が無花粉遺伝子を持つかをあらかじめ判別する必要があるが、無花粉遺伝子の有無を判別するDNAマーカー[35]が開発されており、それを用いることでこれまでよりも判別が容易かつ広範に行えるようになり、無花粉遺伝子を持つ精英樹が全国で20以上新たに発見されている。それらの無花粉遺伝子を持つ精英樹を花粉親とすること

---

[34] 花粉の少ない品種等の原種を管理・保存するために整備された圃場。

[35] DNA鑑定において、個体間の差異を調べることができる目印となる特定のDNA配列。

により、成長等に優れた無花粉スギの更なる開発が期待されているほか、多数の花粉親の候補木があることで、日本各地の多様な気候条件に適応した無花粉スギ品種の開発が見込まれている。

さらに、花粉の少ない苗木を早期に大量に得るために、細胞増殖技術を活用してスギの未熟種子からスギ苗木を大量増産する技術の開発を推進している。

（5）林業の生産性向上と労働力の確保

スギ人工林の伐採・植替えを促進するためには、伐採・搬出コストや造林コストの低減を図ると同時に、その際に増加が見込まれる伐採や植替え等の事業量に対応するため、林業の生産性向上と労働力の確保が必要である。このため、「花粉症対策の全体像」では、過去10年と同程度の生産性の向上を図った上で、10年後も現在と同程度の労働力が確保されるよう取り組むこととしている。

林野庁では、生産性の向上のため、高性能林業機械の導入等を推進することとしている（資料 特－23）。

また、労働力確保のため、新規就業者に対する体系的な研修の実施や林業への就業相談を行うイベント開催への支援等を行う「緑の雇用」事業により、新規就業者の確保・育成を図っている[36]。

新規就業者の確保や定着率の向上のためには、林業従事者の所得水準の向上など雇用環境の改善が重要であり、林業経営体の収益力を向上させることが不可欠となる。林野庁では、生産性向上による伐採・搬出コストの低減、原木供給のロットの拡大や流通の合理化等による運搬コストの低減に加え、木材の有利販売や事業体間の事業連携などこれからの経営を担う「森林経営プランナー」の育成等、収益力の向上を図る取組を推進している。

一方で、林業における令和4（2022）年の労働災害発生率（死傷年千人率）は全産業平均の約10倍となっており、林業従事者を守り、継続的に確保し定着させるため、安全な労働環境の整備が急務となっている。林野庁では、労働安全衛生関係法令の遵守など安全意識の向上を図るとともに、保護衣等の導入、作業の安全性向上や軽労化にもつながる林業機械の開発・導入を支援している。

林業従事者のうち、伐木・造材・集材従事者数は近年横ばいで推移しているが、育林従事者数は減少傾向が継続しており、植替えに必要な育林従事者の確保が特に急務となっている。斜面での植栽や下刈りといった造林・育林作業は労働負荷が大きいことから、作業の軽労化等に向けた機械の開発が進められている（資料 特－24）。

また、外国人材の受入れ拡

資料 特－23　**林業の生産性向上に資する技術**

伐倒から造材まで行う高性能林業機械（ハーベスタ）

集材作業の遠隔操作が可能な架線式グラップルと油圧式集材機

---

[36] 林業労働力の動向については、第Ⅱ章第1節（3）89-96ページを参照。

大のほか、季節により作業量が変動する農業や、機械の操作等において共通点の多い建設業等の他産業との連携、施業適期の異なる他地域との連携も、林業従事者の通年雇用化等により労働力の確保に資するものである。さらに、地域おこし協力隊との連携により、林業分野の労働力確保とともに、山村地域の定住促進・活力向上に貢献することが期待される。

資料 特−24　造林・育林の軽労化等に資する技術

斜面での苗木運搬等を軽労化できる電動クローラ型一輪車

遠隔操作により下刈り作業を軽労化できる下刈り機械

森林・林業分野での地域おこし協力隊制度の活用について

https://www.rinya.maff.go.jp/j/sanson/kassei/sesaku.html

特集

4．人と森林のより調和した関係を目指して

（1）森林・林業基本計画の指向する森林の状態
（森林の有する多面的機能の発揮に関する目標）

　森林は、国土の保全や水源の涵養、地球温暖化の防止、保健・レクリエーションの場の提供、生物多様性の保全に加えて木材の供給といった多様な恩恵を国民生活にもたらす「緑の社会資本」であり、これらの森林の多面的機能を高度かつ持続的に発揮させるため、多様な森林がバランス良く形成されるよう取組を進めることが必要となる。

　そのため、森林・林業基本法に基づき政府が策定する森林・林業基本計画では、森林の有する多面的機能を発揮する上での望ましい姿と、その姿への誘導の考え方を、育成のための人為の程度や森林の階層構造に着目し、育成単層林[37]・育成複層林[38]・天然生林[39]という区分ごとに明示している。さらに、将来的に指向する森林の状態も参考として示し、これに到達する過程の森林状態を同計画における5年後、10年後、20年後の目標としている。

　このような区分の下、森林資源の充実と公益的機能の発揮を図りながら循環的に利用していくため、様々な生育段階や樹種から構成される森林が、重視すべき機能に応じてバランス良く配置された状態へと誘導することとしている。

　特に、林地生産力が高く、傾斜が緩やかで、車道からの距離が近いなど自然的・社会的条件が良く林業に適した育成単層林では、主伐を行った後には植栽を行い、確実な更新によりこれを維持し、資源の循環利用を推進する。この中で、水源涵養機能又は山地災害防止機能・土壌保全機能の発揮を期待する森林では、伐採に伴う裸地化による影響を軽減するため、自然条件に応じて皆伐面積の縮小・分散や長伐期化を図るとしている。

　また、林地生産力が低く、急傾斜で、車道からの距離が遠いなど林業にとって条件が不利な育成単層林は、自然条件に応じて択伐や帯状又は群状の伐採と広葉樹の導入等により

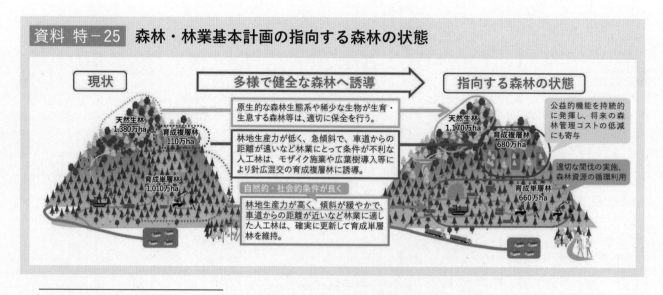

資料 特-25　森林・林業基本計画の指向する森林の状態

---

[37] 単一の樹冠層を構成する森林として人為により成立させ維持される森林のことで、植栽によるスギ・ヒノキ等からなる人工林等のことを指す。

[38] 森林を構成する林木を帯状若しくは群状又は単木で伐採し、一定の範囲等において、林齢や樹種の違いから複数の樹冠層を構成する森林として人為により成立させ維持される森林のことで、針葉樹を上木とし広葉樹を下木とする森林や、針葉樹と広葉樹など異なる林相の林分がモザイク状に混ざり合った森林等のことを指す。

[39] 主として自然に散布された種子等により成立し維持される森林のことを指す。

針広混交林等の育成複層林に誘導する。

　これらの取組を通じて、将来的に指向する森林の状態に向けて、育成単層林を現状の1,010万haから660万haにするとともに、育成複層林を現状の110万haから680万haにすることとしている(資料 特−25)。

　このような考え方に即して、全国森林計画では広域流域ごとに森林の整備及び保全の目標を定めているとともに、都道府県知事が策定する地域森林計画及び森林管理局長が策定する国有林の地域別の森林計画が全国森林計画に即して立てられており、森林・林業基本計画で定められた諸施策が各地域で講じられるようになっている。

(2)花粉発生源対策を含む多様なニーズを踏まえた森林づくり
(多様な森林づくりを通じた花粉発生源対策への寄与)

　森林・林業基本計画の目指す多様な森林づくりを加速化することは花粉発生源対策につながると同時に、花粉発生源対策を強化することは森林・林業基本計画の目指す森林の姿の実現を進めることにもつながる。

　林業に適した森林では、森林資源の充実を図りながら循環的な利用を促進するとともに、成長に優れ花粉の少ない苗木に植え替えることで、地球環境保全機能や木材等生産機能に優れ、かつ花粉の少ない森林に転換することが可能である。このような資源の循環利用を持続的に進めることは2050年カーボンニュートラルの実現にも貢献するものである。なお、地域の文化や伝統産業等と深く結びついている在来の品種等については、森林の文化機能を構成するものとして、各地域で適切に維持されるよう留意が必要である。

　また、林業を継続するための条件が厳しい森林では、植栽されたスギの抜き伐り等により針広混交林等に誘導することで、公益的機能を持続的に発揮し、将来の森林管理コストの低減にも寄与する森林になると同時に、花粉発生源となる樹木の割合を減らし、花粉の少ない森林へ転換させることにつながる。

(人と森林のより調和した状態を目指して)

　戦中戦後の乱伐により荒廃した森林の回復や、戦後復興・高度経済成長に併せた木材供給力の増大といった社会的要請を背景として誕生した広大なスギ等の人工林は、長い育成期間において、国土保全機能や地球環境保全機能等の多面的機能を高め、我が国の安定的な発展に大きな役割を果たしてきた。一方で、当初予期されていなかった花粉症という社会問題を生じたが、近年それらの森林がようやく利用期に入り、新たな森林づくりを進めるタイミングに入ったといえる。

　今後は、この機運を捉え、国や地方公共団体、森林・林業・木材産業関係者の適切な役割分担の下、スギ花粉症を何とかしてほしいという国民の要請を踏まえ、花粉発生源の着実な減少と林業・木材産業の成長発展のために必要な取組を集中的に実施することが求められている。また、同時に、幅広く国民全体の理解・参画をいただきながら、木材需要の更なる拡大などに、一般消費者も含めた社会全体として取り組んでいく必要がある。

　その際、行政や森林・林業関係者は、多面的機能の恩恵を受ける国民と幅広くコミュニケーションをとり、個々の森林の状況に応じて適切に整備・保全し、多様な森林がバランス良く形成されるよう取組を進めていく必要がある。

　森林・林業基本計画においては、森林を適正に管理して、林業・木材産業の持続性を高

めながら成長発展させることで、2050年カーボンニュートラルも見据えた豊かな社会経済を実現する「森林・林業・木材産業によるグリーン成長」を掲げている。森林・林業基本計画に基づく施策を着実に進め、花粉の発生による国民生活に対するマイナスの影響を減らすとともに、森林・林業が国民生活を支える上で果たす役割を高めることで、国民が森林や林業、木材利用に親しみを持って積極的に関わり、森林からより多くの恩恵を受けられる社会につなげていくことが可能になる。同時に、社会全体が森林・林業の価値を認め積極的に関わっていくことで、森林もその姿をより望ましいものに変えていくことができる。

　このように、長期的な視点を持って、花粉発生源対策を含め国民の多様なニーズに対応した森林を育み、人と森林のより調和した状態を目指すことが求められている。

トピックス

1. 国民一人一人が、森を支える。森林環境税
   ～森林環境税の課税開始と森林環境譲与税の取組状況～

2. 合法伐採木材等をさらに広げるクリーンウッド法の改正

3. 地域一体で取り組む「デジタル林業戦略拠点」がスタート

4. G7広島サミットにおいて持続可能な森林経営・木材利用に言及

5. 令和6年能登半島地震による山地災害等への対応

1．国民一人一人が、森を支える。森林環境税
～森林環境税の課税開始と森林環境譲与税の取組状況～

　森林は、地球温暖化の防止や国土の保全など、様々な機能により私たちの暮らしを支えています。一方で、森林所有者や境界が不明な森林の増加、担い手の不足等により手入れが行き届いていない森林の存在が大きな課題となっています。

　森林の有する機能を十分に発揮させるためには、このような森林の整備を行政も関与して積極的に進めていくことが必要となっている一方、山村地域等の市町村は厳しい財政状況にあります。そこで、森林の恩恵を受ける国民一人一人が負担を分かち合い森林を支える仕組みとして、森林整備等に必要な地方財源を安定的に確保する観点から、令和元(2019)年度に森林環境税及び森林環境譲与税が創設されました。令和元(2019)年度からは先行して森林環境譲与税が譲与されており、令和6(2024)年度から森林環境譲与税の財源となる森林環境税の課税が開始されます。

　森林環境譲与税は、令和5(2023)年度で譲与開始から5年となり、全国の市町村では、森林環境譲与税を活用し、森林整備や人材育成・担い手の確保、木材利用、普及啓発等、地域の実情に応じた取組が展開されています。

　森林整備については、市町村が主体となって森林の管理経営を行うために森林環境譲与税と併せて創設された森林経営管理制度に基づく森林所有者への意向調査や間伐等の取組が行われています。また、社会的な課題への対応として、花粉発生源対策としてのスギの植替え、道路や電線等のインフラ施設周辺の森林の整備なども実施されています。

　人材育成・担い手の確保については、林業体験会、就業相談会の開催や林業の担い手を育成するための研修の実施、林業従事者への安全装備の購入補助、林業に必要な技能講習経費への助成等の取組が行われています。

　また、木材利用や普及啓発については、都市部の市町村を中心に、庁舎や学校等の公共建築物の木造化や内装の木質化、市民と一体となった森林の保全活動、DIYワークショップ等の木育イベントの開催など、様々な取組が実施されています。

　さらに、流域の上流と下流の市町村間や友好都市間など、地方公共団体で連携した取組も広がっています。都市部と山村部の市町村が協定を締結した上で、都市部が山村部における森林整備を支援し、森林整備による二酸化炭素吸収量を都市部でのカーボンオフセットに活用する取組や、都市部の住民による植樹体験や森林環境教育と組み合わせる取組、山村部での森林整備により生産された木材を都市部の木材利用に活用する取組など、双方にメリットが得られるような連携がみられます。

　令和6(2024)年度から森林環境税の課税が開始されます。また、令和6年度税制改正において、森林環境譲与税の譲与基準について、私有林人工林面積及び人口の譲与割合の見直しを行うこととされました。林野庁としても、税の創設の趣旨が活かされ、森林環境譲与税を活用した森林整備等の取組が更に進むよう、市町村等を引き続き支援するとともに、森林環境譲与税を活用した取組成果の情報発信にも一層取り組んでまいります。

→第1章第2節(4)を参照

森林環境税及び森林環境譲与税の仕組み

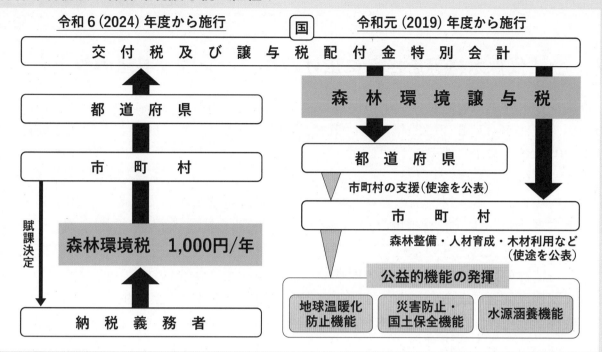

森林環境譲与税の取組事例

[森林整備]

台風被害を契機に森林の災害防止機能への認識が高まっていることから、森林経営管理制度により、手入れ不足森林の間伐等を実施。(静岡県小山町)

[人材育成・担い手の確保]

町内外からの新規林業就業者の確保と町内への移住・定住を図るため、1日林業体験及び林業実務研修会を開催。(岡山県美咲町)

[木材利用]

木の良さを身近に感じられる「都市の森」の実現に向け、公共建築物や民間建築物の内装木質化等を促進。(神奈川県川崎市)

[地方公共団体の連携]

森林の保全や地域交流の促進等を目的に、福島市に「あらかわの森」を設定し、荒川区民と福島市民による植樹体験等を実施。(東京都荒川区・福島県福島市)

トピックス

2．合法伐採木材等をさらに広げるクリーンウッド法の改正

　合法伐採木材等の流通及び利用の促進に関する法律(以下「クリーンウッド法」という。)
の一部改正法が令和5(2023)年4月に第211回通常国会において成立しました。施行は令
和7(2025)年4月1日を予定しています。

　主な改正内容として、

①国内市場における木材流通の最初の段階での対応が重要であることから、川上の木材関
　連事業者(原木市場、製材工場等)と、水際の木材関連事業者(輸入事業者)に対し、素材生
　産販売事業者又は国外の木材輸出事業者から木材等を譲り受ける際に、原材料情報の収
　集、合法性の確認、記録の作成・保存及び情報の伝達を義務付け

②木材関連事業者による合法性の確認等が円滑に行われるよう、素材生産販売事業者(立木
　の伐採、販売等)に対し、当該木材関連事業者からの求めに応じて、伐採造林届出書等の
　写しの情報提供を義務付け

③合法性の確認等の情報が消費者まで伝わるよう、小売事業者を木材関連事業者へ追加

④①及び②に関し、主務大臣による指導・助言、勧告、公表、命令、命令違反の場合の罰
　則等を措置

⑤木材関連事業者が①のほか、合法伐採木材等の利用を確保するために取り組むべき措置
　として、違法伐採に係る木材等を利用しないようにするための措置等を明確化

⑥一定規模以上の川上・水際の木材関連事業者に対する定期報告の義務付け

を規定しています。

　クリーンウッド法は、合法性が確認された木材等の流通量が増大することで、結果的に
違法伐採及び違法伐採木材等の流通を抑制することを目指すものです。林野庁では、関係
者との連携の下、事業者による合法性確認の取組に対する支援やシステムの整備、国内外
における違法伐採情報の提供を行い、合法性確認の実効性の向上を図ることとしています。

　さらに、国民が木材を安心して利用できる環境が整うことで、木材需要が更に拡大する
ことが期待されます。今後、林野庁では、円滑な施行に向けた制度の普及啓発等を進め、
合法性が確認できた木材等の流通・利用を促進していくこととしています。

クリーンウッド法の改正の概要

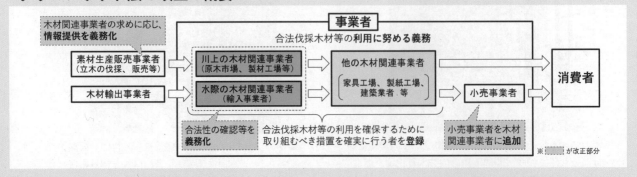

→第Ⅲ章第1節(4)を参照

3．地域一体で取り組む「デジタル林業戦略拠点」がスタート

航空レーザ測量などによる森林資源情報のデジタル化が進み、一部地域ではICTを活用した生産管理の実証が行われるなど、林業におけるデジタル技術の活用基盤は着実に進展しています。しかし、ドローンによる森林資源調査やスマホアプリによる丸太材積の計測などで取得したデータの活用がその取得者に限定されるなど、個別・分断的な取組にとどまっています。

林業イノベーション
ハブセンター(森ハブ)
https://www.rinya.maff.go.jp/j/
kaihatu/morihub/morihub.html

このため、林野庁では、令和5(2023)年度から、デジタル技術を地域一体で林業活動に活用する面的な取組を関係者が連携して進める「デジタル林業戦略拠点」の構築を推進しており、北海道、静岡県、鳥取県の3地域で取組が開始されました。デジタル林業戦略拠点では、行政機関、森林組合や林業事業者等の原木供給者、製材工場等の原木需要者に加えて、大学・研究機関、金融機関等の多様なプレイヤーから構成される地域コンソーシアムが主体となって、森林調査から原木の生産・流通に至る林業活動の複数の工程でデジタル技術を活用することとしています。地域の取組を伴走支援するため、林業イノベーションハブセンター(通称：森ハブ)からコーディネーターを派遣し、地域一丸となったデジタル技術の活用を推進しています。

また、令和5(2023)年9月に、林業イノベーションを推進するために必要な組織・人材・情報が集まる場として「森ハブ・プラットフォーム」を開設しました。令和5(2023)年11月には、キックオフイベントを開催し、会員間のマッチングや、異分野企業の林業分野への新規参入等に向けた取組に着手しました。

今後も森ハブによる支援等を活用しながら、地域の林業関係者が主体的にデジタル技術の活用を進める取組を促進していくこととしています。

令和5(2023)年度のデジタル林業戦略拠点取組地域の概要

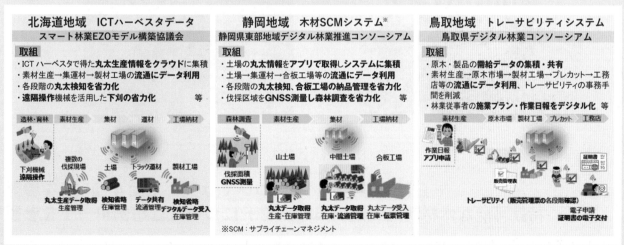

→デジタル林業戦略拠点については第Ⅱ章第1節(4)を参照
→森ハブ・プラットフォームについては第Ⅰ章第1節(3)を参照

4．G7広島サミットにおいて持続可能な森林経営・木材利用に言及

再生可能な資源である木材を、持続可能な森林経営を通じて生産・利用していくことは、カーボンニュートラルと循環経済の実現に大きく貢献します。

我が国が議長を務めた令和5（2023）年のG7では、「G7札幌気候・エネルギー・環境大臣会合」において、「違法伐採対策を含む持続可能な森林経営と木材利用の促進へのコミット」や建築部門の脱炭素化のため建築物への「木材を含む持続可能な低炭素材料等の使用向上等の重要性への認識」に言及した成果文書が採択されました[1]。さらに、「G7香川・高松都市大臣会合」においても、建築物への「木材を含む持続可能な低炭素材料の使用等の、様々な解決策の必要性」について強調・言及した成果文書が採択されました[2]。また、農林水産省は、「G7宮崎農業大臣会合」のサイドイベントとして「持続可能な木材利用によるネット・ゼロ及び循環経済の実現に向けて」を開催し、持続可能な森林経営と木材利用に関する行動をグローバルに促進することの重要性を確認・発信しました。

これらの関係閣僚会合に加えて、同年5月に開催された各国首脳が参加する「G7広島サミット」においても「持続可能な森林経営と木材利用の促進へのコミット」などが盛り込まれた成果文書が採択されました[3]。持続可能な森林経営については、従来からその重要性が共有されてきましたが、今回、それに加えて「持続可能な木材利用の促進」の重要性についても、G7で成果文書として初めて明示的に共有されました。

我が国としては、国内での木材利用を引き続き促進していくとともに、ITTO等の国際機関を通じて、ベトナム等の新興国における持続可能な木材利用促進プロジェクトを支援するなど、国際社会においても、持続可能な木材利用の重要性・必要性について積極的に発信・共有していくこととしています。

G7広島サミットでは
国産ヒノキを活用した机と椅子を利用

建築家でイェール大学教授のオルガンスキ氏が
G7宮崎農業大臣会合のサイドイベントに登壇

→G7広島サミットについては第Ⅰ章第4節（1）を参照
→持続可能な木材利用促進プロジェクトについては事例Ⅲ—1を参照

---

[1] 「G7 Climate, Energy and Environment Ministers' Communiqué(G7気候・エネルギー・環境大臣会合コミュニケ)」第10パラグラフ、第82パラグラフ

[2] 「G7 Sustainable Urban Development Ministers' Communiqué(G7都市大臣会合コミュニケ)」第20パラグラフ

[3] 「G7 Hiroshima Leaders' Communiqué(G7広島首脳コミュニケ)」第24パラグラフ

5．令和6年能登半島地震による山地災害等への対応

　令和6（2024）年1月1日、石川県能登地方を震源とするマグニチュード7.6の「令和6年能登半島地震」が発生しました。林野関係では輪島市、珠洲市等で大規模な山腹崩壊などが発生し、被害箇所数は林地荒廃78か所、治山施設40か所、林道施設等709か所、木材加工流通施設43か所、特用林産施設等90か所に上り、被害総額は約226億円に達しました。家屋の被害は11万戸に及び、過去の地震被害と同様に建築年代が古い木造建築物が倒壊又は大破しました[4]（令和6（2024）年3月31日時点）。

　林野庁では地震発生翌日から、森林管理局（近畿中国局、中部局、関東局）による被害状況のヘリコプター調査を実施しました。また、技術支援のための農林水産省サポート・アドバイスチーム（MAFF-SAT）[5]を派遣するとともに、MAFF-SAT内に林野庁及び森林管理局署の治山・林道技術者による能登半島地震山地災害緊急支援チームを編成し、石川県と連携した避難所・集落周辺の森林や治山施設等の緊急点検、復旧計画の作成等に向けた支援を行いました。さらに、目視では確認できない地形変化を確実に把握して復旧整備に反映するため、国土地理院と連携して迅速に航空レーザ測量を実施しました。

　復旧整備については、緊急に対応が必要な珠洲市2か所及び志賀町1か所の山腹崩壊について令和6（2024）年1月に災害関連緊急治山事業を採択しました。さらに、同年3月には奥能登地域の大規模な山腹崩壊箇所等について、国直轄による災害復旧等事業の実施を決定し、同年4月には石川県金沢市に「奥能登地区山地災害復旧対策室」を開設しました。

　このほか、治山・林道施設等については、MAFF-SATによる支援や全国から派遣された都道府県職員の協力の下、早期復旧に向けて、ドローン写真の活用等により効率的に災害査定を行いました。

大規模な地すべり性崩壊
（石川県輪島市・珠洲市）

　また、被災者の生活と生業（なりわい）の再建に向けた支援策として、木材加工流通施設、特用林産振興施設等の復旧・整備等への支援、災害関連資金の特例措置を講じました。

　応急仮設住宅については、石川県において、被災者のニーズに応じた住まいを確保するため、鉄骨プレハブに加え、これまでの災害時に建てられてきた長屋型の木造のほか、被災前の居住環境に近い戸建風の木造での建設が開始されています。

　林野庁では、引き続き被災状況の把握と早期復旧に向けた支援に全力で取り組むとともに、林業・木材産業等の復旧・復興を通じた被災地の復興に努めてまいります。

木造応急仮設住宅（長屋型）

---

[4] 国土交通省 国土技術政策総合研究所及び国立研究開発法人 建築研究所「令和6年能登半島地震による木造建築物被害調査報告（速報）」による。過去の地震被害を分析した例としては、「熊本地震における建築物被害の原因分析を行う委員会 報告書」（平成28（2016）年9月）において、昭和56（1981）年以前の旧耐震基準の木造住宅で倒壊が顕著に多く、新耐震基準の下で接合部の仕様等が明確化された平成12（2000）年以降の木造住宅の被害率が小さかったと報告されている。

[5] 令和5（2023）年度末時点で延べ286人を派遣。

「農林水産祭」における天皇杯等三賞の授与

　林業・木材産業の活性化に向けて、全国で様々な先進的な取組がみられます。このうち、特に内容が優れていて、広く社会の賞賛に値するものについては、毎年、秋に開催される「農林水産祭」において、天皇杯等三賞が授与されています。ここでは、令和5（2023）年度の受賞者（林産部門）を紹介します。

天皇杯　　　　　　出品財：技術・ほ場（苗ほ）

谷口 淳一 氏　北海道北斗市（ほくと）

　谷口氏は、苗木生産を先代から引き継ぎ、平成26（2014）年度からコンテナ苗生産に着手しました。令和4（2022）年度にはトドマツコンテナ苗30万本を始め約52万本を作付けしています。トドマツコンテナ苗は、下刈り作業等の軽減が期待できる大きなサイズの規格として苗長をそろえる、根鉢を生分解性不織布で包むことで輸送や植栽の際に崩れないようにするなど、技術改良を重ね、植栽する事業体から高い評価を受けています。また、合理的な土地利用や苗木生産効率を高める工夫にも取り組み、高い苗木生産能力と作業者の労働負荷の低減を実現しています。

内閣総理大臣賞　　　　　　出品財：産物（乾しいたけ）

朝香 博典 氏　静岡県伊豆市（いず）

　朝香氏は、26歳から約30年、伝統的な原木しいたけ栽培技術を発展的に継承しつつ、乾しいたけ生産量全体のわずか1％しか生産できないと言われるほど希少価値が高い最高級品「天白冬菇」（てんぱく・どんこ）を生産し続けています。藤と共生する人工ほだ場環境を整備することで天白冬菇の発生に適した自然環境に近い栽培環境を維持するとともに、独自の乾燥技術によって全国乾椎茸品評会で8回、令和に入ってからは4回連続で農林水産大臣賞を受賞するなど高品質な乾しいたけを生産しています。また、研修生の受入れや新規参入者の技術指導も行うなど後継者の育成にも力を入れています。

日本農林漁業振興会会長賞　　出品財：経営（林業経営）

有限会社下久保林業　青森県十和田市（とわだ）

　有限会社下久保林業は、農耕馬による木材等の運搬業を前身に昭和51（1976）年に設立され、積極的な事業拡大により安定的な経営基盤を築き、現在は、年間3万3千m³の素材生産を行う地域の中核的な林業事業体となっています。計画的な路網整備や高性能林業機械の導入、輸送コストの低減に向けたフルトレーラーの導入など、合理的な視点に立った投資を行っています。また、女性や若い人材の雇用に取り組むとともに、植栽から高性能林業機械の操作まで複数の業務に対応できる技術者を育成することで、生産性の向上と雇用の安定化を実現しています。

森林×脱炭素チャレンジ

「森林×脱炭素チャレンジ」における令和5(2023)年の受賞者と取組内容を紹介します。

 グランプリ(農林水産大臣賞)

和の会／株式会社明和不動産
株式会社明和不動産管理　　100 t-CO_2
小国町(熊本県)／株式会社ATGREEN
(J-クレジット部門)

　地元不動産企業等による団体、町、クレジット販売仲介者との間で、J-クレジットを活用した持続的な森林整備の推進に向けた協定を締結しています。協定の下、クレジットの売却益を活用し、豪雨により被害を受けた森林作業道の継続的な復旧を行うことで、今後の森林整備を促進し、新たなクレジット創出の可能性も生み出しています。また、間伐材を用いて制作したノベルティ品を会員に配布することで、J-クレジット購入への継続的な協力を促しています。

クレジットを創出した小国杉の森林

ノベルティ品(ティッシュケース)

優秀賞 (林野庁長官賞)

森林づくり部門(整備した森林に係るCO₂吸収量と取組内容を顕彰)

株式会社NTTドコモ
 3 t-CO_2
ICT技術を活かした森林づくりと林業への貢献

国土防災技術株式会社
 12 t-CO_2
安全・安心に暮らせる国土づくりに貢献森への早期復元を目指して

越井木材工業株式会社
 133 t-CO_2
国産材のサプライチェーンで都市と森をつなぐ

株式会社志賀郷杜栄
 55 t-CO_2
崩れにくい道づくりから繋がる地域の利益循環

住友林業株式会社
 3,137 t-CO_2
コンテナ苗の生産技術の開発と普及全国各地の再造林を促進

日本たばこ産業株式会社
 413 t-CO_2
「こんな森になってほしい」地元の方々の想いと力が支えるJTの森

美深町(北海道)
 54 t-CO_2
未来の子ども達が豊かな森と暮らすために

株式会社山形銀行
 412 t-CO_2
地域とともに成長発展するために豊かな森林づくりへの貢献

ゆめみヶ丘岸和田まちづくり協議会
 2 t-CO_2
フクロウの棲める里山へ荒廃竹林の整備とムダのない竹利用

J-クレジット部門(購入した森林由来J-クレジット量と活用内容を顕彰)

日本コカ・コーラ株式会社／日本製紙株式会社
 1,000 t-CO_2
"森と水を保全するための両社協働"社会課題に取り組み未来を共創

株式会社八葉水産／登米市(宮城県)／カルネコ株式会社
 163 t-CO_2
消費者参加型のJ-クレジット購入水産加工会社による森林整備への貢献

株式会社ロイヤリティマーケティング／北海道森林バイオマス吸収量活用推進協議会／一般社団法人more trees
 100 t-CO_2
SDGsを合言葉にアプリでつなぐ生活者と森づくり

温身平を流れる玉川(山形県小国町)

森林の整備・保全

森林の有する多面的機能を適切に発揮していくためには、間伐や主伐後の再造林等の森林整備を推進するとともに、保安林の計画的な配備、治山対策、野生鳥獣被害対策等により森林の適切な管理及び保全を推進する必要がある。また、国際的課題への対応として、持続可能な森林経営の推進、地球温暖化対策等が進められている。

本章では、森林の適正な整備・保全の推進、森林整備及び森林保全の動向や、森林に関する国際的な取組について記述する。

1．森林の適正な整備・保全の推進

（1）我が国の森林の状況と多面的機能

（我が国の森林の現状）

　我が国の森林面積はほぼ横ばいで推移しており、令和4（2022）年3月末現在で2,502万ha であり、国土面積3,780万ha[1]のうち約3分の2が森林となっている。

　我が国の森林の約4割に相当する1,009万haは人工林である。終戦直後や高度経済成長期に造林されたものが多く、その約6割が50年生を超え、本格的な利用期を迎えている（資料Ⅰ－1）。

　我が国の森林蓄積は人工林を中心に年々増加してきており、令和4（2022）年3月末現在で約56億㎥となっている。このうち人工林が約35億㎥と約6割を占めている（資料Ⅰ－2）。

　所有形態別にみると、森林面積の57%が私有林、12%が公有林、31%が国有林となっている（資料Ⅰ－3）。私有林は、総人工林面積の64%、総人工林蓄積の72%を占めている[2]。

（森林の多面的機能）

　我が国の森林は、様々な働きを通じて国民生活の安定向上と国民経済の健全な発展に寄与しており、これらの働きは「森林の有する多面的機能[3]」と呼ばれている。具体的には水源涵養機能、山地災害防止機能・土壌保全機能、保健・レクリエーション機能、文化機能、生物多様性保全機能、地球環境保全機能等から

森林の有する多面的
機能について
https://www.rinya.maff.go.jp/j/ke
ikaku/tamenteki/

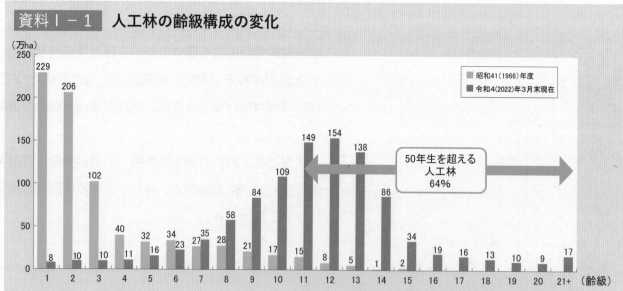

資料Ⅰ－1　人工林の齢級構成の変化

（万ha）

凡例：昭和41（1966）年度／令和4（2022）年3月末現在

50年生を超える
人工林
64%

（齢級）

注：「齢級」は、林齢を5年の幅でくくった単位。苗木を植栽した年を1年生として、1〜5年生を1齢級と数える。
資料：林野庁「森林資源の現況」（令和4（2022）年3月31日現在）、林野庁「日本の森林資源」（昭和43（1968）年4月）

---

[1] 国土地理院「令和5年全国都道府県市区町村別面積調」（令和5（2023）年10月1日現在）

[2] 林野庁「森林資源の現況」（令和4（2022）年3月31日現在）

[3] 森林の有する多面的機能について詳しくは、「平成25年度森林及び林業の動向」第Ⅰ章第1節（1）-（2）8-18ページを参照。

なる公益的機能と、木材等生産機能がある。

水源涵養機能とは、森林土壌の働きによる洪水の緩和、河川流量維持、水質の浄化等の機能のことである。

山地災害防止機能・土壌保全機能とは、樹木の樹冠や下草、落葉等が土壌を雨滴から保護することで侵食を防ぎ、樹木の根が土砂や岩石を固定することで土砂の流出や崩壊を防ぐ機能のことである。

保健・レクリエーション機能とは、安らぎや癒し、行楽、スポーツの場を提供する機能のことである。

文化機能とは、文化的価値のある景観や歴史的風致を構成し、文化財等に必要な用材等を供給する機能のことである。

生物多様性保全機能とは、希少種を含む多様な生物の生育・生息の場を提供する機能のことである。

地球環境保全機能とは、樹木が大気中の二酸化炭素を吸収し、立木や木材として固定するとともに、バイオマス燃料として化石燃料を代替することなどにより地球温暖化防止に貢献する機能のことである。

木材等生産機能とは、木材やきのこ等の林産物を産出・供給する機能のことである。

内閣府が令和5（2023）年10月に実施した「森林と生活に関する世論調査」において、森林の有する多面的機能のうち森林に期待する働きについて尋ねたところ、地球温暖化防止、山地災害防止、水源涵養と回答した者の割合が多かった（資料Ⅰ－4）。

（SDGsや2050年カーボンニュートラル、GXに貢献する森林・林業・木材産業）

地球環境や社会・経済の持続性への危機意識を背景に持続可能な開発目標（SDGs）に対する注目が高まっている。SDGsでは、17の目標の中の一つに「持続可能な森林の経営」を含む目標（目標15）が掲げられているなど、森林の多面的機能がSDGsの様々な目標の達成に貢献している。

また、SDGsでは気候変動への対策も目標として掲げられている（目標13）。我が国は令和32（2050）年までに温室効果ガスの排出を全体としてゼロにする2050年カーボンニュートラルの実現を目指しており、大気中の温室効果ガスの吸収源としての森林の役割に期待が寄せられている。我が国の令和4（2022）年度の二酸化炭素吸収量のうち、森林の吸収量は約9割を占めている（資料Ⅰ－5）。これには森林を伐採して搬

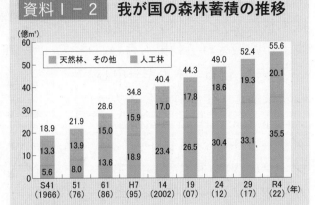

資料Ⅰ－2 我が国の森林蓄積の推移

注：昭和41（1966）年は昭和41（1966）年度、昭和51（1976）～令和4（2022）年は各年3月31日現在の数値。
資料：林野庁「森林資源の現況」（令和4（2022）年3月31日現在）

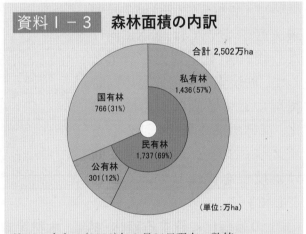

資料Ⅰ－3 森林面積の内訳

注1：令和4（2022）年3月31日現在の数値。
　2：計の不一致は四捨五入による。
資料：林野庁「森林資源の現況」（令和4（2022）年3月31日現在）

森林×SDGs
https://www.rinya.maff.go.jp/j/kikaku/genjo_kadai/SDGs_shinrin.html

出した木材に由来する製品(伐採木材製品)という形で長期間炭素が貯蔵される効果も含む。

さらに、化石エネルギー中心の産業構造・社会構造をクリーンエネルギー中心へ転換するグリーントランスフォーメーション(GX)を通じて、2050年カーボンニュートラルやエネルギー需給構造の転換、産業・社会構造の変革を目指すこととしており、「脱炭素成長型経済構造移行推進戦略(GX推進戦略)」(令和5(2023)年7月閣議決定)においては、GXに向けた今後10年を見据えた取組として、脱炭素と経済成長の同時実現に資する吸収源の機能強化、森林由来の素材を活かしたイノベーションの推進等に向けた投資を促進していくこととしている。

(国土の強靱化に資する森林・林業・木材産業)

我が国は、国土の地理的・地形的・気象的な特性ゆえに、数多くの災害に繰り返しさいなまれてきたことから、災害に対する国全体の強靱性を向上させることが重要となっている。このため、人命の保護や国民の財産及び公共施設に係る被害の最小化、迅速な復旧復興等が図られるよう、安全・安心な国土・地域・経済社会の構築に向けた「国土の強靱化」を推進することとしており、森林・林業・木材産業も大きな役割を有している。

国土強靱化に関する国の計画等の指針となる国土強靱化基本計画(令和5(2023)年7月閣議決定)では、流域治水と連携しながら、きめ細かな治山ダムの配置等により、土砂流出の抑制等を図るとともに、間伐や主伐後の再造林の確実な実施、災害に強く代替路にもなる林道の開設・改良、重要インフラ周辺の森林整備を推進することとしている。また、地域住民等が一体となった森林の保全管理や山

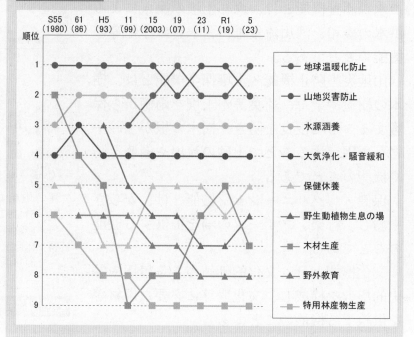

資料Ⅰ－4　**森林に期待する働きの変遷**

注1：回答は、選択肢の中から複数回答。
　2：選択肢は、特にない、わからない、その他を除き記載している。
資料：総理府「森林・林業に関する世論調査」(昭和55(1980)年)、「みどりと木に関する世論調査」(昭和61(1986)年)、「森林とみどりに関する世論調査」(平成5(1993)年)、「森林と生活に関する世論調査」(平成11(1999)年)、内閣府「森林と生活に関する世論調査」(平成15(2003)年、平成19(2007)年、平成23(2011)年、令和元(2019)年、令和5(2023)年)に基づいて林野庁企画課作成。

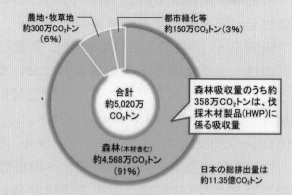

資料Ⅰ－5　**我が国の二酸化炭素吸収量(令和4(2022)年度)**

農地・牧草地 約300万CO₂トン(6%)
都市緑化等 約150万CO₂トン(3%)
合計 約5,020万CO₂トン
森林吸収量のうち約358万CO₂トンは、伐採木材製品(HWP)に係る吸収量
森林(木材含む) 約4,568万CO₂トン(91%)
日本の総排出量は約11.35億CO₂トン

注1：計の不一致は四捨五入による。
　2：吸収源活動による二酸化炭素吸収量を計上しており、森林については、平成2(1990)年以降に間伐等の森林経営活動等が行われている森林の二酸化炭素吸収量を計上。
資料：国立研究開発法人国立環境研究所「2022年度の温室効果ガス排出・吸収量」に基づいて林野庁森林利用課作成。

村活性化の取組等により地域の森林の整備を行うとともに、森林被害を防止するための鳥獣害対策の推進や、CLT[4]（直交集成板）等の建築用木材の供給・利用を促進し、森林の国土保全機能の維持・発揮を推進することとしている。

（2）森林の適正な整備・保全のための森林計画制度

（ア）森林・林業基本計画

（森林・林業施策の基本的な方向を明示）

森林・林業基本計画
https://www.rinya.maff.go.jp/j/kikaku/plan/

　政府は森林・林業基本法に基づき、森林及び林業に関する施策の総合的かつ計画的な推進を図るため、森林・林業基本計画を策定し、おおむね5年ごとに見直すこととしている。森林・林業基本計画（令和3（2021）年6月閣議決定）では、新技術を活用した「新しい林業」の展開や、木材産業の競争力の強化などに取り組むこととしており、間伐や再造林等により森林の適正な管理を図りながら、森林資源の持続的な利用を一層推進して引き続き林業・木材産業の成長産業化に取り組むことにより、2050年カーボンニュートラルに寄与する「グリーン成長」を実現していくこととしている。

（森林の有する多面的機能の発揮並びに林産物の供給及び利用に関する目標）

　森林・林業基本計画では、森林の整備・保全や林業・木材産業等の事業活動等の指針とするため、「森林の有する多面的機能の発揮」並びに「林産物の供給及び利用」に関する目標を定めている。

　「森林の有する多面的機能の発揮」の目標では、5年後、10年後及び20年後の目標とする森林の状態を示しており、これに向けた森林の誘導の方向として、自然的・社会的条件の良い森林については育成単層林として整備を進めるとともに、急斜面の森林や林地生産

資料Ⅰ-6 森林・林業基本計画における森林の有する多面的機能の発揮に関する目標				
	令和2年	目標とする森林の状態		
		令和7年	令和12年	令和22年
森林面積（万ha）				
育成単層林	1,010	1,000	990	970
育成複層林	110	130	150	190
天然生林	1,380	1,370	1,360	1,340
合　　計	2,510	2,510	2,510	2,510
総蓄積（百万㎥）	5,410	5,660	5,860	6,180
ha当たり蓄積（㎥/ha）	216	225	233	246
総成長量（百万㎥/年）	70	67	65	63
ha当たり成長量（㎥/ha年）	2.8	2.7	2.6	2.5

注1：森林面積は、10万ha単位で四捨五入している。
　2：目標とする森林の状態は、令和2（2020）年を基準として算出している。
　3：令和2（2020）年の値は、令和2（2020）年4月1日の数値である。
資料：「森林・林業基本計画」（令和3（2021）年6月）

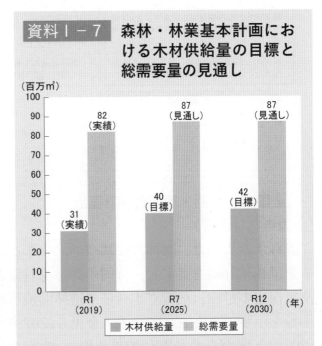

資料Ⅰ-7　森林・林業基本計画における木材供給量の目標と総需要量の見通し

（百万㎥）

- R1（2019）：木材供給量 31（実績）、総需要量 82（実績）
- R7（2025）：木材供給量 40（目標）、総需要量 87（見通し）
- R12（2030）：木材供給量 42（目標）、総需要量 87（見通し）

凡例：■木材供給量　□総需要量

注：令和元（2019）年の値は、実績の数値である。
資料：「森林・林業基本計画」（令和3（2021）年6月）

---

[4]　「Cross Laminated Timber」の略。一定の寸法に加工されたひき板（ラミナ）を繊維方向が直交するように積層接着したもの。

力の低い育成単層林等については、自然条件等を踏まえつつ育成複層林としていくこととしている(資料Ⅰ−6)。「林産物の供給及び利用」の目標では、10年後(令和12(2030)年)における国産材と輸入材を合わせた木材の総需要量を8,700万㎥と見通した上で、国産材の供給量及び利用量の目標を令和元(2019)年の実績の約1.4倍に当たる4,200万㎥としている(資料Ⅰ−7)。

(森林及び林業に関し、政府が総合的かつ計画的に講ずべき施策)

　森林・林業基本計画では、森林及び林業に関し、政府が総合的かつ計画的に講ずべき施策として、①森林の有する多面的機能の発揮に関する施策、②林業の持続的かつ健全な発展に関する施策、③林産物の供給及び利用の確保に関する施策、④国有林野の管理経営に関する施策、⑤その他横断的に推進すべき施策を定めている(資料Ⅰ−8)。

資料Ⅰ−8　森林・林業基本計画のポイント

森林の有する多面的機能の発揮に関する施策

・森林計画制度の運用を見直し、適正な伐採更新を確保(伐採造林届出制度見直しと指導等の強化など)
・優良種苗の生産体制の整備、エリートツリー等を活用した低コスト造林、野生鳥獣被害対策等を推進
・間伐・再造林の推進により、森林吸収量を確保・強化(間伐等特措法)
・森林環境譲与税を活用した針広混交林化、希少な森林生態系の保護管理
・国土強靱化5か年加速化対策に基づき、治山事業を推進
・災害発生形態の変化に応じ、きめ細かな治山ダムの配置、森林土壌の保全強化、流木対策、規格構造の高い林道整備を推進
・農林複合的な所得確保、広葉樹、キノコ等の地域資源の活用、農林地の管理利用の推進
・森林サービス産業の推進、関係人口の拡大
・植樹など国民参加の森林づくり等を推進

林業の持続的かつ健全な発展に関する施策

・長期にわたる持続的な経営ができる林業経営体を育成
・生産性や安全性を抜本的に改善する「新しい林業」を展開
　・エリートツリーによる低コスト造林と収穫期間の短縮
　・自動操作機械等による省力化・軽労化
・担い手となる林業経営体の育成
　・経営管理権の設定等による長期的な経営の確保
　・法人化・協業化、林産複合型経営体など経営基盤の強化
　・経営プランナー育成など経営力の強化　等
・人材の育成確保(新規就業者への支援、段階的な人材育成)
・林業従事者の労働環境の改善(他産業並所得の確保、能力評価、労働安全対策の強化)

林産物の供給及び利用の確保に関する施策

・原木の安定供給(ICT導入等による商物分離、サプライチェーン・マネジメントの推進)
・木材産業の競争力強化
　[国際競争力の強化]
　JAS・KD材、集成材等の低コスト供給体制の整備、工場間連携・再編等による規模拡大
　[地場競争力の強化]
　板材・平角など多品目生産に向けた施設の切替え、大径材の活用
　[JAS製品の供給促進]
　JAS製品の生産・利用に向けた条件整備、関係者によるJAS手数料水準のあり方、瑕疵保証制度の検討等を促進
　[その他]
　横架材など国産材比率の低い分野、家具等への利用促進
・都市等における木材利用の促進(耐火部材やCLT等の民間非住宅分野への利用等)
・木材等の輸出促進、木質バイオマスの利用(熱電利用、資源の持続的な利用)

国有林野の管理経営に関する施策

・国土保全など公益的機能の維持増進、林産物の持続的・計画的な供給、国有林野の活用による地域産業の振興と住民福祉の向上
・上記への寄与を目標とし、国有林野の管理経営を推進

その他横断的に推進すべき施策

・デジタル化(森林クラウドの導入、木材のICT生産流通管理、林業DX等)
・コロナ対応(需要急減時の生産調整・造林への振替、在宅勤務に対応したリフォーム需要の取り込み)
・東日本大震災からの復興・創生、「みどりの食料システム戦略」と調和

(イ)全国森林計画・地域森林計画等

(全国森林計画等)

　農林水産大臣は、森林法に基づき、5年ごとに15年を一期とする全国森林計画を策定し、全国の森林を対象として、森林の整備及び保全の目標、伐採立木材積や造林面積等の計画量、施業の基準等を示すこととされている。令和5(2023)年10月には、令和6(2024)年度から令和20(2038)年度までの15年間を計画期間とする新たな全国森林計画が策定された。

　新たな全国森林計画では、盛土等の安全対策の適切な実施、木材合法性確認の取組強化、花粉発生源対策の加速化等の記述が追加されたほか、伐採立木材積や造林面積等の各種計

森林計画制度
https://www.rinya.maff.go.j
p/j/keikaku/sinrin_keikaku/

画量について、新たな計画期間に応じた見直しが行われた（資料Ⅰ－9）。

また、農林水産大臣は、全国森林計画の作成と併せて5年ごとに森林整備保全事業計画を定めることとされており、令和5（2023）年度には、現行計画に定める成果指標の達成状況を検証しつつ、令和6（2024）年度から令和10（2028）年度までの5年間を計画期間とする次期計画の検討を行った。

（地域森林計画等）

森林法に基づき、全国森林計画に即して全国158の森林計画区（流域）ごとに、都道府県知事は地域森林計画を、森林管理局長は国有林の地域別の森林計画を、それぞれ立てることとされており、各計画において地域の特性を踏まえた森林の整備及び保全の目標並びに森林の区域（ゾーニング）及び伐採等の施業方法の考え方が提示されている。また、市町村長は地域森林計画に適合して市町村森林整備計画を立てることとされており、全国森林計画と地域森林計画で示された水源涵養機能や木材等生産機能などの森林の機能の考え方等を踏まえながら、重視すべき機能に応じて各市町村が主体的に設定したゾーニングや、路網の計画を図示している。

資料Ⅰ－9　全国森林計画における計画量

区分		計画量
伐採立木材積（百万㎥）	主伐	545
	間伐	344
	計	889
造林面積（千ha）	人工造林	1,375
	天然更新	792
林道開設量	（千km）	15
保安林面積	（千ha）	13,062
治山事業施行地区数	（百地区）	336
間伐面積（参考）	（千ha）	5,886

注1：計画量のうち、「保安林面積」は計画期末（令和20（2038）年度末）の面積。それ以外は、計画期間（令和6（2024）年4月1日～令和21（2039）年3月31日）の総量。
2：「治山事業施行地区数」とは、治山事業を実施する箇所について、尾根や沢などの地形等により区分される森林の区域を単位として取りまとめた上、計上したものである。
資料：「全国森林計画」（令和5（2023）年10月策定）

（3）研究・技術開発及び普及の推進

（研究・技術開発のための戦略及び取組）

林野庁では、森林・林業・木材産業分野の課題解決に向けて、研究・技術開発における対応方向及び研究・技術開発を推進するために一体的に取り組む事項を明確にすることを目的として、「森林・林業・木材産業分野の研究・技術開発戦略」をおおむね5年ごとに策定している。令和4（2022）年3月に策定された同戦略では、高度なセンシング技術等の応用による造林・育林作業の省力化・低コスト化、花粉発生源対策や気候変動適応等に対応した優良品種の開発、気候変動が国内外の森林・林業に及ぼす影響の予測、我が国の森林吸収量算定手法の改善に資するモニタリング技術の高度化、CLTの更なる利活用技術の開発、改質リグニンやCNF（セルロースナノファイバー）[5]等の用途開発や製造技術の高度化、森林における放射性セシウムの動態解明と予測技術の高度化等の研究・技術開発を推進することとしている。

（林業イノベーションの推進）

林野庁は、森林資源調査から木材の生産・流通・利用に至る分野の課題解決に向けて、令和4（2022）年7月にアップデートした「林業イノベーション現場実装推進プログラム」（令和元（2019）年12月策定）に基づき、令和7（2025）年までのタイムラインに沿って、情報

---

[5] 改質リグニンやCNFについては、第Ⅲ章第2節（3）139-140ページを参照。

通信技術(ICT)等を活用した森林資源管理や生産管理等の実証・普及、林業機械の自動化・遠隔操作化技術の開発・実証、改質リグニンを活用した材料開発等に取り組んでいる。

　また、同プログラムを着実に進めるため、令和3(2021)年から林業イノベーションハブセンター[6](通称：森ハブ)を設置している。森ハブでは、令和5(2023)年6月から、デジタル林業戦略拠点に対するコーディネーター派遣等の伴走支援を開始し、同年9月には、林業イノベーションを推進するために必要な組織・人材・情報が集まる場として「森ハブ・プラットフォーム」を開設した。

(「グリーン成長戦略」や「みどりの食料システム戦略」による取組)

　政府は、「2050年カーボンニュートラルに伴うグリーン成長戦略」(令和2(2020)年12月策定)において、成長が期待される産業(14分野)ごとに高い目標を掲げて2050年カーボンニュートラルの実現を目指す実行計画を示している。食料・農林水産業分野はその一つに位置付けられており、スマート農林水産業等の実装の加速化による化石燃料起源の二酸化炭素のゼロエミッション化、森林及び木材・農地・海洋における炭素の長期・大量貯蔵の技術確立等に取り組んでいく必要があるとされている。

　林野庁では、同戦略に基づいて造成されたグリーンイノベーション基金を活用し、高層建築物等の木造化をより一層進めるため、縦・横の両方向に同等の強度を有し設計の自由度を高めることに資する新たな大断面部材の開発等を推進している。また、農林水産省は「みどりの食料システム戦略」(令和3(2021)年5月策定)において、第2世代精英樹[7](エリートツリー)等の開発・普及、自動化林業機械の開発等を進めることとしている。

(林業普及指導事業の実施等)

　各都道府県に設置された林業普及指導員は、林業普及指導事業として、関係機関等との連携の下、地域全体の森林の整備・保全や林業・木材産業の成長産業化を目指した総合的な視点に立ち、森林所有者や林業従事者、これらの後継者、市町村の担当者等に直に接して、森林・林業に関する技術及び知識の普及や、森林の施業等に関する指導等を行っている。林業普及指導員には、林業普及指導員資格試験の合格者等資格を有する者が任命されており、令和5(2023)年4月現在、全国で活動する林業普及指導員は1,236名となっている。また、林業普及指導事業の効果的な推進を図るため、森林整備や林業経営等の各分野において先進的な技術や知識を有している林業研究グループ等の人材を林業普及指導協力員とするなど、関係組織等との役割分担や連携強化が進められている。

　さらに、林野庁では、森林・林業に関する専門知識・技術について一定の資質を有する「森林総合監理士(フォレスター)」の育成を進めている。森林総合監理士は、長期的・広域的な視点に立って地域の森林づくりの全体像を示すとともに、市町村森林整備計画の策定等の市町村行政を技術的に支援し、また、施業集約化を担う「森林施業プランナー」等に対し指導・助言を行う人材である。林野庁では、森林総合監理士を目指す技術者の育成を図るための研修や、森林総合監理士の技術水準の向上を図るための継続教育等を行っている。なお、令和6(2024)年3月末現在で、都道府県職員や国有林野事業の職員を中心とした1,686名が森林総合監理士として登録されている(事例Ⅰ−1)。

---

[6] 産学官の様々な知見者等の参画により、異分野の技術探索や先進技術方策の検討・実施などを行う組織。

[7] 国立研究開発法人森林研究・整備機構が成長や材質等の形質が良い精英樹同士の人工交配等を行って得られた個体の中から成長等がより優れたものを選抜して得られた精英樹のこと。

森林総合監理士・林業普及指導員の取組

（1）愛媛県の取組

　愛媛県南予地域では、市町、林業事業体ともに人手不足の中、森林経営管理法に基づく新たな森林管理システムを推進するため、３市町が一般社団法人南予森林管理推進センターを設置するとともに、県と国（森林管理局）の森林総合監理士が連携して、県の林業普及指導員の協力も得て同センターを支援している。森林GISを活用した施業履歴情報や森林所有者への意向調査情報などの関連情報の一元化に取り組んでおり、市町や林業事業体の施業集約化の推進や労務の軽減につながるものと期待されている。

　また、ドローンを活用した森林計測によって得られた森林資源状況を表す各因子を点数化し、その組合せにより林業経営の適・不適や間伐の要否を判定する「森林区分判定システム」を林業普及指導員が試作した。林業事業体への個別指導や技術研修会においてその活用を提案しており、専門的な知識や技術、人手を要する標準地調査に代わるものとして期待されている。

（2）山口県の取組

　山口県の萩市川上地域では、平成30(2018)年度から、県の森林総合監理士が森林組合及び市に働き掛けて、地域の実情と課題を整理し、地域全体の目標（木材供給量、再造林面積等）を達成するために必要な基本方針を取りまとめた。同時に、計画的・継続的な森林整備の実施のため集約化を行い、主伐・再造林等の森林整備を集中的に行う「森林団地」を約231ha設定した。取組を継続した結果、計画していたトラック道580mを令和５(2023)年度までに全線整備できたほか、当該地区の主伐・再造林を６年間で約24ha実施する計画に対して令和５(2023)年度までの３年間で約７ha実施した。今後は整備したトラック道を活用し、計画した主伐・再造林を着実に実行することとしている。

森林区分判定システムを説明する林業普及指導員
（愛媛県）

森林団地での主伐実施
（山口県）

２．森林整備の動向

（１）森林整備の推進状況

（森林整備による健全な森林づくりの必要性）

　森林の有する多面的機能の適切な発揮に向けては、間伐や主伐後の再造林等を着実に行いつつ、森林資源の適切な管理・利用を進めることが必要である。また、自然条件等に応じて、複層林化[8]、長伐期化[9]、針広混交林化や広葉樹林化[10]を推進するなど、多様で健全な森林へ誘導することも必要となっている。

　特に、山地災害防止機能・土壌保全機能を発揮させるためには、樹冠や下草が発達し、樹木の根が深く広く発達した森林とする必要がある。このため、植栽、保育、間伐等の森林整備を適切に行う必要がある。

（地球温暖化対策としての森林整備の必要性）

　我が国におけるパリ協定下の森林吸収量の目標（令和12(2030)年度で約3,800万CO_2トン（平成25(2013)年度総排出量比約2.7%)）達成や、2050年カーボンニュートラルの実現への貢献のため、森林吸収量の確保・強化が必要となっている。

　他方、我が国の人工林は、高齢林の割合が増え、二酸化炭素吸収量は減少傾向にあるとともに、主伐後の再造林が進んでいないことも課題となっている（資料Ⅰ－10）。

　このため、全国森林計画（令和5(2023)年10月閣議決定）に基づく伐採及び伐採後の再造林を着実に進めていくこととしているほか、「森林の間伐等の実施の促進に関する特別措置法」（以下「間伐等特措法」という。）により、間伐等の実施や成長に優れた種苗の母樹（特定母樹[11]）の増殖を促進するとともに、特定母樹から採取された種穂から育成された苗木（特定苗木）を積極的に用いた再造林を推進している。

（森林整備の実施状況）

　林野庁では森林整備事業により、森林所有

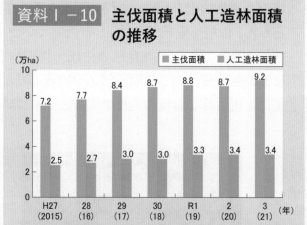

資料Ⅰ－10　主伐面積と人工造林面積の推移

（万ha）

凡例：主伐面積　人工造林面積

年	主伐面積	人工造林面積
H27(2015)	7.2	2.5
28(16)	7.7	2.7
29(17)	8.4	3.0
30(18)	8.7	3.0
R1(19)	8.8	3.3
2(20)	8.7	3.4
3(21)	9.2	3.4

注：「主伐面積」のうち民有林分については、林野庁「木材需給表」の木材供給量のうち国内生産量を基に推計したもの。

資料：「主伐面積」のうち、民有林分は林野庁計画課調べ、国有林分は林野庁「国有林野事業統計書」及び林野庁業務課調べ。「人工造林面積」は林野庁整備課・業務課調べ。

---

[8] 針葉樹一斉人工林を帯状、群状等に択伐し、その跡地に人工更新する等により、複数の樹冠層を有する森林を造成すること。

[9] 従来の単層林施業が40～50年程度以上で主伐（皆伐等）することを目的としていることが多いのに対し、これのおおむね2倍に相当する林齢以上まで森林を育成し主伐を行うこと。

[10] 針葉樹一斉人工林を帯状、群状等に択伐し、その跡地に広葉樹を天然更新等により生育させることにより、針葉樹と広葉樹が混在する針広混交林や広葉樹林にすること。

[11] エリートツリー等のうち、成長や雄花着生性等の基準を満たすものを「特定母樹」として指定。

者等による間伐や再造林、路網整備等を支援するとともに、国有林野事業においては、間伐や再造林、針広混交林化等の多様な森林整備を実施している[12]。また、国立研究開発法人森林研究・整備機構では、水源林造成事業により奥地水源地域の保安林を対象として、森林の造成等を実施している。

このような取組の結果、令和4 (2022)年度の主な森林整備の実施状況は、人工造林面積が3.3万haであったほか、保育等の森林施業を行った面積が47万ha、うち間伐の面積が33万haであった(資料Ⅰ-11)。

林野庁は、令和3 (2021)年度から令和12(2030)年度までに、年平均で人工造林7万ha、間伐45万haとする目標を設定している。

資料Ⅰ-11 森林整備の実施状況 (令和4 (2022)年度)			
			(単位：万ha)
作業種	民有林	国有林	計
人工造林	2.4	0.9	3.3
保育等の森林施業	33	14	47
うち間伐	24	9	33

注：間伐実績は、森林吸収源対策の実績として把握した数値である。
資料：林野庁整備課・業務課調べ。

(適正な森林施業の確保等のための措置)

森林の立木の伐採行為の実態や伐採後の森林の更新状況を把握することは、適正な森林施業の確保を図る上で重要となるため、森林所有者等が立木の伐採を行おうとするときは、あらかじめ、市町村長に対して伐採及び伐採後の造林の届出を行うこととされている。林野庁では、令和4 (2022)年9月に、適正な伐採と更新の確保を一層図るため、権利関係や境界関係等を確認できる添付書類を規定する伐採造林届出制度の見直しを行い、令和5 (2023)年4月から運用を開始している。

また、無断伐採の未然防止を図るため、衛星画像を活用して伐採状況をインターネット上で把握するシステムを令和4 (2022)年6月から全都道府県・市町村に提供するなど、関係機関と連携した対策に取り組んでいる。

(造林適地の選定)

林野庁では、自然的・社会的条件等を勘案し再造林を行うべき森林のゾーニングを促進している。具体的には、市町村森林整備計画における「特に効率的な施業が可能な森林の区域」や、間伐等特措法に基づく、特定苗木を積極的に用いた再造林を計画的かつ効率的に推進する「特定植栽促進区域」の設定を促進している。

さらに、都道府県や市町村が造林適地を適切にゾーニングし、これらの区域設定や路網計画の効率的な策定につなげられるよう、ICT等の新たな技術を活用した補助ツールの開発・普及に取り組んでいる。なお、令和7 (2025)年度までに補助ツール等を活用した造林適地の判別が全都道府県で行われることを目標としている。

(2)優良種苗の安定的な供給
(優良種苗の安定供給)

我が国の人工林は本格的な利用期を迎えており、主伐の増加が見込まれる中、再造林に必要な苗木の安定供給が一層重要となっている。令和4 (2022)年度の苗木の生産量は、約6,700万本とな

特定母樹
https://www.rinya.maff.go.jp/j/kanbatu/kanbatu/boju.html

---

[12] 国有林野事業の具体的取組については、第Ⅳ章第2節(1)168-173ページを参照。

り、このうち約5割をコンテナ苗[13]が占めるようになっている(資料Ⅰ-12)。また、苗木生産事業者数は、全国で855となっている[14]。

(成長等に優れた苗木の供給に向けた取組)

国立研究開発法人森林研究・整備機構では、収量の増大と造林・保育の効率化に向けて、林木育種によりエリートツリーの選抜が行われており、更に改良を進めるため、エリートツリー同士を交配した次世代の精英樹の開発も進められている。

間伐等特措法に基づき、成長や雄花着生性等に関する基準[15]を満たすものが特定母樹に指定されており、令和6(2024)年3月末現在、538種類(うちエリートツリー368種類)が指定されている(資料Ⅰ-13)。林野庁では、特定母樹を増殖する事業者の認定や採種園・採穂園の整備を推進している。

また、特定苗木は、従来の苗木と比べ成長に優れることから、下刈り期間の短縮による育林費用の削減及び伐期の短縮による育林費用回収期間の短縮とともに、二酸化炭素吸収量の向上も期待される。

農林水産省は、「みどりの食料システム戦略」において、特定苗木の活用を、令和12(2030)年までに苗木生産量の3割[16]、令和32(2050)年までに9割とする目標を設定している。

令和4(2022)年度(2022年秋から2023年夏まで)の特定苗木の生産本数は、スギが九州を

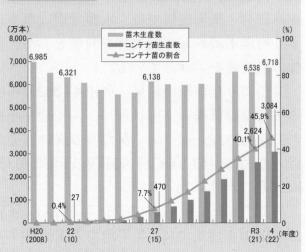

資料Ⅰ-12　苗木の生産量の推移

資料：林野庁整備課調べ。

資料Ⅰ-13　特定母樹の指定状況

(単位：種類)

育種基本区	スギ	ヒノキ	カラマツ	トドマツ	計
北海道			3	32	35
東北	106		23		129
関東	89	48	72		209
関西	71	50			121
九州	39	5			44
計	305 (176)	103 (67)	98 (96)	32 (29)	538 (368)

注1：令和6(2024)年3月末現在。
　2：( )内の数字は特定母樹に指定されたエリートツリーの種類数。
　3：「カラマツ」にはグイマツ(北海道の1種類)を含む。
資料：林野庁研究指導課調べ。

資料Ⅰ-14　令和4(2022)年度特定苗木の樹種別生産実績

(単位：万本)

	スギ	うち特定苗木	ヒノキ	うち特定苗木	カラマツ	うち特定苗木	グイマツ	うち特定苗木	その他	合計	うち特定苗木
樹種別生産実績	3,004	(464)	774	(0)	1,731	－	152	(57)	1,057	6,718	(521)

資料：林野庁整備課調べ(令和4(2022)年度(2022年秋～2023年夏))。

[13] コンテナ苗については、第Ⅱ章第1節(4)102ページを参照。

[14] 林野庁整備課調べ。

[15] 成長量が同様の環境下の対照個体と比較しておおむね1.5倍以上、材の剛性や幹の通直性に著しい欠点がなく、雄花着生性が一般的なスギ・ヒノキのおおむね半分以下等。

[16] 林野庁では、3,000万本程度を想定。

中心とした13県で464万本、グイマツ（クリーンラーチ[17]）が北海道で57万本、合計が521万本となっており、苗木生産量の約8％となっている（資料Ⅰ－14）。

（3）路網の整備

（路網整備の現状と課題）

　路網は、間伐や再造林等の施業を効率的に行うとともに、木材を安定的に供給するために重要な生産基盤であり、林野庁では、役割に応じて林道（林道及び林業専用道）と森林作業道に区分している（資料Ⅰ－15）。我が国においては、地形が急峻で、多種多様な地質が分布しているなど厳しい条件の下、路網の整備を進めてきたところであり、令和4（2022）年度末の総延長は41.0万km、路網密度は24.1m/haとなっている[18]。

　しかし、相対的に開設コストの低い森林作業道に比べ、10トン積以上のトラックが通行できる林道の整備が遅れている。木材流通コストの低減を図るためには、大型車両により効率的に木材を運搬することが重要であり、大型の高性能林業機械の運搬等のためにも幹線となる林道の整備を進めていくことが不可欠である。

　また、山地災害が激甚化する中で、災害に強い路網の整備が求められており、開設から維持管理までのトータルコストも考慮して、強靱な路網の開設に加え、排水施設の設置等の路網の改良を行うなど、新設・既設の双方について必要な整備を進めることが重要である（事例Ⅰ－2）。

（望ましい路網整備の考え方）

　森林・林業基本計画では、傾斜や作業システムに応じ、林道と森林作業道を適切に組み合わせた路網の整備を引き続き推進するとともに、災害の激甚化や走行車両の大型化等への対応を踏まえた路網の強靱化・長寿命化を図ることとしている。

資料Ⅰ－15　路網整備における路網区分及び役割

林道

○林道（効率的な森林の整備や地域産業の振興等を図る道）
・主に森林施業を行うために利用される恒久的施設（不特定多数の者も利用可能）
・木材運搬のためのトラック（20トン積トラック等）に加え、一般車両の通行も想定
・森林整備の基盤はもとより災害時の代替路など地域インフラ等となる骨格的な道

○林業専用道（主として間伐や造林等の森林施業の用に供する林道）
・専ら森林施業を行うために利用される恒久的施設
・10トン積トラックや林業用車両の走行を想定
・木材等の安全・円滑な運搬が可能な規格・構造を有する丈夫な道

○森林作業道（導入する作業システムに対応し、森林整備を促進する道）
・森林所有者や林業事業体が森林施業を行うために利用
・主として林業機械（2トン積程度のトラックを含む）の走行を想定
・経済性を確保しつつも繰り返しの使用に耐える丈夫な道

資料Ⅰ－16　林内路網の現状と整備の目安

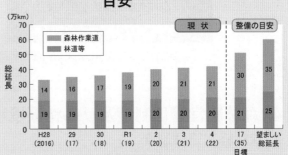

注：林道等には、森林作業道のうち「主として木材輸送トラックが走行可能な高規格の作業道」を含む。
資料：「現状」は林野庁整備課調べ。「整備の目安」は森林・林業基本計画（令和3（2021）年6月閣議決定）の参考資料。

---

[17] 強度があるグイマツ特定母樹「中標津5号」と成長の早いカラマツ精英樹の掛け合わせにより得られた、強度があり成長の早い特性を併せ持つグイマツF1世代の総称。
[18] 林野庁整備課調べ。

　また、同計画では、林道等の望ましい総延長の目安を25万km程度とした上で、令和17(2035)年までに21万kmを目安に整備するとともに、改築・改良により質的向上を図ることで、大型車両が安全に通行できる林道の延長を7,000kmまで増やしていくこととしている(資料Ⅰ−16)。

(路網整備を担う人材育成)

　路網整備には、路網ルートの設定や設計・施工に高度な知識・技能が必要であり、林野庁や都道府県等では、ICT等の先端技術を活用した路網設計等ができる技術者や、路網整備の現場で指導的な役割を果たす人材の育成を目的とした研修を実施している。

事例Ⅰ−2　災害リスクに備えた林道の整備

　福井県福井市の国山町(くにやまちょう)集落は豊富な森林が存在する丹生(にゅう)山地に位置しており、木材の効率的な生産が求められていた。一方で、集落周辺には山地災害危険地区が複数設定されていたことから、森林の公益的機能発揮のために上流部において森林整備を実施する必要があった。また、集落外に通じる県市道が限られていたことから、土砂崩れや河川氾濫により県市道が被災した際に孤立するリスクにさらされていた。こうした状況を踏まえ、福井市は昭和60(1985)年度から令和4(2022)年度にかけて総延長約10kmの林道「越前西部四号線」を整備した。その結果、沿道の森林819haにおいて、効率的な木材生産や公益的機能発揮のための森林整備が可能となったほか、災害時には代替路として機能することで地域の防災力の強化に貢献している。

　また、この林道は大雨などの災害に強い林道となるよう十分に配慮して側溝や横断溝などの排水施設が配置されている。

令和4(2022)年度に開通した越前西部四号線

越前西部四号線に設置された横断溝

---

(4)森林経営管理制度及び森林環境税・森林環境譲与税

(ア)森林経営管理制度

(制度の概要)

　これまで、私有林では、森林経営計画の作成を通じて施業の集約化を推進してきたが、所有者不明や境界不明確などにより、民間の取組だけでは事業地を確保することが困難になりつつあり、森林整備が進みにくい状況となっている。このような中、平成31(2019)年4月に、森林経営管理法が施行され、市町

森林経営管理制度
(森林経営管理法)について
https://www.rinya.maff.go.jp/j/keikaku/keieikanri/sinrinkeieikanriseido.html

村が主体となって森林の経営管理を行う森林経営管理制度が導入された。

　同制度では、市町村が、森林所有者に対して、経営管理の現況や今後の見通しを確認す

る調査(以下「意向調査」という。)を実施した上で、市町村への委託希望の回答があった場合には、市町村が森林の経営管理を受託することが可能となる。市町村が受託した森林のうち、林業経営に適した森林は一定の要件を満たす民間事業者[19]に再委託する一方、林業経営に適さない森林は市町村が自ら管理する。

また、所有者の一部又は全部が不明な場合に、所有者の探索や公告など一定の手続を経て、市町村に経営管理権を設定することを可能とする特例も措置されている。

（制度の進捗状況）

令和4(2022)年度末までに、1,070の市町村において、81万haの意向調査が実施された。また、回答があったもののうち約4割について委託の希望があった。

市町村が受託する際に策定する経営管理権集積計画[20]は、累計で337市町村の1万5,658ha(前年度比約1.7倍)で策定され、うち232市町村の4,865haで同計画に基づく市町村による森林整備が実施された。また、林業経営者[21]への再委託を行う際に策定する経営管理実施権配分計画[22]は70市町村の2,150ha(前年度比約2倍)で策定され、うち34市町村で林業経営者による森林整備が334ha実施された。このうち、13市町では主伐が行われ、8市町では再造林まで行われるとともに、残る5市町についても再造林が予定されている(事例I−3)。

さらに、経営管理権集積計画の策定のほか、民間事業者へのあっせん、市町村と森林所有者との協定の締結、市町村独自の補助の活用等の手法も含め、市町村への委託希望の森林のうち約6割で森林整備につながる動きがみられた[23]。

(イ)森林環境税・森林環境譲与税

（税制の概要）

平成31(2019)年3月に「森林環境税及び森林環境譲与税に関する法律」が成立し、森林環境税及び森林環境譲与税が創設された。

森林環境税は、令和6(2024)年度から、個人住民税均等割の枠組みを用いて、国税として1人年額1,000円が賦課徴収

森林を活かすしくみ
森林環境税・森林環境譲与税
https://www.rinya.maff.go.jp/j/keikaku/kankyouzei/231018.html

される。森林環境譲与税は、市町村による森林整備等の財源として、令和元(2019)年度から、市町村と都道府県に対して、私有林人工林面積、林業就業者数及び人口による客観的な基準で按分して譲与されている。

（森林環境譲与税の使途と活用状況）

森林環境譲与税は、市町村においては、間伐や人材育成・担い手の確保、木材利用の促進や普及啓発等の森林整備及びその促進に関する費用に充て、都道府県においては、森林

---

[19] 民間事業者については、①森林所有者及び林業従事者の所得向上につながる高い生産性や収益性を有するなど効率的かつ安定的な林業経営の実現を目指す、②経営管理を確実に行うに足りる経理的な基礎を有すると認められるといった条件を満たす者を都道府県が公表している。

[20] 市町村が森林所有者から森林の経営管理を受託する(市町村に経営管理権を設定する)際に策定する計画。

[21] 経営管理実施権の設定を受けた民間事業者。

[22] 市町村が経営管理権を有する森林について、林業経営者への再委託を行う(経営管理実施権の設定をする)際に策定する計画。

[23] 林野庁ホームページ「森林経営管理制度の取組状況について(令和5年10月)」

整備を実施する市町村の支援等に関する費用に充てるものとされている。譲与額は令和元(2019)年度の総額200億円から段階的に引き上げられ、令和5(2023)年度は市町村に440億円、都道府県に60億円の総額500億円が譲与された。

市町村及び都道府県における活用額は、令和3(2021)年度の270億円から令和4(2022)年度は399億円に増加しており、令和5(2023)年度の予定では537億円となっている。市町村における活用状況を使途別にみると、令和4(2022)年度は、全体の79%の市町村が間伐等の森林整備関係、35%の市町村が人材育成・担い手の確保、52%の市町村が木材利用・普及啓発に取り組んだ。取組実績としては、令和4(2022)年度の間伐等の森林整備面積は約4万3,300haで、令和元(2019)年度の約7倍になるなど、取組が着実に進展している。また、流域の上流と下流などの関係にある地方公共団体が連携した取組も広がりをみせており、令和4(2022)年度は44件の取組が実施された[24](資料Ⅰ-17、事例Ⅰ-4)。

森林環境譲与税の活用を促進するため、林野庁と総務省は、令和4(2022)年度から、市町村が森林環境譲与税を活用して実施可能な具体的な取組項目を整理した「森林環境譲与税を活用して実施可能な市町村の取組の例」を公表している。

また、森林環境譲与税については、地方公共団体等から、森林整備を一層推進するため、譲与基準の見直しを求める要望が上がっていたところであり、令和6年度税制改正において、これまでの活用実績等を踏まえ、私有林人工林面積及び人口の譲与割合の見直しを行うこととされた。具体的には、令和6年度税制改正の大綱(令和5(2023)年12月閣議決定)において、森林環境譲与税の譲与基準について、「私有林人工林面積の譲与割合を100分の55(現行：10分の5)とし、人口の譲与割合を100分の25(現行：10分の3)とする」こととされた。

資料Ⅰ-17　森林環境譲与税の活用状況

[市町村及び都道府県における活用額]

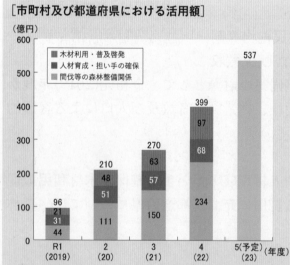

[市町村における主な取組実績]

主な取組実績	令和元 (2019)年度	令和2 (2020)年度	令和3 (2021)年度	令和4 (2022)年度
森林整備面積 (うち間伐面積)	約5.9千ha (約3.6千ha)	約17.9千ha (約10.3千ha)	約30.8千ha (約14.2千ha)	約43.3千ha (約19.9千ha)
林道、森林作業道等の整備	約90千m	約238千m	約420千m	約514千m
木材利用量	約5.4千㎥	約13.4千㎥	約22.5千㎥	約27.6千㎥
イベント、講習会等	約900回	約1,000回	約1,800回	約2,400回

注1：「令和5(2023)年度」は、予定額について令和5(2023)年3月時点(一部、9月時点)で地方公共団体への聞き取り結果を取りまとめたもの。
　　2：「市町村における主な取組実績」の木材利用量は、内装木質化や木製什器の導入等の取組に使用された木材の量。
資料：総務省・林野庁森林利用課調べ。

---

[24] 地方公共団体への聞き取り結果による。地方公共団体により様々な形の連携があるため、必ずしも全ての取組を網羅したものではない。

令和6（2024）年度から、森林環境譲与税の財源となる森林環境税の課税が開始されることも踏まえ、今後とも、森林環境譲与税に対する国民の理解が深まるよう、市町村等における森林環境譲与税の一層の有効活用を促すとともに、森林環境譲与税を活用した取組成果の一層の情報発信に取り組むこととしている。

(ウ)市町村に対する支援

森林経営管理制度を円滑に進めるためには、市町村の役割が重要であるが、林務担当職員が不足している市町村もある。このため、林野庁では、人材育成、情報提供及び体制整備を通じて、市町村の支援に取り組んでいる。

人材育成については、市町村への技術的助言・指導を行う者(通称：森林経営管理リーダー)を養成するため、都道府県の地方機関やサポートセンター等の職員を対象とする「森林経営管理リーダー育成研修」を開催しており、5年間に37か所で開催し、計788名が参加した。令和5（2023）年度からは、内容の見直しを行い、所有者探索の机上演習、地域課題解決に向けたグループワーク、市町村講師による先進事例の紹介等を通じて、実践的人材の育成を図っている。また、都道府県・市町村等が開催する説明会・研修会に、講師として林野庁職員を派遣しており、令和5（2023）年度は30回派遣した。

情報提供については、毎年度、森林経営管理制度の取組事例集を作成するとともに、令和4（2022）年度から、毎月、森林経営管理制度と森林環境譲与税の最新情報を紹介する情報誌「シューセキ！」を各都道府県及び市町村等に配布している。

体制整備については、市町村が森林・林業の技術者を雇用する「地域林政アドバイザー制度[25]」の活用を促している。林野庁は、アドバイザー活用希望のある市町村の情報を技術者団体に提供するとともに、当該市町村の一覧を林野庁ホームページで公表している。令和4（2022）年度には、204の地方公共団体で307名のアドバイザーが活用された。

このほか、都道府県でも、森林環境譲与税の活用により、市町村に提供する森林情報等の精度向上・高度化、都道府県レベルの事業支援団体の運営支援、市町村職員の研修など、地域の実情に応じた市町村支援の取組が展開されている。

I

---

[25] 平成29（2017）年度に創設され、市町村が雇用(法人委託)する際に要する経費については、特別交付税の算定の対象となっている。なお、平成30（2018）年度から都道府県が雇用(法人委託)する場合も対象となった。

事例Ⅰ－3　地域に応じた森林経営管理制度の取組

山形県最上町〜林業経営者による主伐・再造林の実施〜

〈主伐後の状況〉

最上町では、令和2（2020）年度に意向調査を実施し、委託希望のあった森林のうち46haで経営管理権集積計画・経営管理実施権配分計画を策定した。計画に基づき、林業経営者により令和4（2022）年10月に主伐3.88ha、搬出間伐0.76haが行われ、木材の販売収益の一部が森林所有者に支払われた。主伐跡地には令和5（2023）年に再造林が行われた。森林所有者からは「森林整備が進められて良かった」という声があった。

京都府綾部市〜共有者不明森林等の特例措置の活用〜

〈間伐後の状況〉

綾部市では、市内の人工林の約6割で過去10年間に手入れが行われていないことから、森林経営管理制度を活用した森林整備を推進している。

集落や幹線道に接しており手入れの優先度が高い森林をモデル地区に設定し、意向調査を実施した。経営管理権集積計画の同意取得の際、共有林（0.33ha）の所有者（25名の共有名義。確知した相続権利者147名。）の一部について宛先が不明等（8名）の状況であったため、共有者不明森林等の特例措置を活用し、令和5（2023）年4月に経営管理権集積計画を策定し、5月に間伐を実施した。

高知県本山町〜土佐本山コンパクトフォレスト構想の策定〜

〈策定委員会〉

〈構想〉

本山町では、令和4（2022）年に、町内の森林管理や整備に関する長期的な基本方向と目標、必要な施策を明らかにする「本山町森林・林業ビジョン」を策定した。構想の策定に当たって、高校生を含む町内の関係者14名からなる委員会による議論を行い、50年先を見据え、森林の基盤整備、人材育成や木材利用など7つのテーマと25の取組項目を整理した。この構想に基づき、地域関係者が森林管理の課題や方向性を共有しつつ、計画的に森林経営管理制度に係る取組を進めていくこととしている。

静岡県〜航空レーザ計測・解析結果を活用した意向調査〜

〈高精度森林情報を活用した所有者説明会〉

静岡県は、令和4（2022）年度から、7市町にモデル地区を設定して、意向調査の実施に航空レーザ計測・解析による高精度森林情報を活用している。

県が取得・提供した地形・樹種・蓄積量等の高精度森林情報を基に、市町は施業の必要性や難易度などを踏まえて「森林の経営管理プラン」を作成し、意向調査対象地の絞り込みや森林所有者への森林状況の分かりやすい説明を行うことで、効率的な集約化につなげている。

事例Ⅰ-4　森林環境譲与税を活用した取組[注]

鳥取県八頭町（やずちょう）～花粉発生源対策となるクヌギ・コナラ植栽への支援～

〈コナラの植栽〉

八頭町では、戦後造成されたスギ・ヒノキの人工林が利用期を迎えているが、木材価格の低迷やシカによる食害のため主伐・再造林が進んでいない。

このため、再造林に係る経費への上乗せ補助により主伐・再造林を推進しており、植栽対象をクヌギとコナラとすることで、花粉発生源対策の推進とともに、しいたけ原木の不足解消も図っている。

令和4（2022）年度は、0.94haのコナラ植栽及び651mのシカ防護ネット設置を支援した。
【事業費：24万円】

千葉県成田市（なりた）～インフラ施設周辺の森林整備～

〈実施前〉　　　　〈実施後〉

成田市は、令和元（2019）年の台風による多数の倒木が道路や電線等のインフラ施設に多大な被害をもたらしたことから、被害を未然に防止するための森林整備を進めている。

令和4（2022）年度は、現況調査や市民要望等を踏まえ、市道沿いの森林1.22haの伐採、搬出を実施した。

伐採跡地には、倒木による災害リスク低減と良好な景観の形成に配慮して、イロハモミジ等の中低木の広葉樹を植栽した。
【事業費：921万円】

佐賀県～林業アカデミーによる人材の育成・確保～

〈就業セミナー、林業講習会〉

佐賀県では、県内の林業の担い手が年々減少しており、今後、県内の森林を持続的に守り育てていくために、林業の担い手の育成・確保が急務となっている。

このため、令和4（2022）年度に「さが林業アカデミー」を開講し、就業セミナー、体験会、林業講習会の3ステップで、知識や技術力を備えた人材を育成している。令和4（2022）年度は、林業講習会を受講した6名全員が県内の林業事業体等へ就職した。
【事業費：475万円】

神奈川県小田原市（おだわら）～市内小学校の内装木質化の実施～

〈木質化した図書コーナー、室名札、
端材ワークショップ〉

小田原市は、地域産木材の利用拡大を図るため、市内小学校の内装木質化を実施している。

令和4（2022）年度は、地域産のスギ・ヒノキの間伐材を34㎥活用して、小学校の腰壁や天井、室名札等の木質化を実施した。山元への利益還元を目指し、低質材も積極的に活用した。

さらに、木質化の意義を伝える学習や端材を使ったワークショップにより、児童に対し普及啓発を行った。
【事業費：1,833万円】

注：事業費は森林環境譲与税を財源とした額を記載。

（5）社会全体で支える森林づくり

（全国植樹祭と全国育樹祭）

　「全国植樹祭」は、国土緑化運動の中心的な行事であり、天皇皇后両陛下の御臨席を仰いで毎年春に開催されている。令和5（2023）年6月には、「第73回全国植樹祭」が岩手県で開催された。新型コロナウイルス感染症の影響により4年ぶりの現地御臨席となった天皇皇后両陛下は、アカマツ、カシワ等をお手植えになり、オオヤマザクラ、ケヤキ等をお手播きになった。令和6（2024）年には、「第74回全国植樹祭」が岡山県で開催される予定である。また、「全国育樹祭」は、皇族殿下の御臨席を仰いで毎年秋に開催されている。令和5（2023）年11月には、「第46回全国育樹祭」が秋篠宮皇嗣同妃両殿下の御臨席の下、茨城県で開催された。令和6（2024）年には、「第47回全国育樹祭」が福井県で開催される予定である。

（多様な主体による森林づくり活動が拡大）

　NPOや企業等の多様な主体により、森林づくり活動が行われている。例えば、ボランティア団体等の森林づくり活動を実施している団体数は、令和3（2021）年度で3,671団体となっている（資料Ⅰ－18）。

　SDGsの機運の高まりや、ESG投資[26]の流れが拡大する中、企業の社会的責任（CSR）活動として、森林づくりに関わろうとする企業が増加しており、顧客、地域住民、NPO等との協働、募金等を通じた支援、企業の所有森林を活用した地域貢献など多様な取組が行われている（事例Ⅰ－5）。企業による森林づくり活動の実施箇所数は増加しており、令和4（2022）年度は1,890か所であった（資料Ⅰ－19）。

　林野庁では、森林づくり活動を行いたい企業等と森林ボランティア団体等とのマッチングや植栽場所のコーディネート等の取組を支援している。

　このほか、平成20（2008）年に開始された「フォレスト・サポーターズ」登録制度は、個人や企業などが日常の生活や業務の中で自発的に森林整備や木材利用に取り組む仕組みとなっており、その登録数は令和6（2024）年3月末時点で7.2万件となっている。

　さらに、SDGsや2050年カーボンニュート

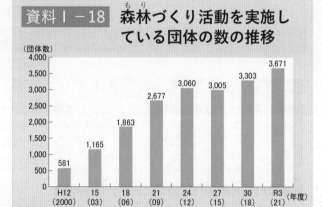

資料Ⅰ－18　森林づくり活動を実施している団体の数の推移

（団体数）

- H12（2000）: 581
- 15（03）: 1,165
- 18（06）: 1,863
- 21（09）: 2,677
- 24（12）: 3,060
- 27（15）: 3,005
- 30（18）: 3,303
- R3（21）: 3,671

注1：実際に、植付け、下刈り、除伐、間伐、枝打ち等の作業を行っている団体数を集計。
　2：平成27（2015）年度調査より、都道府県等が調査を行った団体のうち、実態の把握ができない、又は休止等が判明した団体を除いている。
資料：林野庁補助事業「森林づくり活動についての実態調査平成27・30年、令和3年調査集計結果」（平成24（2012）年度までは政府統計調査として実施）

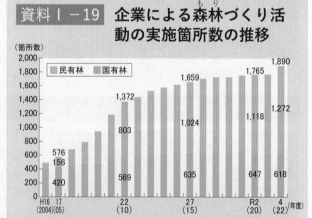

資料Ⅰ－19　企業による森林づくり活動の実施箇所数の推移

（箇所数）

民有林　国有林

- H16（2004）: 420 / 156
- 17（05）: 576
- 22（10）: 569 / 803
- 1,372
- 27（15）: 635 / 1,024
- 1,659
- R2（20）: 647 / 1,118
- 1,765
- 4（22）: 618 / 1,272 / 1,890

注：民有林の数値については、企業等が森林づくり活動を行う森林の設定箇所数。国有林の数値については、「法人の森林」の契約数及び「社会貢献の森」制度による協定箇所数。
資料：林野庁森林利用課・経営企画課・業務課調べ。

---

[26] 従来の財務情報に加え、環境（Environment）、社会（Social）、企業統治（Governance）を判断材料とする投資手法。

ラルの実現に貢献する森林（もり）づくりを推進することを目的として、令和4（2022）年10月に「森林づくり全国推進会議」が発足した。経済、地方公共団体、教育、消費者、観光等各界の企業・団体が会員となり、森林づくりに向けた国民運動を展開している。令和5（2023）年10月には第2回森林づくり全国推進会議が開催され、林業や森林教育を通じた町（もり）づくりの取組や、森林資源と地域経済の好循環を目指した取組など先駆的な森林づくりに取り組んでいる会員による事例発表等が行われた。今後も、企業等による森林（もり）づくり活動の普及啓発に引き続き取り組むこととしている。

事例 I−5 企業版ふるさと納税の活用によるネイチャーポジティブを目指した活動

　令和5（2023）年2月、三菱地所株式会社、群馬県みなかみ町（まち）、公益財団法人日本自然保護協会の3者が、生物多様性の損失に歯止めをかけ自然を回復させるネイチャーポジティブの実現を目指して、10年間の連携協定を締結した。管理の行き届いていない人工林の自然林への転換活動、里地里山の保全再生活動、ニホンジカの低密度管理の実現などについて、3者それぞれの知見を活かしながら取組が行われる。

　みなかみ町内の国有林野では約20年間、住民による協議会、日本自然保護協会、関東森林管理局が協働して生物多様性の復元や持続的な地域づくりを目指す「赤谷プロジェクト」を継続しており、自然再生のための知見が蓄積されていたことから、その取組とも連携した活動を行うこととしている。

　なお、本取組では企業版ふるさと納税制度（地方創生応援税制）を活用し、三菱地所からみなかみ町へ協定期間内に6億円の寄付が予定されており、同制度を活用した国内初の大規模な取組となる。

3者による調印式

自然林への転換作業

（森林のカーボンニュートラル貢献価値等の見える化）

　企業等が実施する森林整備の取組について、その成果を二酸化炭素吸収量として認証する取組が34都府県で実施されている[27]。

　林野庁では、このような企業等の取組の意義や効果を消費者やステークホルダーに訴求することの一助となるよう、森林による二酸化炭素吸収量等を自ら算定・公表しようとする場合における標準的な計算方法の周知を行っている[28]。

　さらに、企業等が実施した森林整備の認知度を高めるとともに、更なる取組の拡大・促進を図るため、この算定方法等を活用した顕彰制度「森林×脱炭素チャレンジ」を令和4

---

[27] 林野庁森林利用課調べ。

[28] 「森林による二酸化炭素吸収量の算定方法について」（令和3（2021）年12月27日付け3林政企第60号林野庁長官通知）

(2022)年に創設した。令和 5 (2023)年には、適切に管理された森林から創出された J - クレジットの購入量とその活用内容について顕彰する新たな部門も設け、13件(グランプリ 1 件、優秀賞12件)を表彰した[29]。

また、「農林漁業法人等に対する投資の円滑化に関する特別措置法」において林業分野も投資対象となっているほか、令和 4 (2022)年10月に設立された官民ファンドである株式会社脱炭素化支援機構からの資金供給の対象に、森林保全、木材利用等による吸収源対策や木質バイオマスのエネルギー利用に関する事業活動も含まれるなど、森林の整備や利用をテーマとした投資の可能性が広がっている。さらに、企業の事業の持続性確保の点から、気候変動対策のほか、生物多様性・自然資本を企業経営に組み込んでいくため、気候関連財務情報開示タスクフォース(TCFD)や自然関連財務情報開示タスクフォース(TNFD)といった企業情報の開示等に関する仕組みづくりが国際的に進められている。

(森林関連分野の環境価値のクレジット化等の取組)

農林水産省、経済産業省及び環境省は、平成25(2013)年から省エネ設備の導入、再生可能エネルギーの活用等による温室効果ガスの排出削減量や森林管理による温室効果ガス吸収量をクレジットとして国が認証する仕組み(J - クレジット制度)を運営している。森林整備を実施するプロジェクト実施者が森林吸収量の認証を受けてクレジットを発行し、それを企業や団体等が購入することにより、更なる森林整備等の推進のための資金が還流するため、地球温暖化対策と地域振興を一体的に後押しすることができる。企業等のクレジット購入者は、入手したクレジットを「地球温暖化対策の推進に関する法律」に基づく報告やカーボン・オフセット等に利用することができ、このような取組により、経済と環境の好循環が図られることが期待される。

 J - クレジット制度のうち、森林吸収分野において、令和 3 (2021)年には吸収量算定に係る現地調査に代えて航空レーザ計測データの活用を可能とするとともに、令和 4 (2022)年8月には、主伐後の再造林実施による吸収源の確保に取り組むプロジェクト実施者等を後押しできるよう吸収量の算定方法を見直すなど、クレジットの創出を行いやすくする形で制度改正が行われた(事例Ⅰ－6)。現在、森林吸収分野として承認されている森林経営活動、植林活動及び再造林活動の 3 つの方法論に基づき、平成25(2013)年度の制度開始から令和 5 (2023)年度末までの累計で183件のプロジェクトが登録されており、このうち令和 5 (2023)年度の新規登録件数は57件で過去最大となっている[30]。

クレジット認証量は、同期間の累計で62.6万CO$_2$トンであり、このうち44.8万CO$_2$トンが令和 5 (2023)年度に認証された(資料Ⅰ－20)。認証量が大幅に伸びた主な要因は、認証

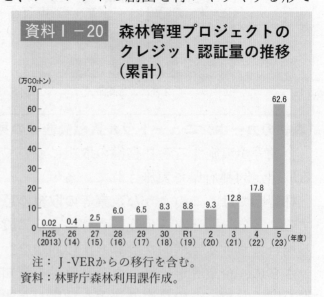

資料Ⅰ－20　**森林管理プロジェクトのクレジット認証量の推移(累計)**

(万CO$_2$トン)

注： J -VERからの移行を含む。
資料：林野庁森林利用課作成。

---

[29]　「森林×脱炭素チャレンジ」受賞者の紹介は35ページを参照。令和 6 (2024)年からは、名称を「森林×ACT(アクト)チャレンジ」に変更。

[30]　 J -クレジット制度の見直しについては、「令和 4 年度森林及び林業の動向」トピックス 4 (32-33ページ)を参照。

58 —— 令和 5 年度森林及び林業の動向

見込量10万CO$_2$トン超の大規模プロジェクトの認証が始まったことによるものであり、大規模プロジェクトの新規登録が近年増加していることから、今後も認証量の増加傾向が続くことが見込まれている。

再生可能エネルギーの分野では、木質バイオマス固形燃料の方法論が承認されており、令和6(2024)年3月現在、89件のプロジェクトが登録されている。

令和5(2023)年度には、J-クレジットを扱う取引プラットフォーム開設の動きが活発化した。東京証券取引所は、令和4(2022)年度に経済産業省から受託して実施した取引実証の経験と知見を活かし、令和5(2023)年10月にカーボン・クレジット市場を開設し取引所取引を開始した。同市場における令和6(2024)年3月末時点での森林由来クレジットの取引実績は、累計116CO$_2$トン、取引平均価格は1CO$_2$トン当たり8,254円(J-クレジットとJ-VERの加重平均)となっている[31]。その他にも民間主導によるオンラインプラットフォーム上でのカーボン・クレジットの取引が複数開始されている。今後は、それぞれの特性を踏まえた取引が進むことにより、森林関連分野を含むJ-クレジット全体の取引が更に活性化することが期待される。

林野庁では、プロジェクト実施者となる森林・林業関係者の裾野拡大やJ-クレジットの創出拡大を後押しするため、「森林由来J-クレジット創出者向けハンドブック」を作成し

事例I-6 航空レーザ計測を活用したJ-クレジット認証が拡大

令和4(2022)年9月、日本製紙株式会社(東京都千代田区)は、静岡県により実施・公開された航空レーザ測量等による3次元点群データを活用して樹高等の情報を解析することで、静岡県内の社有林における二酸化炭素の吸収量を申請し、航空レーザ計測データを活用したものとしては国内で初めて認証を取得した。本取組は自治体がオープン化したデジタル点群データを活用することで山林の現場での実作業を簡素化し、民間企業による新たな事業モデルにつながった事例であり、同社はこのようなオープンデータの活用促進に貢献できるよう、県主催の勉強会等で今回の取組を公開、共有している。

その後、航空レーザ計測を活用したクレジット認証がその他の複数の企業等によるプロジェクトにおいて申請・取得されたほか、現在も多数のプロジェクトにおいて航空レーザ計測でのモニタリングが計画されており、森林分野におけるJ-クレジットの拡大に向けた後押しとなることが期待されている。

J-クレジット認証を取得した社有林

3次元点群データから再現した社有林断面

---

[31] 森林吸収分野以外の主なJ-クレジットである省エネルギー分野と再生可能エネルギー分野の取引実績はそれぞれ74,145CO$_2$トン、139,109CO$_2$トン、1CO$_2$トン当たりの取引平均価格はそれぞれ1,655円、3,019円(電力と熱の加重平均)となっている。

制度の普及に取り組むとともに、森林由来Ｊ-クレジットの取引拡大に向けたクレジットの創出者と購入企業等とのマッチング支援に取り組んでいる。

（森林環境教育の推進）

現在、森林内での様々な体験活動等を通じて、森林と人々の生活や環境との関係についての理解と関心を深める森林環境教育の取組が進められている。

その取組の一例として、学校林[32]を活用し、植栽、下刈り、枝打ち等の体験や、植物観察、森林の機能の学習等が総合的な学習の時間等で行われている。学校林を保有する小中高等学校は、全国で2,200校あり、その保有面積は1.6万haである[33]。

また、子供たちが心豊かな人間に育つことを目的として、「緑の少年団」による森林づくり体験・学習活動、緑の募金等の奉仕活動等が行われている[34]（令和6（2024）年1月現在、全国で3,071団体、32万名が加入。）。

さらに、高校生が造林手や木工職人等の名人を訪ね、一対一で聞き書きし技術や生き方を学び、その成果を発信する「聞き書き甲子園[35]」については、令和5（2023）年度、88名の高校生が13市町村を訪れ聞き書きをするとともに、その成果発表の場となるフォーラムが令和6（2024）年3月に開催された。

くわえて、身近な森林を活用した森林環境教育に取り組む保育所・幼稚園・認定こども園が増えてきている（事例Ⅰ－7）。令和5（2023）年7月には、幼児期からの森林とのふれあいを一層推進するため、行政機関、専門家等による発表や意見交換等を行う「こどもの森づくりフォーラム[36]」が埼玉県で開催された。

このほか、林野庁においては、林野図書資料館が、森林の魅力や役割、林業の大切さについて分かりやすく表現した漫画やイラストを作成・配布しており、地方公共団体の図書館等と連携した企画展示等や地域の小中学校等の森林環境教育に活用されている（資料Ⅰ－21）。

資料Ⅰ－21　漫画を活用した森林・林業の発信

マンガで知ろう！
森林の働き
https://www.rinya.maff.go.jp/j/kouhou/kouhousitu/manga.html

---

[32] 学校が保有する森林（契約等によるものを含む。）であり、児童及び生徒の教育や学校の基本財産造成等を目的に設置されたもの。

[33] 公益社団法人国土緑化推進機構「学校林現況調査報告書（令和3年調査）」

[34] 公益社団法人国土緑化推進機構ホームページ「緑の少年団」

[35] 農林水産省、文部科学省、環境省、関係団体及びNPOで構成される実行委員会の主催により実施されている取組。平成14（2002）年度から「森の聞き書き甲子園」として始められ、平成23（2011）年度からは「海・川の聞き書き甲子園」と統合し、「聞き書き甲子園」として実施。

[36] 林野庁、関係団体及びNPOで構成される実行委員会の主催により実施。令和5（2023）年度から全国植樹祭の関連事業として、埼玉県（令和7（2025）年第75回全国植樹祭開催予定）において初開催。

（「緑の募金」による森林づくり活動の支援）

「緑の募金[37]」には、令和4（2022）年に総額約20億円の寄附金が寄せられた。寄附金は、①水源林の整備や里山林の手入れ等、市民生活にとって重要な森林の整備及び保全、②苗木の配布や植樹祭の開催、森林ボランティア指導者の育成等の緑化推進活動、③熱帯林の再生や砂漠化の防止等の国際協力に活用されているほか、東日本大震災等の地震や、台風、豪雨等の被災地における緑化活動や木製品提供等に対する支援にも活用されている[38]。

事例Ⅰ−7　幼児期から森林とふれあえる「森のようちえん」の取組

埼玉県秩父市の認定NPO法人森のECHICAは、秩父を中心とした各地区の幼児・児童を対象に、秩父の里山の自然を活かした教育を実践するため、自然体験活動を軸として子育てや幼児教育を進める「森のようちえん」である「花の森こども園」を運営している。同園は、幼少期から自然とふれあい、自ら気づき学んでいく力を伸ばすことを教育方針としており、秩父産材を多用した園舎や自然豊かな園庭で、子どもたちを自由に遊ばせている。

さらに、同園では定期的に、保護者、園児、地域住民と森の保全活動を実施している。森林整備活動で伐採した木を使った遊歩道づくりや焚き火体験などの活動を通して、保護者と園が教育方針について相互理解を深めるとともに、保護者と園児が自然への接し方を互いに学んでいる。

森林の中での絵本の読み聞かせ

どんぐりを集める子どもたち

（写真提供：認定NPO法人森のECHICA）

---

[37] 森林整備等の推進に用いることを目的に行う寄附金の募集。昭和25（1950）年に、戦後の荒廃した国土を緑化することを目的に「緑の羽根募金」として始まり、現在では、公益社団法人国土緑化推進機構と各都道府県の緑化推進委員会が実施主体として実施。

[38] 緑の募金ホームページ「災害復旧支援」

3．森林保全の動向

（1）保安林等の管理及び保全

（保安林）

　森林は、山地災害の防止、水源の涵養等の公益的機能を有しており、公益的機能の発揮が特に要請される森林については、農林水産大臣又は都道府県知事が森林法に基づき保安林に指定し、立木の伐採、土地の形質の変更等を規制している。保安林には、水源かん養保安林を始めとする17種類がある。令和4(2022)年度には、新たに1.2万haが保安林に指定され、同年度末で、全国の森林面積の49.0%、国土面積の32.5%に当たる1,227万haの森林が保安林に指定されている（資料Ⅰ－22）。

保安林制度
https://www.rinya.maff.go.jp/j/tisan/tisan/con_2.html

（林地開発許可）

　保安林に指定されていない民有林において、工場・事業用地や農用地の造成、土石の採掘等の一定規模を超える開発を行う場合は、森林法に基づき、都道府県知事の許可が必要とされている。令和4(2022)年度には、1,863haについて林地開発の許可が行われた。このうち、工場・事業用地及び農用地の造成が896ha、土石の採掘が717haとなっている[39]。

　再生可能エネルギー推進の手段として期待される太陽光発電設備の設置について、近年、森林内での設置事例が多数みられ、災害発生等の懸念があることから、森林の公益的機能の発揮と調和した太陽光発電設備の適正な導入を図ることが重要な課題となっている。このため、林野庁では、太陽光発電設備の特殊性を踏まえ、令和元(2019)年に開発行為の許可基準の整備等を行った。さらに、令和4(2022)年には、この許可基準の運用状況や小規模な林地開発の検証・分析等を行い、その結果を踏まえ、太陽光発電設備の設置に係る林地開発については、令和5(2023)年4月から規制対象となる開発面積の規模を1

資料Ⅰ－22	保安林の種類別面積		
森林法第25条第1項	保安林種別	面　積（ha）	
		指定面積	実面積
1号	水源かん養保安林	9,263,376	9,263,376
2号	土砂流出防備保安林	2,618,186	2,549,739
3号	土砂崩壊防備保安林	60,504	60,091
4号	飛砂防備保安林	16,115	16,094
5号	防風保安林	56,143	55,998
	水害防備保安林	627	606
	潮害防備保安林	14,136	12,274
	干害防備保安林	126,289	100,004
	防雪保安林	31	31
	防霧保安林	61,596	61,368
6号	なだれ防止保安林	19,176	16,579
	落石防止保安林	2,551	2,512
7号	防火保安林	387	292
8号	魚つき保安林	60,119	26,783
9号	航行目標保安林	1,106	319
10号	保健保安林	704,251	92,712
11号	風致保安林	28,055	14,231
合　計		13,032,647	12,273,009
森林面積に対する比率（%）		-	49.0
国土面積に対する比率（%）		-	32.5

注1：令和5(2023)年3月31日現在の数値。
　2：実面積とは、それぞれの種別における指定面積から、上位の種別に兼種指定された面積を除いた面積を表す。
資料：林野庁治山課調べ。

---

[39] 林野庁治山課調べ。

ha超から0.5ha超に引き下げたほか、開発行為全般に関しても、開発行為の一体性を判断するための目安や、より強い雨量強度に対応できる防災施設の基準を示すなど、森林の公益的機能の確保に向けた見直しを行った。

（盛土等の安全対策）

盛土等による災害から国民の生命・身体を守るため、土地の用途（宅地、森林、農地等）や目的にかかわらず、危険な盛土等を全国一律の基準で包括的に規制する「宅地造成及び特定盛土等規制法」（以下「盛土規制法」という。）が令和5（2023）年5月に施行された。

盛土規制法において、都道府県知事等は、盛土等により人家等に被害を及ぼしうる区域を規制区域として指定することができ、規制区域内で行われる盛土等を許可又は届出の対象として、災害防止のために必要な許可基準に沿った安全対策の実施を確認するなどの措置を講ずることとなる。また、既存の盛土等も含め、土地所有者や行為者等の責任を明確化し、災害防止のために必要なときは是正措置等を命ずることができる。

林野庁では、国土交通省等と連携し、令和5（2023）年5月に、規制区域の指定要領、工事に係る許可基準、安全対策の進め方をまとめたガイドライン等の整備を行った。また、盛土規制法による規制が速やかに実効性を持って行われるよう、規制区域指定のための基礎調査や安全対策の実施等について都道府県等を支援するなど、盛土等に伴う災害の防止に向けた取組を進めている。

（2）山地災害等への対応

（治山事業の目的及び実施主体）

治山事業[40]は、森林の有する公益的機能の確保が特に必要なものとして指定される保安林等において、山腹斜面の安定化や荒廃した渓流の復旧整備等を実施するものであり、森林の維持・造成を通じて森林の機能を維持・向上させ、山地災害等から国民の生命・財産を守ることに寄与するとともに、水源の涵養や、生活環境の保全・形成を図る重要な国土保全施策の一つである（事例Ⅰ-8）。

民有林内は都道府県が、国有林内は国（森林管理局）が実施主体となる。また、民有林内であっても事業規模の大きさや高度な技術の必要性を考慮し、国土保全上特に重要と判断されるものについては、都道府県の要請を受けて国が実施主体となる場合がある（民有林直轄治山事業）。

（山地災害等の発生状況及び迅速な対応）

近年の気候変動に伴い、短時間強雨の年間発生回数が増加し、線状降水帯の発生などにより期間中の総降水量が増加する傾向がみられている。また、このような大雨の激化・頻発化により山地災害が激甚化している。令和5（2023）年は、令和5年奥能登地震、梅雨前線による大雨や台風第6号及び第7号等により、山地災害等の被害箇所は、林地荒廃1,268か所、治山施設156か所、林道施設等1万270か所の計1万1,694か所、被害額は約934億円に及んだ（資料Ⅰ-23）。

このような山地災害等の発生に対し、林野庁では、初動時の迅速な対応に努めるとともに、特に大規模な被害が発生した場合には、国立研究開発法人宇宙航空研究開発機構

---

[40] 森林法で規定される保安施設事業及び地すべり等防止法で規定される地すべり防止工事に関する事業。

(JAXA)との協定に基づく人工衛星からの緊急観測結果の被災県等への提供、ヘリコプターやドローンを活用した被害状況調査、被災地への職員派遣(農林水産省サポート・アドバイスチーム(MAFF-SAT))等の技術的支援を行い、早期復旧に向けて取り組んでいる。令和5(2023)年には、甚大な被害が発生した9県へ林野庁及び森林管理局・署から延べ54人のMAFF-SAT職員の派遣や、国立研究開発法人森林研究・整備機構森林総合研究所との合同の現地調査など、応急対策や復旧工法に関する技術的助言を行った。

　また、二次災害の防止や早期復旧に向けて災害復旧等事業の実施にも取り組んでおり、令和5(2023)年には、全国で146地区の事業採択を行い、復旧対策を実施している。

　そのほか、令和2(2020)年に発生した「令和2年7月豪雨」では、特に被害が甚大であった熊本県において、県からの要請を受けた九州森林管理局が、県に代わって36地区の被災した治山施設や林地の復旧を実施し、令和5(2023)年9月に全ての地区が完了し

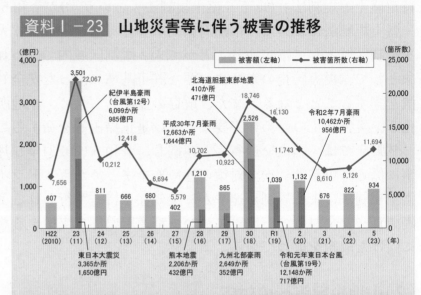

資料Ⅰ-23　山地災害等に伴う被害の推移

注：山地災害(林地荒廃、治山施設)及び林道施設等の被害額及び被害箇所数。
資料：林野庁治山課調べ。

事例Ⅰ-8　令和5年6月に発生した大雨における熊本県の治山施設の効果

　令和5(2023)年6月28日から7月16日にかけて、梅雨前線が日本付近に停滞し、前線に向かって暖かく湿った空気が流れ込んだ影響で前線の活動が活発となり、線状降水帯が発生するなど、九州地方を中心に、北海道や東北、山陰地方など、広い範囲で大雨となった。

　この大雨により、熊本県では、浸水や土砂流出などが発生し、林野関係でも林地荒廃36か所、治山施設11か所、林道施設等303か所等の甚大な被害が発生した。

　このような中、熊本県高森町境ノ谷地区においては、熊本県が整備した流木捕捉式治山ダム(平成20(2008)年度施工)が流下してきた流木を捕捉し、下流への流出が抑制された結果、当地区における山地災害による被害を防止した。

治山ダムによる流木の捕捉状況(熊本県高森町)

た[41]。

令和6(2024)年1月1日に発生した「令和6年能登半島地震」では、石川県輪島市及び志賀町で震度7を観測したほか、北海道から九州地方の幅広い地域で地震が観測された。死者244名(災害関連死を含む。)、負傷者1,300名など甚大な被害が発生するとともに、山地災害等の被害は、林地荒廃78か所、治山施設40か所、林道施設等709か所の計827か所に及び、被害額は218億円に達している(令和6(2024)年3月31日時点)。

(防災・減災、国土強靱化に向けた取組)

「防災・減災、国土強靱化のための5か年加速化対策」(令和2(2020)年12月閣議決定)において重点的に取り組むべきとされている、人命・財産の被害を防止・最小化するための対策として、林野庁では、山地災害危険地区[42]や重要なインフラ施設周辺等を対象とした治山対策及び森林整備に取り組んでいる。

また、林野庁では、令和2(2020)年度に学識経験者を交えて「豪雨災害に関する今後の治山対策の在り方に関する検討会」を開催し、令和3(2021)年3月に、激甚化する山地災害・洪水被害に対応するため重点的に取り組むべき治山対策の方向性を取りまとめた。これを踏まえ、森林・林業基本計画及び全国森林計画において、土砂流出量の増大や流木災害の激甚化等に対応して、きめ細かな治山ダムの配置などによる土砂流出の抑制や渓流域での流木化のおそれのある危険木の伐採等を推進するとともに、洪水被害が甚大になることが懸念される中、保安林整備と山腹斜面の雨水の分散を図る筋工[43]等の組合せによる森林土壌の保全強化を進めることとしている。

さらに、既存治山施設を有効活用するため、補修や機能強化(かさ上げ、増厚、流木捕捉機能の付加等)を各地で進め、効率的な事前防災対策につなげている。

これらの事業の実施に当たっては、急峻な地形など厳しい現場条件での施工の増加等に対応して、安全かつ効率的に事業を実施するため、ICT等の活用を進めている(事例Ⅰ-9)ほか、「流域治水[44]」として関連省庁との連携を推進するなど、効果的な対策を実施している。

これらに加え、地域における避難体制の整備等の取組と連携して、地域住民に対する山地災害危険地区の地図情報の提供、防災講座等のソフト対策を実施している。

林野庁では、治山事業を計画的に推進するため、森林整備保全事業計画において、治山事業の実施により周辺の森林の山地災害防止機能等が確保される集落数の増加を目標として設定している。具体的には、令和5(2023)年度までに5万8,600集落を目標としており(基準値5万6,200集落(平成30(2018)年度))、令和4(2022)年度末では約5万7,700集落となっている。

(海岸防災林の整備)

我が国の海岸では、飛砂害や風害、潮害等を防ぐため、マツ類を主体とする海岸防災林

---

[41] 「令和2年7月豪雨」に係る復旧事業については、第Ⅳ章第2節(1)168ページを参照。

[42] 都道府県及び森林管理局が、山地災害により被害が発生するおそれのある地区を調査・把握しているものであり、昭和47(1972)年に調査が開始されて以来、事業実施箇所の選定等に活用している。

[43] 山地斜面において、丸太を等高線に沿って配置し、地表水を分散させ表面侵食を防止するとともに、土壌を保持し雨水の浸透を促進する工法。

[44] 流域治水の取組については、「令和4年度森林及び林業の動向」特集第4節(2)21-22ページを参照。

の整備・保全が全国で進められてきた。これに加え、東日本大震災では海岸防災林が津波エネルギーの減衰や到達時間の遅延、漂流物の捕捉等の被害軽減効果を発揮したことを踏まえ、平成24(2012)年に、海岸防災林の整備を津波に対する「多重防御」施策の一つとして位置付け[45]、被災した海岸防災林の再生及び全国的な海岸防災林の整備を進めている。

　具体的には、根の緊縛力を高め、根返りしにくい林帯を造成するため、盛土による生育基盤の確保、植栽等の整備を進めてきたところであり、今後は、海岸部は地下水位が高いエリアが多いことに留意した適切な保育管理等を通じて、津波に対する被害軽減、飛砂害や風害、潮害の防備等の機能が総合的に発揮される健全な海岸防災林の育成を図ることとしている。林野庁は、令和5(2023)年度までに、適切に保全されている海岸防災林等の割合を100%とする目標を定めており(基準値96%(平成30(2018)年度))、令和4(2022)年度における割合は98%となっている。

事例Ⅰ-9　治山事業におけるICT活用

　兵庫県朝来市八代地区における治山事業の現場では、ICT技術を活用した治山ダムの整備が行われた。起工測量時等にドローンを活用することで急勾配な法面での作業による転落の危険性が低減し、3次元測量データによる立体的な位置情報の取得により施工状況を面的に管理することでより正確な施工管理が可能となるなど、現場作業が省力化・効率化されるとともに安全性が向上した。

　さらに、GPSを利用した位置計測・表示システム(マシンガイダンス機能)を搭載したバックホウを導入することで、土砂掘削時にバックホウのモニターでリアルタイムに設計面を確認でき、施工性の向上につながった。

ドローンによる起工測量状況

マシンガイダンス機能を搭載したバックホウのモニター

---

(3)森林における生物多様性の保全
(生物多様性保全の取組を強化)

　我が国の森林は、人工林から原生的な天然林まで多様な森林から構成されており、多くの野生生物種が生育・生息する場となっている。

　政府は、生物多様性条約第15回締約国会議(COP15)で採択された「昆明・モントリオール生物多様性枠組[46]」を踏まえて、令和5(2023)年3月に、生物多様性の保全及び持続可能

---

[45] 中央防災会議防災対策推進検討会議「防災対策推進検討会議　最終報告」(平成24(2012)年7月31日)

[46] 昆明・モントリオール生物多様性枠組については、第4節(3)78ページを参照。

な利用に関する国の基本的な計画として「生物多様性国家戦略 2023-2030」を閣議決定し、その中において、自然を回復軌道に乗せるため、生物多様性の損失を止め反転させる「ネイチャーポジティブ(自然再興)」を掲げている。また、自然環境を社会・経済・暮らし・文化の基盤として再認識し、自然の恵みを活かして多様な社会課題の解決につなげる「自然を活用した解決策(NbS)」を進める重要性が明記され、生態系を基盤として災害リスクを低減する「Eco-DRR(生態系を活用した防災・減災)」や、自然環境が有する機能を社会における様々な課題解決に活用しようとする「グリーンインフラ」を推進することとしている。

農林水産省では、「みどりの食料システム戦略」や「昆明・モントリオール生物多様性枠組」等を踏まえ、令和 5 (2023)年 3 月に「農林水産省生物多様性戦略」を改定し、生物多様性保全を重視した農林水産業を推進している。

林野庁においても、針広混交林化、長伐期化等による多様な森林づくりを推進するとともに、国有林野においては「保護林」及びこれらを中心としてネットワークを形成する「緑の回廊」を設定して森林の生物多様性保全に取り組んでいる[47]。

治山事業においては、例えば津波・風害の防備のため海岸防災林等を整備強化するなどしており、これらは森林の機能の維持・向上という生態系の活用により災害リスクを低減する取組として Eco-DRR やグリーンインフラの考え方に符合するものである。また、現地の実情に応じて、在来種による緑化や生物の移動にも配慮した治山ダムの設置・改良などにより生物多様性保全に努めている。

さらに、生物多様性保全に対する民間企業の関心が高まってきていることを受け、令和 6 (2024)年 3 月に、森林管理を担う林業事業体等を対象に、「森林の生物多様性を高めるための林業経営の指針」を取りまとめた。

(我が国の森林を世界遺産等に登録)

世界遺産について、我が国では、平成 5 (1993)年に「白神山地」(青森県及び秋田県)と「屋久島」(鹿児島県)、平成17(2005)年に「知床」(北海道)、平成23(2011)年に「小笠原諸島」(東京都)、令和 3 (2021)年に「奄美大島、徳之島、沖縄島北部及び西表島」(鹿児島県及び沖縄県)が世界自然遺産として登録されており、これらの陸域の 8 割以上が国有林野となっている。このほか、「富士山−信仰の対象と芸術の源泉」(山梨県及び静岡県)など、いくつかの世界文化遺産にも国有林野が含まれている。

世界遺産のほか、ユネスコでは「ユネスコエコパーク[48]」の登録を行っており、我が国では令和 5 (2023)年 6 月現在、みなかみユネスコエコパーク(群馬県及び新潟県)等10件が登録されている。

林野庁では、これらの世界遺産やユネスコエコパークが所在する国有林野の適切な保護・管理等を行っている[49]。

---

[47] 国有林野の取組については、第IV章第 2 節(1)170ページを参照。

[48] 「生物圏保存地域(Biosphere Reserve)」の国内呼称。生態系の保全と持続可能な利活用の調和(自然と人間社会の共生)を目的として、「保全機能(生物多様性の保全)」、「経済と社会の発展」、「学術的研究支援」の 3 つの機能を有する地域を登録。

[49] 国有林野での取組については、第IV章第 2 節(1)170-171ページを参照。

（4）森林被害対策の推進
（野生鳥獣による被害の状況）

　近年の野生鳥獣による森林被害面積は、シカ等の侵入を防ぐ防護柵の設置やノネズミの駆除等の対策により減少傾向にあるものの、令和4（2022）年度は全国で4,600haとなっており、森林被害は依然として深刻な状況にある。このうち、シカによる被害が約7割を占めている（資料Ⅰ-24）。

　シカによる被害の内訳としては、食害による造林木の成長阻害や枯死、木材価値の低下のほか、下層植生の消失等による土壌流出などがある。

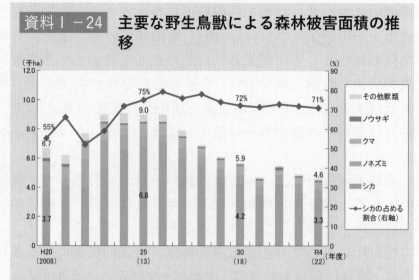

資料Ⅰ-24　主要な野生鳥獣による森林被害面積の推移

注1：数値は、国有林及び民有林の合計で、森林管理局及び都道府県からの報告に基づいて、集計したもの。
　2：森林及び苗畑の被害。
資料：林野庁研究指導課・業務課調べ。

　環境省によると、北海道を除くシカの個体数[50]の推定値（中央値）は、令和4（2022）年度末時点で246万頭[51]であり、依然として高い水準にある[52]。また、シカの分布域は、昭和53（1978）年度から平成30（2018）年度までの間に約2.7倍に拡大し、最近では東北地方や北陸地方、中国地方において分布域が拡大している[53]。

　その他の野生鳥獣被害としてはノネズミやクマによる被害などがある。特に北海道のエゾヤチネズミは、数年おきに大発生し、造林地等に大きな被害を引き起こしている。また、ツキノワグマは、本州以南において、立木の樹皮を剝ぐことによる枯損（こそん）や木材価値の低下を引き起こしている。

（野生鳥獣被害対策を実施）

　造林地等における野生鳥獣対策としては、シカ等の侵入を防ぐ防護柵や、立木をクマによる剝皮被害から守る防護テープ、苗木を食害から守る食害防止チューブの設置等が行われている。また、各地域の地方公共団体、鳥獣被害対策協議会等によりシカ等の計画的な捕獲、捕獲技術者の養成等が行われている。さらに、令和5（2023）年度は、クマによる人身被害が人の生活圏や森林内で多発したことから、関係省庁が連携して、住民、林業関係者、入山者等に対する人身被害防止に関する注意喚起の強化を行った。

　環境省と農林水産省は、令和10（2028）年度までにシカ及びイノシシの個体数を平成

---

[50] 北海道については、北海道庁が独自に個体数を推定しており、令和4（2022）年度末において東部地域32万頭、北部地域19万頭、中部地域21万頭、南部地域3〜18万頭と推定。

[51] 推定値は、216〜305万頭（90%信用区間）。

[52] 環境省プレスリリース「全国のニホンジカ及びイノシシの個体数推定等の結果について」（令和6（2024）年4月26日付け）

[53] 環境省プレスリリース「全国のニホンジカ及びイノシシの個体数推定及び生息分布調査の結果について（令和2年度）」（令和3（2021）年3月2日付け）

23(2011)年度比で半減させる捕獲目標を設定している。令和4（2022）年度の捕獲頭数は、シカ71.7万頭（前年度比1.1％減）、イノシシ59.0万頭（前年度比11.6％増）[54]であった。半減目標達成に向けては引き続き捕獲強化が必要であり、シカの生息頭数が増加している地域を対象とした集中的な捕獲や県境をまたぐ捕獲の強化、効果的・効率的な捕獲に向けた狩猟者団体の組織体制の強化、捕獲従事者の育成等を実施している。

　林野庁では、森林整備事業により、森林所有者等による造林等の施業と一体となった防護柵等の被害防止施設の整備や、囲いわな等による鳥獣の誘引捕獲等に対する支援を行うとともに、シカ等による森林被害緊急対策事業等により、林業関係者が主体的に行う捕獲や捕獲技術の実証、森林内での捕獲を促進するための生息場所の確認、捕獲個体処理施設の整備等、捕獲に当たっての条件整備への支援を行っている。

　国有林野においても、森林管理署等が実施するシカの生息・分布調査等の結果を地域の協議会に提供し、知見の共有を図るとともに、効果的な被害対策の実施等に取り組んでいる[55]。

（「松くい虫[56]」による被害）

　「松くい虫被害」は、マツノザイセンチュウという体長約1mmの外来の線虫が、在来のマツノマダラカミキリ等に運ばれてマツ類の樹体内に侵入し枯死させるマツ材線虫病である。松くい虫被害は、全国的に広がっており、北海道を除く46都府県で被害が確認されている。

　令和4（2022）年度の松くい虫被害量（材積）は24.9万㎥で、昭和54（1979）年度のピーク時の10分の1程度と、長期的に減少しているが、依然として我が国最大の森林病害虫被害であり、継続的な対策が必要となっている（資料Ⅰ－25）。

　林野庁は、令和7（2025）年度までに、保全すべき松林[57]の被害率が1％未満に抑えられている都府県の割合を100％とする目標を設定しており、令和4（2022）年度は89％となっている。また、保全すべき松林の被害先端地域[58]の被害率が全国の被害率を下回ることも目標としているが、令和4（2022）年度における全国の被害率0.22％に対し、被害先端地域は0.26％となってい

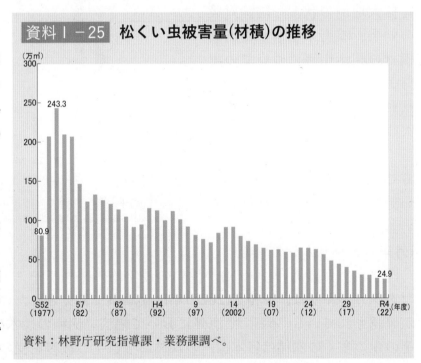

資料Ⅰ－25　松くい虫被害量（材積）の推移

（万㎥）

資料：林野庁研究指導課・業務課調べ。

---

[54] 環境省速報値。シカの捕獲頭数は、北海道のエゾシカを含む数値。

[55] 国有林野における取組については、第Ⅳ章第2節（1）172-173ページを参照。

[56] 松くい虫は、森林病害虫等防除法により、「森林病害虫等」に指定されている。

[57] 保安林等公益性の高い森林を対象に都道府県知事等が高度公益機能森林又は地区保全森林として定めた松林。

[58] 高緯度、高標高等被害拡大の先端地域となっている区域。

る。

　これらの目標達成に向け、都府県と連携しながら、保全すべき松林を対象として、薬剤散布、樹幹注入等の予防と被害木を伐倒してくん蒸処理を行う等の駆除を実施するとともに、保全すべき松林の周辺では広葉樹等への樹種転換を推進している。

　また、国立研究開発法人森林研究・整備機構は、マツノザイセンチュウに対して抵抗性を有する品種の開発を行い、令和4(2022)年度までに590品種を開発した[59]。令和4(2022)年度には、これらを用いた抵抗性マツの苗木が87万本生産され、マツ苗木の8割を占めるようになっている[60]。さらに、林野庁では、令和5(2023)年度から、抵抗性マツで造成された海岸防災林における松くい虫被害リスクと効果的な被害対策に関する調査を開始した。

(ナラ枯れ被害の状況)

　「ナラ枯れ」は、ナラ菌が体長5mm程度の甲虫であるカシノナガキクイムシ[61]によってナラ類やシイ・カシ類の樹体内に持ち込まれ樹木を枯死させるブナ科樹木萎凋病である。

　令和4(2022)年度のナラ枯れによる枯死や倒木等の被害は41都府県で確認されている。被害量(材積)は14.8万㎥で、前年度から3%減少したものの、依然として高水準で推移している(資料Ⅰ-26)。また、令和5(2023)年度には、北海道で初めて被害木が確認された。

　林野庁では、特に守るべき樹木及びその周辺において、健全木への粘着剤の塗布やビニールシート被覆等による侵入予防と被害木のくん蒸による駆除等を実施するとともに、令和5(2023)年度から被害拡大地域の状況や防除対策の効果、被害木を含めた広葉樹材の利活用等についての実態調査を開始した。また、ナラ枯れ被害は高齢化した森林の大径木に多くみられることから、伐採・更新を行い若返らせることによる被害を受けにくい健全な森づくりを推進している。

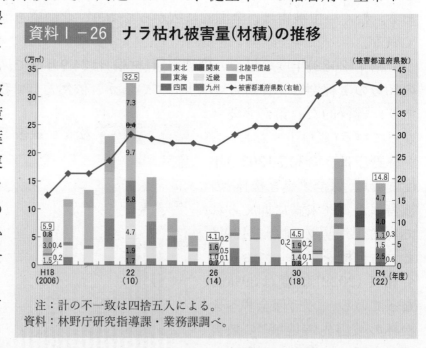

資料Ⅰ-26　**ナラ枯れ被害量(材積)の推移**

注：計の不一致は四捨五入による。
資料：林野庁研究指導課・業務課調べ。

(外来カミキリムシの確認)

　国際自然保護連合(IUCN)が世界の侵略的外来種ワースト100に挙げているツヤハダゴマダラカミキリは、令和2(2020)年に兵庫県で発見されたのを皮切りに、本州各地で生息が確認されている。本種は、海外において幅広い樹種の樹木に甚大な被害を及ぼしており、その中の多くの樹種は日本国内の森林にも自生し被害を受ける可能性があることから、林野庁では、関係省庁や地方公共団体と連携して注意喚起や情報発信を行うなど監視強化に

---

[59] 林野庁研究指導課調べ。

[60] 林野庁整備課調べ。

[61] カシノナガキクイムシを含むせん孔虫類は、森林病害虫等防除法により、「森林病害虫等」に指定されている。

努めている。さらに、令和5 (2023)年9月には、本種が特定外来生物に指定されたことから、飼養や運搬等の禁止事項や防除を行う際の手続などについて周知している。

（林野火災の状況）

令和4 (2022)年における林野火災の発生件数は1,239件、焼損面積は605haであった（資料Ⅰ-27）。

林野火災は、冬から春までに集中して発生しており、原因のほとんどは不注意な火の取扱い等の人為的なものである。このため、林野庁では、入山者が増加する春を中心に、消防庁と連携して「全国山火事予防運動」を行っている。

（森林保険制度）

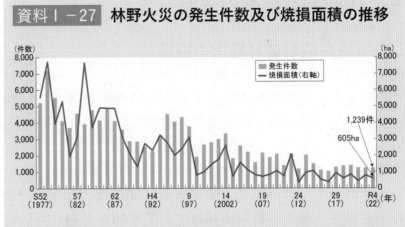

資料Ⅰ-27 **林野火災の発生件数及び焼損面積の推移**

資料：消防庁プレスリリース「令和4年（1～12月）における火災の状況（確定値）」（令和5 (2023)年11月29日付け）に基づいて林野庁研究指導課作成。

森林についての火災、気象災及び噴火災による損害を塡補する森林保険[62]は、国立研究開発法人森林研究・整備機構が実施しており、契約面積は、令和4 (2022)年度末時点で54.6万haと減少傾向が続いている。本制度の普及のため、YouTubeチャンネルで森林保険の解説動画を公開するなどSNSを活用した情報発信の強化に取り組んでいる。なお、令和4 (2022)年度の保険金支払総額は約2億円であった。

---

[62] 森林保険法に基づく公的保険。

4．国際的な取組の推進

（1）持続可能な森林経営の推進

（世界の森林は依然として減少）

森林・林業分野の
国際的取組

https://www.rinya.maff.go.j
p/j/kaigai/index.html

　国際連合食糧農業機関（FAO）の「世界森林資源評価2020」によると、2020年の世界の森林面積は約41億haであり、世界の陸地面積の31％を占めている[63]。世界の森林面積は、アフリカ、南米等の熱帯林を中心に依然として減り続けている（資料Ⅰ－28）。

　森林減少面積について、2010年から10年間の年平均は470万haとなっている。また、新規植林等による増加を考慮しない場合における年平均の森林減少面積（2015-2020年）は1,020万haとなっており、引き続き森林減少を止めるための積極的な取組が求められている。

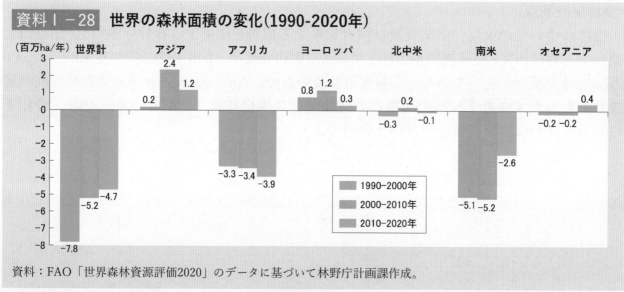

資料Ⅰ－28　世界の森林面積の変化（1990-2020年）

資料：FAO「世界森林資源評価2020」のデータに基づいて林野庁計画課作成。

（「持続可能な森林経営」に関する国際的議論）

　国際連合では、1992年に地球サミット（国連環境開発会議）において「森林原則声明[64]」が採択されて以降、2000年に「森林に関する国際的な枠組[65]（IAF）」が採択され、これに基づき、経済社会理事会の下に設置された国連森林フォーラム（UNFF）において森林問題の解決策を議論している。

　2015年には、国連サミットにおいて「持続可能な開発のための2030アジェンダ」が採択

---

[63] FAO (2020) Global Forest Resources Assessment 2020 Main report: 14.

[64] 正式名称は「Non-legally binding authoritative statement of principles for a global consensus on the management, conservation and sustainable development of all types of forests（全ての種類の森林の経営、保全及び持続可能な開発に関する世界的合意のための法的拘束力のない権威ある原則声明）」。世界の全ての森林における持続可能な経営のための原則を示したものであり、森林に関する初めての世界的な合意である。

[65] UNFF及びそのメンバー国、「森林に関する協調パートナーシップ」、森林の資金動員戦略の策定を支援する「世界森林資金促進ネットワーク」及びUNFF信託基金から構成される。2015年5月に開催されたUNFF第11回会合（UNFF11）において、IAFを強化した上でこれを2030年まで延長すること等が決定された。

され、持続可能な開発目標(SDGs)が示された。森林に関しては、目標15において「持続可能な森林の経営」が掲げられているほか、17の目標の多くに関連している。

2017年には、IAFの戦略計画である「国連森林戦略計画2017−2030(UNSPF)」がUNFFでの議論を経て国連総会で採択された。UNSPFには、SDGsを始めとする国際的な目標等における森林分野の貢献を目的に、2030年までに達成すべき6の「世界森林目標」及び26のターゲットが掲げられている。

このほか、2023年5月に我が国で開催された「G7広島サミット」において、「持続可能な森林経営と木材利用の促進へのコミット」などが盛り込まれた成果文書が採択され、従来からその重要性が共有されてきた持続可能な森林経営のみならず、木材利用の促進の重要性についても、明示的に共有された。

(持続可能な森林経営の基準・指標)

地球サミット以降、森林や森林経営の持続可能性を客観的に把握するものさしとして、国際的な基準・指標[66]の作成及び評価に関する取組が、自然条件や社会条件等の違いに応じて複数の枠組みで進められている。そのうち、我が国が参加する「モントリオール・プロセス[67]」では、2008年に指標の一部見直しが行われ、現在の基準・指標は7基準54指標から構成されている(資料Ⅰ−29)。

資料Ⅰ−29 モントリオール・プロセスの7基準54指標(2008年)

基　　　　　準	指標数	概　　　　　要
1 生物多様性の保全	9	森林生態系タイプごとの森林面積、森林に分布する自生種の数等
2 森林生態系の生産力の維持	5	木材生産に利用可能な森林の面積や蓄積、植林面積等
3 森林生態系の健全性と活力の維持	2	通常の範囲を超えて病虫害・森林火災等の影響を受けた森林の面積等
4 土壌及び水資源の保全・維持	5	土壌や水資源の保全を目的に指定や管理がなされている森林の面積等
5 地球的炭素循環への寄与	3	森林生態系の炭素蓄積量、その動態変化等
6 長期的・多面的な社会・経済的便益の維持増進	20	林産物のリサイクルの比率、森林への投資額等
7 法的・制度的・経済的な枠組み	10	法律や政策的な枠組み、分野横断的な調整、モニタリングや評価の能力等

資料：林野庁ホームページ「森林・林業分野の国際的取組」

(森林認証の取組)

森林認証制度は、第三者機関が、森林経営の持続性や環境保全への配慮に関する一定の基準に基づいて当該基準に適合した森林を認証するとともに、認証された森林から産出される木材及び木材製品(認証材)を非認証材と分別し、表示管理することにより、消費者の選択的な購入を促す仕組みである。

国際的な森林認証制度として、世界自然保護基金(WWF)を中心に発足した森林管理協議

---

[66] 「基準」とは、森林経営が持続可能であるかどうかをみるに当たり森林や森林経営について着目すべき点を示したもの。「指標」とは、森林や森林経営の状態を明らかにするため、基準に沿ってデータやその他の情報収集を行う項目のこと。

[67] アルゼンチン、オーストラリア、カナダ、チリ、中国、日本、韓国、メキシコ、ニュージーランド、ロシア、米国、ウルグアイの12か国が参加し、1994年から、基準・指標の作成と改訂、指標に基づくデータの収集、国別報告書の作成等に取り組んでいる。

会(FSC)の「FSC認証」と、ヨーロッパ11か国の認証組織により発足した森林認証制度相互承認プログラム(PEFC)の「PEFC認証」の２つがあり、それぞれ１億5,895万ha[68]、２億9,499万ha[69]の森林を認証している。我が国独自の森林認証制度としては、一般社団法人緑の循環認証会議(SGEC/PEFC-J)の「SGEC認証」があり、PEFC認証との相互承認を行っている。

また、加工及び流通の過程において、認証材を他の木材と分別管理できる体制が必要であり、これらの認証の一部として、その体制を審査して承認する制度(CoC[70]認証)が導入されている。2023年12月現在、FSC認証とPEFC認証のCoC認証は、世界で延べ７万件以上取得されている[71]。

(我が国における森林認証の状況)

我が国における森林認証は、主にFSC認証とSGEC認証によって行われている。

令和５(2023)年12月現在の国内における認証面積は、FSC認証は42万ha、SGEC認証は221万haとなっている。我が国の森林面積に占める認証森林の割合は１割程度と、欧州の国々に比べ低位にあるが、SGEC認証を中心に認証面積は増加傾向にある(資料Ⅰ－30、資料Ⅰ－31)。CoC認証の取得件数については、我が国でFSC認証が2,178件、SGEC認証(PEFC認証を含む[72]。)は490件となっている[73]。

林野庁では、認証材の需要拡大や供給体制の構築の取組等を促進している。

資料Ⅰ－30	主要国における認証森林面積とその割合				
	FSC (万ha)	PEFC (万ha)	認証面積 (万ha)	森林面積 (万ha)	認証森林の割合(%)
フィンランド	237	1,935	1,949	2,241	87
オーストリア	0	330	330	390	85
スウェーデン	1,945	1,641	2,343	2,798	84
ドイツ	155	828	871	1,142	76
カナダ	4,654	12,904	15,608	34,693	45
米国	1,359	3,352	3,793	30,980	12
日本	42	221	259	2,494	10

注１：認証面積は、FSC認証とPEFC認証の合計(2023年12月現在)から、重複取得面積(2022年中間報告)を差し引いた総数。
　２：計の不一致は四捨五入による。
資料：FSC「Facts & Figures」(2023年12月１日)、PEFC「PEFC Global Statistics」(2023年12月)、PEFC「PEFC and FSC Double Certification(2016-2022)」(2023年１月)、FAO「世界森林資源評価2020」

資料Ⅰ－31	我が国におけるFSC及びSGECの認証面積の推移

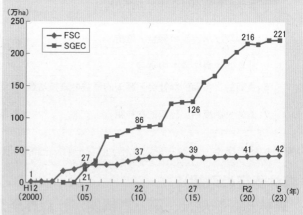

資料：FSC及びSGEC/PEFC-Jホームページに基づいて林野庁計画課作成。

---

[68] FSC「Facts & Figures」(2023年12月１日現在)

[69] PEFC「PEFC Global Statistics」(2023年12月現在)

[70] 「Chain of Custody(管理の連鎖)」の略。

[71] FSC「Facts & Figures」、PEFC「PEFC Global Statistics」

[72] 相互承認によりいずれかのCoC認証を受けていれば、SGEC認証森林から生産された木材を各認証材として取り扱うことができる。

[73] FSC「Facts & Figures」(2023年12月１日現在)、SGEC/PEFC-J「SGEC/PEFC認証企業リスト(FM CoC)」(令和6(2024)年１月11日現在)

（2）地球温暖化対策と森林
（気候変動に関する政府間パネルによる科学的知見）

　地球温暖化は、人類の生存基盤に関わる最も重要な環境問題の一つとなっている。気候変動に関する政府間パネル[74]（IPCC）は、地球温暖化問題に関する研究成果についての評価を行い、1990年以降、それらの結果をまとめた報告書を公表しており、2023年3月に第6次評価報告書統合報告書が公表された。

地球温暖化防止に向けて
https://www.rinya.maff.go.jp/j/
sin_riyou/ondanka/

　統合報告書では、地球温暖化が人間活動の影響で起きていることは疑う余地がないこと、人為起源の気候変動は多くの気象と気候の極端現象を引き起こし、広範囲にわたる悪影響と関連した損失・損害を引き起こしていることなどを指摘し、この10年間に行う選択や実施する対策が現在から数千年先まで影響を持つとして、この間の大幅で急速かつ持続的な緩和と加速化された適応の行動は、予測される損失と損害を軽減し、多くの共便益をもたらすことを強調している。

　森林・林業関連については、森林経営の向上などの森林を活用した対策が緩和・適応の両面で有益であること、木材製品など持続可能な形で調達された農林産物を他の温室効果ガス排出量の多い製品の代わりに使用できることなどが紹介されている。

（国連気候変動枠組条約の下での気候変動対策）

　気候変動に関する国際連合枠組条約（国連気候変動枠組条約）は地球温暖化防止のため1992年に採択された国際的な枠組みであり、大気中の温室効果ガス濃度の安定化を目的としている。2015年の国連気候変動枠組条約第21回締約国会議（COP21）において、2020年以降の国際的な気候変動対策の枠組みとしてパリ協定が採択された[75]（資料Ⅰ－32）。これは先進国、開発途上国を問わず全ての国が参加する公平かつ実効的な法的枠組みであり、全ての参加国と地域に、2020年以降の温室効果ガス削減目標である「国が決定する貢献（NDC）」を定めること等を求めている。

　2018年のCOP24ではパリ協定の本格運用に向けて実施指針（ルールブック）が採択され、これまでと同様、我が国の森林が吸収源として排出削減目標の達成に貢献することとなった。

　2021年のCOP26では、我が国を含む140か国以上が参加し、2030年までに森林の消失や土地劣化の状況を好転させることにコミットした「森林・土地利用に関するグラスゴー・

資料Ⅰ－32　パリ協定の概要

パリ協定とは
○開発途上国を含む全ての国が参加する2020年以降の国際的な温暖化対策の法的枠組み。
○2015年のCOP21（気候変動枠組条約第21回締約国会議）で採択され、2016年11月に発効。

協定の内容
○世界全体の平均気温上昇を工業化以前と比較して2℃より十分下方に抑制及び1.5℃までに抑える努力を継続。
○各国は削減目標を提出し、対策を実施。（削減目標には森林等の吸収源による吸収量を計上することができる。）
○削減目標は5年ごとに提出・更新。
○今世紀後半に温室効果ガスの人為的な排出と吸収の均衡を達成。
○開発途上国への資金支援について、先進国は義務、開発途上国は自主的に提供することを奨励。

森林関連の内容（協定5条）
○森林等の吸収源及び貯蔵庫を保全し、強化する行動を実施。
○開発途上国の森林減少・劣化に由来する排出の削減等（REDD+）の実施及び支援を奨励。

---

[74] 世界気象機関（WMO）と国連環境計画（UNEP）により1988年に設立された政府間組織。気候変動に関する最新の科学的知見（出版された文献）について取りまとめた報告書を定期的に作成し、各国政府の気候変動に関する政策に科学的な基礎を与えることを目的とする。IPCC評価報告書は、気候変動対策に不可欠な科学的基礎を提供するものと位置付けられている。

[75] パリ協定の採択については、「平成27年度森林及び林業の動向」トピックス4（5ページ）を参照。

リーダーズ宣言」が公表され、この目標の実現に向け、我が国を含む12の国・地域が森林分野の気候変動対策のために合計120億ドルの公的資金の確保を約束した。これに関連して我が国は約2.4億ドルの資金支援を行うことを表明した。これらの取組を加速するため、2022年のCOP27では、英国の主導により「森林・気候のリーダーズ・パートナーシップ(FCLP)」が新たに立ち上げられ、我が国を含む27の国・地域[76]が参加した。

　2023年11月から12月にかけてアラブ首長国連邦(UAE)のドバイで開催されたCOP28では、パリ協定の実施状況を検討し、長期目標の達成に向けた全体としての進捗を評価する仕組みであるグローバル・ストックテイクに係る決定文書が採択され、2050年ネットゼロ達成に向け、この決定的な10年における、1.5℃目標達成のための緊急的な行動の加速が合意された。森林関係では、2030年までに森林減少と森林劣化を食い止め、好転させる取組の強化や、吸収源及び貯蔵庫として機能する陸域・海洋生態系及び生物多様性の保全の重要性等が盛り込まれた。また、FCLPの下、建築分野における持続可能な木材利用の促進を目指す「持続可能な木材によるグリーン建築」イニシアティブの声明が、我が国を含む17か国の賛同を得て発表された。

(地球温暖化対策計画と2030年度森林吸収量目標)

　地球温暖化対策の総合的かつ計画的な推進を図る地球温暖化対策計画(令和3(2021)年10月閣議決定)では、2050年カーボンニュートラルの実現に向け、令和12(2030)年度の我が国の温室効果ガス排出削減目標を従来より引き上げ、平成25(2013)年度比46%削減を目指し、更に50%の高みに向けて挑戦を続けることとしている。森林吸収量についても、目標が従来の約2.0%から約2.7%に引き上げられた(資料Ⅰ-33)。あわせて、我が国は、この2030年度の目標を踏まえたNDC(令和3(2021)年10月地球温暖化対策推進本部決定)及び「パリ協定に基づく成長戦略としての長期戦略」(令和3(2021)年10月閣議決定)を策定した。

　この目標達成に向けては、森林・林業基本計画や農林水産省地球温暖化対策計画(令和3(2021)年10月改定)等に基づき、適切な間伐の実施等の取組に加え、森林資源の循環利用の確立を図り、炭素を貯蔵する木材の利用を拡大しつつ、エリートツリー等の再造林等により成長の旺盛な若い森林を確実に造成していくことが重要であり、地方公共団体、森林所有者、民間事業者、国民など各主体の協力を得つつ、取組を進めていくこととしている。

　令和4(2022)年度の森林吸収量は4,568万CO_2トン、このうち伐採木材製品(HWP[77])に

資料Ⅰ-33	我が国の温室効果ガス排出削減と森林吸収量の目標

	地球温暖化対策計画 2021〜2030年
日本の温室効果ガス削減目標	2030年度 46% 更に50%の高みに向けて挑戦を続ける (2013年度総排出量比)
森林吸収量目標	2030年度 約2.7% (同上比)〜

注：森林吸収量目標には、間伐等の森林経営活動等が行われている森林の吸収量と、伐採木材製品(HWP)に係る吸収量を計上。

---

[76] 令和5(2023)年12月現在、32の国・地域が参加。

[77] 京都議定書第二約束期間以降、搬出後の木材による炭素貯蔵量全体の変化を温室効果ガス吸収量又は排出量として計上することができる。

係る吸収量は358万CO$_2$トンであった[78]。

（開発途上国の森林減少・劣化に由来する排出の削減等（REDD＋）への対応）

　開発途上国の森林減少・劣化に由来する温室効果ガスの排出量は、世界の総排出量の約1割を占めるとされていることから[79]、パリ協定においては、開発途上国における森林減少・劣化に由来する排出の削減並びに森林保全、持続可能な森林経営及び森林炭素蓄積の強化（REDD＋（レッドプラス））の実施及び支援が奨励されている。

　我が国は、緑の気候基金（GCF）等への資金拠出を通じた支援や技術支援のほか、二国間クレジット制度[80]（JCM）の下でのREDD＋活動を推進しており、令和5（2023）年12月現在、カンボジア及びラオスとの間でガイドライン類が策定されている。

　また、国立研究開発法人森林研究・整備機構に開設されたREDDプラス・海外森林防災研究開発センターでは、REDD＋の実施に必要な技術解説書や独立行政法人国際協力機構（JICA）と共に立ち上げた「森から世界を変えるプラットフォーム」による情報提供等により、開発途上国や民間企業等のREDD＋活動を支援している。

（気候変動への適応）

　気候変動の悪影響を最小限に抑える気候変動適応は、気候変動緩和と並ぶパリ協定の目的であり、我が国の気候変動対策として緩和策と適応策は車の両輪と位置付けられている。気候変動適応計画（令和5（2023）年5月閣議決定）及び農林水産省気候変動適応計画（令和5（2023）年8月改定）を踏まえ、森林・林業分野では、異常な豪雨による土石流等の災害の発生に備え、保安林等の計画的な配備や、治山施設の整備、路網の強靱化・長寿命化等のほか、渇水等に備えた森林の水源涵養機能の適切な発揮に向けた森林整備、高潮や海岸侵食に対応した海岸防災林の整備、気候変動による影響の継続的なモニタリング、病害虫対策、気候変動の影響に適応した品種開発等の調査・研究の推進等に取り組んでいる。

（3）生物多様性に関する国際的な議論

　森林は、世界の陸地面積の約3割を占め、陸上の生物種の少なくとも8割の生育・生息の場となっていると考えられている[81]。

　2010年に愛知県名古屋市で開催された生物多様性条約[82]第10回締約国会議（COP10）において、「愛知目標[83]」を定めた「戦略計画2011-2020」及び遺伝資源へのアクセスと利益配分（ABS）に関する「名古屋議定書」が採択された。

---

[78] 二酸化炭素換算の吸収量については、国立研究開発法人国立環境研究所「2022年度の温室効果ガス排出・吸収量」による。

[79] IPCC (2022) IPCC Sixth Assessment Report: Climate Change 2022: Mitigation of Climate Change, the Working Group III contribution, Summary for Policymakers: 6.

[80] 開発途上国等への優れた低炭素技術、製品、システム、サービス、インフラ等の普及や対策実施を通じ、実現した温室効果ガス排出削減・吸収への日本の貢献を定量的に評価するとともに、日本の「国が決定する貢献（NDC）」の達成に活用する制度。

[81] FAO and UNEP (2020) The State of the World's Forests 2020. Forests, biodiversity and people.: xvi.

[82] ①生物の多様性の保全、②生物多様性の構成要素の持続可能な利用、③遺伝資源の利用から生ずる利益の公正かつ衡平な配分を目的としている。遺伝資源とは、遺伝の機能的な単位を有する植物、動物、微生物その他に由来する素材であって現実の又は潜在的な価値を有するもの。

[83] 2020年までの短期目標「生物多様性の損失を止めるために効果的かつ緊急な行動を実施する」を達成するために定められた20の個別目標。

2021年にはCOP15の第一部が開催され、「愛知目標」に代わる新たな目標を今後、確実に採択することなどを記載した「昆明宣言」が採択された。2022年にカナダのモントリオールでCOP15の第二部が開催され、2030年までの新たな生物多様性に関する世界目標である「昆明・モントリオール生物多様性枠組」等が採択された(資料Ⅰ-34)。

(4)我が国の国際協力
(我が国の取組)

我が国は、JICAを通じて、専門家派遣、研修員受入れ及び機材供与を効果的に組み合わせた技術協力や、研修等を実施している(資料Ⅰ-35)。令和5(2023)年度にはインドネシアでの森林火災予防に関し、新たに森林・林業分野の技術協力プロジェクトを開始した。

また、JICAを通じて開発資金の低利かつ長期の貸付け(円借款)を行う有償資金協力による造林、人材の育成等の活動支援や、供与国に返済義務を課さない無償資金協力による森林管理のための機材整備等を行っている。

このほか、林野庁は補助事業を通じて開発途上国における持続可能な森林経営や森林保全等の取組を支援するとともに、森林の防災・減災機能の強化に資する技術開発等を推進している(事例Ⅰ-10)。

(国際機関を通じた取組)

| 資料Ⅰ-34 | 「昆明・モントリオール生物多様性枠組」(2022年)における主な森林関係部分の概要 |

〈目標2〉	劣化した生態系の30%の地域を効果的な回復下に置く
〈目標3〉	陸と海のそれぞれ少なくとも30%を保護地域及びOECM(保護地域以外で生物多様性保全に資する地域)により保全(30 by 30目標)
〈目標10〉	農業、養殖業、漁業、林業地域が持続的に管理され、生産システムの強靱性及び長期的な効率性と生産性、並びに食料安全保障に貢献

注：OECMは「Other Effective area-based Conservation Measures」の略。
資料：環境省ホームページ「昆明・モントリオール生物多様性枠組」に基づいて林野庁森林利用課作成。

| 資料Ⅰ-35 | 独立行政法人国際協力機構(JICA)を通じた森林・林業分野の技術協力プロジェクト等(累計) |

地域	実施中件数	終了件数	計
アジア	9	81	90
大洋州	1	5	6
中南米	3	32	35
欧州	2	4	6
中東	1	2	3
アフリカ	6	27	33
合計	22	151	173

注1：令和5(2023)年12月末現在の数値。
　2：終了件数は昭和51(1976)年から令和5(2023)年12月末までの実績。
資料：林野庁計画課調べ。

国際熱帯木材機関(ITTO[84])は、熱帯林の持続可能な経営の促進と熱帯木材貿易の発展を目的として1986年に設立された国際機関であり、横浜市に本部を置いている。加盟国は、2023年12月現在、生産国と消費国の計75か国及びEUである。我が国は、ITTOへの資金拠出を通じて、生産国のプロジェクトを支援している。

2023年11月にタイで開催された第59回国際熱帯木材理事会(ITTC59)では、ITTOの設置根拠となる「2006年の国際熱帯木材協定」の再延長に向けたプロセスや世界の森林減少・劣化を防止するための取組等について議論された。我が国は、ベトナム、タイ及びインドネシアに続き、マレーシアにおける「持続可能な木材利用の促進」プロジェクトへの支援

---

[84] ITTOを通じた合法性・持続可能性が確保された木材等の流通及び利用の促進については、第Ⅲ章第1節(4)127ページを参照。

を表明した。これらのプロジェクトを通じ、各国内の木材需要の開拓による木材産業の安定化と東南アジアにおけるカーボンニュートラルの実現に貢献することとしている[85]。また、食料生産等と調和した持続可能な森林経営を促進するため、コートジボワールにおけるプロジェクトへの支援も表明した。

さらに、我が国はFAOの信託基金によるプロジェクトへの拠出により、開発途上国における山地流域の強靱化のための取組や、森林保全と農業を両立し森林減少の抑止に有効なアプローチを浸透させる取組を支援している。

事例Ⅰ−10　ケニア乾燥・半乾燥地域における長根苗植林技術の開発

東アフリカに位置するケニア共和国は、2010年時点で約7％だった森林被覆率を2032年までに30％にすることを目標に掲げ、植林活動を積極的に行っている。しかし、同国の国土の約80％を占める乾燥・半乾燥地では、降雨が不安定で苗木の活着率が悪いことから、湿潤地に比べて植林が進んでいない状況にある。

そこで、公益財団法人国際緑化推進センター(JIFPRO)は、2021年度から林野庁補助事業の下で、ケニア森林研究所と協力し、厳しい乾燥にも耐えられる長根苗の技術開発と普及を行っている。

2022年度からは、日本の大手建機メーカーであるコマツが参画したことにより、深い植穴掘削を効率的に行う建機の確保が容易となった。同年度以降、70戸以上の小規模農家の保有地において長根苗植林活動を通じた技術実証を行っている。

ケニア大統領による長根苗の植林
（写真提供：ケニア森林研究所）

建機を使った植穴の掘削
（写真提供：JIFPRO）

---

[85] 林野庁ホームページ「第59回国際熱帯木材理事会の結果について」

再造林に向けた林業機械による地拵え(福島県古殿町)

林業と山村(中山間地域)

　我が国の林業は、森林資源の循環利用等を通じて森林の有する多面的機能の発揮に寄与してきた。施業の集約化等を通じた林業経営の効率化や、林業従事者の育成・確保等に向けた取組が進められてきており、近年は国産材の生産量の増加、木材自給率の上昇など、活力を回復しつつある。

　また、林業産出額の約4割を占める特用林産物は木材と共に地域資源として、その多くが中山間地域に位置する山村は住民が林業を営む場として、地方創生にそれぞれ重要な役割を担っている。

　本章では、林業生産、林業経営及び林業労働力の動向等について記述するとともに、きのこ類を始めとする特用林産物や山村の動向について記述する。

1．林業の動向

（1）林業生産の動向
（木材生産の産出額の推移）

　我が国の林業は、長期にわたり木材価格の下落等の厳しい状況が続いてきたが、近年は国産材の生産量の増加、木材自給率の上昇など、その活力を回復させつつある。我が国の林業産出額は、丸太輸出、木質バイオマス発電等による新たな木材需要により増加傾向で推移し、令和4(2022)年は、前年に生じた木材価格の上昇の影響が続いたことや燃料用チップ素材の生産量が増加したことなどにより前年比6.4%増の5,807億円となった。

　このうちの約6割を占める木材生産の産出額は、令和4(2022)年は前年比10.8%増の3,605億円となった。これに対して、令和4(2022)年の栽培きのこ類生産の産出額は2,080億円となり、前年比で0.6%減少している(資料Ⅱ-1)。

（国産材の素材生産量の推移）

　令和4(2022)年の国産材総供給量は、前年比2.7%増の3,462万㎥となった[1]。製材、合板及びチップ用材については、前年比1.1%増の2,208万㎥となっている。

　令和4(2022)年の素材[2]生産量を樹種別にみると、スギは前年比2.5%増の1,324万㎥、ヒノキは前年比3.5%減の297万㎥、カラマツは前年比2.8%減の193万㎥、広葉樹は前年比3.6%減の170万㎥となり、樹種別割合は、スギが59.9%、ヒノキが13.5%、カラマツが8.7%、広葉樹が7.7%となっている。また、国産材の地域別素材生産量をみると、令和4(2022)年は多い順に、東北(26%)、九州(24%)、北海道(15%)が上位となっている(資料

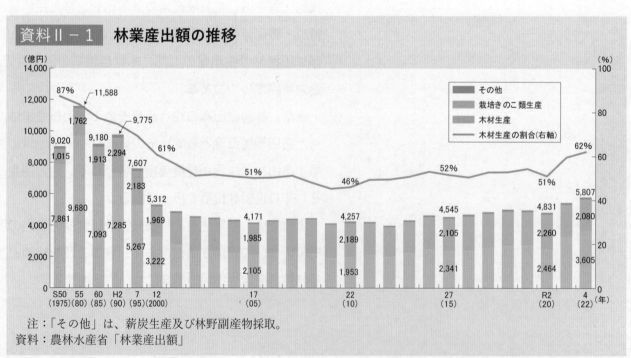

資料Ⅱ-1　林業産出額の推移

注：「その他」は、薪炭生産及び林野副産物採取。
資料：農林水産省「林業産出額」

[1] 林野庁「令和4(2022)年木材需給表」。パルプ用材、その他用材、しいたけ原木、燃料材、輸出を含む数量。
[2] 製材・合板等の原材料に供される丸太等(原木)。

Ⅱ－2）。

（素材価格の推移）

　スギの素材価格[3]は、昭和55(1980)年をピークに下落してきたが、近年は13,000～14,000円/㎥程度で横ばいで推移してきた。ヒノキの素材価格もスギと同様の状況であ

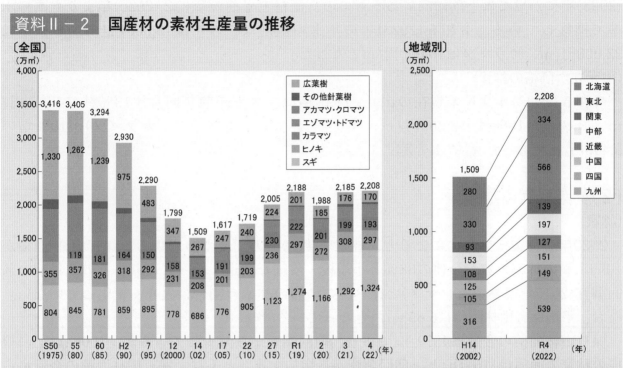

資料Ⅱ－2　国産材の素材生産量の推移

注：製材工場、合単板工場及び木材チップ工場に入荷した製材用材、合板用材（平成29(2017)年からはLVL用を含んだ合板等用材）及び木材チップ用材が対象（その他用材、しいたけ原木、燃料材、輸出用丸太を含まない。）。

資料：農林水産省「木材需給報告書」

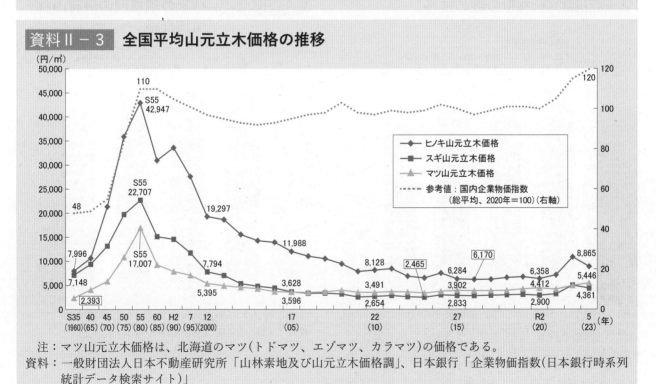

資料Ⅱ－3　全国平均山元立木価格の推移

注：マツ山元立木価格は、北海道のマツ（トドマツ、エゾマツ、カラマツ）の価格である。

資料：一般財団法人日本不動産研究所「山林素地及び山元立木価格調」、日本銀行「企業物価指数（日本銀行時系列統計データ検索サイト）」

[3] 製材工場着の価格。木材価格の推移については、第Ⅲ章第1節(3)125-126ページを参照。

り、近年は18,000円/㎥前後で横ばいで推移してきた。カラマツの素材価格は、平成16(2004)年を底にその後は若干上昇傾向で推移し、近年は12,000円/㎥前後で推移してきた。

　素材価格は、令和3(2021)年に国産材の需要の高まり等を受けて上昇し、令和5(2023)年にかけては下落傾向にあるものの、価格上昇前の令和2(2020)年よりも高い水準で推移している。令和5(2023)年の年平均価格は、スギは15,800円/㎥、ヒノキは22,000円/㎥、カラマツは16,000円/㎥となった。

（山元立木価格の推移）

　令和5(2023)年3月末現在の山元立木価格は、スギが前年同月比13％減の4,361円/㎥、ヒノキが18％減の8,865円/㎥、マツ（トドマツ、エゾマツ、カラマツ）が10％増の5,446円/㎥であった（資料Ⅱ-3）。

（2）林業経営の動向

（林家）

　2020年農林業センサスによると、林家[4]の数は69万戸となっている。保有山林[5]面積が10ha未満の林家の数が全体の88％と小規模・零細な構造となっており、その5年前の前回調査（2015年農林業センサス）と比べ、この層の林家の割合は大きく変化していない。なお、平均保有山林面積は6.65ha/戸となっている（資料Ⅱ-4）。

　保有山林面積の合計は459万haであり、前回調査から減少しているが、100ha以上の規模の林家の面積は116万haと、前回調査から増加するとともに、保有山林面積の合計に占める割合も増加している（資料Ⅱ-5）。

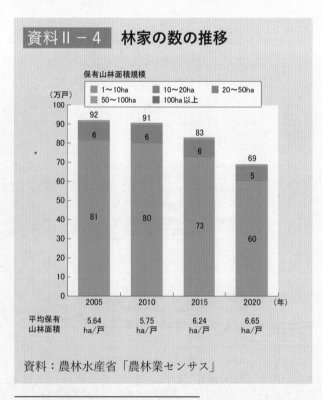

資料Ⅱ-4　林家の数の推移
資料：農林水産省「農林業センサス」

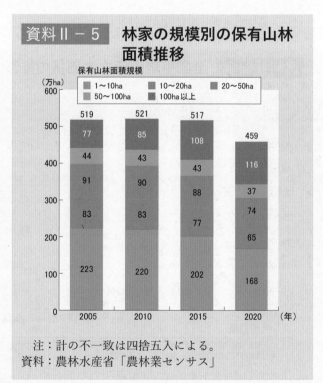

資料Ⅱ-5　林家の規模別の保有山林面積推移
注：計の不一致は四捨五入による。
資料：農林水産省「農林業センサス」

---

[4] 保有山林面積が1ha以上の世帯。

[5] 自らが林業経営に利用できる（している）山林のこと。

　保有山林＝所有山林－貸付山林＋借入山林

（林業経営体）

令和2（2020）年の林業経営体[6]数は3.4万経営体で、前回調査と比べて大幅に減少している（資料Ⅱ-6）。

林業経営体数を組織形態別にみると、個人経営体[7]は82％（2.8万経営体）と大半を占める（資料Ⅱ-7）。自伐林家については、明確な定義はないが、保有山林において素材生産を行う家族経営体に近い概念と考えると、2,954経営体存在する[8]。

林業経営体の保有山林面積の合計をみると、令和2（2020）年は332万haで、前回調査から減少しているが、平均保有山林面積は100.77ha/経営体と、前回調査から約2倍に増加している（資料Ⅱ-6）。

林業経営体数・保有山林面積の減少要因としては、山林の高齢級化の進行等により直近5年間に間伐等の施業を行わなかったため調査対象外となった者が増加したことが一因と推察される。

（林業経営体の作業面積）

保有山林については、作業面積の推移をみると、間伐、下刈り等の育林作業の減少が顕著である。作業面積を組織形態別にみると、個人経営体の占める割合が減少しており、特に間伐では大きく減少している。

作業受託については、森林組合や民間事業体[9]の占める割合が大きく、作業の中心的な担い手となっている。このうち、植林、下刈り、間伐は森林組合が、主伐は民間事業体が中心的な担い手となっている（資料Ⅱ-8）。主伐を行う林業経営体には、主伐後の再造林を実施することが期待されており、森林所有者に適切に働き掛けることが

資料Ⅱ-6　林業経営体数及び保有山林面積の推移

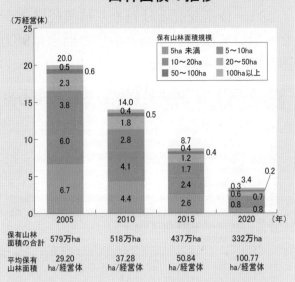

注1：平均保有山林面積は、保有山林がある林業経営体における平均値。
　2：計の不一致は四捨五入による。
資料：農林水産省「農林業センサス」

資料Ⅱ-7　林業経営体数の組織形態別内訳

（単位：経営体）

	林業経営体	素材生産を行った林業経営体	林業作業の受託を行った林業経営体
法人化していない経営体	29,080	3,745	1,326
個人経営体	27,776	3,582	1,236
法人化している経営体	4,093	1,861	2,000
民間事業体	1,994	1,182	1,211
森林組合	1,388	533	647
その他	711	146	142
地方公共団体・財産区	828	233	23
合　計	34,001	5,839	3,349

注：法人化している経営体のうち、その他の中には、「農事組合法人」、「農協」、「その他の各種団体」、「その他の法人」を含む。
資料：農林水産省「2020年農林業センサス」

---

[6] ①保有山林面積が3ha以上かつ過去5年間に林業作業を行うか森林経営計画を作成している、②委託を受けて育林を行っている、③委託や立木の購入により過去1年間に200㎡以上の素材生産を行っているのいずれかに該当する者。なお、森林経営計画については第1節（4）97ページを参照。

[7] 家族で経営を行っており、法人化していない林業経営体。

[8] 農林水産省「2020年農林業センサス」（組替集計）

[9] 民間事業体とは、株式会社（有限会社も含む。）、合名・合資会社、合同会社、相互会社。

重要である。主伐のみを行う民間事業体においても森林組合等の造林事業者と連携した再造林の取組がみられる。

　また、作業受託とは異なり林業経営体が保有山林以外で期間を定めて一連の作業・管理を一括して任されている山林の面積は98万haであり、その約９割を森林組合又は民間事業体が担っている[10]。

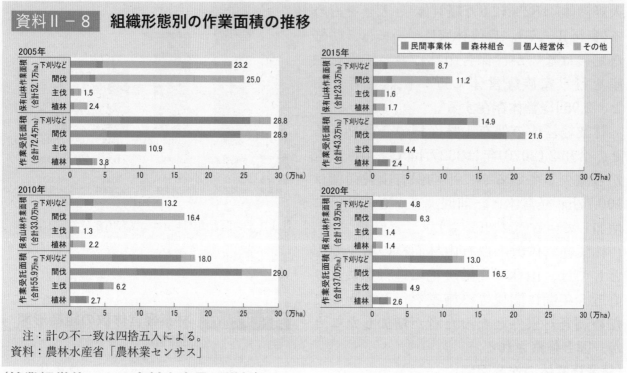

資料Ⅱ－8　組織形態別の作業面積の推移

凡例：■民間事業体　■森林組合　■個人経営体　□その他

2005年
保有山林作業面積（合計52.1万ha）
下刈りなど　23.2
間伐　25.0
主伐　1.5
植林　2.4

作業受託面積（合計72.4万ha）
下刈りなど　28.8
間伐　28.9
主伐　10.9
植林　3.8

2010年
保有山林作業面積（合計33.0万ha）
下刈りなど　13.2
間伐　16.4
主伐　1.3
植林　2.2

作業受託面積（合計55.9万ha）
下刈りなど　18.0
間伐　29.0
主伐　6.2
植林　2.7

2015年
保有山林作業面積（合計23.3万ha）
下刈りなど　8.7
間伐　11.2
主伐　1.6
植林　1.7

作業受託面積（合計43.3万ha）
下刈りなど　14.9
間伐　21.6
主伐　4.4
植林　2.4

2020年
保有山林作業面積（合計13.9万ha）
下刈りなど　4.8
間伐　6.3
主伐　1.4
植林　1.4

作業受託面積（合計37.0万ha）
下刈りなど　13.0
間伐　16.5
主伐　4.9
植林　2.6

注：計の不一致は四捨五入による。
資料：農林水産省「農林業センサス」

（林業経営体による素材生産量は増加）

　素材生産量のうち約８割は森林所有者からの受託や立木買いにより生産されており、民間事業体や森林組合が素材生産全体の約８割を担う状況となっている(資料Ⅱ－9)。

　また、素材生産を行った林業経営体数は、令和２(2020)年で5,839経営体であり、前回調査から減少する一方で、素材生産量の合計は増加し、１経営体当たりの平均素材生産量は3.5千㎥に増加している。年間素材生産量が１万㎥以上の林業経営体による生産量は、生産量全体の約７割まで伸展しており、規模拡大が進行している(資料Ⅱ－10)。

資料Ⅱ－9　生産形態別及び組織形態別の素材生産量

（万㎥）

生産形態別　2,041
受託　908
立木買い　699
保有山林で自ら伐採　434

組織形態別　2,041
民間事業体　1,000
森林組合　561
個人経営体　307
その他　174

注：計の不一致は四捨五入による。
資料：農林水産省「2020年農林業センサス」

　素材生産を行った林業経営体数を組織形態別にみると、個人経営体は3,582経営体であり、前回調査から大幅に減少している(資料Ⅱ－11)。

　また、平成30年林業経営統計調査報告によると、会社経営体の素材生産量を就業日数(素材生産従事者)で除した１人・日当たり素材生産量(労働生産性)は平均で7.1㎥/人・日

---

[10] 農林水産省「2020年農林業センサス」。森林組合が53万ha、民間事業体が35万ha。

である[11]。林野庁は、令和12(2030)年度までに、林業経営体における主伐の労働生産性を11㎥/人・日、間伐の労働生産性を8㎥/人・日とする目標を設定している。

(林業所得に係る状況)

2020年農林業センサスによると、個人経営体2.8万経営体のうち、調査期間の1年間に何らかの林産物[12]を販売したものの数は、全体の約2割に当たる5,649経営体となっている。

また、平成30年林業経営統計調査報告によると、家族経営体[13]の1経営体当たりの年間林業粗収益は378万円で、林業粗収益から林業経営費を差し引いた林業所得は104万円となっている。

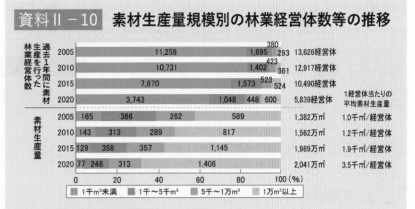

資料Ⅱ-10 素材生産量規模別の林業経営体数等の推移

注：計の不一致は四捨五入による。
資料：農林水産省「農林業センサス」(組替集計)

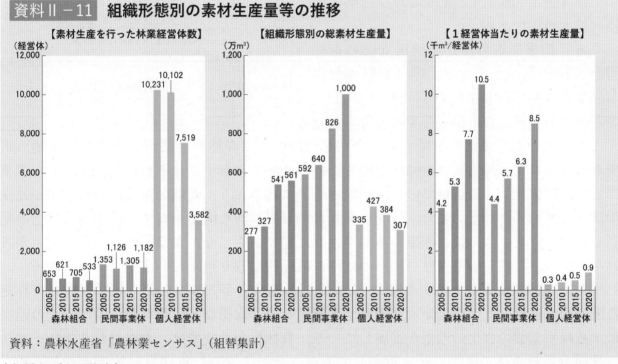

資料Ⅱ-11 組織形態別の素材生産量等の推移

資料：農林水産省「農林業センサス」(組替集計)

(森林組合の動向)

森林組合は、森林組合法に基づく森林所有者の協同組織で、組合員である森林所有者に対する経営指導、森林施業の受託、林産物の生産・販売・加工等を行っている。さらに、森林経営管理制度の主要な担い手として森林の経営管理の集積・集約化を推進し労働生産性を高めることや、木材の販売を強化し収益力を高めることが求められている。これらの

---

[11] 会社経営体の調査の対象は、2015年農林業センサスに基づく林業経営体のうち、株式会社、合名・合資会社等で、①過去1年間の素材生産量が1,000㎥以上、②過去1年間の受託収入が2,000万円以上のいずれかに該当するもの。

[12] 用材(立木又は素材)、ほだ木用原木及び特用林産物(薪、炭、山菜等(栽培きのこ類、林業用苗木は除く。))。

[13] 保有山林面積が20ha以上で、家族経営により一定程度以上の施業を行っている林業経営体(法人化されたものを含む。)。

取組を通じて組合員や林業従事者の収益を確保することで、組合員の再造林の意欲を高め、地域において持続可能な林業経営の推進に寄与することが、より一層期待されている。

　令和３年度森林組合統計によると、令和３（2021）年度の数は610組合で、全国の組合員数は148万人である。組合員が所有する森林面積は、私有林面積全体の約３分の２を占め、また令和２（2020）年の全国における植林、下刈り等の受託面積に占める森林組合の割合は約５割となっており[14]、我が国の森林整備の中心的な担い手となっている。また、素材生産量については平成25（2013）年度の452万㎥から令和３（2021）年度には655万㎥へと、近年大幅な伸びを示している。

　森林組合の総事業取扱高は、令和３（2021）年度には2,959億円、１森林組合当たりでは４億8,506万円となっており、事業規模も拡大傾向にある。

　一方、総事業取扱高が１億円未満の森林組合も16％存在するなど、経営基盤の強化が必要な森林組合も存在する（資料Ⅱ－12）。また個々の森林組合の得意とする分野も異なる。

森林組合の育成

https://www.rinya.maff.go.jp/j/keiei/kumiai/index.html

資料Ⅱ－12　総事業取扱高別の森林組合数及び割合

令和３（2021）年度

- 98組合 16%
- 191組合 31%
- 126組合 21%
- 126組合 21%
- 69組合 11%

■ 1億円未満　■ 1億円～3億円未満
■ 3億円～5億円未満　■ 5億円～10億円未満
■ 10億円以上

資料：林野庁「令和３年度森林組合統計」

　このような近年の状況を踏まえ、令和２（2020）年に森林組合法が改正され、事業、組織の再編等による経営基盤の強化を図るため、合併によらずそれぞれの状況に応じた事業ごとの連携強化による広域での事業展開が可能になるよう、吸収分割及び新設分割が連携手法として導入された。また、販売事業等に関し実践的な能力を有する理事１人以上の配置を義務付けた。さらに、理事の年齢や性別に偏りが生じないよう配慮する旨の規定が設けられており、若年層や女性の理事の就任に積極的に取り組んでいる組合もみられる。

　また、森林組合等が生産する原木[15]を森林組合連合会が取りまとめ、更に複数の森林組合連合会が連携し、大口需要者に販売する協定を結ぶ取組など、森林組合系統内での連携による経営基盤の強化の取組が進展している。森林組合系統では、おおむね５年に１度、森林組合系統全体の運動方針を策定しており、令和３（2021）年10月に策定された運動方針では、国産材供給量の５割以上を森林組合系統で担うことなどを掲げている。

（民間事業体の動向）

　素材生産、森林整備等の施業を請け負う民間事業体[16]は、令和２（2020）年には1,211経営体となっている（資料Ⅱ－７）。このうち植林を行ったものは35％（426経営体）、下刈り等を行ったものは47％（565経営体）、間伐を行ったものは68％（826経営体）となってい

---

[14] 農林水産省「2020年農林業センサス」

[15] 製材・合板等の原材料に供される丸太。

[16] 調査期間の１年間に林業作業の受託を行った林業経営体のうち、株式会社（有限会社も含む）、合名・合資会社、合同会社、相互会社の合計。

る。また、受託又は立木買いにより素材生産を行った民間事業体は980経営体となっており、うち52％（505経営体）が年間の素材生産量5,000㎥未満と小規模な林業経営体が多い[17]。安定的な事業量の確保のために、民間事業体においても、施業の集約化[18]や経営の受託等を行う取組が進められている。

　林野庁では、民間事業体等の経営基盤の強化を図るため、低利な資金貸付けや利子助成、林業信用保証等の様々な措置を実施しており、令和4（2022）年度には、森林を購入して経営規模の拡大を図る民間事業体等への長期かつ低利な資金措置を拡充した。また、独立行政法人農林漁業信用基金による債務保証においては、創業間もない民間事業体等に対して、将来性を評価した保証引受等により資金調達の円滑化を支援している。

（3）林業労働力の動向
（林業労働力の現状）
　林業従事者数は長期的に減少傾向であったが、平成27（2015）年から令和2（2020）年にかけて横ばいに転じ、4.4万人となっている（資料Ⅱ－13）。林業生産活動を継続させていくためには、施業を担う林業従事者の育成・確保が必要である。また、林業労働力の確保は、山村の活性化の観点からも重要である。

　林業従事者数を年齢階層別にみると、昭和55（1980）年には45～54歳の林業従事者数が突出して多く、特徴的な山型の分布であったが、年齢階層ごとの人数差は縮小し、山は徐々に低くなり平準化が進展している。特に高齢層が辞めていく中で、若年層が恒常的に就業し続けたことがこの傾向に寄与したものと考えられる（資料Ⅱ－14）。林業従事者の若年者率は、全産業の若年者率が低下する中、平成2（1990）年から平成22（2010）年にかけて上昇した後に横ばいで推移するとともに、平均年齢は、平成17（2005）年の54.4歳から令和2（2020）年には52.1歳まで下がっており、若返り傾向にある（資料Ⅱ－13）。

　林業従事者数を従事する作業別にみると、育林従事者については、平成22（2010）年から平成27（2015）年にかけての減少率が29％であったのに対して、平成27（2015）年から令和2（2020）年にかけての減少率は10％となり、減少幅が低下している。育林従事者数を年齢階層別にみると、45～49歳の年齢層の就業が増加している。他方、素材生産量の増加が続く中で、伐木・造材・集材従事者数については、平成27（2015）年から令和2（2020）年にかけて横ばいで推移している。伐木・造材・集材従事者数を年齢階層別にみると、40～44歳が最も多くなっており、若返りが顕著である（資料Ⅱ－14）。

　林業労働力の確保のためには、継続して新規就業者を確保するとともに、人材育成や労働環境の改善等を通じて定着率を高めていくことが重要である。

　林野庁では、森林・林業基本計画（令和3（2021）年6月閣議決定）を踏まえ、「グリーン成長」の実現に向けた木材生産や再造林・保育を担う林業労働力の確保を促進するため、「林業労働力の確保の促進に関する基本方針」を令和4（2022）年10月に変更し、林業従事者が生きがいを持って働ける魅力ある林業の実現に向けた取組を推進していくこととしている。

---

[17] 農林水産省「2020年農林業センサス」

[18] 隣接する複数の森林所有者が所有する森林を取りまとめて路網整備や間伐等の森林施業を一体的に実施すること。

資料Ⅱ－13　林業従事者数の推移

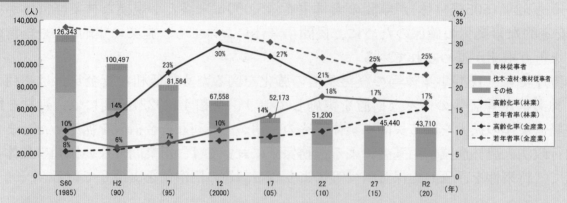

〔内訳〕 (単位：人)

	1985年	1990年	1995年	2000年	2005年	2010年	2015年	2020年
林業従事者	126,343 (19,151)	100,497 (14,254)	81,564 (10,468)	67,558 (8,006)	52,173 (4,488)	51,200 (3,020)	45,440 (2,750)	43,710 (2,730)
育林従事者	74,259 (15,151)	58,423 (10,848)	48,956 (7,806)	41,915 (5,780)	28,999 (2,705)	27,410 (1,520)	19,400 (1,240)	17,480 (1,320)
伐木・造材・集材従事者	46,113 (2,870)	36,486 (2,326)	27,428 (1,695)	20,614 (1,294)	18,669 (966)	18,860 (610)	20,910 (690)	20,480 (490)
その他の林業従事者	5,971 (1,130)	5,588 (1,080)	5,180 (967)	5,029 (932)	4,505 (817)	4,930 (890)	5,130 (820)	5,750 (920)

〔平均年齢〕 (単位：歳)

	1985年	1990年	1995年	2000年	2005年	2010年	2015年	2020年
全産業	41.9	42.5	43.3	43.9	45.0	45.8	46.9	48.0
林業従事者	52.2	54.5	56.2	56.0	54.4	52.1	52.4	52.1

注1：「高齢化率」とは、65歳以上の従事者の割合。
　2：「若年者率」とは、35歳未満の従事者の割合。
　3：内訳の（　）内の数字は女性の内数。
　4：2005年以前については、「林業従事者」ではなく「林業作業者」。
　5：「伐木・造材・集材従事者」については、1985年、1990年、1995年、2000年は「伐木・造材作業者」と「集材・運材作業者」の和。
　6：「その他の林業従事者」については、1985年、1990年、1995年、2000年は「製炭・製薪作業者」を含んだ数値。
　7：1985～1995年の平均年齢は、総務省「国勢調査」に基づいて試算。
資料：総務省「国勢調査」

資料Ⅱ－14　年齢階層別の林業従事者数の推移

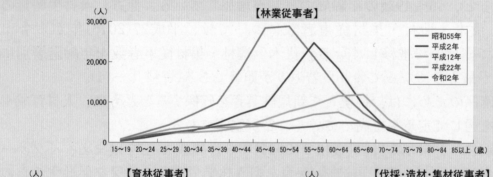

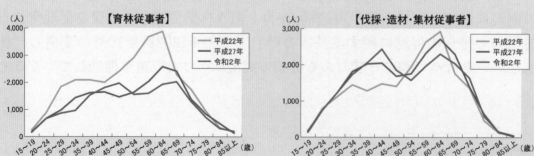

資料：総務省「国勢調査」

(林業労働力の確保)

林野庁では、林業に関心のある都市部の若者等が就業相談等を行うイベントの開催や、就業希望者の現地訪問の実施及び林業への適性を見極めるためのトライアル雇用の実施への支援のほか、林業経営体に就業した幅広い世代に対する林業に必要な基本的な知識や技術・技能の習得等の支援を行う「緑の雇用」事業により新規就業者の確保・育成を図っている。

令和4（2022）年度は同事業を活用し746人が新規に就業しており（資料Ⅱ−15）、また、同事業を活用した令和2（2020）年度の新規就業者の3年後（令和4（2022）年度末）の定着率は77.7％となっている。林野庁は、「緑の雇用」事業による新規就業者を毎年度1,200人、就業3年後の定着率を令和7（2025）年度までに80％とすることを目標としている。

「緑の雇用」事業と林業労働力の確保・育成について
https://www.rinya.maff.go.jp/j/routai/koyou/index.html

資料Ⅱ−15　新規就業者数（現場技能者として林業経営体へ新規に就業した者の集計値）の推移

注：「緑の雇用」は、「緑の雇用」新規就業者育成推進事業等による1年目の研修を修了した者を集計した値。
資料：林野庁ホームページ「林業労働力の動向」

さらに、林業分野における障害者雇用の促進を図るため、造林作業や山林種苗生産などの分野で、地方公共団体による林福連携の動きがみられる。

林業を営む事業所に雇用されている外国人労働者は、令和5（2023）年10月時点で205名となっている[19]。このような中、生産性の向上や国内人材の確保のための取組を行ってもなお人材を確保することが困難な状況にある産業上の分野に限り、一定の専門性・技能を有し即戦力となる外国人を受け入れる特定技能制度について、林業を対象分野として追加することが令和6（2024）年3月に閣議決定された。

人材育成を通じた開発途上地域等への技能、技術又は知識の移転による国際協力を推進することを目的としている技能実習制度に関して、林業関係団体は、最大5年の技能実習が可能となる技能実習2号及び3号への追加を目指し、その評価試験として活用可能な技能検定制度への林業の追加に向けて取り組んでおり、林野庁ではこの取組を支援している。

(高度な知識と技術・技能を有する従事者育成)

林業従事者にとって、林業が長く働き続けられる魅力ある産業となるためには、林業作業における生産性と安全性の向上や、能力評価等を活用した他産業並みの所得、安定した雇用環境の確保が必要である。

---

[19] 厚生労働省プレスリリース「「外国人雇用状況」の届出状況まとめ（令和5年10月末現在）」（令和6（2024）年1月26日付け）

　林野庁では、林業従事者の技術力向上やキャリア形成につながる取組を後押しするため、キャリアアップのモデルを提示し、林業経営体の経営者による教育訓練の計画的な実施を支援するとともに、現場管理責任者等のキャリアに合わせた研修を用意している。現場管理責任者等の育成目標は、令和7(2025)年度までに7,200人としている。

　また、チェーンソー作業の正確性や安全性を競う日本伐木チャンピオンシップが開催されている。林業技術や安全作業意識の向上、林業の社会的地位の向上、新規就業者数の拡大等を目的としており、優秀な成績を収めた選手は世界伐木チャンピオンシップの代表として選出されている(事例Ⅱ-1)。

事例Ⅱ-1　世界伐木チャンピオンシップでの日本人選手の活躍

　世界伐木チャンピオンシップ(WLC)の第34回大会が令和5(2023)年4月にエストニアで開催され、我が国からは5名の選手が参加した。

　国別総合順位(プロクラス3名の合計点により判定)では、前回の第18位から大きく順位を上げて第6位に入った。ジュニアクラスでは「丸太合せ輪切り」(丸太を上下から垂直に切る種目)で髙山選手が第2位の成績を収め、さらに、レディースクラスでは岡田選手が同種目で第1位を獲得した。

　日本人として初めて金メダルを獲得した岡田選手は、平成26(2014)年の第1回日本伐木チャンピオンシップ(JLC)の見学をきっかけに林業に就業しており、全国各地で開催される競技大会は、林業の社会的地位向上や新規就業者数の拡大にも寄与している。

　第35回WLCは令和6(2024)年9月にオーストリアで開催が決まっており、同大会に向けた第5回JLCは令和6(2024)年6月に開催される。

| WLCの様子 | 5名の日本人選手 | 丸太合せ輪切りに挑む岡田選手 |

(林業大学校等での人材育成)

　林業従事者の技術の向上を図り、安全で効率的な作業を行うためには、就業前の教育・研修も重要である。近年、道府県等により、各地で就業前の教育・研修機関として林業大学校等を新たに開校する動きが広がっており、令和5(2023)年度末時点で全国に24校ある。

　また、林野庁では、緑の青年就業準備給付金事業により、林業大学校等において林業への就業を目指して学ぶ学生を対象に給付金を給付し、就業希望者の裾野の拡大を図るとともに、将来的な林業経営の担い手の育成を支援している。令和5(2023)年4月時点で、令和4(2022)年度に給付金を受けた卒業生のうち242名が林業に就業している。

　さらに、森林・林業に関する学科・コース・科目を設置している高等学校は令和5

(2023)年度末時点で全国に71校ある[20]。林野庁では、次代を担う人材を確保・育成するため、令和４(2022)年度より、森林技術総合研修所において教職員向け研修を実施しているほか、授業や自習用の教材として活用できるスマート林業オンライン学習コンテンツの作成・配信、モデル校による地域協働型スマート林業教育の実証を行うとともに、教職員サミットを開催している(事例Ⅱ－２)。また、森林や林業の魅力を肌で感じることができる貴重な機会として、林業研究グループが高校生を対象に実施する高性能林業機械の体験学習等を支援している。

事例Ⅱ－2　高校におけるスマート林業教育の展開

　林野庁では林業高校等と地域が協働して「スマート林業教育プログラム」を作成・実施する取組を「令和４年度スマート林業教育推進事業」によって支援しており、その結果、各地で自走可能なプログラムが構築されている。

　山形県立村山産業高校では、令和４(2022)年度には、演習林の実態把握に際しQGISを活用し、オルソ画像を併用した林道や作業道の把握、ドローンやトラッキングアプリを併用した樹種や植栽区域の把握、GPS機器を併用した毎木の位置情報の取得や間伐計画の立案等の取組を行った。令和５(2023)年度からは、点群データ活用のためドローン操作やPCソフトウェア操作を授業内容に組み込むなど、更に進んだスマート林業教育を継続している。

　神奈川県立吉田島高校では、長期間行われてこなかった演習林での立木販売による間伐や皆伐・再造林の実施に向け、神奈川県や県森林組合連合会、関係企業等の協力を得て、限られた授業時間の中で計画を作成できるようスマート林業技術を導入した。令和４(2022)年度は森林調査アプリによる間伐予定地の毎木調査、路網設計支援ソフトによる路網設計、ドローン画像解析による資源量把握などを実施した。令和５(2023)年度は、地上レーザ計測も含めた毎木調査により皆伐予定地の売払価格を算出するなど、森林経営を実践できる技術者の効率的な育成につながっている。

QGISにより取得したデータを演習林の地図に表示する授業(村山産業高校)

森林調査アプリを使用し、胸高直径を調べる生徒(吉田島高校)

(安全な労働環境の整備)

　安全な労働環境の整備は、林業従事者を守り、継続的に確保し定着させ、林業を持続可能な産業とするために必要不可欠である。

　林業労働における死傷者数は長期的に減少傾向にあるものの、ここ数年の死傷者数は横

---

[20] 林野庁研究指導課調べ。

ばい傾向である（資料Ⅱ－16）。

　林業における労働災害発生率は、令和4（2022）年の死傷年千人率[21]でみると23.5で全産業平均（2.3）の約10倍となっており[22]、安全確保に向けた対応が急務である。林野庁は、令和3（2021）年以後10年を目途に林業における死傷年千人率を半減させることを目標としている。

　林業経営体の経営者や林業従事者には、引き続き、労働安全衛生関係法令等遵守の徹底が求められる。

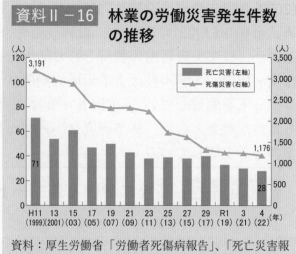

資料Ⅱ－16　林業の労働災害発生件数の推移

資料：厚生労働省「労働者死傷病報告」、「死亡災害報告」

（林業労働災害の特徴に応じた対策）

　林業労働災害は、①伐木作業中の死亡災害が全体の7割を占めており、特にかかり木に関係する事故が多い、②経験年数の少ない林業従事者の死亡災害が多い、③高齢者や小規模事業体の事故が多い、④被災状況が目撃されずに発見に時間を要するなどの特徴がある。

　このような状況を踏まえ、農林水産省は令和3（2021）年2月に「農林水産業・食品産業の作業安全のための規範」を策定し、林業経営体の経営者や林業従事者自身の安全意識の向上を図るとともに、林野庁では、令和3（2021）年11月に都道府県や林業関係団体に対し、林業労働災害の特徴に対応した安全対策の強化を図るための留意事項[23]を取りまとめ、その周知活動を実施するなど、林業経営体等の労働安全確保に向けた取組を進めている。

　また、林野庁では、林業従事者の切創事故を防止するための保護衣や緊急連絡体制を構築するための通信装置等を含む安全衛生装備・装置の導入、林業経営体の安全管理体制の確保のための診断、ベテラン作業員向けの伐木技術の学び直し研修への支援を行っているほか、「緑の雇用」事業の研修生に対して行う法令遵守や安全確保のための実習を支援している。くわえて、作業の軽労化や安全性向上のための林業機械の自動化・遠隔操作化技術の開発・実証に対しても支援を行っており、令和5（2023）年には、油圧式集材機とロージンググラップルを組み合わせた架線集材システム及び下刈り機械について、遠隔操作式の機種が販売開始されている。

　さらに、都道府県等が地域の実情に応じて、厚生労働省、関係団体等と連携して行う林業経営体への安全巡回指導や、林業従事者に対する各種の研修等の実施を支援している。

（雇用環境の改善）

　令和3年度森林組合統計によると、林業に従事する雇用労働者の賃金の支払形態については、月給制が徐々に増加して

林業の「働き方改革」について
https://www.rinya.maff.go.jp/j/routai/hatarakikata/ringyou.html

---

いるが30％と低い。一方、年間就業日数210日以上の雇用労働者の割合は上昇しており、令和3（2021）年度では68％と通年雇用化が進展している（資料Ⅱ－17）。それに伴い、社会保険等加入割合も上昇している。林野庁は、森林組合の雇用労働者の年間就業日数210日以上の者の割合を令和7（2025）年度までに77％まで引き上げることを目標としている。

「緑の雇用」事業に取り組む事業体への調査結果によれば、林業従事者の年間平均給与は、平成29（2017）年の343万円から令和

資料Ⅱ－17 森林組合の雇用労働者の年間就業日数

凡例：60日未満　60～149日　150～209日　210以上

注：計の不一致は四捨五入による。
資料：林野庁「森林組合統計」

4（2022）年の361万円と5％上昇しているが[24]、全産業平均[25]に比べると100万円程度低い状況にあり、他産業並みの所得を実現することが重要である。このため、林野庁では、販売力やマーケティング力の強化、施業集約化や路網の整備及び高性能林業機械の導入による林業経営体の収益力向上、林業従事者の多能工化[26]、キャリアアップや能力評価による処遇の改善等を推進している。また、一般社団法人林業技能向上センターでは、林業従事者の能力評価に資するよう、技能検定制度への林業の追加を目指しており、令和5（2023）年度は試験実施体制の確立のため、全国7会場において試行試験を実施した。

（林業活性化に向けた女性の活躍促進）

かつて、多くの女性の林業従事者が造林や保育作業を担ってきた。作業の減少に伴い、女性従事者数が減少してきたが、平成22（2010）年以降は約3,000人で推移しており、令和2（2020）年には2,730人となった（資料Ⅱ－13）。

女性の活躍促進は、現場従事者不足の改善、業務の質の向上、職場内コミュニケーションの円滑化等、様々な効果をもたらす。女性が働きやすい職場となるために働き方を考えることや、車載の移動式更衣室・トイレ、従業員用シャワー室等の環境を整えること、産前産後休業や育児休業、介護休業・休暇を取得しやすい環境を整備することは、男性も含めた「働き方改革」にもつながる。

また、女性の森林所有者や林業従事者等による女性林業研究グループが全国各地にあり、特産品開発等の林業振興や地域の活性化に向けた様々な研究活動を行っている。その女性林業研究グループ等からなる「全国林業研究グループ連絡協議会女性会議」が各地域での取組を取材し全国に発信するとともに、全国規模の交流会等を実施している。

令和2（2020）年には、森林や林業に関心を持つ様々な職業や学生等の女性が気軽に集い、学び、意見を交わしあうことを目的としたオンラインネットワーク「森女ミーティング[27]」が発足し、メンバー間の交流が行われている。

---

[24] 林野庁経営課調べ。

[25] 国税庁「令和4年分民間給与実態統計調査」

[26] 1人の林業従事者が、素材生産から造林・保育までの複数の林業作業や業務に対応できるようにすること。

[27] 全国林業研究グループ連絡協議会が、林野庁補助事業を活用して創設。一般社団法人全国林業改良普及協会が企画運営を実施。

　林野庁では、森林資源を活用した起業や既存事業の拡張の意思がある女性を対象に、地域で事業を創出するための対話型の講座を実施する取組等を支援している。

(4)林業経営の効率化に向けた取組

(林業経営の効率化の必要性)

　我が国の林業は、山元立木価格に対して造林初期費用が高くなっている。50年生のスギ人工林の主伐を行った場合で試算すると、丸太の販売額が398万円/ha[28]、うち森林所有者にとっての販売収入である山元立木価格が137万円/ha[29]であり、この両者の差は伐出・運材等のコストという構造になっている。一方で、地拵えから植栽、下刈りまでの造林初期費用は275万円/ha[30]と、山元立木価格を上回っている(資料Ⅱ-18)。

　この収支構造を改善し、森林資源と林業経営の持続性を確保していくためには、丸太の販売単価の上昇に加え、伐出・運材や育林の生産性の向上、低コスト化等により、林業経営の効率化を図ることが重要な課題となっている。

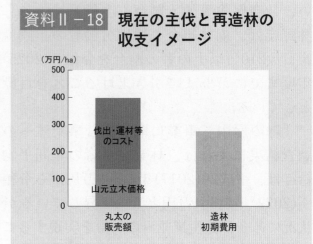

資料Ⅱ-18　現在の主伐と再造林の収支イメージ

注1：縦軸はスギ人工林(50年生)のha当たりの算出額。
　2：造林初期費用は令和5(2023)年度標準単価より試算(スギ3,000本/ha植栽、下刈り5回、獣害防護柵400m)。
　3：山元立木価格及び丸太価格は315㎥/haの素材出材量と仮定して試算。
資料：農林水産省「令和5年木材需給報告書」、一般財団法人日本不動産研究所「山林素地及び山元立木価格調」(令和5(2023)年)

(ア)施業の集約化

(施業の集約化の必要性)

　我が国の人工林は、本格的な利用期を迎えているが、山元立木価格の長期低迷等に起因し、森林所有者の林業経営への関心が薄れていることなどにより、適切な利用がされていない人工林も存在する。森林所有者の関心を高めるためには、森林所有者の利益を確保していくことが重要であり、生産性向上やコスト低減、販売力の強化等を図る必要がある。

　具体的には、隣接する複数の森林所有者が所有する森林を取りまとめて路網整備や間伐等の森林施業を一体的に実施する「施業の集約化」により、作業箇所をまとめ、路網の合理的な配置や高性能林業機械を効果的に使った作業を可能とするとともに、径級や質のそろった木材をまとめて供給するなど需要者のニーズに応えつつ、供給側が一定の価格決定力を有するようにしていくことが重要である。

---

[28] 素材出材量を315㎥/ha(林野庁「森林資源の現況」におけるスギ10齢級の総林分材積を同齢級の総森林面積で除した平均材積420㎥/haに利用率0.75を乗じた値)とし、中丸太(製材用材)、合板用材、チップ用材で3分の1ずつ販売されたものと仮定して、「令和5年木材需給報告書」の価格に基づいて試算。

[29] 一般財団法人日本不動産研究所「山林素地及び山元立木価格調(令和5(2023)年)」に基づいて試算(素材出材量を315㎥/haと仮定し、スギ山元立木価格4,361円/㎥を乗じて算出。)。山元立木価格の推移については、第1節(1)84ページを参照。

[30] 森林整備事業の令和5(2023)年度標準単価を用い、スギ3,000本/ha植栽、下刈り5回、獣害防護柵400mとして試算。

（森林経営計画）

　森林法に基づく森林経営計画制度では、森林の経営を自ら行う森林所有者又は森林の経営の委託を受けた者は、林班[31]又は隣接する複数林班の面積の２分の１以上の森林を対象とする場合(林班計画)や、市町村が定める一定区域において30ha以上の森林を対象とする場合(区域計画)、所有する森林の面積が100ha以上の場合(属人計画)に、自ら経営する森林について森林の施業及び保護の実施に関する事項等を内容とする森林経営計画を作成し、市町村長の認定を受けることができる。森林経営計画の認定を受けた者は、計画に基づく造林、間伐等の施業に対し、森林環境保全直接支援事業による支援や税制特例等を受けることができる。

森林所有者又は森林の経営の委託を受けた者がたてる「森林経営計画」

https://www.rinya.maff.go.jp/j/keikaku/sinrin_keikaku/con_6.html

　近年、森林所有者の高齢化や相続による世代交代等が進んでおり、森林所有者の特定や森林境界の明確化に多大な労力を要していることから、令和5(2023)年3月末現在の全国の森林経営計画作成面積は485万haで、民有林面積の28%にとどまっている[32]。

　林野庁は、私有林人工林において、令和10(2028)年度までにその半数(約310万ha)を集積・集約させる目標を設定しており、令和4(2022)年度時点の目標の達成状況は84%(約259万ha)となっている[33]。

　また、森林経営計画の作成に資するよう、各都道府県では、林野庁が発出した森林関連情報の提供等に関する通知[34]に基づき、林業経営体に対して森林簿、森林基本図、森林計画図等の情報の提供に取り組んでいる。

（所有者不明森林の課題）

　施業の集約化を進めるためには、その前提として、森林所有者や境界等の情報が一元的に把握されていることが不可欠であるが、我が国では、相続に伴う所有権の移転登記が行われていないことなどから所有者が不明になっている森林が生じている。

　所有者不明森林については、適切な経営管理がなされないばかりか、施業の集約化を行う際の障害となっている。令和元(2019)年10月に内閣府が実施した「森林と生活に関する世論調査」で、所有者不明森林の取扱いについて尋ねたところ、「間伐等何らかの手入れを行うべき」との意見が91%に上った。

（所有者特定、境界明確化等に向けた取組）

　森林法により、平成24(2012)年度から、新たに森林の土地の所有者となった者に対しては、市町村長への届出が義務付けられている[35]。その際、把握された森林所有者等に関する情報を行政機関内部で利用するとともに、他の行政機関に、森林所有者等の把握に必

---

[31] 原則として、天然地形又は地物をもって区分した森林区画の単位(面積はおおむね60ha)。

[32] 林野庁計画課調べ。

[33] 林野庁森林利用課調べ。

[34] 「森林の経営の受委託、森林施業の集約化等の促進に関する森林関連情報の提供及び整備について」(平成24(2012)年3月30日付け23林整計第339号林野庁長官通知)

[35] 「森林の土地の所有者となった旨の届出制度の運用について」(平成24(2012)年3月26日付け23林整計第312号林野庁長官通知)

要な情報の提供を求めることが可能になった[36]。

　また、林野庁は、平成22(2010)年度から外国資本による森林取得について調査を行っている。令和4(2022)年における外国資本による森林取得の事例[37]について、居住地が海外にある外国法人又は外国人と思われる者による取得事例は、14件(41ha)であり、利用目的は資産保有、太陽光発電等となっている。なお、同調査において、これまで無許可開発等森林法上特に問題となる事例の報告は受けていない。

　不動産登記法の改正により、令和6(2024)年4月から、相続によって不動産を取得したことを知った日から3年以内に相続登記の申請を行うことが義務化されている。

　国土調査法に基づく地籍調査は、令和4(2022)年度末時点での進捗状況が宅地で52%、農用地で71%であるのに対して、林地[38]では46%にとどまっている[39]。このような中、国土交通省では、リモートセンシングデータを活用した調査手法の活用を促進するなど、山村部における地籍調査の迅速かつ効率的な実施を図っている。林野庁は、平成21(2009)年度から、森林整備地域活動支援対策により、森林境界の明確化を支援している。令和2(2020)年度からは、リモートセンシングデータを活用した測量、令和4(2022)年度からは、性能の高い機器を用いて基準点等と結合する測量への支援を新たに開始した。これら森林境界明確化と地籍調査の成果等が相互に活用されるよう、国土交通省と連携しながら、都道府県、市町村における林務担当部局と地籍調査担当部局の連携を促している。このほか現場では、境界の明確化に向けて、森林GISや全球測位衛星システム(GNSS)、ドローン等の活用を推進する取組が実施されている。

　森林経営管理制度[40]の運用においては、市町村では、森林環境譲与税を活用し、所有者を特定するための意向調査や境界確認が行われている。森林所有者が不明な場合にも、一定の手続を経て、市町村が経営管理権を設定できることとする特例措置が講じられており、林野庁では、令和5(2023)年2月に「所有者不明森林等における特例措置活用のための留意事項（ガイドライン）」を改訂した。同ガイドラインでは、特例措置活用の留意点をQ&A形式で整理するとともに、活用場面をケーススタディで紹介している。令和6(2024)年3月までに、6市町において特例措置が活用されている。

　また、国では令和5(2023)年4月より、所有者不明土地の発生の抑制を図るため、相続等により取得した土地を国庫に帰属させる「相続土地国庫帰属制度[41]」の運用が開始されるとともに、市町村においては、森林所有者自らでは管理できない森林等を公有化する取組もみられる。

（林地台帳制度）

　森林法により、市町村が森林の土地の所有者や林地の境界に関する情報等を記載した林地台帳を作成し、その内容の一部を公表する制度が措置されており、一元的に蓄積された

---

[36] 「森林法に基づく行政機関による森林所有者等に関する情報の利用等について」（平成23(2011)年4月22日付け23林整計第26号林野庁長官通知）

[37] 林野庁プレスリリース「外国資本による森林取得に関する調査の結果について」（令和5(2023)年7月18日付け）

[38] 地籍調査では、私有林のほか、公有林も対象となっている。

[39] 国土交通省ホームページ「全国の地籍調査の実施状況」による進捗状況。

[40] 森林経営管理制度については、第Ⅰ章第2節(4)50-51ページを参照。

[41] 相続土地国庫帰属制度については、第Ⅳ章第2節(2)175ページを参照。

情報を森林経営の集積・集約化を進める林業経営体へ提供することが可能となっている。市町村は、林地台帳の森林所有者情報を更新する際には、固定資産課税台帳の情報を内部利用することが可能となっており、台帳の精度向上を図ることができる。

（森林情報の高度利用に向けた取組）

森林資源等に関する情報を市町村や林業経営体等の関係者間で効率的に共有するため、都道府県において森林クラウド[42]の導入が進んでおり、令和5（2023）年3月末現在、35都道県において導入されている。くわえて、高精度の航空レーザ計測等によるデータの取得・解析が複数の地方公共団体で実施され、この情報を森林クラウドに集積する取組も進んでいる（資料Ⅱ−19）。林野庁は、航空レーザ計測を実施した民有林面積の割合を、令和8（2026）年度までに80％とする目標を設定しており、令和4（2022）年度末現在において56％の進捗となっている。

また、林野庁では、森林・林業に関するアプリ開発を行う大学発ベンチャーなど民間企業等における森林資源情報の更なる活用に向け、令和6（2024）年度から全国的な森林資源情報のオープンデータ化を順次開始することとしている。令和5（2023）年には、栃木県、兵庫県及び高知県について、各県の協力の下、航空レーザ計測による森林資源情報をG空間情報センターにおいて公開し、活用実績の創出や公開データに対する意見の聴取をする実証を行った。

資料Ⅱ−19 森林クラウドを活用した森林施業の集約化のイメージ

森林情報共有システム（クラウド）の構築

都道府県の森林情報データベース → 森林情報 → 森林所有者、森林組合、素材生産事業者

航空レーザ計測等による資源情報の高度化

所有者情報の精度向上

市町村
・伐採届の情報と林地台帳上の所有者や境界の情報等を照合
・衛星画像等と届出上の伐採箇所の突合

林地台帳 → 適合通知 → ／ 伐採届 →

施業集約化の効率化・省力化

資料：林野庁計画課作成。

（施業集約化を担う人材）

施業の集約化に関し、専門的な技能を有する「森林施業プランナー」は、森林経営計画の作成や森林経営管理制度の運用において重要な役割を担っている。施業の集約化の推進に当たって、森林施業プランナーによる「提案型集約化施業[43]」が行われている。

令和6（2024）年3月末時点の現役認定者数は全国で2,375名であり、林野庁は、令和12（2030）年度までに3,500人とする目標を設定し、森林組合や民間事業体の職員を対象とした研修等の実施を支援している。

（持続的な林業経営を担う人材）

今後、主伐・再造林の増加や木材の有利販売[44]等の林業経営上の新たな課題に対応するためには、林業経営体の経営力の強化が必要である。林野庁は令和2（2020）年度から、

---

[42] クラウドとは、従来は利用者が手元のコンピューターで利用していたデータやアプリケーション等のコンピューター資源をネットワーク経由で利用する仕組みのこと。

[43] 施業の集約化に当たり、林業経営体から森林所有者に対して、施業の方針や事業を実施した場合の収支を明らかにした「施業提案書」を提示して、森林所有者へ施業の実施を働き掛ける手法。

[44] ニーズに応じた素材の生産、販路の拡大、価格交渉などにより、可能な限り素材を高く販売すること。

持続的な経営を実践する者として「森林経営プランナー」の育成を開始しているところであり、令和7(2025)年までに現役人数を500人とする目標を設定している。令和6(2024)年3月末時点で160名が認定され、人材育成を重視した組織経営や木材価値の向上等の取組を通じ、循環型林業の実践を担っている。

(イ)「新しい林業」に向けて

(「新しい林業」への取組)

　林業は、造林から収穫まで長期間を要し、自然条件下での人力作業が多いという特性があり、このことが低い生産性や安全性の一因となっており、これを抜本的に改善していく必要がある。このため、森林・林業基本計画では、従来の施業等を見直し、エリートツリー[45]や遠隔操作・自動化機械の導入等、新技術の活用により、伐採から再造林・保育に至る収支のプラス転換を可能とする「新しい林業」に向けた取組を推進することとしている(資料Ⅱ-20)。

　同計画の検討において、林野庁は施業地1ha当たりのコスト構造の収支試算を行っており、現時点で実装可能な取組による「近い将来」では、作業員賃金を向上させた上で71万円の黒字化が可能と試算された。さらに「新しい林業」では、113万円の黒字化が可能と試算された[46]。

　林野庁では、令和4(2022)年度から、全国12か所において、新たな技術の導入による

資料Ⅱ-20　「新しい林業」に向け期待される新技術

現状	近い将来	新しい林業
・人力による地拵え ・普通苗 3,000本植栽 ・下刈り5回 ・刈払機による人力での下刈り	・伐採と造林の一貫作業システム ・コンテナ苗 2,000本植栽 ・下刈り4回 ・刈払機による人力での下刈り	・伐採と造林の一貫作業システム ・エリートツリー・コンテナ苗 1,500本植栽 ・エリートツリー植栽による下刈り削減(1回) ・下刈り作業の機械化
【間伐・主伐作業】	【間伐・主伐作業】	【間伐・主伐作業】
従来の作業システム (主伐:7.14㎥/人日　間伐:4.17㎥/人日)	従来の作業システム、生産性向上の取組 (主伐:11㎥/人日　間伐:8㎥/人日)	遠隔操作・自動化機械の導入 (主伐:22㎥/人日　間伐:12㎥/人日) ※保育間伐は実施せず
【収穫期間】	【収穫期間】	【収穫期間】
従来品種50年	従来品種50年	早生樹・エリートツリー30年

---

[45] エリートツリーについては、第Ⅰ章第2節(2)48-49ページを参照。

[46] 試算結果については、「令和2年度森林及び林業の動向」特集1第5節49ページを参照。

伐採・造林の省力化や、情報通信技術(ICT)を活用した需要に応じた木材生産・販売等、収益性の向上につながる経営モデルの実証事業を行い、「新しい林業」の経営モデルの構築・普及の取組を支援している(事例Ⅱ-3)。

(高性能林業機械と路網整備による素材生産コストの低減)

高性能林業機械への投資を有効なものとするには、その稼働率を十分に高めることが必要であり、施業の集約化を図りつつ、最適な作業システムの選択、工程管理、路網整備といった取組を着実に進めていく必要がある。

我が国において高性能林業機械は、路網を前提とする車両系のフォワーダ、プロセッサ、ハーベスタ等を中心に増加しており、令和4(2022)年度は合計で12,601台が保有[47]されている。

また、木材の生産及び流通の効率化を図るため、高性能林業機械の開発の進展状況等を踏まえつつ、傾斜や作業システムに応じ、林道と森林作業道を適切に組み合わせた路網の整備を推進している[48]。

---

[47] 林野庁ホームページ「高性能林業機械の保有状況」
[48] 路網整備については、第Ⅰ章第2節(3)49-50ページを参照。

（造林・育林の省力化と低コスト化に向けた取組）

　再造林においては、地拵え、植栽、下刈りという３つの作業において、それぞれコストや労働負荷を削減する技術の開発・実証が進められている。

林業を支える
高性能林業機械
https://www.rinya.maff.go.jp/j/kai
hatu/kikai/index.html

　さらに、林野庁では、再造林の省力化と低コスト化に向けて、伐採と並行又は連続して地拵えや植栽を行う「伐採と造林の一貫作業システム」（以下「一貫作業システム」という。）や、低密度植栽[49]、下刈りの省略等を推進している(事例Ⅱ－４)。

　一貫作業システムでは伐採と再造林のタイミングを合わせる必要があることから、春や秋の植栽適期以外でも高い活着率が見込めるコンテナ苗の活用が有効である。

　また、主要樹種における低密度植栽の有効性については、令和４(2022)年３月に改訂した「スギ・ヒノキ・カラマツにおける低密度植栽のための技術指針」と「低密度植栽導入のための事例集」で、これまでの実証実験の成果等を取りまとめており、引き続き低密度植栽の普及を行っていくこととしている。

　下刈りについては、通常、植栽してから５～６年間は毎年実施されているが、雑草木との競合状態に応じた下刈り回数の低減や、従来の全刈りから筋刈り、坪刈りへの変更などによる省力化に加え、下刈り回数の低減が期待される大苗や成長に優れた特定苗木[50]の導入を進めていく必要がある。また、特定苗木の導入により、伐期の短縮による育林費用回

事例Ⅱ－４　造林作業の省力化と低コスト化の実証

　株式会社中川(和歌山県田辺市)は、大苗やエリートツリーを含むコンテナ苗を活用した伐採と造林の一貫作業システム、低密度植栽、ドローンによる苗木運搬といった複数の技術を組み合わせることにより、造林作業の省力化と低コスト化に取り組んでいる。

　田辺市の事業地において、低密度植栽(2,000本/ha)に取り組んだところ、従来の植栽密度(3,000本/ha)の作業と比較して、事業費が約15％、植栽にかかる労力が約27％削減された。大苗を植栽した場合でも、低密度植栽(2,000本/ha)と組み合わせることで、従来の苗木サイズ・植栽密度と比較して、事業費が約５％、労力が約23％削減された。大苗の植栽はその後の下刈りの省略に寄与することから、同社は造林作業全体の省力化と低コスト化も見込んでいる。

大苗の植栽

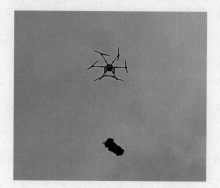

ドローンによる苗木運搬

---

[49] 従来3,000本/ha程度で行われていた植栽を、2,000本/ha以下の密度で行うこと。

[50] 特定苗木については、第Ⅰ章第２節(２)46-49ページを参照。

収期間の短縮も期待される。

　林野庁では、再造林の推進のため、全国の先進的な造林技術等の事例や技術資料のリンクを取りまとめた「革新的造林モデル事例集（令和4年度版）」及び最新の取組事例により下刈りの省力化へのアプローチを解説した「下刈り作業省力化の手引き」を令和5(2023)年3月に公表している。

　このほか、短期間で成長して早期の収穫が期待されている早生樹についても、実証の取組が各地で進められている。林野庁では、センダンとコウヨウザンについて植栽の実証を行い、用途や育成についての留意事項を取りまとめた「早生樹利用による森林整備手法ガイドライン」を令和4(2022)年3月に改訂している。

　林野庁は、人工造林面積に占める造林の省力化や低コスト化を行った面積の割合を令和10(2028)年度までに85％とする目標を設定しており、令和4(2022)年度時点で51％となっている[51]。

（「新しい林業」を支える先端技術等の導入）

　林野庁は、森林・林業基本計画や、令和元(2019)年に策定し、令和4(2022)年にアップデートした「林業イノベーション現場実装推進プログラム」に基づき、ICT等を活用して資源管理・生産管理を行うスマート林業や、先端技術を活用した林業機械開発等を支援しており、ICTやAI等の先端技術を活用した林業機械の自動化・遠隔操作化に向けた開発・実証が進められている。林野庁では、令和7(2025)年度までに自動化等の機能を持った林業機械等が8件実用化されることを目標としており、令和5(2023)年度末時点で5件が実用化に至っている。

　また、「デジタル田園都市国家構想総合戦略」（令和4(2022)年12月閣議決定）等に基づき、地域一体で森林調査から原木の生産・流通に至る林業活動にデジタル技術をフル活用する「デジタル林業戦略拠点」の創出を推進している。林野庁では、令和9(2027)年度までに、全都道府県においてデジタル林業戦略拠点構築に向けた取組を実施することを目標として、令和5(2023)年度から支援を開始している。

　さらに、エリートツリー等の種苗についても、土を使わずミスト散水でさし穂を発根させる手法の開発や根圏制御栽培法[52]によるスギ種子生産等、現場への普及・拡大に向けた取組が進められている（資料Ⅱ-21）。

資料Ⅱ-21　新たな育苗手法の開発

土を使わずミスト散水により発根を促す「空中さし木法」でコンテナ苗生産を効率化。
（写真提供：国立研究開発法人森林研究・整備機構森林総合研究所林木育種センター）

---

[51] 林野庁整備課・業務課調べ。

[52] コンテナ等に母樹を植えて、根の広がりを制御し、かん水を調整することで早期に種子を実らせる技術。

2．特用林産物の動向

（1）きのこ類等の動向

（特用林産物の生産額）

　「特用林産物」とは、一般に用いられる木材を除いた森林原野を起源とする生産物の総称であり、食用きのこ類、樹実類や山菜類、漆や木ろう等の工芸品の原材料、竹材、桐材、木炭、森林由来の精油や薬草・薬樹等多彩な品目で構成されている。その産出額は林業産出額の約4割を占めるなど地域経済の活性化や山村地域における所得の向上等に大きな役割を果たし、和食や伝統工芸品、日本建築に欠かせない素材であるとともに、近年は加工技術の発展により、新たな用途が開発されつつある。

特用林産物の生産動向
https://www.rinya.maff.go.jp/j/tokuyo
u/tokusan/index.html

　令和4(2022)年の特用林産物の生産額は前年比1.9%増の2,658億円であった[53]。このうち「きのこ類」は全体の8割以上(2,270億円)を占めている。このほか、樹実類、たけのこ、山菜類等の「その他食用」が288億円、木炭、漆等の「非食用」が101億円となっている。

（きのこ類の生産額等）

　きのこ類の生産額の内訳をみると、生しいたけが684億円で最も多く、次いでぶなしめじが477億円、まいたけが351億円の順となっている。

　きのこ類の生産量については、近年46万トン前後で推移している。令和4(2022)年の生産量は、天候不順や生産者の減少により乾しいたけが前年比8.2%減となる一方、ぶなしめじが前年比2.8%増、まいたけが4.1%増となったこと等により、全体として横ばいの46.1万トンとなった(資料Ⅱ-22)。食料・農業・農村基本計画(令和2(2020)年3月閣議決定)では、令和12(2030)年度までに49万トンとする生産努力目標を設定している。

　令和4(2022)年の生産者戸数は約2.3万戸であり、そのうち約1.2万戸を占める原木しいたけ生産者については、高齢化の進行により減少傾向にあり、過去10年間で半減し

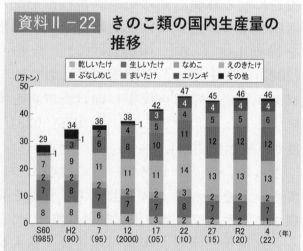

資料Ⅱ-22　きのこ類の国内生産量の推移

凡例：乾しいたけ　生しいたけ　なめこ　えのきたけ
　　　ぶなしめじ　まいたけ　エリンギ　その他

注1：乾しいたけは生重量換算値。
　2：平成12(2000)年までの「その他」はひらたけ、まつたけ、きくらげ類の合計。平成17(2005)年以降の「その他」はひらたけ、まつたけ、きくらげ類等の合計。
資料：農林水産省「特用林産基礎資料」

---

[53] 林業産出額における栽培きのこ類等の産出額(庭先販売価格ベース)については、第1節(1)82ページを参照。なお、以下では、東京都中央卸売市場等の卸売価格等をベースにした農林水産省「令和4年特用林産基礎資料」に基づく生産額を取り扱う。

ている。一方できくらげについては、近年の国産志向の高まりや技術開発の進展等により、生産者戸数が増加しており、約１千戸となっている[54]。

（きのこ類の安定供給に向けた取組）

きのこ類は、年間を通じて安定した価格で生産が可能であることや健康増進効果[55]が広く認められていることなどから、日常の食卓に欠かせない食材であり、国内需要の89％が国内で生産されている。しかしながら、近年、生産コストの上昇がきのこ生産者の経営を圧迫している。このため、林野庁では、きのこ類の安定供給に向けて、効率的な生産を図るための施設整備等に対して支援しているほか、消費拡大や生産効率化などに先進的に取り組む生産者のモデル的な取組を支援している。また、令和５（2023）年度は、燃油・電気代や生産資材価格が高騰し、経営に影響が生じたことから、林野庁では、令和４（2022）年度に引き続き、省エネ化やコスト低減に向けた施設整備、次期生産に必要な生産資材の導入費の一部に対して支援した。特に、きのこ生産では夏場の冷房などに電気代がかかることから、電気代高騰の影響を大きく受けた生産者に対しては補助率を引き上げて支援した。

（きのこ類の消費拡大に向けた取組）

令和４（2022）年におけるきのこ類の一人当たりの年間消費量は3.4kgであり、平成15（2003）年以降横ばいで推移している[56]。一方、きのこ類の単価はほぼ横ばい若しくは低下傾向にある。きのこ類生産者団体や関係団体はきのこ類の消費拡大に向け、おいしさや機能性を消費者に伝えるPR活動を展開している（事例Ⅱ－５）。また、一般社団法人日本きのこマイスター協会では、きのこマイスター認定講座を開設し、きのこの知識、機能、調理方法等について普及を図ることのできる人材を育成している。

近年、輸入菌床由来のしいたけの流通量が増加してきたことを受け、消費者が国産原木又は菌床由来のしいたけと輸入菌床由来のものとを区別できるようにするため、消費者庁は、令和４（2022）年３月に、原木又は菌床培地に種菌を植え付けた場所（植菌地）を原産地として表示するよう原産地表示のルールを見直した。

また、生産者等において菌床やほだ木[57]に国産材が使用されていることを表示するマーク等の取組も進められている。

（きのこ類の輸出拡大に向けた取組）

近年、アジア各国における和食の普及や健康的な食生活への関心の高まりに伴い、香港等の近隣国向けに日本産の生鮮きのこ類の輸出量が拡大し、更に北米向け等が増加したことから、令和５（2023）年のきのこ類の輸出量は前年比2.1％増の1,537トンとなり、令和元（2019）年以降５年連続で増加している。一方、令和５（2023）年のきのこ類の輸出額については、輸出品目の中で高価格帯を占める原木乾しいたけが天候不順により不作だったこと等が影響して、前年比1.7％減の11億円となっている[58]。

---

[54] 農林水産省「特用林産基礎資料」

[55] 低カロリーで食物繊維が多い、カルシウム等の代謝調節に役立つビタミンDが含まれているなど。

[56] 農林水産省「令和４年度食料需給表（概算）」

[57] 原木にきのこの種菌を植え込んだもの。

[58] 財務省「貿易統計」。令和３（2021）年から、乾燥きくらげ類、調整きのこ、保存処理をしたきのこ及びしいたけ以外の乾燥きのこを集計項目に追加した。

　日本産の原木乾しいたけについては、古くから中国において高級品として人気があったが、為替の変動や中国における生産技術の向上等により、昭和59(1984)年をピークに大幅に輸出量が減少していた。しかし、近年の欧米におけるヴィーガンブームや、香港、台湾等の購買力の高まりに伴い、改めて日本産に注目が集まっている（事例Ⅱ−6）。

　林野庁では、きのこ類の輸出を促進するため、輸出に取り組む民間事業者に対して、輸出先国の市場調査や情報発信等の販売促進活動を支援している。令和5(2023)年は、台湾と米国において、乾しいたけの流通調査を行うとともに、展示即売会・試食会の開催を通して、その品質の良さや魅力のPRを行った。

　また、きのこ類は栄養繁殖が可能であり増殖が容易であることから、生鮮きのこ類の輸出に当たっては、輸出先で無断培養されることにより、潜在的な輸出機会の喪失や、国内に逆輸入されることによる国内産地への影響が懸念される。このため、農林水産省では、主要なきのこ類のDNAデータベースを構築するなど、育成者権の保護に関する体制の整備に取り組んでいる。

　なお、令和5(2023)年のきのこ類の輸入額は、前年比0.4%増の144億円(9,436トン)となっている。その多くが中国産の乾しいたけと乾燥きくらげで占められている[59]。

事例Ⅱ−5　きのこの消費拡大・食育に向けた取組

　きのこに関する正しい知識の普及と消費拡大を目的に、日本特用林産振興会は、昭和63(1988)年から、きのこ料理コンクールを開催している。令和5(2023)年3月の全国大会では、応募総数1,277点の中から、群馬県みなかみ町の高校生が考案したレシピ「旨味たっぷりきのこ餃子の香味ソース」が、最高賞となる林野庁長官賞の一つに選出された。

　みなかみ町では、地域の自然の恵みや郷土の食文化を学ぶ給食会を定期的に実施しており、同年9月には、この受賞レシピを、まいたけ等地元産きのこを用いて給食用にアレンジし、同町全ての小中学校やこども園等に提供した。給食会を通じてきのこに興味を持った児童たちがきのこの菌床栽培に取り組むなど、総合的な食育につながっている。

きのこ料理コンクールでの調理の様子

町立小学校での給食会の様子

---

[59] 財務省「貿易統計」

事例Ⅱ-6　乾しいたけの輸出に向けた取組

　株式会社杉本商店(宮崎県高千穂町)は、乾しいたけの国内市場が縮小しても地元で生産される原木栽培による乾しいたけを安定的に販売できるよう輸出に力を入れている。海外での販売に当たっては、原木栽培がクヌギのぼう芽力を活かした循環型のビジネスモデルであること、原木乾しいたけは旨味・食感・食品安全性に優れていること等をSNSにより情報発信し、他国産より高価でも好調な売れ行きを示している。海外ではオーガニック食品の需要が高いことから、有機栽培にも力を入れており、令和元(2019)年には有機JAS認証を取得している。

　また、近隣の福祉事業所と連携し、規格外の乾しいたけを使ったパウダーの生産販売にも取り組んでおり、幅広い料理に活用できることから、海外でも人気となっている。

　これらの取組により、現在は、欧米を中心に累計23か国に販路を広げており、輸出で得られた利益を地元に還元することで産地と生産者を守り続けることにも貢献している。

左：ロサンゼルスでのイベントの様子を現地インフルエンサーがSNSで発信
右：JAPANESE FOOD EXPO in NY 2023で商品の説明を受ける参加者

福祉事業所での作業の様子

(2)薪炭・竹材・漆の動向

(薪炭の動向)

　木炭は、家庭用の燃料としては使用する機会が少なくなっているが、飲食店、茶道等では根強い需要があるほか、電力なしで使用できる等の利点から災害時の燃料としても活用されている。また、多孔質[60]の木炭について、浄水施設のろ過材や消臭剤としての利用も進められている。さらに、近年、土壌改良材として農地に施用する「バイオ炭[61]」が注目されている。バイオ炭の農地施用は、難分解性の炭素を土壌に貯留する効果があり、気候変動緩和効果も期待できることから、Ｊ-クレジット制度[62]において、温室効果ガスの排出削減活動としてクレジット化が可能となっている。

　木炭(黒炭、白炭、粉炭、竹炭及びオガ炭)の国内生産量は、長期的に減少傾向にあり、令和4(2022)年は前年とほぼ同量の1.7万トンとなっている(資料Ⅱ-23)。国産木炭は、和食文化の拡がりに加え、その品質の高さによる海外の需要が期待されることから、海外

---

[60] 木炭は表面に無数の微細な孔を持つ。孔のサイズ分布や化学構造によって、水分子やにおい物質等の吸着機能や、孔内に棲息した微生物による分解機能を有し、湿度調整や消臭、水の浄化等の効果を発揮する。これらの効果は、木炭の原材料や炭化温度により異なる。

[61] 燃焼しない水準に管理された酸素濃度の下、350℃超の温度でバイオマスを加熱して作られる固形物。

[62] Ｊ-クレジット制度については、第Ⅰ章第2節(5)58-60ページを参照。

市場への参入を目指す動きもみられる(事例Ⅱ-7)。輸出の拡大は、需要の維持・拡大を通じて、伝統的な木炭生産技術の継承や大径化が進む薪炭林の若返りにもつながることが期待される。

　販売向け薪の生産量についても、石油やガスへの燃料転換等により減少傾向が続いていたが、平成19(2007)年以降は、ピザ窯やパン窯用等としての利用、薪ストーブの販売台数の増加[63]等を背景に増加傾向に転じ、近年は5万㎥程度で推移している。令和4(2022)

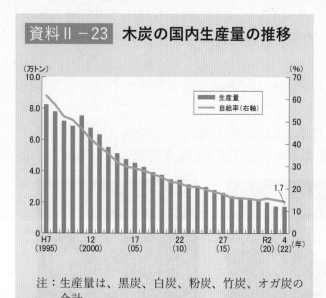

資料Ⅱ-23　木炭の国内生産量の推移

注：生産量は、黒炭、白炭、粉炭、竹炭、オガ炭の合計。
資料：農林水産省「特用林産基礎資料」

資料Ⅱ-24　販売向け薪の国内生産量と価格の推移

注1：生産量は丸太換算値。1層積㎥を丸太0.625㎥に換算。
　2：価格は卸売業者仕入価格。
資料：農林水産省「特用林産基礎資料」

事例Ⅱ-7　フランスへの木炭の海上輸出に向けた取組

　木炭の製造等を手掛ける有限会社谷地林業(岩手県久慈市)は、令和2(2020)年から独立行政法人日本貿易振興機構(JETRO)の「新輸出大国コンソーシアム事業のハンズオン支援」を活用しながら海外市場の開拓に取り組んでおり、国際輸送に必要な危険性評価証明書の取得といった様々な課題を解決しながら、令和5(2023)年6月から自社ブランド「黒炭(KUROSUMI)」のフランス向け輸出を開始した。フランスでは飲食店やアウトドアだけでなく家庭の伝統料理での木炭需要が見込まれることから、火力が強く長持ちする高品質性をアピールすることで販路拡大を目指している。

輸出しているブランド木炭

フランスへの輸出に向けてこん包される木炭

---

[63] 一般社団法人日本暖炉ストーブ協会ホームページ「公表販売台数」

年の生産量は、前年にみられたアウトドア需要の高まりが継続したこと等から、前年とほぼ同量の5.7万㎥となっている(資料Ⅱ－24)。

(竹材の動向)

　竹材は従来、身近な資源として、日用雑貨、建築・造園用資材、工芸品等様々な用途に利用されてきた。このような利用を通じて整備された竹林は、里山の景観を形作ってきたのみならず、食材としてのたけのこを供給する役割を果たしてきた。しかし、プラスチックなどの代替材の普及や住宅様式の変化、安価な輸入たけのこの増加等により、国内における竹材やたけのこの生産は減退してきた。このため、管理が行き届かない竹林の増加や、周辺森林への竹の侵入等の問題も生じている。

　竹材の生産量は、製紙原料としての利用の本格化等を背景に、平成22(2010)年から増加に転じたものの、平成29(2017)年以降再び減少し、令和4(2022)年は前年比9.6%減の83万束[64]となっている(資料Ⅱ－25)。

　このため、竹資源の有効利用に向けて、家畜飼料・土壌改良材等の農業用資材や、竹材の抽出成分を原料にした洗剤等の日用品、舗装材等の土木資材等の新需要の開発が進められている。また、たけのことしての収穫適期を過ぎて成長した若い竹をメンマに加工・販売することで竹林整備につなげる取組も全国各地で行われている。

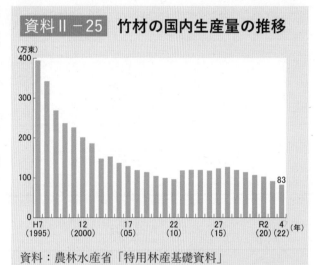

資料Ⅱ－25　竹材の国内生産量の推移

資料：農林水産省「特用林産基礎資料」

(漆の動向)

　漆は、樹木であるウルシから採取された樹液と樹脂の混合物を精製した塗料で、食器、工芸品、建造物等の塗装や接着に用いられてきた。化学塗料の発達や生活様式の変化等を背景に、漆の消費量は長期的に減少しており、令和4(2022)年の国内消費量は25.6トンと、半世紀前と比較しおおよそ5%[65]となっている。令和4(2022)年の国内生産量は消費量の6.9%に相当する1.8トンとなっており、多雨により漆掻きが進まなかったことから前年比13.2%減となった(資料Ⅱ－26)。

　平成26(2014)年度に文化庁が国宝・重要文化財建造物の保存修理に原則として国産漆を使用する方針としたことを背景に、各産地では漆の生産振興に力を入れるとともに、生産者からの生漆の買取価格の引上げを図ったことから、国産漆の生産量は平成27(2015)年以降増加に転じた。しかし、国産漆の生産量は、国宝・重要文化財建造物

資料Ⅱ－26　漆の国内生産量の推移

資料：農林水産省「特用林産基礎資料」

---

[64] 2.5万トン(1束当たり30kgとして換算)。

[65] 農林水産省「特用林産基礎資料」

の理想的な修理周期での保存修理における漆の年平均使用量である約2.2トン[66]に満たない上、工芸品等向けの国産漆の需要もあることから、国産漆の生産量を増やしていくことが重要となっている。そうした中、近年は岩手県などの各産地においてウルシ林の造成・整備、漆掻き職人の育成等の取組が進められており[67]、令和4（2022）年のウルシの植栽本数は前年の1.8万本から3.4万本に増加した。

[66] 文化庁プレスリリース「文化財保存修理用資材の長期需要予測調査の結果について」（平成29（2017）年4月28日付け）
[67] 例えば、「令和3年度森林及び林業の動向」第Ⅱ章第2節（2）の事例Ⅱ−4（120ページ）を参照。

3．山村（中山間地域）の動向

（1）山村の現状
（山村の役割と特徴）

　その多くが中山間地域[68]に位置する山村は、林業を始め様々な生業が営まれる場であり、森林の多面的機能の発揮に重要な役割を果たしている。

　山村振興法に基づく「振興山村[69]」は、令和5（2023）年4月現在、全国市町村数の約4割に当たる734市町村において指定されており、国土面積の約5割、林野面積の約6割を占めているが、その人口は全国の2.5％にすぎない[70]。

（過疎地域等の集落の状況）

　山村においては、過疎化及び高齢化が進行し、集落機能の低下、更には集落そのものの消滅につながることが懸念されている。

　「過疎地域等における集落の状況に関する現況把握調査[71]」によると、平成27（2015）年度調査から令和元（2019）年度調査にかけて96市町村において164集落が消滅している。これらの集落の森林・林地の状況については、46％の集落で元住民、他集落又は行政機関等が管理をしているものの、残りの集落では放置されている（資料Ⅱ−27）。また、山村地域の集落では、空き家の増加を始めとして、耕作放棄地の増大、獣害や病虫害の発生、働き口の減少、森林の荒廃等の問題が発生しており、地域における資

資料Ⅱ−27　消滅集落跡地の森林・林地の管理状況

放置 54%
管理 46%
元住民が管理 27%
他集落が管理 5%
行政が管理 14%

注：「該当なし」及び「無回答」を除いた合計値から割合を算出。
資料：総務省・国土交通省「過疎地域等における集落の状況に関する現況把握調査」（令和2（2020）年3月）

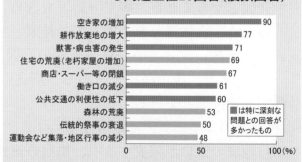

資料Ⅱ−28　山村地域の集落で発生している問題上位10回答（複数回答）

項目	回答（%）
空き家の増加	90
耕作放棄地の増大	77
獣害・病虫害の発生	71
住宅の荒廃（老朽家屋の増加）	69
商店・スーパー等の閉鎖	67
働き口の減少	61
公共交通の利便性の低下	60
森林の荒廃	53
伝統的祭事の衰退	50
運動会など集落・地区行事の減少	48

■は特に深刻な問題との回答が多かったもの

注：市町村担当者を対象とした調査結果。
資料：総務省・国土交通省「過疎地域等における集落の状況に関する現況把握調査」（令和2（2020）年3月）

---

[68] 平野の外縁部から山間地を指す。国土面積の約7割を占める。

[69] 旧市町村（昭和25（1950）年2月1日時点の市町村）単位で林野率75％以上かつ人口密度1.16人/町歩未満（いずれも昭和35（1960）年時点）等の要件を満たし、産業基盤や生活環境の整備状況からみて、特にその振興を図ることが必要であるとして山村振興法に基づき指定された区域。1町歩は9,917.36㎡（約1ha）である。

[70] 全国の面積・人口については総務省「令和2年国勢調査」、全国の林野面積については農林水産省「2020年農林業センサス」、振興山村の面積については農林水産省「2015年農林業センサス」、振興山村の林野面積については「2015年農林業センサス」と「2020年農林業センサス」により推計。

[71] 令和2（2020）年に総務省及び国土交通省が公表。

源管理や国土保全が困難になりつつある（資料Ⅱ－28）。

一方、山村には、豊富な森林資源や、水資源、美しい景観のほか、多様な食文化や木の文化を始めとする伝統・文化、生活の知恵や技等、有形無形の地域資源が数多く残されており、都市住民や外国人観光客は、このような地域資源に対し大きな関心を寄せている。また、地方移住に関する相談・問合せ数は増加傾向で推移しているほか（資料Ⅱ－29）、令和5（2023）年10月に内閣府が行った「森林と生活に関する世論調査」によると、大都市住民のうち農山村に定住してみたい者の割合は28.3％であった。

資料Ⅱ－29　地方移住に関する相談・問合せ数

（件）
59,276

- 電話・メール
- 面談・セミナー等

H20（2008）　25（13）　30（18）　R5（23）（年）

注：ふるさと回帰支援センター（東京）への相談・問合せ数。
資料：特定非営利活動法人100万人のふるさと回帰・循環運動推進・支援センタープレスリリース「2023年の移住相談の傾向、移住希望地ランキング公開」（令和6（2024）年2月27日付け）に基づいて林野庁森林利用課作成。

（2）山村の活性化

（山村の内発的な発展）

山村地域での生活を成り立たせていくためには、地域資源を活かした産業の育成等を通じた山村の内発的な発展が不可欠である。また、我が国では、古くから生活のあらゆる場面で木を使い、各地域の気候や食文化等とも連動し、多様な樹種を使い分けながら古民家等の伝統的な木造建築物や木製食器等の多様な文化を生み出してきたところであり、このような「木の文化」を継承発展させることが、観光分野等も含めた山村地域の活性化につながる。

林野庁・農林水産省における山村振興施策
https://www.rinya.maff.go.jp/j/sanson/kassei/sesaku.html

このため、森林資源を活用して、林業・木材産業の成長発展を図っているほか、特用林産物、広葉樹、ジビエ等の地域資源の発掘と付加価値向上等の取組を支援している（事例Ⅱ－8）。また、農山漁村に宿泊し、滞在中に地域資源を活用した食事や体験等を楽しむ「農泊」を推進している。

（山村地域のコミュニティの活性化）

山村地域の人口が減少する中、集落の維持・活性化を図るためには、地域住民や地域外関係者による協働活動を通じたコミュニティの活性化が必要である。また、地域資源の活用により山村地域やその住民と継続的かつ多様な形で関わる「関係人口」の拡大につながることが期待されている。

このため、林野庁では、山村の生活の身近にある里山林の継続的な保全管理、利用等の協働活動の取組を支援している（事例Ⅱ－9）。

さらに、地域の新たな支え手を確保できるよう、特定地域づくり事業協同組合[72]等の枠組みの活用を推進するとともに、林業高校や林業大学校等への進学、「緑の雇用」事業に

---

[72] 地域人口の急減に直面している地域において、農林水産業、商工業等の地域産業の担い手を確保するための特定地域づくり事業を行う事業協同組合。特定地域づくり事業とは、マルチワーカー（季節ごとの労働需要等に応じて複数の事業者の事業に従事する者）に係る労働者派遣事業等をいう。

よるトライアル雇用等を契機とした移住・定住の促進を図っている。

このほか、人口の減少、高齢化の進行等により農用地の荒廃が進む農山漁村における農用地の保全等を図るため、「農山漁村の活性化のための定住等及び地域間交流の促進に関する法律」により、「農用地の保全等に関する事業」の中で放牧等の粗放的利用や鳥獣緩衝帯の整備、林地化に取り組むことができることとされている。林地化に当たっては農地転用手続の迅速化が措置されていることから、山際など条件が悪く維持管理が困難な荒廃農地を林地化して管理・活用する取組が進められている。また、林野庁では、市町村の担当者等が検討・調整を進めるための参考として「荒廃農地における植林―優良な取組事例集」を令和5（2023）年3月に公表している。

（多様な森林空間利用に向けた「森林サービス産業」の創出）

森林空間の利用については、心身の健康づくりのための散策やウォーキングのほか、スポーツ、文化、教育等の分野での活用にも一定のニーズがある（資料Ⅱ－30）。近年、人々のライフスタイルや社会情勢が変化する中で、森林環境教育やレクリエーションの場に加え、メンタルヘルス対策や健康づくりの場、社員教育やチームビルディングの場

森林サービス産業の
創出・推進
https://www.rinya.maff.go.jp/j/sanson
/kassei/sangyou.html

事例Ⅱ－8　地域の豊かな森林資源を活かした商品開発

群馬県上野村（うえのむら）は、村面積の95%を森林が占める森林資源に恵まれた地域で、昔から、良質な広葉樹材などの木材を利用した木工品が特産品となってきた。

この豊富な森林資源の更なる活用と木工業の活性化を目指して、上野村森林組合や木工作家からなるプロジェクトチーム「上野村木工」を立ち上げ、村産材を活用した新商品の開発や後継者不足に悩む木工職人の担い手確保に向けた取組を進めている。

これまでに、村産材を用いたスツール、木琴などの玩具等を開発しており、村内の銘木工芸館や道の駅、オンラインショップで販売している。また、上野村は、「ウッドスタート宣言」を行っていることから、満一歳の幼児に村産材の木製玩具をお祝い品として贈っている。

こうした取組が村民だけでなくⅠターン者も加わって進められた結果、木工の村としての知名度が上がるとともに木工品の安定的な販路が拡大したことから、更なるⅠターン者につながり、令和5（2023）年12月末時点でⅠターンにより12名が上野村森林組合の木工部門や木工作家として地域に定着し活動している。

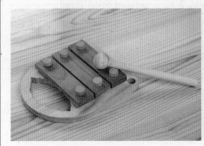
森林資源を活かした木工品の開発

木工作家の作業の様子

都内で開催されたイベントでの
出展の様子

等として森林空間を利用しようとする動きもある。さらに、新型コロナウイルス感染症をきっかけとして、自然豊かな地域等で余暇を楽しみつつ仕事を行うワーケーションにも注目が集まっている。このように、様々なライフスタイルやライフステージにおいて森林空間を活用する取組によって、「働き方改革」の実現や健康寿命の延伸が図られる等、社会課題の解決につながることが期待される。

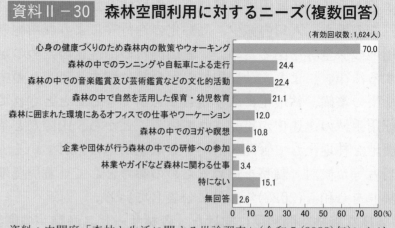

資料Ⅱ－30　森林空間利用に対するニーズ(複数回答)

(有効回収数:1,624人)

項目	(%)
心身の健康づくりのため森林内の散策やウォーキング	70.0
森林の中でのランニングや自転車による走行	24.4
森林の中での音楽鑑賞及び芸術鑑賞などの文化的活動	22.4
森林の中で自然を活用した保育・幼児教育	21.1
森林に囲まれた環境にあるオフィスでの仕事やワーケーション	12.0
森林の中でのヨガや瞑想	10.8
企業や団体が行う森林の中での研修への参加	6.3
林業やガイドなど森林に関わる仕事	3.4
特にない	15.1
無回答	2.6

資料：内閣府「森林と生活に関する世論調査」(令和5(2023)年)における「日常での森林との関わり方の意向」に基づいて林野庁森林利用課作成。

　さらに、山村地域においては、森林空間を活用した体験プログラムや場を提供することによって、森林所有者の新たな収入や雇用機会の創出につながるとともに、都市から山村

事例Ⅱ－9　里山林の保全活動からつながる地域活性化

　兵庫県丹波篠山市には、かつてはまつたけが多く採れる豊かな里山が広がっていたが、松くい虫による甚大な被害でまつたけによる地域住民の収入がなくなったことから、森林整備が行われず荒廃が進んだ。

　丹波篠山市内で約80haの共有林を管理している八幡共有山組合は、荒廃した共有林の現状に危機感を持ち、平成21(2009)年度から尾根筋の雑木の伐採、倒木の除去等の里山の整備に取り組んでいる。令和3(2021)年度からは更に森林・山村多面的機能発揮対策交付金を活用して雑草木の刈払い、危険木の除去、遊歩道の整備をしている。

　こうした里山林の整備の結果、かつての登山道が再生され、幼稚園児から大人まで誰でも楽しめるコースを設定したことで、年間1,000名を超える利用者が訪れるようになった。また、令和5(2023)年度はトレイルランニングのイベントが開催され、コースを提供した。地域内外から選手・関係者約200名が参加し、好評であったことから今後も開催される予定となっている。

森林整備の様子

トレイルランニングのイベント

(写真提供：八幡共有山組合)

地域を訪れる人の増加や旅行者の滞在期間の延長によって、飲食店や小売店等の地域の関係者の収入の増加、関係人口の創出・拡大にもつながることが期待される。

林野庁では、森林空間において、健康・観光・教育分野等での体験プログラムや場の提供を行い、山村地域に収入・雇用の機会を生み出す「森林サービス産業」の創出・推進に取り組んでいる（事例Ⅱ－10）。令和5（2023）年度は、森林サービス産業推進地域[73]と森林での体験プログラムの活用に関心がある企業をつなぐ「山村と企業をつなぐフォーラム」を開催するなど、企業とのマッチング機会の創出等に取り組んだ。さらに、森林サービス

事例Ⅱ－10　森林サービス産業推進地域における企業等へのサービス提供

　山形県上山市（かみのやま）は、ドイツの「クアオルト」の理念を取り入れ、森林、食、温泉等の豊かな地域資源を活かし、市民の健康増進と交流人口の拡大による地域活性化を目指して、"心と体がうるおうまち"づくりを官民連携して進めている。代表的な取組として、「クアオルト®健康ウオーキング[注]」を市民向けに毎日開催しており、地域住民等が参加している。

　また、上山市は、令和6（2024）年3月時点で19社の企業と協定を締結するなど、交流人口の拡大に向けた環境づくりを行っており、地元の観光協議会と連携して、協定締結企業を始めとする山形県内・隣県・都市部企業の従業員に対する健康づくりや社員研修等においてプログラム提供を行っている。

　例えば、太陽生命保険株式会社（東京都中央区）は、生活習慣病のリスクが高い従業員に対する宿泊型保健指導を同市で実施しており、健康講話に加えてウォーキングを始めとした体験型プログラムを組み込むことで、行動変容を促し、生活習慣病リスクの低減を図っている。また、その他企業でも、従業員の健康づくりや福利厚生、顧客サービス等を目的としたイベントの開催や、社員やその家族が休日等に森林内でのプログラム等を利用できるチケットの配布を行っている。

　上山市では、体験プログラム等を盛り込んだ紹介用パンフレットやプロモーションビデオを作成し、都市部企業へのPRを積極的に行うなど、更なる利用拡大に取り組んでいる。

注：「クアオルト®健康ウオーキング」とは、ドイツのクアオルト（療養地・健康保養地）で心臓のリハビリや高血圧の治療として利用されている運動療法の手法を取り入れたものであり、専門ガイドの案内の下で傾斜等を活用して森林等を適度な負荷で歩くもの。

「クアオルト®健康ウオーキング」の様子
（©2020 上山市）

「山村と企業をつなぐフォーラム」での
企業への説明の様子

---

[73] 林野庁が、公益社団法人国土緑化推進機構と連携し、「森林サービス産業」の創出・推進に取り組む地域を「森林サービス産業推進地域」として公募し、登録している。林野庁ホームページ「森林サービス産業」ページを参照。

産業の創出・推進に関心のある地方公共団体や民間事業者、研究者等の様々なセクターで組織する「Forest Style ネットワーク」では、森林空間利用に関する様々な情報共有等を行っている。

　また、森林サービス産業推進地域の中には国有林の「レクリエーションの森」を観光資源として活用する取組もみられる。国有林野事業においても、「日本 美しの森 お薦め国有林」を選定し、外国人観光客も含めた利用者の増加を図るため、標識類等の多言語化、歩道等の施設整備等に取り組んでいる[74]。

　また、農林水産省では、「農泊」の推進の一環として、森林空間を観光資源として活用するための体験プログラムの開発、ワーケーションやインバウンド受入環境の整備及び古民家等を活用した滞在の整備等を支援している。

---

[74] 国有林の観光資源としての活用等に向けた取組については、第Ⅳ章第2節（3）178-179ページを参照。

東海大学阿蘇くまもと臨空キャンパス食品加工教育実習棟
（ウッドデザイン賞2023優秀賞（林野庁長官賞））
（写真提供：株式会社 川澄・小林研二写真事務所）

第Ⅲ章

木材需給・利用と木材産業

　我が国では古くから、木材を建築、生活用品、燃料等に多用してきた。我が国の木材需要は近年回復傾向にあり、合板等への国産材の利用が進んだことなどから、国産材供給量は増加傾向にある。

　木材の利用は、地球温暖化の防止など、森林の有する多面的機能の持続的な発揮や地域経済の活性化にも貢献する。近年では、住宅分野に加え、公共建築物のほか、民間建築物も含めた非住宅分野における構造・内外装での木材利用や、木質バイオマスのエネルギー利用等の多様な木材利用の取組が進められている。このような中、木材産業の競争力の強化や新たなニーズを創出する製品・技術の開発・普及に取り組む必要がある。

　本章では、木材需給の動向、木材利用の動向及び木材産業の動向等について記述する。

1．木材需給の動向

（1）世界の木材需給の動向
（ア）世界の木材需給の概況
（世界の木材消費量及び生産量）

　国際連合食糧農業機関（FAO）によると、世界の産業用丸太の消費量は、近年おおよそ20億㎥で推移しており、2022年は前年比2％減の20億2,606万㎥であった。産業用丸太以外の燃料用丸太については、2022年の世界の消費量は前年比1％増の19億6,518万㎥であり、99％以上が生産国内で消費されている。

　世界の産業用丸太の2022年の生産量は、前年比2％減の20億1,604万㎥であった。また、製材の生産量は、前年比2％減の4億8,126万㎥、合板等の生産量は、前年比3％減の3億7,529万㎥であった[1]。

（世界の木材輸入量の動向）

　2022年における世界全体の木材輸入量は、産業用丸太については、前年比17％減の1億1,858万㎥であった。中国が世界最大の輸入国で、2012年と比べると、輸入量は3,781万㎥から4,360万㎥に15％増加した。世界の輸入量に占める中国の割合も33％から37％に上昇した。一方、我が国の輸入量は451万㎥から253万㎥に44.0％減少した。

　製材については、前年比7％減の1億3,733万㎥であった。米国が世界最大の輸入国で、2012年と比べると、輸入量は1,741万㎥から2,700万㎥に55％増加した。一方、我が国の輸入量は656万㎥から490万㎥に25.3％減少した。

　合板等については、前年比7％減の9,289万㎥であった。米国が世界最大の輸入国で、2012年と比べると、輸入量は858万㎥から1,693万㎥に97％増加した。一方、我が国の輸入量は447万㎥から390万㎥に12.6％減少した（資料Ⅲ－1）。

（世界の木材輸出量の動向）

　2022年における世界全体の木材輸出量は、産業用丸太については、前年比18％減の1億856万㎥であった[2]。ニュージーランドが世界最大の輸出国で、2012年と比べると、中国の需要増加により、輸出量が1,376万㎥から2,018万㎥に47％増加した。

　製材については、前年比8％減の1億4,310万㎥であった。カナダが世界最大の輸出国で、2012年と比べると、2,537万㎥から2,461万㎥に3％減少した。

　合板等については、前年比6％減の9,414万㎥であった。中国が世界最大の輸出国で、2012年と比べると、1,362万㎥から1,385万㎥に2％増加した（資料Ⅲ－2）。

---

[1] FAO「FAOSTAT」（2023年12月21日現在有効なもの）。消費量は生産量に輸入量を加え、輸出量を除いたもの。

[2] 輸入量と輸出量の差は、輸出入時の検量方法の違い等によるものと考えられる。

世界の木材(産業用丸太・製材・合板等)輸入量(主要国別)

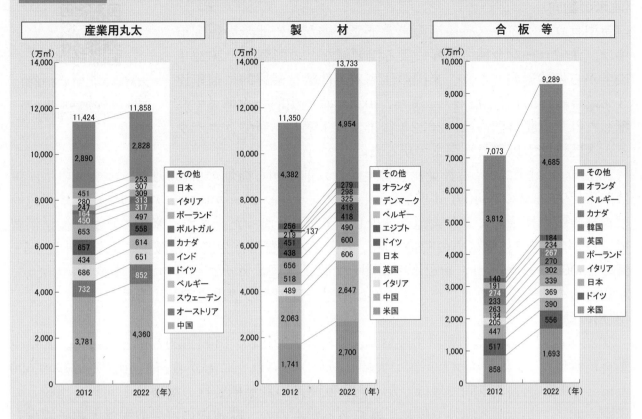

世界の木材(産業用丸太・製材・合板等)輸出量(主要国別)

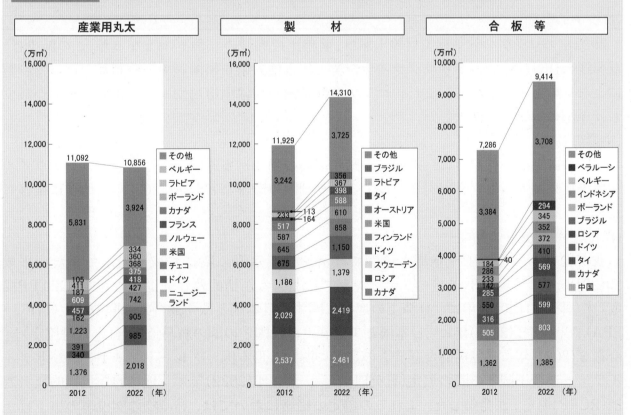

注1:合板等には、合板、パーティクルボード、OSB及び繊維板を含む。
  2:計の不一致は四捨五入による。
資料:FAO「FAOSTAT」(2023年12月21日現在有効なもの)

（イ）2022年の各地域における木材需給の動向[3]
（北米の動向）

　新型コロナウイルス感染症の影響下で好調だった北米の住宅市場は、住宅ローン金利の上昇による需要減などの影響で、2022年後半から供給過剰となり、米国の住宅着工件数は最終的に前年比3％減の約155万戸となった。また、2021年に歴史的な水準まで高騰した針葉樹製材価格は、2022年後半には下落し、新型コロナウイルス感染拡大以前の水準まで戻った。

木材輸入に関する情報
https://www.rinya.maff.go.jp
/j/boutai/mokuzai_yunyuu_g
enjou.html

　2022年の米国における針葉樹製材生産量は前年から微増の6,400万㎥、カナダの生産量は前年比9.5％減の3,640万㎥となり、特にブリティッシュコロンビア州の生産量は州政府の森林政策の影響等により大幅に減少し14.6％減となった。また、米国の針葉樹製材消費量は、前年からほぼ横ばいの8,800万㎥、カナダの消費量は生産量の減少により前年比9.5％減の1,300万㎥となった。貿易取引に関しては、米国はカナダからの輸入量が減少したが、欧州からの輸入量が増加した。カナダは中国や日本への輸出量が減少した。

（欧州の動向）

　2022年の欧州の針葉樹製材生産量は、前年比2.9％減の1億1,520万㎥となった。針葉樹製材消費量は、特にドイツと英国で大幅な減少がみられたことから、前年比7.2％減の9,600万㎥となり、過去5年間で最低となった。欧州産の針葉樹製材の需要は、前年と比較して米国や北アフリカなど海外で特に旺盛であったものの、欧州内の貿易取引は大幅に減少した。

（ロシアの動向）

　2022年のロシアの針葉樹製材輸出額は、前年比17％減の45億ドルとなった。この減少は、欧州連合(EU)が、ロシア・ウクライナ情勢に伴う輸入禁止措置等の経済制裁を行った影響によるものと考えられる。また、ロシアの針葉樹製材輸出市場では、欧州のシェアが減少し、中国のシェアが拡大した。

（中国の動向）

　中国の針葉樹製材需要は、国内の不動産市場の動向が不透明な点や、新型コロナウイルス感染症に関連したロックダウンによる行動制限の影響などから、2022年は低調に推移した。

（ウ）国際貿易交渉の動向

　我が国は、多くの国や地域との間で経済連携協定等の締結に取り組んできた。平成30(2018)年に「環太平洋パートナーシップに関する包括的及び先進的な協定(CPTPP協定)」、平成31(2019)年に「経済上の連携に関する日本国と欧州連合との間の協定(日EU・EPA)」、令和2(2020)年に「日本国とアメリカ合衆国との間の貿易協定(日米貿易協定)」、令和3(2021)年に「包括的な経済上の連携に関する日本国とグレートブリテン及び北アイルランド連合王国との間の協定(日英EPA)」、令和4(2022)年に「地域的な包括的経済連携(RCEP)協定」が発効した。これらの協定の締結においては、林産物の関税率の引下げが

---

[3] 各地域における木材需給の動向の記述は、UNECE/FAO (2023) Forest Products Annual Market Review 2022-2023による。

我が国及び相手国の持続可能な森林経営に悪影響を及ぼすことがないよう配慮して交渉を行い、合意に至ったものである。

（2）我が国の木材需給の動向
（木材需要は回復傾向）

　我が国の木材需要量[4]は、昭和48(1973)年に過去最高の１億2,102万㎥となったが、オイルショックやバブル景気崩壊後の景気後退等により減少傾向となり、平成21(2009)年にはリーマンショックの影響により、前年比18.5%減の6,480万㎥と大幅に減少した。近年は、木質バイオマス発電施設等での燃料材の利用増加等により、平成20(2008)年の水準を上回るまでに回復していたが、令和２(2020)年には新型コロナウイルス感染症の影響により、大きく落ち込んだ。令和４(2022)年の木材需要量は、木造が多くを占める戸建住宅の新設着工戸数の減少により建築用材の需要が減少した一方、燃料材の需要が増加したこと等により、前年比3.6%増の8,509万㎥となった。我が国の人口一人当たり木材需要量は0.68㎥/人となった。

　用材全体の需要量は前年に比べて35万㎥増加し、前年比0.5%増の6,749万㎥、燃料材は前年に比べて265万㎥増加し、前年比18.0%増の1,739万㎥となった。また、木材需要全体に占める製材用材の割合は30.9%(2,626万㎥)、合板用材は11.5%(982万㎥)、パルプ・チップ用材は34.7%(2,955万㎥)、その他用材は2.2%(187万㎥)、燃料材は20.4%(1,739万㎥)となっている(資料Ⅲ－3)。

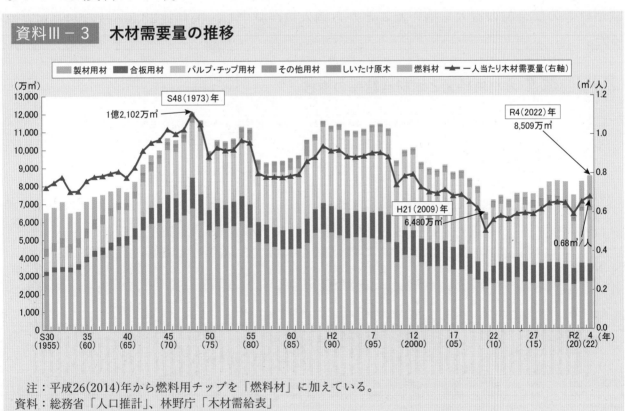

資料Ⅲ－3　木材需要量の推移

注：平成26(2014)年から燃料用チップを「燃料材」に加えている。
資料：総務省「人口推計」、林野庁「木材需給表」

---

[4] 製材品や合板、パルプ・チップ等の用材に加え、しいたけ原木及び燃料材を含む総数。このうち、燃料材とは、木炭、薪、燃料用チップ、木質ペレットである。いずれの品目についても丸太換算値。

（国産材供給量は増加傾向）

　我が国における国産材供給量[5]は、平成14(2002)年の1,692万㎥を底として、森林資源の充実や合板原料としてのスギ等の国産材利用の増加、木質バイオマス発電施設での燃料材利用の増加等を背景に、増加傾向にある。令和4(2022)年の国産材供給量は、全体で前年比2.7%増の3,462万㎥、建築用材等で前年比1.9%増の1,785万㎥となった(資料Ⅲ-4)。林野庁は、建築用材における国産材利用量の目標を定めており、令和7(2025)年度までに2,500万㎥を目指すこととしている。

（木材輸入）

　我が国の木材輸入量[6]は、平成8(1996)年の9,045万㎥をピークに減少傾向にあるが、令和4(2022)年の木材輸入量は、前年比4.3%増の5,048万㎥となった。そのうち、木材製品の輸入量は、木材チップ等の増加により、前年から1.5%増加して3,972万㎥となった。また、燃料材の輸入量は前年から32.1%増加して713万㎥となった(資料Ⅲ-4)。

　品目別に令和4(2022)年の輸入量(製品ベース)をみると、丸太は、前年比5.2%減の250万㎥となった。特にカナダからの輸入は、年後半に合板などの製品需要が急減したことで輸入量が減少し、前年比7.3%減の69万㎥となった。一方、米国からの輸入は一定のシェアを維持し、前年比1.4%減の149万㎥となった。

　製材は、前年比1.3%増の490万㎥となった。特にEUからの輸入は、ロシア・ウクライナ情勢の影響による木材不足の再来が懸念されたことから輸入量が増加し、前年比19.5%増の257万㎥となった。他方、カナダからの輸入は、産地価格が大幅に値上がりしたことで、欧州材等の競合材の流入を招いたことから輸入量が減少し、前年比23.5%減の94万㎥となった。

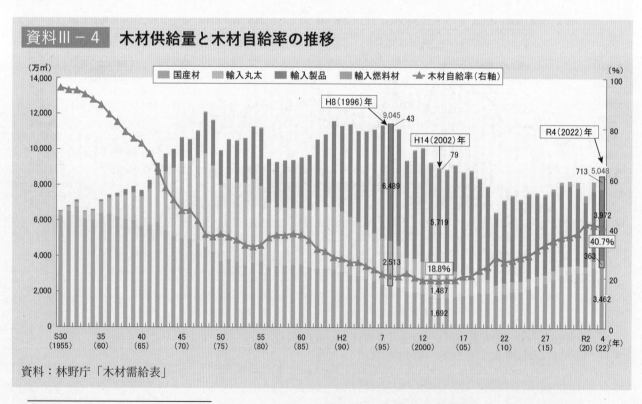

資料Ⅲ-4　木材供給量と木材自給率の推移

凡例：国産材　輸入丸太　輸入製品　輸入燃料材　木材自給率(右軸)

資料：林野庁「木材需給表」

---

[5] 製材品や合板、パルプ・チップ等の用材に加え、しいたけ原木及び燃料材を含む総数。いずれの品目についても丸太換算値。

[6] 製材品や合板、パルプ・チップ等の用材に加え、燃料材を含む総数。いずれの品目についても丸太換算値。

合板は、前年比4.5%増の195万㎥となった。特に中国からの輸入は、国産針葉樹合板の供給不足の影響もあり、春から夏にかけて輸入量が急増し、前年比80.9%増の24万㎥となった。また、マレーシアからの輸入は前年比6.3%減の74万㎥、インドネシアからの輸入は前年比6.5%増の76万㎥となった。

　集成材は、前年比7.5%増の104万㎥となった。特にEUからの輸入は、製材と同様にロシア・ウクライナ情勢の影響による木材不足の再来が懸念されたことから、輸入量が増加し、

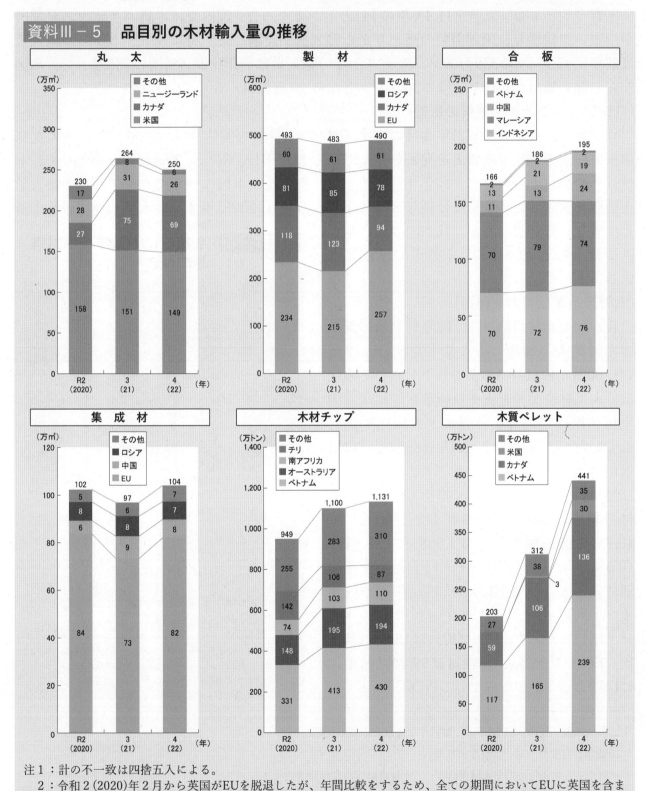

資料Ⅲ−5　品目別の木材輸入量の推移

注1：計の不一致は四捨五入による。
　2：令和2（2020）年2月から英国がEUを脱退したが、年間比較をするため、全ての期間においてEUに英国を含まない。
資料：財務省「貿易統計」

前年比11.7％増の82万㎥となった。

　木材チップは、前年比2.9％増の1,131万トンとなった。特にベトナムからの輸入は前年比4.0％増の430万トン、南アフリカからの輸入は前年比7.1％増の110万トンとなった。新型コロナウイルス感染症に関連した行動制限の緩和に伴う経済活動の回復等により、パッケージング用紙の需要が増加した。他方、デジタル化の加速により、グラフィック用紙の需要が減少した。

　木質ペレットは、前年比41.4％増の441万トンとなった。国内では木質バイオマス発電所が相次いで稼働し、国内需要の高まりから輸入量が急増した。特にベトナムからの輸入量は前年比45.3％増の239万トン、カナダからの輸入量は前年比28.4％増の136万トン、米国からの輸入量は前年比11.2倍の30万トンとなった（資料Ⅲ－5）。

（ロシア・ウクライナ情勢の影響）

　ロシアは、令和4（2022）年3月に、我が国を含む非友好国[7]に対して、チップ、丸太及び単板の輸出を禁止することを発表した[8]。また、我が国は、対ロシア制裁の一環として、木材以外の品目と合わせて、同年4月にチップ、丸太及び単板についてロシアからの輸入禁止措置を実施した。ロシアは同年8月に単板、令和5（2023）年3月に木材チップの輸出禁止措置を一部解除したが、我が国の輸入禁止措置は令和6（2024）3月末時点で継続している。

（木材自給率は4割を維持）

　我が国の木材自給率[9]は、国産材供給の減少と木材輸入の増加により低下を続け、平成14（2002）年には18.8％まで低下した。その後は、人工林資源の充実や技術革新等による国産材利用の増加等を背景に上昇傾向で推移していたが、令和4（2022）年は、国産材供給量が増加した一方で、パルプ・チップ用材及び燃料材の輸入量が大きく増加した結果、木材自給率は前年より0.4ポイント低下して40.7％（建築用材等[10]は1.5ポイント増の49.5％）となった（資料Ⅲ－4）。自給率を用途別にみると、製材用材は49.3％（前年比0.2ポイント増）、合板用材は50.0％（前年比4.7ポイント増）、パルプ・チップ用材は15.4％（前年比1.1ポイント減）、燃料材は59.0％（前年比4.4ポイント減）となっている（資料Ⅲ－6）。

資料Ⅲ－6　令和4（2022）年の木材需給の構成

製材用材 2,626万㎥	合板用材 982万㎥	パルプ・チップ用材 2,955万㎥	その他用材 187万㎥	燃料材 1,739万㎥
1,016万㎥（38.7%）	446万㎥（45.5%）	12万㎥（6.4%）	1万㎥（0.7%）	713万㎥（41.0%）
317万㎥（12.1%）	44万㎥（4.5%）	2,498万㎥（84.5%）	173万㎥（92.8%）	
1,294万㎥（49.3%）	491万㎥（50.0%）			1,026万㎥（59.0%）
		456万㎥（15.4%）		

■ 国産材が原料　■ 輸入材が原料　■ 輸入製品

注1：しいたけ原木については省略している。
　2：いずれも丸太換算値。
　3：計の不一致は四捨五入による。
　4：「パルプ・チップ用材」のチップ及び「燃料材」として使用されるチップは、丸太を原料として製造されたチップに限る。
　5：「製材用材」の「輸入製品」には、集成材等を含む。「パルプ・チップ用材」の「輸入製品」には、再生木材（パーティクルボード等）を含む。
資料：林野庁「令和4（2022）年木材需給表」

---

[7]　日本、米国、英国、EU27か国、韓国等を含む48の国と地域。

[8]　2022年3月9日　ロシア政令第313号

[9]　林野庁「令和4（2022）年木材需給表」。木材自給率の算出は次式による。

　　自給率＝（国内生産量÷総需要量）×100

[10]　「建築用材等」は、木材需給表における「製材用材」と「合板用材」の合計。

（3）木材価格の動向
（国産材の製材品価格等）

　令和3（2021）年は、国内の住宅需要が回復する中、米国における住宅着工の増加による木材需要の高まりや海上輸送の混乱等により、我が国において輸入木材の不足・価格高騰[11]が発生した。また、輸入木材の代替として国産材の需要が高まり、国産材の製材品等の価格は春から大幅に上昇した。

　令和5（2023）年は、国産材の製材品等の価格は令和3（2021）年のピークから低下しているが、価格上昇前の令和2（2020）年と比べて高い水準で推移している（資料Ⅲ－7）。国産材の製材品の年平均価格は、スギ正角（乾燥材）は94,600円/㎥（前年比30,200円/㎥安）、ヒノキ正角（乾燥材）は110,700円/㎥（前年比39,200円/㎥安）となった[12]。

　一方、令和5（2023）年の国産針葉樹チップの年平均価格は16,700円/トン（前年比1,400円/トン高）、国産広葉樹チップの年平均価格は20,900円/トン（前年比1,100円/トン高）となった[13]。

資料Ⅲ－7　我が国の木材価格の推移

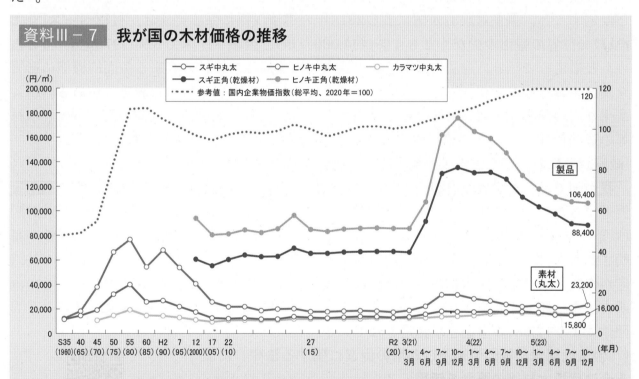

注1：「スギ中丸太」（径14〜22cm、長さ3.65〜4.0m）、「ヒノキ中丸太」（径14〜22cm、長さ3.65〜4.0m）、「カラマツ中丸太」（径14〜28cm、長さ3.65〜4.0m）のそれぞれ1㎥当たりの製材工場着の価格。
　2：「スギ正角（乾燥材）」（厚さ・幅10.5cm、長さ3.0m）、「ヒノキ正角（乾燥材）」（厚さ・幅10.5cm、長さ3.0m）のそれぞれ1㎥当たりの価格（木材市売市場における取引価格又は木材販売業者等の店頭売渡し販売価格）。
　3：令和3（2021）年から令和5（2023）年までの価格及び国内企業物価指数は、各月の数値を四半期ごとに平均したもの。
　4：平成25（2013）年の調査対象等の見直しにより、平成25（2013）年以降の「スギ正角（乾燥材）」、「スギ中丸太」のデータは、平成24（2012）年までのデータと必ずしも連続していない。また、平成30（2018）年の調査対象等の見直しにより、平成30（2018）年以降のデータは、平成29（2017）年までのデータと連続していない。
資料：農林水産省「木材需給報告書」、日本銀行「企業物価指数（日本銀行時系列統計データ検索サイト）」

---

[11] 令和3（2021）年における輸入木材の不足・価格高騰については、「令和3年度森林及び林業の動向」特集1　10-13ページを参照。

[12] 農林水産省「令和5年木材需給報告書」

[13] 農林水産省「令和5年木材需給報告書」

（国内の素材価格）

　素材[14]価格は、令和3（2021）年に国産材の需要の高まり等を受けて上昇し、令和5（2023）年にかけては下落傾向にあるものの、価格上昇前の令和2（2020）年よりも高い水準で推移している（資料Ⅲ－7）。令和5（2023）年の年平均価格は、スギは15,800円/㎥（前年比1,800円/㎥安）、ヒノキは22,000円/㎥（前年比3,100円/㎥安）、カラマツは16,000円/㎥（前年比100円/㎥安）となった[15]。

（4）違法伐採対策

（世界の違法伐採木材の貿易の状況）

　2022年9月に英国王立国際問題研究所（チャタムハウス）が公表した報告書[16]によると、主要な木材由来製品輸出国37か国について調査した結果、木材由来製品の違法取引の割合は、過去20年間で輸出量、輸出額ともに減少しているものの、国際貿易の全体的増加に伴いその数量及び金額は増加している。調査対象以外の全ての国の輸出が完全に合法であると仮定すると、調査対象37か国による2018年の違法伐採に係る貿易は、材積ベース（丸太換算）で世界の輸出の少なくとも4％（約4,000万㎥）、金額ベースで3％（約70億ドル）を占めたと推定している。違法伐採や違法伐採木材の流通は、森林の有する多面的機能に影響を及ぼすおそれがあり、また、木材市場における公正な取引を害するおそれがある。EU、豪州などの諸外国では、木材の取引に当たり、市場における最初の出荷者等に対し、木材等の違法伐採のリスクの確認やそのための体制整備等について義務を課している。

（政府調達において合法性・持続可能性が確保された木材等の利用を促進）

　我が国では、まずは政府調達において合法性・持続可能性が確保された木材等の利用を促進するため、平成18（2006）年に、「国等による環境物品等の調達の推進等に関する法律」（以下「グリーン購入法」という。）に基づく基本方針において、合法性や持続可能性が証明された木材・木材製品を政府調達の対象とするよう明記した。同基本方針に併せて林野庁が作成した「木材・木材製品の合法性、持続可能性の証明のためのガイドライン」の証明方法を活用し木材を供給する事業者として、令和6（2024）年3月末時点で、149の業界団体により12,081の事業者が認定されている。

（「合法伐採木材等の流通及び利用の促進に関する法律」による合法伐採木材等の更なる活用）

　民間需要においても、平成29（2017）年に施行された「合法伐採木材等の流通及び利用の促進に関する法律」（以下「クリーンウッド法」という。）により、全ての事業者は合法伐採木材等[17]を利用するよう努めることが求められ、特に木材関連事業者[18]は、扱う木材等について「合法性の確認」等の合法伐採木材等の利用を確保するための措置を実施することとなった。こ

合法伐採木材等に関する
情報提供ホームページ
「クリーンウッド・ナビ」
https://www.rinya.maff.go.jp/j/riyou/goho/

----

[14] 製材・合板等の原材料に供される丸太等（原木）。

[15] 農林水産省「令和5年木材需給報告書」

[16] CHATHAM HOUSE (2022) Establishing fair and sustainable forest economies

[17] 我が国又は原産国の法令に適合して伐採された樹木を材料とする木材等。

[18] 木材等の製造、加工、輸入、販売等を行う者。

の措置を適切かつ確実に行う木材関連事業者は、国に登録された第三者機関である登録実施機関に申請して登録を受けることができる。登録木材関連事業者は、令和6（2024）年3月末時点で、660件登録されている。第一種登録木材関連事業者[19]により合法性が確認された木材は、令和4（2022）年度は約3,500万㎥と令和4（2022）年の木材需要量の約4割となっている。

林野庁では、情報提供サイト「クリーンウッド・ナビ」を公開し、本サイトを通じて合法伐採木材等に関する情報提供や、木材関連事業者の登録促進等の取組を行っている。

なお、政府調達については、グリーン購入法に基づく基本方針の下、木材関連事業者は、クリーンウッド法に則し、合法性の確認や分別管理等をすることとなっている。

クリーンウッド法の施行状況等を踏まえ、違法伐採対策の取組を強化することを目的として、川上・水際の木材関連事業者[20]が合法性確認等に確実に取り組むよう義務付けること等を内容とするクリーンウッド法の一部改正法が、令和5（2023）年4月に第211回通常国会において成立した。

（国際的な取組）

我が国は、木材生産国における合法性・持続可能性が確保された木材等の流通及び利用に向けた支援に取り組んでいる。令和3（2021）年から令和5（2023）年にかけては、ベトナムにおける持続可能な木材消費の促進のためのプロジェクトへの支援を、国際熱帯木材機関（ITTO）を通じて実施した（事例Ⅲ－1）。

また、「アジア太平洋経済協力（APEC）」の「違法伐採及び関連する貿易専門家グループ（EGILAT）会合」では、令和5（2023）年2月及び7月に違法伐採対策の取組状況についての情報交換が行われた。我が国からは改正したクリーンウッド法の概要等について報告を行った。

Ⅲ

---

[19] 樹木の所有者から丸太を受け取り、加工、輸出等の事業を行う木材関連事業者又は木材等の輸入を行う木材関連事業者のうち、登録を受けた者。

[20] 樹木の所有者から丸太を受け取り、加工、輸出等の事業を行う木材関連事業者又は木材等の輸入を行う木材関連事業者。

事例Ⅲ−1　国際熱帯木材機関(ITTO)への拠出によるベトナムにおける持続可能な木材消費促進プロジェクト

　ベトナムの木材産業は、過去20年間、輸出を中心に急速に成長してきたが、新型コロナウイルス感染症等の影響により、輸出依存による不安定性が露呈した。

　このため、林野庁では、ITTOへの資金拠出を通じ、我が国の経験を活かして、同国内における木材利用の促進に向けたプロジェクトへの支援を行った。

　本プロジェクトでは、木材利用の促進に向けた政策的な基盤づくりに向け、我が国や欧米における先進事例の収集と同国内の現状・課題等の分析等を行った。その結果、人工林育成の主体となる小規模生産者(農家)と国内市場への家具等の木製品供給の主体となる小規模木材加工業者に対する支援が効果的であると判明したことから、その組織化やガバナンスの向上に取り組んだ。

　また、現地ニーズに沿った実証的取組として、木造モデル住宅の展示、茶葉乾燥に用いる木質バイオマスガス燃焼装置の試験的導入等により、同国内における新たな木材の需要や市場の開拓を行った。さらに、将来的に木材産業での活躍が期待される学生や若手専門家を対象としたキャリア開発セミナーや木材製品デザインコンテストの開催等を通じ、木材利用促進の担い手となる人材の育成を行った。

　こうした取組を通じ、同国内で木材利用の意義に対する理解や木材利用に対する意識が一層深まることにより、過度に輸出に依存しない木材産業構造への転換とカーボンニュートラルの実現に貢献することが期待される。

ベトナムの建築大学における木造モデル住宅の展示

若手起業家によりデザインされたモダンな木製家具製品

2．木材利用の動向

（1）木材利用の意義

　地球温暖化防止のため大気中の二酸化炭素の増加を抑えることが世界共通の重要課題となっている。樹木には、二酸化炭素を吸収し、貯蔵する働きがあり、森林から搬出された木材を建築物等に利用することにより、炭素を長期的に貯蔵することができる。また、木材には再加工しやすいという特徴もあるため、建築物等として利用した木材をパーティクルボード等として再利用すれば、再利用後の期間も含めて炭素が貯蔵される。

　その際、建築物等に利用される国産材は、伐採木材製品（HWP[21]）として、パリ協定[22]において全ての国に義務付けられている森林の二酸化炭素排出・吸収量の算定・報告に計上できることとされている。

　また、木材は、製造・加工時のエネルギー消費が鉄やコンクリート等の建築資材よりも比較的少ないことから、建築物に木材を利用することは、建築に係る二酸化炭素の排出削減に貢献する。

　さらに、資材として利用できない木材や建築物等に利用された後の木材は、カーボンニュートラルな燃料として化石燃料の代わりに利用することができる。

　これらの木材利用の公益的な意義は、2050年カーボンニュートラルの実現に貢献するものとして、令和3（2021）年10月に改正法が施行された「脱炭素社会の実現に資する等のための建築物等における木材の利用の促進に関する法律」（以下「都市の木造化推進法」という。）に規定されるとともに、「地球温暖化対策計画」（令和3（2021）年10月閣議決定）にも反映されている。

　このほか、木材には調湿作用や高い断熱性等に加え、生理・心理面に好影響があるとされ、快適で健康的な室内環境等の形成に寄与する。

　このように様々な特徴を持つ木材を持続的に利用しカーボンニュートラルな社会の実現を目指していくに当たっては、森林資源の循環利用を確立することが重要である（資料Ⅲ－8）。

資料Ⅲ－8　循環利用のイメージ

---

[21]　HWPについては、第Ⅰ章第4節（2）76-77ページを参照。

[22]　パリ協定については、第Ⅰ章第4節（2）75ページを参照。

（２）建築分野における木材利用
（ア）建築分野における木材利用の概況
（建築物の木造率）

　木材は軽くて扱いやすい割に強度があることから我が国では建築資材等として多く用いられてきた。

　我が国の令和5（2023）年の建築着工床面積の木造率は44.7％であり、これを用途別・階層別にみると、1～3階建ての低層住宅は80％を超えるが、低層非住宅建築物は15％程度、4階建て以上の中高層建築物は1％以下と低い状況にある（資料Ⅲ－9）。

　このように、建築用木材の需要の大部分を低層住宅分野が占めているが、最も普及している木造軸組工法[23]の住宅における国産材の使用割合は全体として5割程度にとどまっており、低層住宅分野において国産材の利用を拡大していくことが重要である。

　一方、新設住宅着工戸数が人口減少等により長期的には減少していく可能性を踏まえると、非住宅・中高層建築物での木造化・木質化を進め、新たな木材需要を創出することも重要となっている。

（建築物全般における木材利用の促進）

　都市の木造化推進法に基づき、木材利用促進本部[24]は、令和3（2021）年10月に建築物における木材の利用の促進に関する基本方針（以下「建築物木材利用促進基本方針」という。）を策定し、建築物での木材の利用の促進を図っている。

　地方公共団体においては、令和6（2024）年2月末時点で、全ての都道府県と1,640市町村（94％）が都市の木造化推進法に基づく木材の利用の促進に関する方針を策定しており、建築物木材利用促進基本方針に沿って改定が進められている。

（イ）住宅分野における木材利用の動向
（住宅分野における木材利用の概況）

　新設住宅着工戸数は、令和5（2023）年は前年比4.6％減の82万戸、このうち木造住宅が前年比4.9％減の45万戸となった。一方、新設住宅着工戸数に占める木造住宅の割合（木造率）は、前年から大きな変化はなく、一戸建て住宅では91.4％と特に高く、全体では55.4％となっている（資料Ⅲ－10）。

　令和5（2023）年の木造の新設住宅着工戸数における工法別のシェアは、木造軸組工法（在

木材の利用の促進について
https://www.rinya.maff.go.jp/j/riyou/kidukai/

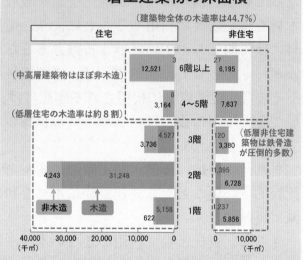

資料Ⅲ－9　用途別・階層別・構造別の着工建築物の床面積

（建築物全体の木造率は44.7％）

	住宅	非住宅	階層
（中高層建築物はほぼ非木造）	12,521 / 3	27 / 6,195	6階以上
	3,164 / 8	7 / 7,637	4～5階
（低層住宅の木造率は約8割）	3,736 / 4,527	120 / 3,380 （低層非住宅建築物は鉄骨造が圧倒的多数）	3階
	4,243 / 31,248	1,395 / 6,728	2階
非木造　木造	622 / 5,158	1,237 / 5,856	1階

注：「住宅」とは居住専用住宅、居住専用準住宅、居住産業併用建築物の合計であり、「非住宅」とはこれら以外をまとめたものとした。

資料：国土交通省「建築着工統計調査2023年」に基づいて林野庁木材産業課作成。

---

[23] 単純梁形式の梁・桁で床組や小屋梁組を構成し、それを柱で支える柱梁形式による建築工法。

[24] 都市の木造化推進法に基づき設置された組織であり、農林水産大臣を本部長、総務大臣、文部科学大臣、経済産業大臣、国土交通大臣及び環境大臣を本部員としている。

来工法)が77.7%、枠組壁工法(ツーバイフォー工法)が20.0%、木質プレハブ工法[25]が2.3%となっている[26]。

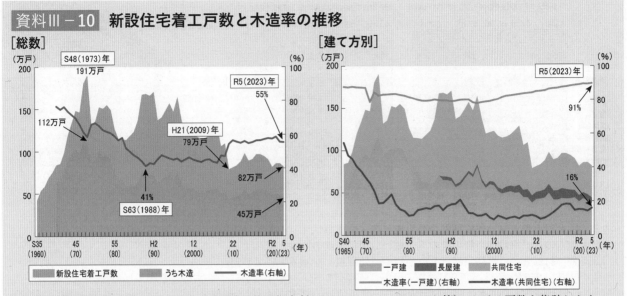

資料III-10 新設住宅着工戸数と木造率の推移

[総数]

[建て方別]

注1：新設住宅着工戸数は、一戸建、長屋建、共同住宅(主にマンション、アパート等)における戸数を集計したもの。
　2：昭和39(1964)年以前は木造の着工戸数の統計がない。
資料：国土交通省「住宅着工統計」

(住宅向けの木材製品への品質・性能に対する要求)

　耐震性や省エネルギー性能の向上などの住宅におけるニーズの変化[27]を背景に、住宅に用いられる木材製品について、より一層の寸法安定性や強度等の品質・性能を求めるニーズが高まっている。

　この結果、建築用製材において、寸法安定性の高い人工乾燥材(KD材[28])割合が増加している(資料III-11)。また、木造軸組工法の住宅を建築する大手住宅メーカーでは、柱材と横架材で寸法安定性の高い集成材の割合が増加している。このうち、横架材については、高い曲げヤング率[29]や多様な寸法への対応が求められるため、米マツ製材やヨーロッパアカマツ(レッドウッド)集成材等の輸入材が高いシェアを持つ状況にあるが、柱材ではスギ集成柱が普及するなど国産材の利用も進みつつある(資料III-12)。

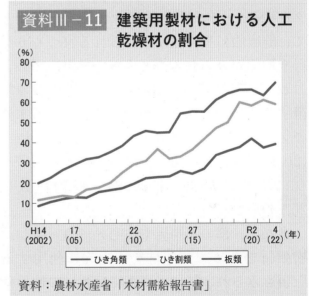

資料III-11 建築用製材における人工乾燥材の割合

資料：農林水産省「木材需給報告書」

---

[25] 木材を使用した枠組の片面又は両面に構造用合板等をあらかじめ工場で接着した木質接着複合パネルにより、壁、床、屋根を構成する建築工法。

[26] 国土交通省「住宅着工統計」(令和5(2023)年)。木造軸組工法については、木造住宅全体からツーバイフォー工法及び木質プレハブ工法を差し引いて算出。

[27] 住宅におけるニーズの変化については「令和3年度森林及び林業の動向」特集2第2節(1)23-25ページを参照。

[28] KDは「Kiln Dry」の略。

[29] ヤング率は材料に作用する応力とその方向に生じるひずみとの比。このうち、曲げヤング率は、曲げ応力に対する木材の変形(たわみ)のしにくさを表す指標。

資料Ⅲ-12 木造軸組住宅の部材別木材使用割合（大手住宅メーカー）

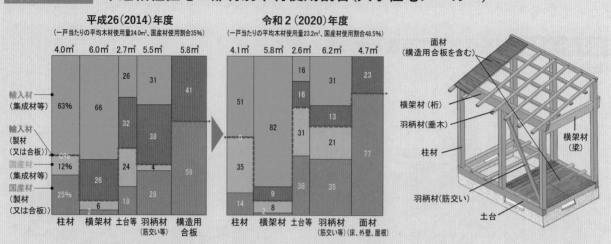

注1：国産材と輸入材の異樹種混合の集成材等・合板は国産材として計上。
2：割合の計、平均使用量の計の不一致は、単位未満の四捨五入による。
3：各部材ごとの「1住宅当たりの平均木材使用量」を積み上げて算出。
4：「面材」には、製材を含む。面材のうち、国産材か輸入材か不明分については、不明以外の面材の比から按分。
5：一般社団法人日本木造住宅産業協会の1種正会員（住宅供給会社）を対象としたアンケート調査の結果。同協会は、主に、大手住宅メーカーを始めとした中大規模住宅供給会社で構成されている。
資料：一般社団法人日本木造住宅産業協会「木造軸組工法住宅における国産材利用の実態調査報告書」に基づいて林野庁木材産業課作成。

（地域で流通する木材を利用した住宅の普及）

　素材生産者や製材業者、木材販売業者、大工・工務店、建築士等の関係者がネットワークを構築し、地域で生産された木材を多用して、健康的に長く住み続けられる家づくりを行う取組がみられることから、林野庁では、これらの関係者が一体となって消費者の納得する家づくりに取り組む「顔の見える木材での家づくり」を推進している。令和4（2022）年度には、関係者の連携による家づくりに取り組む団体数は584、供給戸数は26,109戸となった[30]。

　また、一部の工務店や住宅メーカーでは、横架材を含めて国産材を積極的に利用する取組もみられ、特に工務店では製材の使用率が高く、部材によらず国産材の使用率が比較的高い傾向にある（資料Ⅲ-13）。

資料Ⅲ-13 木造軸組住宅の部材別木材使用割合（工務店）

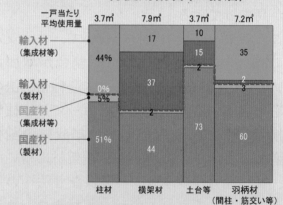

注1：面材は計上していない。
2：一戸当たりの平均木材使用量は22.5㎥、国産材使用割合は57.5%。
資料：一般社団法人JBN・全国工務店協会、日本木材青壮年団体連合会、一般社団法人日本林業経営者協会青年部「地域工務店における木材利用実態調査報告書（令和5（2023）年2月）」に基づいて林野庁木材産業課作成。

（ウ）非住宅・中高層建築物における木材利用の動向
（非住宅・中高層建築物における木材利用の概況）

　令和5（2023）年の我が国の建築着工床面積の現状を用途別・階層別にみると、低層住宅以外の非住宅・中高層建築物の木造率は、5.8%と低い状況にある（資料Ⅲ-9）。一方、低

---

[30] 林野庁木材産業課調べ。

層で床面積の小さい非住宅については、既存の住宅建築における技術をそのまま使える場合があることなどから木造率が比較的高い傾向にある（資料Ⅲ－14）。

（非住宅・中高層建築物での木材利用拡大の取組）

近年、住宅市場の減少見込みや、持続可能な資源としての木材への注目の高まりなどを背景に、建設・設計事業者や建築物の施主となる企業等が非住宅・中高層建築物の木造化や木質化に取り組む例が増えつつある（資料Ⅲ－15）。

非住宅・中高層建築物に関しては、製材やCLT[31]（直交集成板）、木質耐火部材等に係る技術開発とともに、建築基準の合理化が図られ、技術的・制度的に木材利用の環境整備が一定程度進んできた。その中で、木材を構造部材等に使用した10階建てを超える先導的な高層建築の例も出てきている。

| 資料Ⅲ－14 | 低層非住宅の規模別着工床面積と木造率 |

500㎡未満の木造率は比較的高い

(単位：千㎡)

用途・種類等	500㎡未満	木造率	500〜3000㎡未満	木造率	3000㎡〜	木造率	計	木造率
低層・非住宅	4,550	43%	5,739	14%	7,848	1%	19,609	14%
事務所	911	45%	813	8%	254	0%	1,978	24%
店舗	515	39%	164	16%	1,228	0%	3,377	7%
工場及び作業所	408	23%	1,234	3%	2,209	0%	3,852	3%
倉庫	645	20%	854	1%	2,631	0%	4,129	3%
学校の校舎	17	40%	139	11%	247	4%	403	8%
病院・診療所	209	70%	154	14%	110	7%	472	37%
その他	1,846	53%	2,381	26%	1,170	2%	5,397	30%

資料：国土交通省「建築着工統計」（令和4（2022）年度）に基づいて林野庁木材利用課作成。

| 資料Ⅲ－16 | 中規模木造ビルの標準モデル |

提供：公益財団法人日本住宅・木材技術センター

林野庁では、非住宅・中高層建築物における一層の木材利用を進めるため、国土交通省と連携して、非住宅・中高層建築物の木造化に必要な知見を有する設計者や施工者等の育成を支援している。また、設計・施工コストの低減に向けて、普及性の高い標準的な設計や工法等の普及を図っている（資料Ⅲ－16）。くわえて、一般流通材以外の木質耐火部材やCLT等の低コスト化を図るため、それらの部材の標準化等を進めている。

さらに、令和4（2022）年6月に公布された建築基準法等の改正[32]により、簡易な構造計算に基づき建築できる木造建築物の範囲が拡大されるとともに、令和5（2023）年4月に施行された建築基準法施行令の改正により、新たに1.5時間及び2.5時間の耐火性能の基準が設定されるなど、建築物における木材利用の更なる促進に向けた建築基準の合理化が進んでいる。

---

[31] 「Cross Laminated Timber」の略。一定の寸法に加工されたひき板（ラミナ）を繊維方向が直交するように積層接着したもの。

[32] 公布から3年以内に施行することとしている。

資料Ⅲ−15　木材利用の事例

［中高層建築物］

野村不動産溜池山王ビル
（東京都港区、令和5（2023）年10月竣工）
木質構造部材と鉄骨造を合理的に組み合わせ、21m
×18mの開放的な無柱空間を実現した9階建てオフ
ィスビル

銀座髙木ビル
（東京都中央区、令和5（2023）年5月竣工）
東京都多摩地域のスギを利用して9階以上を木造と
した12階建て複合商業ビル
（写真提供：株式会社シェルター）

水戸市民会館
（茨城県水戸市、令和4（2022）年10月竣工）
カラマツの耐火集成材によるやぐら組とトラス架構
で大スパンを実現した4階建て耐火建築物
（写真提供：株式会社竹中工務店）

AQ Group新本社ビル
（埼玉県さいたま市、令和6（2024）年3月竣工）
一般に流通する木材・金物と住宅用プレカット加工
技術を用いた普及型の8階建て純木造ビル

睦モクヨンビル
（長崎県壱岐市、令和5（2023）年1月竣工）
耐火構造にする必要のない立地条件から無垢製材の
現しで実現した4階建て木造ビル

徳島県新浜町団地県営住宅2号棟
（徳島県徳島市、令和5（2023）年2月竣工）
大断面集成材の柱・梁による軸組構造で、構造材を現
しで用いた木造4階建て準耐火構造で全国初となる
県営住宅

[低層非住宅建築物]

岡山大学共育共創コモンズ（OUX：オークス）
（岡山県岡山市、令和5（2023）年1月竣工）
CLTを壁や梁等に活用し、スパン18mの大空間や各階での自由な壁パネル配置を実現
（写真提供：佐藤和成氏）

みやぎ登米農業協同組合本店・東部なかだ基幹支店
（宮城県登米市、令和5（2023）年3月竣工）
束ね柱・重ね梁・重ね肘木による架構で、一般的なサイズのスギ製材を用いて大スパンかつ意匠性の高い空間を実現した事務所

中津川市立福岡小学校
（岐阜県中津川市、令和5（2023）年7月竣工）
地元産ヒノキをふんだんに活用し、防耐火性能とデザイン性を両立した木造校舎
（写真提供：株式会社川澄・小林研二写真事務所）

小鹿野町役場
（埼玉県小鹿野町、令和5（2023）年2月竣工）
流通規格材を組み合わせた組立柱を取り入れるなど、地域材を最大限に活用した純木造庁舎
（写真提供：小川重雄氏）

[内装木質化]

神戸市中央区役所・中央区文化センター
（兵庫県神戸市、令和4（2022）年5月竣工）
神戸市産間伐材を1階ホワイエや多目的ルームにおける壁の内装等に活用した建物
（写真提供：株式会社川澄・小林研二写真事務所）

芦原温泉駅西口賑わい施設 アフレア
（福井県あわら市、令和5（2023）年3月竣工）
地下から溢れる源泉をモチーフにした柱にあわら市産スギ材を用いた交流施設
（写真提供：株式会社エスエス）

　　また、川上から川下までの関係者が広く参画する官民協議会「民間建築物等における木材利用促進に向けた協議会(ウッド・チェンジ協議会)」において、民間建築物等における木材利用に当たっての課題や解決方法の検討、木材利用の先進的な取組等の発信など、木材を利用しやすい環境づくりに取り組んでいる。

　　さらに、民間建築物等での木材利用を後押ししていくため、都市の木造化推進法により、建築物木材利用促進協定制度が創設された(資料Ⅲ－17)。国若しくは地方公共団体と建築主等との2者、又は、木材産業事業者や建築事業者も加えた3者等で協定を結ぶ仕組みであり、令和6(2024)年3月末時点で、国において17件(資料Ⅲ－18)、地方公共団体において113件の協定が締結されている(事例Ⅲ－2、事例Ⅲ－3)。協定に基づき令和5(2023)年に木造化・木質化した建築物の木材利用量は65,884㎥となっている[33]。

建築物木材利用促進協定
https://www.rinya.maff.go.jp/j/riyou/kidukai/mokuri_kyoutei/index.html

木材利用促進本部事務局
「建築物の木造化・木質化支援事業コンシェルジュ」
https://www.contactus.maff.go.jp/rinya/form/riyou/mokuzou_concierge.html

---

資料Ⅲ－17　建築物木材利用促進協定の代表的な形態

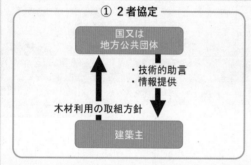

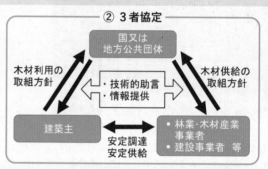

資料Ⅲ－18　事業者等と国との協定締結の実績(令和5(2023)年度締結分)

事業者	国	協定締結日(有効期間)	協定名
ナイスグループ	農林水産省	令和5年5月9日(〜令和10年3月末)	国産材の利用拡大に関する建築物木材利用促進協定
株式会社良品計画株式会社MUJI HOUSE	農林水産省	令和5年5月31日(〜令和10年3月末)	良品計画グループによる木材利用拡大に関する建築物木材利用促進協定
日本木材防腐工業組合	農林水産省	令和5年6月1日(〜令和11年3月末)	防腐処理木材の利用拡大による建築物木材利用促進協定
一般社団法人日本ウッドデザイン協会	農林水産省経済産業省国土交通省環境省	令和5年6月5日(〜令和8年3月末)	異業種・異分野・産官学民連携による脱炭素化及び地域活性化に資する優れたデザイン等の建築物における木材利用促進協定
日本生命保険相互会社	農林水産省環境省	令和5年10月17日(〜令和13年3月末)	日本生命における木材利用拡大に関する建築物木材利用促進協定
株式会社シロ	農林水産省	令和6年3月11日(〜令和11年3月末)	株式会社シロにおける木材利用拡大に関する建築物木材利用促進協定
大成建設グループ	農林水産省環境省	令和6年3月27日(〜令和10年3月末)	森林資源・森林環境の課題解決に向けた取組等に関する建築物木材利用促進協定

資料：林野庁木材利用課調べ。

---

[33] 農林水産省プレスリリース「「令和5年度 建築物における木材の利用の促進に向けた措置の実施状況の取りまとめ」等について」(令和6(2024)年3月26日付け)

このほか、建築物に木材を利用しやすい環境づくりの一環として、建築物の木造化・木質化に関する国の支援事業・制度等に関する一元的な案内窓口である「建築物の木造化・木質化支援事業コンシェルジュ」が木材利用促進本部事務局に設置されている。

　また、SDGsやESG投資への関心の高まりを背景に、木材利用の環境価値を「見える化」することが重要となっている。林野庁は、令和3（2021）年10月に、建築事業者等が建築物への木材利用によるカーボンニュートラルへの貢献を対外的に発信する手段として、「建築物に利用した木材に係る炭素貯蔵量の表示に関するガイドライン」を策定し、普及を図っている。

事例Ⅲ-2　森林経営の持続性を担保しつつ行う木材利用促進の取組

　ウイング株式会社、佐伯広域森林組合、ウッドステーション株式会社、佐伯市の4者が令和5（2023）年6月、都市の木造化推進法に基づく建築物木材利用促進協定を締結した。

　本協定は、佐伯市産材の利用拡大及び森林資源の循環利用のため、年間1万㎥以上の市産材の利用を目標とするとともに、伐採、再造林、育林コストを織り込んだ水準で木材の取引価格を設定した。これにより、再造林に関わる費用や負担を透明化し、その応分の責任を取引関係者で相互負担する仕組みとなっている。取引価格を明記した建築物木材利用促進協定は全国で初となる。

　4者は、再造林可能な価格での木材利用の促進を通じて植林事業を活性化させるとともに、施主や建設事業者に対しても炭素固定や再造林費用の創出の重要性を周知し、連携を広げていきたいと考えている。

協定の締結式

事例Ⅲ-3　建築物木材利用促進協定に基づく店舗の木造化の取組

　株式会社良品計画及び株式会社MUJI HOUSEは、令和5（2023）年5月に農林水産省と建築物木材利用促進協定を締結した。本協定では、構造材や内外装に国産材を積極的に活用した木造店舗等の整備（今後5年間で計1万㎥を目安）等に努めることとしている。

　協定に基づき、佐賀県唐津市において、良品計画では初となる木造店舗の建設が進められており、令和6（2024）年8月以降の完成を予定している。木造でも大空間・大開口の実現が可能な工法を採用し、内装材には主に国産材を、外壁には佐賀県産材を現しで利用する計画であり、非住宅分野の建築物における木材利用のモデルになると期待されている。さらに、大分県日田市でも木造店舗の建設が予定されており、今後も各地で協定に基づく木造店舗の整備が見込まれる。

唐津店の完成予定パース

木造店舗の建設の様子

(エ)公共建築物等における木材利用

(公共建築物の木造化・木質化の実施状況)

　公共建築物は、広く国民一般の利用に供するものであることから、木材を用いることにより、国民に対して、木と触れ合い、木の良さを実感する機会を幅広く提供することができる。このため、建築物木材利用促進基本方針では、公共建築物について、積極的に木造化を促進することとしている。

　令和4(2022)年度に着工された公共建築物の木造率(床面積ベース)は、13.5%となった。そのうち、低層(3階建て以下)の公共建築物の木造率は29.2%であり、平成22(2010)年の17.9%から10ポイント以上増加している(資料Ⅲ-19)。都道府県ごとの低層の公共建築物の木造率については、4割を超える県がある一方、都市部では1～2割と低位な都府県がみられるなど、ばらつきがある状況となっている。

　国が整備し令和4(2022)年度に完成した、積極的に木造化を促進するとされている公共建築物のうち、木造化された建築物は91棟であった。各省各庁において木造化になじまない等と判断し木造化されなかった公共建築物12棟について、林野庁と国土交通省が検証した結果、いずれも施設が必要とする機能等の観点から木造化が困難であったと評価され、木造化が可能であったものの木造化率は100%となった[34]。

　なお、令和4(2022)年度以降に設計に着手する国の公共建築物[35]については、建築物木材利用促進基本方針に基づき、計画時点においてコストや技術の面で木造化が困難であるものを除き、原則として全て木造化を図ることとしている。

(学校等の木造化・木質化を推進)

　学校施設は、児童・生徒の学習及び生活の場であり、学校施設に木材を利用することは、木材の持つ高い調湿性、温かさや柔らかさ等の特性により、健康や知的生産性等の面において良好な学習・生活環境を実現する効果が期待できる[36]。

資料Ⅲ-19　建築物全体と公共建築物の木造率の推移

建築物全体　公共建築物　低層の公共建築物

(%)	H22(2010)	23(11)	24(12)	25(13)	26(14)	27(15)	28(16)	29(17)	30(18)	R1(19)	2(20)	3(21)	4(22)
低層の公共建築物	43.2	41.6	41.0	41.8	40.3	41.8	42.3	41.9	42.7	43.9	43.5	43.1	41.1
公共建築物	17.9	21.3	21.5	21.0	23.2	26.0	26.4	27.2	26.5	28.5	29.7	29.4	29.2
建築物全体	8.3	8.4	9.0	8.9	10.4	11.7	11.7	13.4	13.1	13.8	13.9	13.2	13.5

注1：木造とは、建築基準法第2条第5号の主要構造部(壁、柱、床、梁、屋根又は階段)に木材を利用したものをいう。建築物の全部又はその部分が2種以上の構造からなるときは、床面積の合計のうち、最も大きい部分を占める構造によって分類している。

　2：本試算では、「公共建築物」を国、地方公共団体、地方公共団体の関係機関及び独立行政法人等が整備する全ての建築物並びに民間事業者が建築する教育施設、医療、福祉施設等の建築物とした。また、試算の対象には新築、増築及び改築を含む(低層の公共建築物については新築のみ)。

資料：国土交通省「建築着工統計調査」のデータに基づいて林野庁木材利用課が試算。

---

[34] 農林水産省プレスリリース「「令和5年度 建築物における木材の利用の促進に向けた措置の実施状況の取りまとめ」等について」(令和6(2024)年3月26日付け)

[35] 令和3(2021)年度末までに公表された設計着手前の基本計画等に基づき設計を行うものを除く。

[36] 林野庁「平成28年度都市の木質化等に向けた新たな製品・技術の開発・普及委託事業」のうち「木材の健康効果・環境貢献等に係るデータ整理」による「科学的データによる木材・木造建築物のQ&A」(平成29(2017)年3月)

このため、文部科学省では、学校施設の木造化や内装の木質化を進めており、令和4 (2022)年度に新しく建設された公立学校施設のうち14.8%が木造で整備され、55.8%が非木造で内装の木質化が行われたことから、公立学校施設の70.6%で木材が利用された[37]。また、文部科学省、農林水産省、国土交通省及び環境省が連携して認定している「エコスクール・プラス[38]」において、特に農林水産省は、内装の木質化等を行う場合に積極的に支援している。

(応急仮設住宅における木材の活用)

東日本大震災以前、応急仮設住宅のほとんどは鉄骨プレハブにより供給されていたが、東日本大震災においては木造化の取組が進み、25%以上の仮設住宅が木造で建設された[39]。

東日本大震災における木造の応急仮設住宅の供給実績と評価を踏まえて、平成23(2011)年9月に、一般社団法人全国木造建設事業協会が設立された。同協会では、大規模災害後、木造の応急仮設住宅を速やかに供給する体制を構築するため、地方公共団体と災害時の協力に係る必要な事項等を定めた災害協定の締結を進め、令和6(2024)年2月までに、43都道府県及び11市と災害協定を締結している。

（3）木質バイオマスの利用
（ア）木質バイオマスの新たなマテリアル利用

化石資源由来の既存製品等からバイオマス由来の製品等への代替を進めるため、木質バイオマスから新素材等を製造する技術や、これらの物質を原料とした具体的な製品の開発が進められている。

木質バイオマスの新たなマテリアル利用技術開発

https://www.rinya.maff.go.jp/j/kaihatu/newb/material.html

令和3(2021)年5月に農林水産省が策定した「みどりの食料システム戦略」において、改質リグニンやCNF(セルロースナノファイバー)を活用した高機能材料の開発及び改質リグニン等に続く木質由来新素材の開発に取り組むこととされている。また、「脱炭素成長型経済構造移行推進戦略(GX推進戦略)」(令和5(2023)年7月閣議決定)において、グリーントランスフォーメーション[40](GX)に向けた脱炭素の取組として、森林由来の素材を活かしたイノベーションの推進等に向けた投資を促進することとされている。

CNFは、木材の主要成分の一つであるセルロースの繊維をナノメートルレベルまでほぐしたもので、軽量ながら高強度、膨張・収縮しにくい、保水性に優れるなどの特性を持つ素材である。現在、CNF製造設備が各地で稼働しており、紙おむつ、筆記用インク、運動靴、化粧品、食品、塗料等の製品に使用されている。

リグニンは、木材の主要成分の一つであり、高強度、耐熱性、耐薬品性等の特性が求められる高付加価値材料への活用が期待されている。化学構造が非常に多様であるため、工業材料としての利用が困難であったが、国立研究開発法人森林研究・整備機構を代表とす

---

[37] 文部科学省プレスリリース「公立学校施設における木材利用状況(令和4年度)」(令和6(2024)年1月16日付け)

[38] 学校設置者である市町村等が、環境負荷の低減に貢献するだけでなく、児童生徒の環境教育の教材としても活用できるエコスクールとして整備する学校を、関係省庁が連携協力して「エコスクール・プラス」として認定するもの。

[39] 国土交通省調べ。

[40] 産業革命以来の化石エネルギー中心の産業構造・社会構造をクリーンエネルギー中心へ転換すること。

る研究コンソーシアム「SIPリグニン[41]」において、化学構造が比較的均質なリグニンを有するスギにポリエチレングリコールを混ぜて加熱し、リグニンを改質・抽出した物質(改質リグニン)の製造システムが開発された。平成31(2019)年には、「SIPリグニン」の活動を引き継ぎ、改質リグニンの実用化に向けて、林業や木材産業に加え化学産業や電機産業など幅広い業種が参画して「地域リグニン資源開発ネットワーク(リグニンネットワーク)」が設立された。その後、振動板に改質リグニンを使用したスピーカーが商品化されたほか、改質リグニンを素材とする高機能な樹脂などを用い、様々な製品開発が進められている(資料Ⅲ−20)。令和3(2021)年に、茨城県常陸太田市に改質リグニンの安定生産を実証するプラントが竣工し、試験・研究用のサンプルを提供している。今後は、社会実装に向けて、効率的な大量生産技術の確立が必要となっている。

資料Ⅲ−20　改質リグニンを使用した製品開発の例

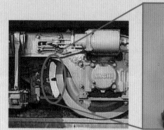

改質リグニン含有樹脂を使用した
鉄道用ブレーキシュー(試作品)
(写真提供：上田ブレーキ株式会社)

改質リグニン含有ポリウレタンを使用した
自動車用ステアリング(試作品)
(写真提供：豊田合成株式会社)

(イ)木質バイオマスのエネルギー利用
(木質バイオマスエネルギー利用の概要)

　木材は、かつて木炭や薪として日常的に利用されていた。近年では、再生可能エネルギーの一つとして、燃料用の木材チップや木質ペレット等の木質バイオマスが再び注目されている。これらを発電、熱利用又は熱電併給といった形で利用することは、エネルギー自給率の向上、災害等の非常時にも電源・熱源として利用できることによるレジリエンスの向上、我が国の森林整備・林業活性化等の役割を担い、地域の経済・雇用への波及効果も期待できる。

　一方、木質バイオマス発電の急速な進展により、燃料材の需要が急激に増加し、マテリアル利用向けを始めとした既存需要者との競合や、森林資源の持続的利用等への懸念が生じている。このため、木材を建材等の資材として利用した後、ボードや紙等としての再利用を経て、最終段階で燃料として利用する「カスケード利用」や、材の状態・部位に応じて製材など価値の高い用材から順に利用し、従来であれば林内に放置されていた未利用の木材を燃料とすることを基本として木材の利用を進める必要がある。また、発電や熱利用に加え、近年技術開発が進められている持続可能な航空燃料(SAF[42])についても、原料として木質バイオマスを利用する動きがみられる。こうした新たな用途も見据えて、木質バイ

---

[41] 総合科学技術・イノベーション会議の戦略的イノベーション創造プログラム(SIP)の課題のうち、「次世代農林水産業創造技術」の「地域のリグニン資源が先導するバイオマス利用システムの技術革新」の課題を担当する産学官連携による研究コンソーシアム(研究実施期間は平成26(2014)〜平成30(2018)年度)。

[42] 「Sustainable Aviation Fuel」の略。

オマスの安定的・効率的な供給に引き続き取り組む必要がある。

（木質バイオマスエネルギー利用量の概況）

　近年では、木質バイオマス発電所の増加等により、エネルギーとして利用される木質バイオマスの量が年々増加している。令和4（2022）年には、木炭、薪等を含めた燃料材の国内消費量は前年比18.0％増の1,739万㎥となっており、うち国内生産量は1,026万㎥（前年比9.8％増）、輸入量は713万㎥（前年比32.1％増）となっている（資料Ⅲ－21）。

　事業所においてエネルギー利用されている木質バイオマスのうち、木材チップについては、間伐材・林地残材等由来が452万トン、製材等残材[43]由来が173万トン、建設資材廃棄物[44]由来が394万トン、輸入チップ・輸入丸太由来チップが43万トン等となっており、合計1,106万トン（前年比3.3％増）となっている[45]。木質ペレットについては、国内製造が10万トン、輸入が219万トンとなっており、合計229万トン（前年比26.5％増）となっている。

　エネルギー利用されている木質バイオマスの利用先をみると、国内製造によるものは発電機のみ所有する事業所、ボイラーのみ所有する事業所及び発電機・ボイラーの両方を所有する事業所で利用されているのに対し、輸入によるものはほとんどが発電機のみ所有する事業所で利用されている（資料Ⅲ－22）。

　このほか、令和4（2022）年には、薪で5万トン（前年比0.2％増）、木粉（おが粉）で40万トン（前年比31.6％減）等がエネルギーとして利用されている[46]。

　令和4（2022）年9月に改訂された「バイオマス活用推進基本計画（第3次）」においては、林地残材について、令和元（2019）年の年間発生量約970万トンに対し約29％にとどまっている利用率を、令和12（2030）年に約

資料Ⅲ－21　燃料材の国内消費量の推移

（凡例）燃料用チップ等用材（国内生産）／燃料用チップ等用材（輸入）／薪炭材（国内生産）／薪炭材（輸入）

（単位：万㎥）
- H26（2014）292
- 27（15）396
- 28（16）580
- 29（17）780
- 30（18）902
- R1（19）1,038
- 2（20）1,280
- 3（21）1,474
- 4（22）1,739（70／642／11／1,015）

注1：「薪炭材」とは、木炭用材及び薪用材である。
　2：「燃料用チップ等」とは、燃料用チップ及びペレットである。
　3：いずれも丸太換算値。
資料：林野庁「木材需給表」

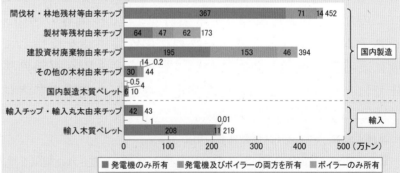

資料Ⅲ－22　事業所が所有する利用機器別木質バイオマス利用量

区分	発電機のみ所有	発電機及びボイラーの両方を所有	ボイラーのみ所有	計	
間伐材・林地残材等由来チップ	367		71	14	452
製材等残材由来チップ	64	47	62		173
建設資材廃棄物由来チップ	195	153	46		394
その他の木材由来チップ	30	14	0.2		44
国内製造木質ペレット	6	0.5			10
輸入チップ・輸入丸太由来チップ	42	1	0.01		43
輸入木質ペレット	208	11			219

（上段5項目：国内製造／下段2項目：輸入）

注1：木材チップの重量は絶乾重量。
　2：計の不一致は四捨五入による。
資料：農林水産省「令和4年木質バイオマスエネルギー利用動向調査」

---

[43] 製材工場等で発生する端材。

[44] 建築物の解体等で発生する解体材・廃材。国土交通省「平成30年度建設副産物実態調査」によれば、平成30（2018）年度の発生量は約550万トンに上り、そのうち約530万トンが利用されている。

[45] 農林水産省「令和4年木質バイオマスエネルギー利用動向調査」。ここでの重量は、絶乾重量。

[46] 農林水産省「令和4年木質バイオマスエネルギー利用動向調査」

33%以上とすることが目標として設定されている。近年の燃料材需要の増加を背景に、令和3（2021）年については林地残材の利用率は約35%[47]となったが、燃料材の需要は今後も増加することが見込まれるため、燃料材の安定供給に向けて、引き続き林地残材の活用に取り組んでいく必要がある。

（木質バイオマスによる発電の動き）

平成24（2012）年に導入された再生可能エネルギーの固定価格買取（FIT）制度[48]や令和4（2022）年に導入されたFIP制度[49]では、木質バイオマスにより発電された電気の調達価格や基準価格[50]が、使用する木質バイオマスの区分ごとに設定されている。

林野庁では、木質バイオマスの適切な分別・証明が行われるよう、平成24（2012）年に「発電利用に供する木質バイオマスの証明のためのガイドライン」を取りまとめた。同ガイドラインでは、立木竹の伐採又は加工・流通を行う者が、業界の団体等が策定する「自主行動規範」に基づく分別管理及び帳票管理等に係る審査・認定を受け、次の流通過程の関係事業者に対して、納入する木質バイオマスが由来ごとに分別管理されていることを証明することとしている。

FIT制度及びFIP制度の下、各地で木質バイオマスによる発電施設の整備が進んでおり、主に間伐材等由来のバイオマスを活用した発電施設については、令和5（2023）年9月末現在、出力2,000kW以上の施設55か所、出力2,000kW未満の施設83か所がこれらの制度による認定を受けて売電を行い、合計発電容量は569,056kWとなっている[51]。これによる年間の発電量は、一般家庭約125万世帯分の電力使用量に相当する試算になる[52]。近年は、出力2,000kW未満の発電施設の稼働数の伸びが大きく、この中には、ガス化熱電併給設備[53]により、電気と同時に熱を供給できるものも多く含まれている。

（燃料材の安定供給等に向けた取組）

木質バイオマス発電では、燃料材の安定調達や発電コストの7割を占める燃料費の低減が課題である。特に近年は、発電施設の増加、合板や製紙等向け需要との競合、円安等による輸入燃料の調達コストの上昇等により、燃料材の安定調達への懸念が高まっている。

このため、林野庁では、全木集材[54]による枝条等の活用や林地残材の効率的な収集・運搬システムの構築などを通じた燃料材の安定供給を支援している。また、FIT制度及びFIP制度による発電施設の認定について農林水産大臣が経済産業大臣の協議を受けた際に、林野庁では、都道府県との連携を強化しながら、発電事業者による燃料材の安定調達や既存需

---

[47] 農林水産省「バイオマス種類別の利用率と推移」

[48] 電力会社が、固定価格で、再生可能エネルギーにより発電された電気を買い取る制度。FITは「Feed-in Tariff」の略。

[49] 市場取引等により再生可能エネルギー電気を供給する場合に、一定の交付金（プレミアム）を受けることができる制度。FIPは「Feed-in Premium」の略。

[50] 調達価格は、FIT制度において、電力会社が電気を買い取る際の価格。基準価格は、FIP制度において、市場買取価格に上乗せされる補助額の算定の基準となる価格。

[51] 「電気事業者による新エネルギー等の利用に関する特別措置法」に基づくRPS制度からの移行分を含む。

[52] 発電施設が1日当たり24時間、1年当たり330日間稼働し、一般家庭が1年当たり3,600kWhの電力量を使用するという仮定により試算。

[53] 木材を加熱することにより熱分解し、一酸化炭素や水素等を含む可燃性ガスに変換した上で、そのガスを燃料としてガスエンジン発電機等により発電を行うとともに、発生する熱を温水等として供給する設備。

[54] 伐木現場で枝払いを行わず、枝葉付きの伐倒木をそのまま集材すること。

要者への影響の観点から発電事業者の燃料調達計画の確認を行っている。さらに、経済産業省と連携し、燃料用途としても期待される早生樹の植栽等に向けた実証事業を支援している。

　また、木質バイオマス発電については、長距離を輸送して供給される輸入ペレットなどを念頭に、原料の生産から、加工や輸送、発電に至るまでの温室効果ガス(GHG)の総排出量(ライフサイクルGHG)に関する懸念の声が生じている。そのため、FIT制度及びFIP制度を所管する経済産業省において、バイオマス発電施設におけるライフサイクルGHGの削減に関する議論が行われ、令和４(2022)年度以降に認定される案件(1,000kW以上)については、令和12(2030)年度のライフサイクルGHGを、火力発電に比べて70%削減することが求められることとなった[55]。これを前提に、令和５(2023)年度から令和11(2029)年度までの間について、燃料調達毎に50%削減することが求められることとなった。

(木質バイオマスの熱利用)

　木質バイオマスのエネルギー利用においては、地域の森林資源を、地域内で無駄なく利用することが重要である。木質バイオマス発電におけるエネルギー変換効率は、蒸気タービンの場合、通常20〜30%程度であるが、熱利用では80%以上を得ることが可能であることから、電気と熱を同時に得る熱電併給を含めて、熱利用を積極的に進める必要がある。また、熱利用や熱電併給は、薪、ペレット等を利用した小規模な施設においても実現できる。

　熱利用や熱電併給の基盤となる木質バイオマスを燃料とするボイラーの稼働数は、令和４(2022)年時点では全国で1,849基であり、種類別では、ペレットボイラーが824基、木くず焚きボイラーが784基、薪ボイラーが148基等となっている[56]。また、令和４(2022)年３月より、木質バイオマスを利用する温水ボイラーのうち、一定のゲージ圧力等以下のものは、労働安全衛生法施行令に基づく規制区分が簡易ボイラーに変更されたことから、木質バイオマスを燃料とするボイラーの普及が一層進むことが期待される。

(「地域内エコシステム」の構築)

　「地域内エコシステム」は、地域の関係者の連携の下、熱利用又は熱電併給により、地域の森林資源を地域内で持続的に活用するものである。このような取組は、林業収益の向上等により、林業の持続的かつ健全な発展や森林の適正な整備及び保全に貢献することが期待されるほか、化石燃料からの転換によるエネルギー自給率の向上、災害時等のレジリエンスの向上など多様な効果が期待される(事例Ⅲ−４)。

　林野庁では、「地域内エコシステム」のモデル構築に向け、地域協議会の運営や木質バイオマスの熱利用等に係る技術開発・改良の取組のほか、「地域内エコシステム」に係る知見等を全国に横展開していくための取組を支援している。

---

[55] 資源エネルギー庁「事業計画策定ガイドライン(バイオマス発電)」(令和５(2023)年10月改定)
[56] 農林水産省「令和４年木質バイオマスエネルギー利用動向調査」

事例Ⅲ−4　木質バイオマス熱供給事業の取組

　長崎県対馬市では、市内の木材生産量が拡大する中で低質材を活用するため、木質バイオマス熱利用のノウハウを有する事業者がチップボイラー等の設備の導入や運転、管理を一貫して担う形態を採用し、木質バイオマスエネルギーの導入を進めている。

　地元の林業・木材関連事業者とバイオマス専門企業の共同出資により設立されたエネルギー供給事業者である株式会社エネルギーエージェンシーつしまは、市の温浴施設に木質チップボイラー設備(500kW)を設置し、令和4(2022)年8月から熱供給サービスを開始した。温浴施設側はサービスに対して料金を支払うことで熱供給を受けている。同ボイラーは、製材端材等を原料とする木質チップを年間約600トン利用している。また、災害発生時に温浴施設が避難拠点となることを想定して、電力系統遮断時にも自立的な稼働が可能な仕様としている。

　こうしたエネルギー供給サービスを活用した木質バイオマスの熱利用については、熱需要者にとっては、初期投資を避けられること、燃料の調達やボイラーの運用等のノウハウが不要になることなどのメリットがあることから、地域における木質バイオマスの熱利用の普及に寄与するものと期待される。

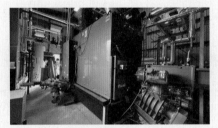
木質チップボイラー設備

使用する原料とチップ

（４）消費者等に対する木材利用の普及

（「木づかい運動」を展開）

　林野庁は、一般消費者を対象に木材利用の意義を普及啓発する「木づかい運動」の展開を図っている。都市の木造化推進法で、10月が「木材利用促進月間」として位置付けられたことから、10月を中心に木材利用促進本部の関係省庁、地方公共団体及び企業や団体と連携して、木の良さを体感するイベントや、木材利用の意義に関する情報発信等を行っている。企業やNPO等においても、林野庁

木づかい運動で
ウッド・チェンジ！
https://www.rinya.maff.go.jp
/j/riyou/kidukai/top.html

の補助事業を活用し、地域材を用いた玩具、食器、家具等木製品の選択的消費を促すオンライン上のショッピングサイトが開設されているほか、建築物の現地視察を伴う企画、木材利用に関するセミナーのウェブ開催など、多様な機会を通じて国民各層への発信が行われている。

　また、林野庁は、「ウッド・チェンジ」を合言葉として、身の回りのものを木に変える、建築物を木造化・木質化するなどの具体的な行動の促進を図っている。この趣旨に賛同し木材利用の取組をPRする企業や団体等が「ウッド・チェンジロゴマーク」(資料Ⅲ−23)を使用できることとしており、これにより「ウッド・チェンジ」の露出を増やすことで、そ

の認知向上や行動促進を図っている。令和3（2021）年度から令和7（2025）年度までの間に500件を超える使用登録が行われることを目標としており、令和6（2024）年3月末時点で326の企業や団体等でロゴマークが使用されている。

また、「木づかいサイクルマーク」（資料III－23）は、パンフレット等による広報活動や国産材を使用した製品への添付等により木材利用をPRするもので、令和6（2024）年3月末現在、375の企業や団体で使用されている。

さらに、令和5（2023）年度には、森林資源の循環利用の普及啓発のため、漫画「サザエさん」の著作権を有する長谷川町子美術館と協力体制を構築し、農林水産大臣からサザエさん一家に「森林の環応援団」を委嘱し、吹き出しコンテストやSNS等を通じ、森林の環応援団による情報発信などを行った（資料III－24）。

資料III－23 ウッド・チェンジロゴマークと木づかいサイクルマーク

(右図)提供：一般財団法人日本木材総合情報センター

資料III－24 森林の環（もりのわ）応援団の活動内容

森林の環応援団委嘱式の様子

サザエさん森へ行く植樹ツアーin秩父2023

子ども霞が関デー

「サザエさん一家の"もりのわ"話吹き出しコンテスト」の受賞作品

（表彰に係る取組の展開）

一般社団法人日本ウッドデザイン協会が主催する「ウッドデザイン賞」は、木の良さや価値を再発見できる建築物や木製品、木材を利用して地域の活性化につなげている取組等について、特に優れたものを表彰している。9回目となる令和5（2023）年度は、238点が入賞し、このうち31作品が最優秀賞（4大臣賞）や優秀賞（林野庁長官賞）など上位賞を受賞した（資料III－25）。

また、木材利用推進中央協議会が主催する「木材利用優良施設等コンクール」では、特に優れた木造施設や内装を木質化した建築物等を対象にその整備主体等（施主、設計者、施

工者)を表彰している。

　これらの表彰により木の良さに対する理解が進み、建築物等における木材の利用や調達の新たな手法等がモデルとなって全国各地で木材利用の機運が高まることが期待される。

(「木育」の取組の広がり)

　林野庁では、木材利用に対する国民の理解を深めるため、子供から大人までが木に触れつつ木の良さや利用の意義を学ぶ「木育」を推進している。木育の取組は全国で広がっており、行政、木材関連団体、NPO、企業等の幅広い連携により様々な活動が実施されている(事例Ⅲ－5)。木のおもちゃに触れる体験や木工ワークショップ等を通じた木育活動、それらを支える指導者の養成のほか、関係者間の情報共有やネットワーク構築等を促す取

資料Ⅲ－25　ウッドデザイン賞2023優秀賞の例

北こぶし知床ホテル＆リゾート
UNEUNA／KAKUUNA
株式会社アーティストリー(愛知県)ほか

フラン リビング イージーチェアー
株式会社カンディハウス(北海道)

セーザイゲーム
熊野林星会(三重県)
(写真提供：熊野林星会)

事例Ⅲ－5　県産材を用いた木工体験指導と木工品販売

　「喜連川丘陵の里　杉インテリア木工館」(栃木県さくら市)は、廃校舎を活用し、栃木県産のスギ・ヒノキ材を用いた木工体験の指導や木工品の製作販売を行っている。

　簡単な組立体験から電動工具を使う本格的な木工塾まで幅広いコースがあり、幼児から大人まで木工に親しんでいる。首都圏からの来訪者も多く、木工塾の塾生は現在約370名となっている。自分のペースでいつでも受講可能なため、子どもの学習机などを好きなタイミングで製作している。

　また、比較的柔らかいスギ・ヒノキ材でも強度が高まるよう工夫された接合部等を用いて椅子などの家具を製作し、地域の雇用にもつなげている。使用者からは「座っていても痛くならないし冬でも冷たさを感じない」「軽くて持ち運びやすい」といった評価を得ている。

　同施設では、地元のスギ・ヒノキ材を活用することが里山の保全につながると考え、今後は木工館のノウハウを他の自治体にも提供していくこととしている。

木工体験の様子

県産材で作られた椅子や棚などの木工品

組として、令和5（2023）年11月に「木育・森育楽会」が、令和6（2024）年2月に「びわ湖木育サミット」が開催された。

また、林野庁の開発支援による「木育プログラム」を用いた小中学生向けの木育活動が、平成24（2012）年度から令和5（2023）年度までに、延べ350校で実施されている。

（木材利用における林福連携の取組）

林福連携として、福祉関係者、林業・木材産業者、デザイナー、地域関係者等が協力し、福祉施設の利用者の作業性に配慮し、高いデザイン性も備えた製品開発の取組がみられる[57]。障害者等のやりがいと収入の向上等に資するとともに、地域ブランドの創出や地域材の魅力のPRにつながることが期待される。

（5）木材輸出の取組
（木材輸出の概況）

木材輸出に関する情報
https://www.rinya.maff.go.jp/
j/riyou/yusyutu/mokuzai-
yusyutsu.html

我が国の木材輸出は、中国等における木材需要の増加等を背景に増加傾向にある。令和5（2023）年の木材輸出量は、為替相場の円安進行等の影響を受け、丸太が160万㎥（前年比20.5％増）となった一方、米国における住宅金利の高止まりによる需要減少等の影響を受け、製材が14万㎥（前年比21.3％減）、合板等が12万㎥（前年比13.1％減）となった[58]。また、令和5（2023）年の木材輸出額は、前年比4.2％減の505億円となり、品目別にみると、丸太が231億円（前年比12.4％増）で全体の45.8％と最も多く、製材が65億円（前年比29.5％減）、合板等が103億円（前年比10.7％減）となった（資料Ⅲ－26）。

丸太については、その9割が中国へ輸出され、こん包材、土木用等に利用されている。また、米国へ輸出されている製材については、主にフェンス材に利用されている。

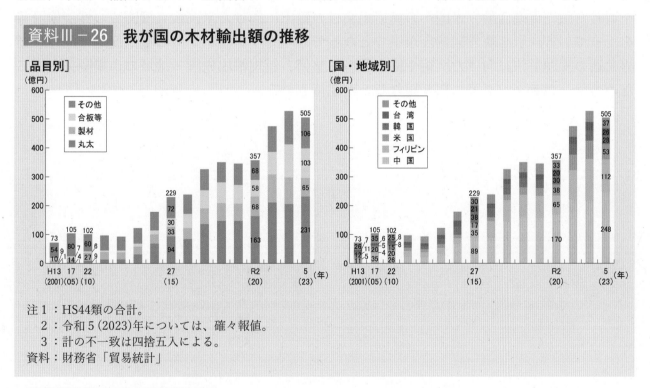

資料Ⅲ－26　我が国の木材輸出額の推移

注1：HS44類の合計。
　2：令和5（2023）年については、確々報値。
　3：計の不一致は四捨五入による。
資料：財務省「貿易統計」

[57] 例えば、「令和4年度森林及び林業の動向」第Ⅲ章第2節（4）の資料Ⅲ－25（141ページ）を参照。

[58] 財務省「令和5年分貿易統計」（確々報値）

（木材輸出拡大に向けた方針）

　人口減少等により、国内の農林水産物・食品の市場規模の縮小が見込まれる中、海外市場を獲得していくことが重要である。「農林水産物及び食品の輸出の促進に関する法律」に基づき、農林水産物・食品輸出本部を農林水産省に設置し、輸出促進の取組を進めてきた。また、「食料・農業・農村基本計画」（令和2（2020）年3月閣議決定）等において、農林水産物及び食品の輸出額目標を設定した。木材、特用林産物、木製家具を合わせた林産物の輸出額については、令和7（2025）年までに718億円、令和12（2030）年までに1,660億円を目指すこととしている。

　「農林水産物・食品の輸出拡大実行戦略」において、木材については、付加価値の高い製材及び合板を輸出重点品目とし、輸出額目標を令和7（2025）年度までに351億円（製材271億円、合板80億円）と設定しており、中国、米国、韓国、台湾等をターゲットに輸出拡大を目指すこととしている。同戦略では、輸出先国・地域のニーズに応じて、業界一体となって輸出促進に取り組むこととしている。また、木材製品を生産する木材加工施設を中心に、原料を供給する川上から販売を担う川下までの企業等が連携する輸出産地の育成・展開を図ることとしている。

（具体的な輸出の取組）

　林野庁では、輸出拡大に向け、様々なコンテンツを活用した日本産木材製品の認知度向上の取組、海外販路の開拓、輸出に取り組む産地の育成、相手国の建築士等を対象にした木造技術講習会の開催、輸出先国・地域のニーズ・規格等に対応した性能検証等の取組を支援している。

　また、農林水産省が製材と合板の認定農林水産物・食品輸出促進団体に認定した一般社団法人日本木材輸出振興協会では、海外展示会等への出展や現地関係者向けのセミナー等を通じた販売促進活動、米国への構造用製材の輸出に向けた米国検査機関での性能検証等を行っている。引き続き同協会が中心となって、オールジャパンでの輸出促進に向け、業界共通の課題解決に向けた取組や輸出環境の整備、新規輸出先国・地域の市場開拓を図るためのマーケティング等に取り組むことが期待される。

3．木材産業の動向

（1）木材産業の概況

（木材産業の概要）

　木材産業は、森林資源に近い地域で営まれることが多く、その地域の雇用の創出と経済の活性化に貢献している。

　立木は、素材生産業者等により伐採されて原木となり、原木は、木材流通業者(木材市売市場、木材販売業者等)を介し、又は直接取引を通じて、製材工場、合板工場、木材チップ工場等で加工され、様々な木材製品(製材、合板、木材チップ等)となる。パーティクルボード、繊維板の製造においては、主な原料として建築解体材が用いられる。木材製品は、集成材工場やプレカット工場等で二次加工されるものもあり、住宅メーカー、工務店、製紙工場、発電・熱利用施設等の実需者に供給され、最終的には住宅を始めとした建築物、紙・板紙、エネルギー等として消費者に利用される。

　製材工場や合板工場などの加工施設事業者(川中)は、森林所有者や素材生産業者等の供給者(川上)との関係では、立木・原木の購入を通じて森林経営を支え、住宅メーカー・工務店等の実需者(川下)との関係では、ニーズに応じて木材製品を供給しているほか、新たな木材製品の提案等によって需要を創出し、木材利用を促進する役割を担っている[59]。

（木材産業の生産規模）

　我が国の木材産業の生産規模を木材・木製品製造業の製造品出荷額等でみると、令和3(2021)年は3兆2,463億円であった。このうち、製材業は7,767億円、集成材製造業は2,387億円、合板・単板製造業は4,094億円、木材チップ製造業は1,405億円、パーティクルボード製造業は422億円、繊維板製造業は637億円、プレカット製造業は9,922億円となっている(資料Ⅲ－27)。

　また、木材・木製品製造業の付加価値額[60]は、令和3(2021)年は1兆489億円であった。このうち、製材業は2,541億円、集成材製造業は750億円、合板・単板製造業は1,342億円、木材チップ製造業は572億円、パーティクルボード製造業は141億円、繊維板製造業は223億円、プレカット製造業は2,787億円となっている(資料Ⅲ－27)。

---

[59] 木材産業の役割については、「平成26年度森林及び林業の動向」第Ⅰ章第1節(1)9-10ページを参照。

[60] 製造品出荷額等から原材料、燃料、電力の使用額等及び減価償却費を差し引き、年末と年初における在庫・半製品・仕掛品の変化額を加えたものである。

資料Ⅲ－27　木材・木製品製造業の生産規模の推移

[製造品出荷額等の推移]

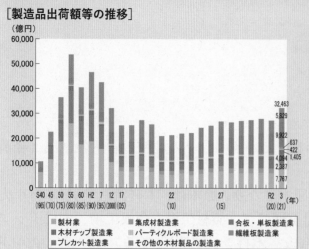

[付加価値額の推移]

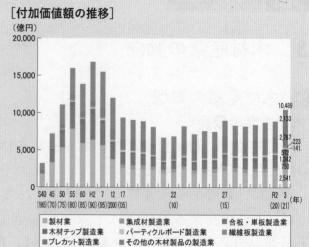

注1：昭和52(1977)年以降は従業者4人以上の事業所に関する統計。
　2：製造品出荷額等には、製造品出荷額のほか、加工賃収入額、くず廃物の出荷額、その他収入額が含まれる。
　3：製材業、集成材製造業、合板・単板製造業、木材チップ製造業、パーティクルボード製造業、繊維板製造業、プレカット製造業の製造品出荷額等及び付加価値額については、それぞれ「一般製材業」、「集成材製造業」、「単板（ベニヤ）製造業と合板製造業の合計」、「木材チップ製造業」、「パーティクルボード製造業」、「繊維板製造業」、「建築用木製組立材料製造業」の数値である。
　4：平成13(2001)年以前は「合板・単板製造業」の額に「集成材製造業」の額が含まれる。
　5：昭和41(1966)年以前は「合板・単板製造業」の額に「パーティクルボード製造業」の額、「その他の木材製品の製造業」の額に「木材チップ製造業」の額が含まれる。
　6：平成20(2008)年に「繊維板製造業」は「パルプ・紙・紙加工品製造業」から「木材・木製品製造業」に移行された。
　7：平成19(2007)年の調査項目の追加・見直しにより、平成19(2007)年以降の「製造品出荷額等」及び「付加価値額」は平成18(2006)年以前の数値とは接続しない。
　8：平成23(2011)年、平成27(2015)年及び令和2(2020)年は「経済センサス-活動調査」の結果のため、調査票の設計、調査時点等の相違などから、工業統計調査の数値と連結しない部分がある。
　9：計の不一致は四捨五入による。
資料：総務省・経済産業省「工業統計調査」（産業編及び産業別統計表）、「経済センサス-活動調査」（産業別集計（製造業）「産業編」）、「経済構造実態調査　製造業事業所調査」（産業別統計表）

（2）木材産業の競争力強化

（国際競争力の強化）

　大手住宅メーカー等のニーズは、品質・性能の確かな木材製品を大ロットで安定的に調達するというものであり、日本農林規格(JAS)による格付の表示(JASマーク)がされた木製品や、人工乾燥材等の一般流通材の需要が中心となっている。輸入材や他資材との競争がある中、規模拡大による収益の確保や輸入材に対抗できる品質・性能の確かな製品を低コストで安定供給できる体制整備を進める必要があり、全国各地で原材料として国産材を主に用い年間原木消費量10万㎥を超える製材・合板等の工場が増加してきている。最も年間原木消費量の大きい工場をみると、製材で65万㎥、合板で49万㎥の工場となっており、大

資料Ⅲ－28　製材工場の規模別工場数と国産原木消費量

工場の規模 (国産原木消費量)	工場数（国産原木消費量計）	
	平成16(2004)年	令和4(2022)年
10万㎥以上	0　　（0）	14　（268万㎥）
5～10万㎥未満	13　（85万㎥）	32　（222万㎥）
1～5万㎥未満	194　（370万㎥）	200　（423万㎥）
1万㎥未満	9,213　（692万㎥）	3,558　（381万㎥）

注：製材工場数全体は、平成16(2004)年は9,420、令和4(2022)年は3,804（農林水産省「木材需給報告書」）。
資料：林野庁木材産業課調べ。

規模な製材工場等がなかった地域においても、大規模工場が進出したり、地元の製材工場等が連携して新たに工場を建てたりするなど、大規模化・集約化が進展している。

我が国の製材工場において、平成16(2004)年と令和4(2022)年とで年間の国産原木消費量が5万㎥以上の工場数とその国産原木消費量を比べると、いずれも増加している（資料Ⅲ-28）。製材工場等の規模拡大の手法として、単独の工場での規模拡大に加え、製材と集成材の複合的な生産、FIT制度を活用した木質バイオマス発電等の複合経営、大ロット生産体制を活かし輸出向け製品の生産等に取り組む例がみられる（事例Ⅲ-6）。

合板工場においても、平成16(2004)年と令和4(2022)年とで年間の国産原木消費量が10万㎥以上の工場数とその国産原木消費量を比較してみると、いずれも増加するなど、国産材を活用した大規模な合板工場が増加している（資料Ⅲ-29）。なお、従来、合板工場の多くは原木を輸入材に依存し沿岸部に設置されてきたが、国産材への原料転換に伴い、内陸部に設置される動きがみられる（資料Ⅲ-30）。

（地場競争力の強化）

中小規模の製材工場等は、地域を支える産業として重要な存在であり、地域の工務店等の様々なニーズに対応し、優良材や意匠性の高い製材品等の生産に取り組む例がみられる。このような取組により、製品の優位性等を向上させて、地場競争力を高めることが可能となる。

例えば、「顔の見える木材での家づくり」に取り組む工務店など、国産材の使用割合が

資料Ⅲ-29 合板工場の規模別工場数と国産原木消費量

工場の規模 （国産原木消費量）	工場数（国産原木消費量計）	
	平成16(2004)年	令和4(2022)年
20万㎥以上	0 　　（0）	7 　（203万㎥）
10～20万㎥未満	1 　（14万㎥）	15 　（223万㎥）
1～10万㎥未満	11 　（28万㎥）	3 　（24万㎥）
1万㎥未満	275 　（13万㎥）	130 　（41万㎥）

注：合板工場数全体は、平成16(2004)年は287、令和4(2022)年は155(農林水産省「木材需給報告書」)。
資料：林野庁木材産業課調べ。

資料Ⅲ-30 製材・合板工場等の分布

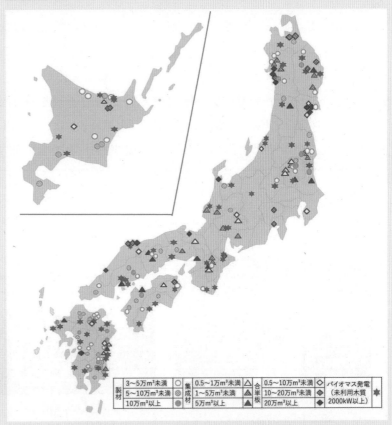

製材	3～5万㎥未満 ○	集成材	0.5～1万㎥未満 △	合単板	0.5～10万㎥未満 ○	バイオマス発電（未利用木質2000kW以上）★
	5～10万㎥未満 ◉		1～5万㎥未満 ◆		10～20万㎥未満 ◆	
	10万㎥以上 ●		5万㎥以上 ▲		20万㎥以上 ◆	

注1：工場の規模については、「製材」及び「合単板」は令和4(2022)年の国産原木消費量、「集成材」は令和4(2022)年の国内生産量による。「合単板」にはLVL工場も含む。
2：バイオマス発電設備については、令和5(2023)年9月末時点の公表内容による。
資料：林野庁木材産業課調べ。市町村別バイオマス発電設備の分布は、経済産業省ホームページ「再生可能エネルギー電気の利用の促進に関する特別措置法　情報公表用ウェブサイト」。

高く、木材を現しで使うなど意匠性の高い木造住宅を作り続ける工務店へ優良材を提供する取組や、構造材以外の内外装や家具等の木材製品について需要者の要望に合わせた製造を行う取組などもみられる[61]。

　林野庁は、こうした特性を活かして競争力を強化していくため、平角、柱角など多品目の製品を生産する取組や、地域のニーズに対応した特色ある取組で地域の素材生産業者、製材工場、工務店等の関係者が連携して行うもの、付加価値の高い高品質材、内装材、家具、建具等を普及啓発する取組等を促進している。

事例Ⅲ－6　**鹿児島県で原木調達から住宅の製造・販売まで一貫して行う大規模工場が稼働**

　鹿児島県湧水町で、国産材の新たな加工・流通拠点として、三菱地所株式会社や株式会社竹中工務店、地元の山佐木材株式会社等が出資するMEC Industry株式会社の鹿児島湧水工場が令和4（2022）年から本格稼働している。原木の調達、製材から製品・住宅の製造・販売まで一貫した事業を行っており、年間原木利用量は令和6（2024）年度に5.5万㎥を見込んでいる。

　地域で増えつつある大径材に対応するため、直径60cmの原木まで受入れ可能なラインを導入し、ツーバイフォー工法部材やCLT等の建材を効率的に生産している。また、同社では、建設・不動産企業といった需要者が経営に関わっていることから、最終需要まで見込みつつ、工場でのプレファブ化により建設業界の労働力不足を解決する製品開発・供給に取り組んでおり、ユニット型住宅「MOKUWELL HOUSE」は、CLTによる天井・床パネルとツーバイフォー壁パネルを工場内で組み立てて現場施工期間を短縮することで高品質と低価格の両立を目指している。また、スギの幅はぎ材に配筋をあらかじめ組み込んだ型枠材兼仕上げ材「MIデッキ」は、コンクリートの打設を省力化・低コスト化しながら内装木質化に取り組めるものとして全国で採用が拡大している。

MEC Industry鹿児島湧水工場

ユニット型住宅
「MOKUWELL HOUSE」

MIデッキの採用事例
ザ ロイヤルパークキャンバス
札幌大通公園

（品質・性能の確かな製品の供給）

　建築現場においては、柱や梁の継手や仕口などを工場で機械加工したプレカット材が普及している。プレカット材は、部材の寸法が安定し、狂いがないことを前提に加工するため、含水率の管理された人工乾燥材や集成材が使用される。また、木材の新たな需要先として非住宅分野等の中大規模建築物の木造化が期待されているが、このような建築物には、

---

[61] 地場競争力の強化に関する取組については、「令和3年度森林及び林業の動向」特集2第3節（1）34-36ページを参照。

設計時に構造計算が求められるとともに、小規模な木造建築物においても、令和7（2025）年4月に施行が予定されている建築基準法施行令の改正に伴い、構造計算が必要な物件が増えることが想定されるため、強度等の品質・性能の確かな部材としてのJAS構造材の必要性が高まっている。JAS構造材のうち、機械等級区分構造用製材[62]の供給量は比較的少なく、その生産体制の整備を着実に進めていくことが必要である。このため、林野庁は、JAS製材(機械等級区分構造用製材)の認証工場数について、令和2（2020）年度の90工場から、令和7（2025）年度までに110工場とすることを目標としており、令和4（2022）年度末は、前年度から4工場増の101工場となった。

　なお、JAS規格については、農林水産省において、科学的根拠を基礎としつつ、必要に応じて利用実態に即した区分や基準の合理化等の見直しが行われている。さらに、林野庁では、JAS構造材の積極的な活用を促進するため、平成29（2017）年度から「JAS構造材活用拡大宣言」を行う建築事業者等の登録及び公表による事業者の見える化並びにJAS構造材の利用実証の支援を実施している(事例Ⅲ－7)。

　また、近年は、国産材の利用拡大や木材加工の高効率化、省人・省力化、安全性の向上に向けて、画像処理やAIなどの最新技術を活用した検査装置の開発や、省人化と生産性向上を両立するための無人化ラインの導入等が進みつつある(事例Ⅲ－8)。

事例Ⅲ－7　**JAS構造材を使用した共同住宅の建築**

　松井建設株式会社は、「JAS構造材実証支援事業」を活用し、富山県黒部市において、地元企業の社有寮として木造2階建ての共同住宅を4棟建築した。1.5mの積雪荷重を考慮した構造計算を行っており、4棟を合計すると延べ床面積は1,737㎡、JAS材使用量は361㎥となっている。

　共同住宅において柱・梁を現しとしたことにより、利用者からは「木のぬくもりを感じることができて落ち着く」「木材はサステナブルな資源だということを実感した」といった感想が得られている。JAS構造材により実現した雪国における中大規模建築物の木造化の事例として、地域の他の建築物の木造化に波及することが期待される。

外観(富山県黒部市)　　　　　　　　　　JAS構造材

---

[62] 構造用製材のうち、機械によりヤング係数を測定し、等級区分するもの。

事例Ⅲ－8　AI等を活用した木工機械の開発

　令和5（2023）年10月に開催された日本木工機械展／Mokkiten Japan 2023では、製材、合板、集成材等に関する多彩な木工機械が展示され、AIなど最先端の技術を活用した合板検査装置や集成材のラミナ検査装置等が技術優秀賞を受賞した。

　合板検査装置には、令和5（2023）年1月にJASの検査規格が改定され機械による材面検査が認められるようになったことに対応して、材面をセンサーカメラで撮影、画像処理した結果をAIが統合して等級選別を行う機能などが搭載されている。高精度の品質検査を通して、製品の高品質化や生産性の向上、省人・省力化の実現が期待される。

　また、集成材のラミナ検査装置には、これまで別々の装置で行っていた欠点検知と表面形状検知を1台に集約し高速処理を行うとともに、生産管理や品質管理の向上に向けて、スキャナーが取り込んだデータを一元的に収集・分析する機能が追加された。

| 合板自動選別機PT-6 プライウッドトレジャー ハンター(AI未搭載) (株式会社名南製作所) | 合板仕上・AI検査ライン「Define」 (キクカワエンタープライズ株式会社) | GAIA Panel-36 合板全面 (6面)AI検査装置 (橋本電機工業株式会社) | T-スキャナーDX (株式会社太平製作所) |

（原木の安定供給体制の構築に向けた取組）

　近年、年間原木消費量が10万㎥を超える規模の製材工場、合板工場等の整備が進展しており、これらの工場等は原木を大量かつ安定的に調達することが必要となる。原木の安定供給体制の構築に向けて、製材・合板工場等と、森林組合連合会や素材生産業者、流通事業者等との間で協定を締結し、一定の規格及び数量の原木を、年間を通じて安定的に取引する取組も行われている。

　このように、原木の安定供給体制が構築される中、山土場や中間土場等から製材・合板工場等への直送が増加しており、平成30（2018）年の直送量は、平成28（2016）年比7.3%増の1,134万㎥となっている。このうち、原木市売市場[63]のコーディネートにより、市場の土場を経由せず、伐採現場や中間土場か

資料Ⅲ－31　素材生産者から製材工場等への直送量の推移

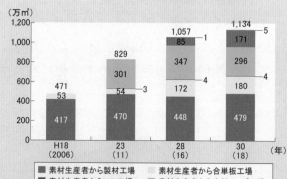

（万㎥）

	H18 (2006)	23 (11)	28 (16)	30 (18)
合計	471	829	1,057	1,134
素材生産者から製材工場	417	470	448	479
原木市売市場から製材工場（競り売り以外）			172	180
素材生産者から合単板工場	53	301	347	296
素材生産者からLVL工場		54	85	171
素材生産者から木材チップ工場		3	4	4
原木市売市場から合単板工場（競り売り以外）			1	5

■素材生産者から製材工場　□素材生産者から合単板工場
■素材生産者からLVL工場　■素材生産者から木材チップ工場
□原木市売市場から製材工場（競り売り以外）
□原木市売市場から合単板工場（競り売り以外）

注1：「原木市売市場」は、木材市売市場の値。木材市売市場から製材・合単板工場（競り売り以外）については、平成28（2016）年から調査項目に追加。
　2：木材チップ工場及びLVL工場については、平成23（2011）年より調査対象に追加。
　3：計の不一致は四捨五入による。
資料：農林水産省「木材流通構造調査」

---

[63] 「木材センター」（二つ以上の売手(センター問屋)を同一の場所に集め、買手(木材販売業者等)を対象として相対取引により木材の売買を行わせる卸売機構）を含む。

ら直接製材工場等に出荷する直送[64]は、175万㎥と2.1倍に増加している(資料Ⅲ−31)。平成30(2018)年の国産材の流通全体に占める直送率は40%であるが、林野庁は、この直送率を令和5(2023)年度までに51%とすることを目標としている。

　林野庁では、川上と川中の安定供給協定の締結を推進するとともに、国有林野事業においても、国有林材の安定供給システムによる販売[65]を進めている。

(木材産業における労働力の確保)

　国産材の供給力強化に向けては、労働力の確保も重要となる。木材・木製品製造業(家具を除く。)における従業者数は、近年減少傾向で推移しており、令和4(2022)年6月1日現在の従業者数は92,450人[66]となっている。このような中、必要な労働力を確保するため、生産性の向上や国内人材の確保の取組と併せ、外国人材の受入れに向けて、特定技能制度について木材産業分野を対象分野として追加することが令和6(2024)年3月に閣議決定された。

　なお、技能実習制度に関しては、令和5(2023)年10月に、最大3年の実習が可能となる技能実習2号に木材加工職種・機械製材作業が追加された[67]。

(3)国産材活用に向けた製品・技術の開発・普及
(大径材の利用に向けた取組)

　これまで製材工場は中丸太からの柱角生産を中心としてきており、大径材を効率的に製材する体制となっていない工場が多い。一方、人工林が本格的な利用期を迎え大径材の出材量の増加が見込まれる中で、大径材の利用拡大に向けた取組が必要となっている(資料Ⅲ−32)。

　大径材では、横架材に利用される平角や、ツーバイフォー工法用の構造材、内装材等に利用される板材など、様々な木取りを行うことが可能である。

　木取りが複雑になると生産効率が落ちることから、国内の製材機械メーカーでは、大

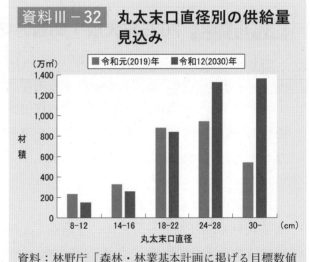

資料Ⅲ−32 **丸太末口直径別の供給量見込み**

資料：林野庁「森林・林業基本計画に掲げる目標数値について(案)」(林政審議会資料(令和3(2021)年3月30日)資料1−4)

径材に対応した機械の改良・開発が進められており、製材工場では自動で効率的な木取りができる大径材用の製造ラインも導入され始めている。

　また、大径材では芯を外して平角や板材等を木取りすることは可能であるが、その場合、乾燥時に反りや曲がりが出やすいといった課題がある。そのため林野庁では、大径材に対

---

[64] 製材工場が原木市場との間で事前に取り決めた素材の数量、造材方法等に基づいて市場の土場を経由せずに直接入荷すること。

[65] 国有林材の安定供給システム販売については、第Ⅳ章第2節(2)176ページを参照。

[66] 総務省・経済産業省「2022年経済構造実態調査　製造業事業所調査」(産業別統計表)における「木材・木製品製造業(家具を除く)」(全事業所)の数値。

[67] 特定技能制度及び技能実習制度については、第Ⅱ章第1節(3)91ページを参照。

応した製材や加工、乾燥の技術の開発・普及などを支援している。

（CLTの利用と普及に向けた動き）

　非住宅・中高層建築物での木材利用拡大において、CLTが注目されている。CLTは主に壁や床等に使用され、コンクリート等と異なり養生期間が不要なため工期の短縮が期待できることや、建物重量が鉄筋コンクリート造等よりも軽くなり基礎工事の簡素化が可能なことなどが利点として挙げられる。

　我が国におけるJAS認証を取得したCLT工場は、令和5（2023）年8月に兵庫県と鹿児島県において2工場が新たに認証されたことにより、計11工場で年間約10万㎥の生産体制となっている。また、CLTを活用した建築物は、令和5（2023）年度末までに1,000件を超える見込みとなっており、共同住宅、ホテル、オフィスビル、校舎等、様々な建築物にCLTが使われているほか、大規模なイベント等における建築物への活用に取り組む例も出てきている[68]（事例Ⅲ－9）。

　CLTの普及に向けて、平成26（2014）年に「CLTの普及に向けたロードマップ[69]」を林野庁と国土交通省が共同で作成したほか、平成28（2016）年からは「CLT活用促進に関する関係省庁連絡会議」を開催し、政府を挙げてCLTの普及に取り組んでいる。

　令和3（2021）年には同連絡会議において令和3（2021）年度から令和7（2025）年度までを期間とする「CLTの普及に向けた新ロードマップ～更なる利用拡大に向けて～」を策定

事例Ⅲ－9　2025年大阪・関西万博日本館での木材利用

　令和7（2025）年に開催される大阪・関西万博に出展される日本政府館は、「次のいのちへのリレー」というコンセプトを体現する円環状のパビリオンとなっている。

　パビリオンの展示は、炭素中立型の経済社会や循環型社会の実現に向けて、来場者の体験を通じて認識や行動の変化を促すことを目指しており、建築についても展示の内容と一体となった体験ができるよう、内外壁に約1,600㎥の国産スギ材CLTが使われる計画となっている。

　日本政府館に使用されたCLTの一部については、CLT活用推進パートナー[注]である一般社団法人日本CLT協会が公募により選定した地方公共団体や企業へ万博終了後に提供し、再利用することとしている。

注：CLT活用推進パートナーは、大規模イベント等におけるCLT活用推進に当たり、関係省庁（内閣官房、林野庁、国土交通省及び環境省）が公募により選定した団体。

日本政府館のイメージ（提供：経済産業省）

---

[68] 内閣官房ホームページ「CLTを活用した建築物の竣工件数の推移」

[69] 農林水産省プレスリリース「CLTの普及に向けたロードマップについて」（平成26（2014）年11月11日付け）

した。令和4（2022）年にはCLTの更なる普及拡大を図るため、新ロードマップを改定しており、従来の取組に加え、標準的な木造化モデルの作成・普及、CLTパネル等の寸法等の標準化、防耐火基準の合理化などの取組を進めている。

そのほか、林野庁では、設計等のプロセスの合理化、低コスト化に資する技術の開発・普及、設計者・施工者向けの講習会の開催等への支援を行っている。

（木質耐火部材の開発）

建築基準法に基づき、木質耐火部材を用いることなどにより所要の性能を満たせば、木造でも大規模な建築物を建設することが可能である。耐火部材に求められる耐火性能は、建物の階数に応じて定められており、平成29（2017）年には、同法の規定により求められる耐火性能[70]のうち最も長い3時間の性能を有する木質耐火部材の国土交通大臣認定が取得され、これにより耐火要件上は15階建て以上の高層建築物の建築が可能となっている。

木質耐火部材には、木材を石膏ボードで被覆したものや、モルタル等の燃え止まり層を備えたもの、鉄骨を木材で被覆したものなどがある。さらに、令和5（2023）年4月に施行された建築基準法施行令の改正において新たに基準が設定された1.5時間の耐火性能を有する木質耐火部材の開発が進められている。

（低コスト化等に向けた新たな工法等の開発・普及）

非住宅・中高層建築物の木造化に向けて、新たな工法・木質部材の開発や低コスト化に向けた技術開発が進んでいる。

例えば、低層非住宅建築物では、体育館、倉庫、店舗等において柱のない大空間が求められる場合があるが、大断面集成材を使わず、一般流通材でも大スパン[71]を実現できる構法の開発等により、材料費や加工費を抑え、鉄骨造並のコストで建設できるようになってきているとともに、標準的な設計モデルによるコスト比較等の取組も進められている。

また、林野庁では、各地域での拡大が期待できる中層木造建築物について、国土交通省と連携し、4階建ての事務所及び共同住宅をモデルに、コスト・施工性等において高い競争性を有し広く展開できる構法と、製材を始めとする部材供給等の枠組みの整備・普及を推進している。

さらに、中高層建築物については、CLTや木質耐火部材の開発に加えて新たな接合方法の検討・性能検証の取組が進められている。

（内装・家具等における需要拡大）

今後、リフォーム等の市場の拡大が期待されることから、内装材についても、消費者ニーズに合わせた技術・製品の開発や販売が行われている。例えば、製造時に接着剤や釘を使用せず、木ダボのみで接合した積層材が開発されており、木の素材感を活かした内装材や家具に利用されている。また、購入者自らが敷くことのできる住宅用の無垢材の床板など、DIY需要に対応した製品も販売されている。

また、広葉樹材の輸入が減少する一方、国内広葉樹資源が増加している中で、これまであまり使用されてこなかった国内広葉樹の活用に向けた製品開発の取組が行われている。例えば、北海道や岐阜県では、小径木の広葉樹を用いた家具の開発が行われている。さら

---

[70] 通常の火災が終了するまでの間当該火災による建築物の倒壊及び延焼を防止するために当該建築物の部分に必要とされる性能。

[71] 建築物の構造材（主として横架材）を支える支点間の距離。

に、福岡県や熊本県では、センダン等の早生樹の広葉樹の家具等への活用に向けた取組とともに、植林地の拡大による資源確保が進められている。

このように山側の資源と消費者ニーズに対応した技術・製品開発により、内装・家具分野における国産材の需要拡大が期待される。

（4）木材産業の各部門の動向

（ア）製材業

（製材業の概要）

我が国の製材工場数は、令和4（2022）年末現在で3,804工場であり、前年より144工場減少した。近年は、出力階層別にみると、75.0kW未満の階層で減少し、それ以外の階層では増加している[72]。

令和4（2022）年の出力階層別の原木消費量をみると、出力規模300.0kW以上の大規模工場の消費量の割合が77.6％、うち出力規模1,000.0kW以上の工場の消費量の割合は47.8％となっており、製材品の生産は大規模工場に集中する傾向がみられる（資料Ⅲ−33）。

（製材品の動向）

国内の製材工場における製材品出荷量は、新設住宅着工戸数の減少等を受けて、令和4（2022）年は、前年比5.4％減の860万㎥であった。令和4（2022）年の製材品出荷量の用途別内訳をみると、建築用材（板類、ひき割類、ひき角類）が696万㎥（80.9％）、土木建設用材が38万㎥（4.4％）、木箱仕組板・こん包用材が103万㎥（12.0％）、家具建具用材が5万

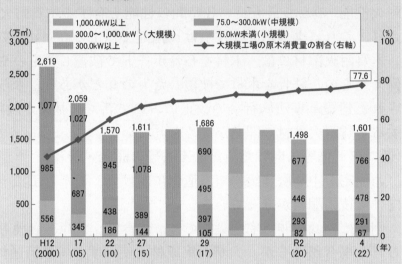

資料Ⅲ−33　製材工場の出力規模別の原木消費量の推移

注1：製材工場出力数と年間原木消費量の関係の目安は次のとおり。
　　　75.0kW：2千㎥、300.0kW：1万㎥。
　2：平成29（2017）年から製材工場の出力階層区分を「75.0kW未満」、「75.0〜300.0kW」、「300.0〜1,000.0kW」及び「1,000.0kW以上」に変更。
　3：計の不一致は四捨五入による。
資料：農林水産省「木材需給報告書」

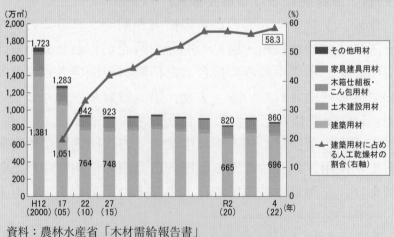

資料Ⅲ−34　国内の製材工場における製材品出荷量（用途別）の推移

資料：農林水産省「木材需給報告書」

---

[72] 農林水産省「木材需給報告書」

㎥(0.6%)、その他用材が18万㎥(2.1%)となっている。建築用材に占める人工乾燥材の割合は58.3%となっている(資料Ⅲ－34)。

　また、国内の製材工場における製材用原木入荷量は令和4(2022)年には1,636万㎥となっており、このうち国産材は前年比0.6%増の1,294万㎥で、全体に占める国産材の割合は79.1%であった。輸入材は前年比9.6%減の343万㎥であり、このうち米材が283万㎥、ニュージーランド材が28万㎥、北洋材が17万㎥となっている(資料Ⅲ－35)。

　これに対し、製材品の輸入量は前年比4.1%増の464万㎥であり[73]、製材品の供給量[74]に占める輸入製材品の割合は35.0%となっている。

(イ)集成材製造業
(集成材製造業の概要)

　集成材は、一定の寸法に加工されたひき板(ラミナ)を複数、繊維方向が平行になるよう集成接着した木材製品である。狂い、反り、割れ等が起こりにくく強度も安定していることから、プレカット材の普及を背景に住宅の柱、梁及び土台に利用が広がっている。我が国における集成材工場数は、令和4(2022)年時点で140工場となっている[75]。

(集成材の動向)

　国内での集成材の生産量は、新設住宅着工戸数の減少等を受けて、令和4(2022)年は前年比16.3%減の166万㎥

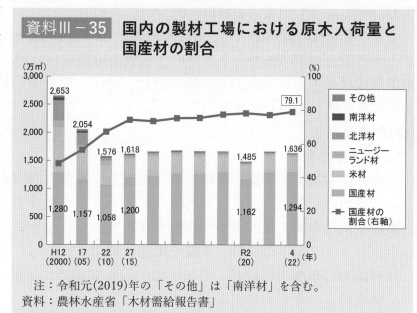

資料Ⅲ－35　国内の製材工場における原木入荷量と国産材の割合

注：令和元(2019)年の「その他」は「南洋材」を含む。
資料：農林水産省「木材需給報告書」

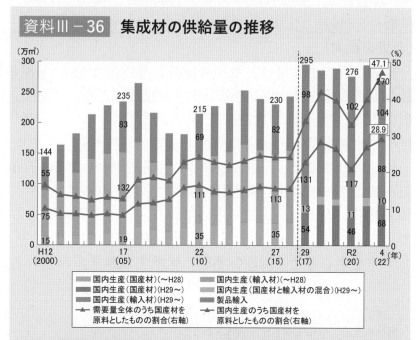

資料Ⅲ－36　集成材の供給量の推移

注1：「国内生産(国産材)(～H28)」と「国内生産(輸入材)(～H28)」は集成材原材料の地域別使用比率から試算した値。
　2：平成29(2017)年以降の国産材を原料としたものの割合の算定には、国産材と輸入材の混合分も計上。
　3：計の不一致は四捨五入による。
資料：国内生産の集成材については、平成28(2016)年までは、日本集成材工業協同組合調べ。平成29(2017)年以降は、農林水産省「木材需給報告書」。「製品輸入」については、財務省「貿易統計」。

---

[73] 「令和4年分貿易統計」による製材品の輸入量から「令和4年木材需給報告書」による半製品入荷量を控除した数量。

[74] 製材品出荷量860万㎥と製材品輸入量464万㎥の合計。

[75] 農林水産省「令和4年木材需給報告書」

となった。令和４(2022)年の集成材生産量[76]を用途別にみると、構造用が158万㎥、造作用等その他が８万㎥となっており、構造用が大部分を占めている[77]。また、集成材生産量のうち国産材を原料としたものの割合は、長期的には増加傾向にあり、令和４(2022)年は47.1%(78万㎥)となっている（資料Ⅲ－36）。

　また、集成材の製品輸入は、令和４(2022)年には104万㎥となっており、集成材の供給量に占める割合は38.5%である。そのうち構造用集成材の輸入量は91万㎥となっている。構造用集成材の主な輸入先国及び輸入量は、フィンランド(39万㎥)、ルーマニア(15万㎥)、オーストリア(12万㎥)等である[78]。

(ウ)合板製造業

(合板製造業の概要)

　合板は、木材を薄く剥いた単板を３枚以上、繊維方向が直角になるよう交互に積層接着した板である。狂い、反り、割れ等が起こりにくく強度も安定しており、また、製材品では製造が困難な大きな面材が生産できることから、住宅の壁・床・屋根の下地材やフロア台板、コンクリート型枠等、多様な用途に利用される。

　我が国の合単板工場数は、令和４(2022)年末時点で、前年より３工場減の155工場であり、単板のみを生産する工場が20工場、普通合板[79]のみが30工場、特殊合板[80]のみが102工場、普通合板と特殊合板の両方を生産する工場が３工場となっている[81]。また、LVL[82](単板積層材)工場は３工場減の12工場となっている[83]。

(合板の動向)

　普通合板の生産量は、令和４(2022)年は前年比3.6%減の306万㎥であった。このうち、針葉樹合板は全体の95.4%を占める292万㎥となっている。また、厚さ12mm以上の普通合板の生産量は全体の79.2%を占める242万㎥となっている。また、令和４(2022)年におけるLVLの生産量は25万㎥となっている[84]。

　用途別にみると、普通合板のうち、構造用合板が266万㎥、コンクリート型枠用合板が３万㎥等となっており、構造用合板が大部分を占めている[85]。コンクリート型枠用合板では、輸入製品が大きなシェアを占めており、この分野における国産材利用の拡大が課題となっている。一方、海外における丸太輸出規制等の影響により、合板の原料をスギ、カラマツ、ヒノキを中心とする国産針葉樹に転換する動きがみられる。

---

[76] 農林水産省「令和４年木材需給報告書」

[77] 構造用とは、建築物の耐力部材用途のこと。造作用とは、建築物の内装用途のこと。

[78] 財務省「令和４年分貿易統計」

[79] 表面加工を施さない合板。用途は、コンクリート型枠用、建築(構造)用、足場板用・パレット用、難燃・防炎用等。

[80] 普通合板の表面に美観、強化を目的とする薄板の貼り付け、オーバーレイ、プリント、塗装等の加工を施した合板。

[81] 農林水産省「令和４年木材需給報告書」

[82] 「Laminated Veneer Lumber」の略。単板を主としてその繊維方向を互いにほぼ平行にして積層接着したもの。本報告書では合板の一種として整理。

[83] 農林水産省「令和４年木材需給報告書」

[84] 農林水産省「令和４年木材需給報告書」

[85] 農林水産省「令和４年木材需給報告書」。コンクリート型枠用合板の数値は、月別調査でのみ調査実施しており、12か月分の合計となる。

令和4（2022）年における合板製造業への原木供給量は前年比5.1％増の536万㎥であったが[86]、このうち、国産材は前年比5.4％増の491万㎥、輸入材は前年比2.5％増の44万㎥となっており、令和4（2022）年には国内の合板生産における国産材割合は91.7％に上昇している。国産材のうち、スギは58.9％、カラマツは15.1％、ヒノキは12.5％、アカマツ・クロマツは4.6％、エゾマツ・トドマツは7.6％で、輸入材のうち、米材は88.9％、北洋材は1.8％となっている[87]。

一方、輸入製品は前年比14.2％減の446万㎥となって

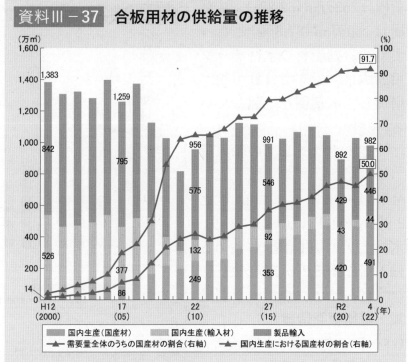

資料Ⅲ−37　合板用材の供給量の推移

注1：数値は全て丸太材積に換算したもの。
　2：計の不一致は四捨五入による。
資料：林野庁「木材需給表」

いる。輸入製品を含む合板用材需要量全体に占める国産材割合は長期的には増加傾向にあり、令和4（2022）年は50.0％であった（資料Ⅲ−37）。

（エ）木材チップ製造業
（木材チップ製造業の概要）

木材チップのうち、原木や工場残材等を原料とするものは、主に製紙用や燃料用に供される。一方、廃材等を原料とするものは、主にボイラー等の燃料及び木質ボードの原料に用いられる。我が国の木材チップ工場数は、令和4（2022）年末時点で、前年より28工場増の1,110工場となっている。このうち、製材又は合単板工場等との兼営が790工場、木材チップ専門工場が320工場となっている[88]。

（木材チップの動向）

木材チップ工場における木材チップの生産量[89]（燃料用チップを除く[90]。）は、令和4（2022）年は前年比13.0％減の528万トンであった。原材料別の生産量は、原木は前年比10.6％減の238万トン（生産量全体の45.1％）、工場残材は前年比17.8％減の216万トン（同40.8％）、林地残材は前年比38.7％減の5万トン（同0.9％）、解体材・廃材は前年比1.8％減の70万トン（同13.2％）となっている。

原材料のうち、木材チップ用原木の入荷量（燃料用チップを除く。）は、令和4（2022）年は前年比2.4％減の424万㎥であり、そのほとんどが国産材となっている。国産材のうち、針

---

[86] LVL分を含む。丸太換算値。

[87] 農林水産省「令和4年木材需給報告書」。LVL分を含む。

[88] 農林水産省「令和4年木材需給報告書」

[89] 農林水産省「令和4年木材需給報告書」

[90] 燃料用チップについては、第2節（3）141ページを参照。

葉樹は263万㎥(62.2%)、広葉
樹は160万㎥(37.8％)となっ
ている。国産材の木材チップ
用原木は、近年では針葉樹が
増加し、広葉樹を上回ってい
る(資料Ⅲ-38)。

　一方、木材チップの輸入量
[91](燃料用チップを含む。)は、
令和 4 (2022)年には前年比
2.9%増の1,131万トンであり、
木材チップの供給量[92]に占める
輸入割合は68.2%であった。

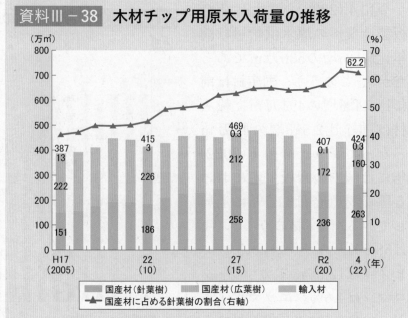

資料Ⅲ-38　木材チップ用原木入荷量の推移

凡例：
■ 国産材(針葉樹)　■ 国産材(広葉樹)　■ 輸入材
▲ 国産材に占める針葉樹の割合(右軸)

注1 ：燃料用チップを除く。
　2 ：計の不一致は四捨五入による。
資料：農林水産省「木材需給報告書」

**(オ)パーティクルボード製造
業・繊維板製造業**

**(パーティクルボード製造業・
繊維板製造業の概要)**

　パーティクルボード(削片板)、繊維板(ファイバーボード)等の木質ボードは、建築解体
材を主な原料としているが、このほか工場残材[93]、間伐材、林地残材等を原料としている。
　パーティクルボードは、細かく切削した木材に接着剤を添加して熱圧した板製品である。
遮音性、断熱性及び加工性に優れることから、家具や建築用に利用されている。
　繊維板は、原料を繊維化してから成型した板状製品である。密度によって種類があり、
高密度繊維板(ハードボード)は建築、こん包、自動車内装等に、中密度繊維板(MDF[94])は
建築、家具・木工、キッチン等に、低密度繊維板(インシュレーションボード)は畳床等に
利用される。

(パーティクルボード・繊維板の動向)

　令和 4 (2022)年におけるパーティクルボードの生産量[95]は前年比1.9%減の98万㎥、輸入
量[96]は前年比34.6%増の35万㎥となっている。
　令和 4 (2022)年における繊維板の生産量[97]は、前年比0.4%減の72万㎥となっている。

(カ)プレカット製造業

(プレカット材の概要)

　プレカット材は、木造軸組住宅等を現場で建築しやすいよう、柱や梁、床材や壁材等の
継手や仕口といった部材同士の接合部分等をあらかじめ一定の形状に加工したものであ
る。プレカット工場で、部材となる製材品、集成材、合板等を機械加工して生産する。

---

[91] 財務省「令和 4 年分貿易統計」

[92] 木材チップ生産量528万トンと木材チップ輸入量1,131万トンの合計。

[93] 製材業や合板製造業等において製品を製造した後に発生する端材等。

[94] 「Medium Density Fiberboard」の略。

[95] 経済産業省「2022年生産動態統計年報」

[96] 財務省「令和 4 年分貿易統計」

[97] 経済産業省「2022年生産動態統計年報」における「繊維板換算値合計」。

（プレカット材の動向）

　プレカット加工率は上昇しており、令和4（2022）年には、木造軸組工法におけるプレカット加工率は94％に達している[98]。

　プレカット工場における材料入荷量は、平成30（2018）年は平成28（2016）年比21.7％減の768万㎥で、その内訳は、国産材が285万㎥（37.1％）、輸入材が483万㎥（62.9％）となっている。材料入荷量のうち、人工乾燥材は324万㎥（42.2％）、集成材は約343万㎥（44.7％）となっている[99]。

（キ）木材流通業[100]

（木材流通業の概要）

　我が国の木材流通事業者は、地域内または地域をまたいで木材産業の川上・川中・川下をつなぎ、原木や木材製品への多種多様な需要に応じている。具体的には、木材市売市場や木材販売業者等がある。

　木材市売市場は、原木市売市場[101]と製品市売市場に区分できる。原木市売市場は、主に原木の産地に近いところに立地し、素材生産業者等から原木を集荷し、製材工場等が必要とする規格（樹種、径級、品質、長さ等）や量に仕分けた上で、土場に椪積して、セリ等により販売する。製品市売市場は、主に木材製品の消費地に近いところに立地し、自ら又は市売問屋が実需者のニーズに応じた木材製品を集荷し、セリ等により販売する。平成30（2018）年における木材市売市場の数は403事業所となっている。

　木材販売業者は、原木又は木材製品を仕入れた上で、これを必要とする者に対して販売を行うとともに、実需者に対して原木又は木材製品に係る様々な情報等を直接提供する立場にある。原木を扱う木材販売業者には商社等があり、素材生産者等から原木を買い付け、製材工場等の実需者に販売する。また、木材製品を取り扱う木材販売業者には木材問屋や材木店・建材店等があり、製材工場等から直接、又は商社や市場等の様々なルートから製品を仕入れ、最終的には工務店やプレカット工場等の実需者に販売する。平成30（2018）年における木材販売業者の数は8,552事業所となっている。

（木材流通業の動向）

　平成30（2018）年における、原木市売市場の原木取扱量[102]は1,118万㎥、製品市売市場の製材品取扱量[103]は222万㎥、木材販売業者の原木取扱量[104]は1,648万㎥、製材品取扱量[105]は1,720万㎥となっている[106]。

---

[98] 一般社団法人全国木造住宅機械プレカット協会「プレカットニュース Vol.111」（令和6（2024）年1月）

[99] 農林水産省「平成30年木材流通構造調査報告書」

[100] 木材流通業の数値は、農林水産省「平成30年木材流通構造調査報告書」による。そのうち、木材市売市場と木材販売業者の数は、農林水産省「平成30年木材流通構造調査」（組替集計）による。

[101] 森林組合が運営する場合は「共販所」という。

[102] 木材市売市場における素材の入荷先別入荷量の計。

[103] 木材市売市場における製材品の販売先別出荷量の計。

[104] 木材販売業者における素材の入荷先別入荷量の計。

[105] 木材販売業者における製材品の販売先別出荷量の計。

[106] 原木取扱量（入荷量）及び製材品取扱量（出荷量）のいずれも、木材販売業者間の取引も含めて集計された延べ数量である。

　同年に国内で生産された原木のうち、素材生産者から木材市売市場に出荷したものは40.7%、素材生産者から木材販売事業者等へ販売されたものは19.1%、伐採現場等から製材工場等へ直送されたものは40.2%となった。

ブナ平の紅葉(福島県檜枝岐村ブナ平自然観察教育林)

国有林野の管理経営

　国有林野は、我が国の国土の約2割、森林面積の約3割を占めており、国土の保全、水源の涵養、生物多様性の保全を始め、広く国民全体の利益につながる多面的機能を有している。

　国有林野は、重要な国民共通の財産であり、林野庁が国有林野事業として一元的に管理経営を行っている。国有林野事業では、公益重視の管理経営の一層の推進、森林・林業の再生に向けた貢献等に取り組んでいる。

　本章では、国有林野の役割や国有林野事業の具体的取組について記述する。

1．国有林野の役割

（1）国有林野の分布と役割

　国有林野は、我が国の国土面積(3,780万ha)の約２割、森林面積(2,502万ha)の約３割に相当する758万haの面積を有し、奥地脊梁山地や水源地域に広く分布しており、国土の保全、水源の涵養等の公益的機能の発揮に重要な役割を果たしている(資料Ⅳ－1)。また、人工林、原生的な天然林等の多様な生態系を有し、希少種を含む様々な野生生物の生育・生息の場となっている。さらに、都市近郊や海岸付近にも分布し、保健休養や森林とのふれあいの場を提供している。

　このような国有林野の有する公益的機能は、広く国民全体の利益につながるものであり、地球温暖化の防止や昨今の頻発する自然災害への対応に対する国民の強い関心等も踏まえて、適切に発揮させることが求められている(資料Ⅳ－2)。

「国民の森林」国有林
https://www.rinya.maff.go.jp/j/
kokuyu_rinya/

（2）国有林野の管理経営の基本方針

　国有林野は重要な国民共通の財産であり、林野庁が国有林野事業として一元的に管理経営を行っている。国有林野の管理経営は、①国土の保全その他国有林野の有する公益的機能の維持増進、②林産物の持続的かつ計画的な供給、③国有林野の活用による地域の産業振興又は住民福祉の向上への寄与を目標として行うこととされている。

資料Ⅳ－1　国有林野の分布

森林管理局	割合
北海道	37%
東北	31%
関東	17%
中部	19%
近畿中国	4%
四国	10%
九州	12%

各森林管理局の管轄区域における土地面積に対する国有林野の割合

- ■ 国有林野
- ── 森林管理局界
- ── 都道府県界

資料：国有林野の面積は農林水産省「令和４年度　国有林野の管理経営に関する基本計画の実施状況」、土地面積は国土交通省「令和５年全国都道府県市区町村別面積調(令和5(2023)年10月１日時点)」。

国有林野の管理経営に関する基本計画
https://www.rinya.maff.go.jp/j/kokuyu_rinya/kanri_keiei/kihon_keikaku.html

国有林野の管理経営に関する基本計画の実施状況
https://www.rinya.maff.go.jp/j/kokuyu_rinya/jissi/index.html

農林水産省では、国有林野の管理経営に関する法律に基づき、国有林野の管理経営の基本方針等を明らかにするため、5年ごとに10年を一期とする国有林野の管理経営に関する基本計画(以下「管理経営基本計画」という。)を策定している。令和5(2023)年度の国有林野の管理経営は、平成31(2019)年4月から令和11(2029)年3月までの10年間を計画期間とする管理経営基本計画(平成30(2018)年12月策定)に基づいて推進した。

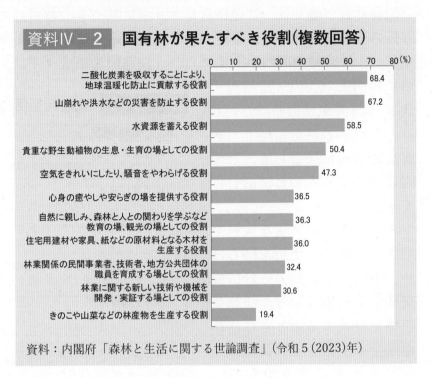

資料IV－2　国有林が果たすべき役割(複数回答)

役割	(%)
二酸化炭素を吸収することにより、地球温暖化防止に貢献する役割	68.4
山崩れや洪水などの災害を防止する役割	67.2
水資源を蓄える役割	58.5
貴重な野生動植物の生息・生育の場としての役割	50.4
空気をきれいにしたり、騒音をやわらげる役割	47.3
心身の癒やしや安らぎの場を提供する役割	36.5
自然に親しみ、森林と人との関わりを学ぶなど教育の場、観光の場としての役割	36.3
住宅用建材や家具、紙などの原材料となる木材を生産する役割	36.0
林業関係の民間事業者、技術者、地方公共団体の職員を育成する場としての役割	32.4
林業に関する新しい技術や機械を開発・実証する場としての役割	30.6
きのこや山菜などの林産物を生産する役割	19.4

資料：内閣府「森林と生活に関する世論調査」(令和5(2023)年)

2．国有林野事業の具体的取組

（1）公益重視の管理経営の一層の推進
（ア）重視すべき機能に応じた管理経営の推進
（重視すべき機能に応じた森林の区分と整備・保全）

　国有林野事業では、管理経営基本計画に基づき公益重視の管理経営を一層推進するとの方針の下、国有林野を、重視すべき機能に応じて「山地災害防止タイプ」、「自然維持タイプ」、「森林空間利用タイプ」、「快適環境形成タイプ」及び「水源涵養タイプ」の5つに区分している（資料Ⅳ-3）。木材等生産機能については、これらの区分に応じた適切な施業の結果として、計画的に発揮するものと位置付けている。

　また、間伐の適切な実施や主伐後の確実な更新を図るほか、複層林への誘導や針広混交林化を進めるなど、多様な森林を育成するとともに、林地保全や生物多様性保全に配慮した施業に取り組んでいる。

資料Ⅳ-3　機能類型区分ごとの管理経営の考え方

機能類型区分	管理経営の考え方
山地災害防止タイプ 153万ha	根や表土の保全、下層植生の発達した森林の維持
自然維持タイプ 172万ha	良好な自然環境を保持する森林、希少な生物の生育・生息に適した森林の維持
森林空間利用タイプ 43万ha	保健・文化・教育的利用の形態に応じた多様な森林の維持・造成
快適環境形成タイプ 0.2万ha	汚染物質の高い吸着能力、抵抗性がある樹種から構成される森林の維持
水源涵養タイプ 390万ha	人工林の間伐や伐期の長期化、広葉樹の導入による育成複層林への誘導等を推進し、森林資源の有効活用にも配慮

注：面積は、令和5（2023）年4月1日現在の値である。
資料：農林水産省「国有林野の管理経営に関する基本計画」（令和5（2023）年12月策定）

（治山事業の推進）

　国有林野には、公益的機能を発揮する上で重要な森林が多く存在し、令和4（2022）年度末現在で面積の約9割に当たる約686万haが水源かん養保安林や土砂流出防備保安林等の保安林に指定されている。また、集中豪雨や台風等により被災した山地の復旧整備、機能の低下した森林の整備等を推進する「国有林治山事業」を行っている。

　さらに、民有林野においても、事業規模の大きさや高度な技術の必要性を考慮し、国土保全上特に重要と判断されるものについては、都道府県からの要請を受けて、「民有林直轄治山事業」を行っており、令和5（2023）年度は16県21地区の民有林野でこれらの事業を行っている。

　「令和2年7月豪雨」により甚大な被害が発生した熊本県芦北地区の民有林野で行っていた「特定民有林直轄治山施設災害復旧等事業」は、令和5（2023）年9月に全ての工事を完了した（事例Ⅳ-1）。

　このほか、大規模な山地災害が発生した際には、専門的な知識・技術を有する職員の被災地派遣やヘリコプターによる被害調査等を実施し、地域への協力・支援に取り組んでいる。

（路網整備の推進）

　国有林野事業では、機能類型に応じた適切な森林の整備・保全や林産物の供給等を効率

的に行うため、自然条件や作業システム等に応じて林道及び森林作業道を適切に組み合わせた路網の整備を進めている。このうち、基幹的な役割を果たす林道については、令和4(2022)年度末における路線数は1万3,467路線、総延長は4万6,192kmとなっている。

(イ)地球温暖化対策の推進

国有林野事業では、森林吸収源対策への貢献も踏まえ、令和4(2022)年度には約9.3万haの間伐を実施した。

また、将来にわたる二酸化炭素の吸収量の確保及び強化を図る必要があることから、主伐後の確実な再造林にも取り組み、令和4(2022)年度の人工造林面積は約0.9万haとなっている。

事例Ⅳ−1 「令和2年7月豪雨」による熊本県芦北地区における山地災害の復旧が完了

令和2(2020)年7月3日から31日にかけて停滞した梅雨前線の影響により、西日本から東日本の広い範囲で記録的な大雨に見舞われた(令和2年7月豪雨)。特に、熊本県球磨川流域では同年7月3日から4日にかけて記録的な大雨となり、多数の山腹崩壊や河川の氾濫等の甚大な被害が発生した。

被災した球磨川流域のうち特に山腹崩壊等が集中した芦北地区の民有林において、熊本県からの要請により、九州森林管理局が県に代わって芦北町33か所、津奈木町2か所及び水俣市1か所の計36か所の被災した治山施設や林地の復旧に関する事業(芦北地区特定民有林直轄治山施設災害復旧等事業)を令和2(2020)年9月から実施し、令和5(2023)年9月に全ての工事を完了した(総事業費約31億円)。

九州森林管理局は、令和5(2023)年12月に本事業の完了を熊本県知事へ報告するとともに、令和6(2024)年1月に本事業における調査設計・工事の受注者(11社)へ感謝状を贈呈した。

熊本県知事への完了報告及び知事からの感謝状の贈呈(©2010kumamoto pref. kumamon)

芦北地区特定民有林直轄治山施設災害復旧等事業による復旧状況(鶴地区(津奈木町))

被災直後　　　　　　　　　　　　　　　　施工完了

渓流の勾配を安定させ、土砂流出を抑制する治山ダムの設置

（ウ）生物多様性の保全
（国有林野における生物多様性の保全に向けた取組）

　国有林野における生物多様性の保全を図るため、国有林野事業では「保護林」や「緑の回廊」を設定し、モニタリング調査等を通じて適切な保護・管理に取り組んでいる。また、地域の関係者等との協働・連携による森林生態系の保全・管理や自然再生、希少な野生生物の保護等の取組を進めている。

（保護林の設定）

　国有林野事業では、我が国の気候又は森林帯を代表する原生的な天然林や地域固有の生物群集を有する森林、希少な野生生物の生育・生息に必要な森林を「保護林」に設定し厳格に保護・管理している（資料Ⅳ－4）。令和5（2023）年3月末現在の保護林の設定箇所数は658か所、設定面積は約101.4万haとなっており、国有林野面積の13.4％を占めている。

（緑の回廊の設定）

　野生生物の生育・生息地を結ぶ移動経路を確保することにより、個体群の交流を促進し、種の保全や遺伝的多様性を確保することを目的として、国有林野事業では、保護林を中心にネットワークを形成する「緑の回廊」を設定している。令和5（2023）年3月末現在、国有林野内における緑の回廊の設定箇所数は24か所、設定面積は約58.4万haであり、国有林野面積の7.7％を占めている。

（世界遺産等における森林の保護・管理）

資料Ⅳ－4　「保護林」と「緑の回廊」の位置図

（保護林のうち森林生態系保護地域の名称を記載）

注：令和5（2023）年3月末現在。
資料：農林水産省「令和4年度　国有林野の管理経営に関する基本計画の実施状況」

　我が国の世界自然遺産は、その陸域の86％が国有林野であり、国有林野事業では、遺産区域内の国有林野のほとんどを「森林生態系保護地域」（保護林の一種）に設定し、関係する機関とともに厳格に保護・管理している（資料Ⅳ－5）。

　例えば、「白神山地」（青森県及び秋田県）の国有林野では、世界自然遺産地域への生息範囲拡大が懸念されるシカや、その他の中・大型哺乳類に関する生息・分布調査のため、センサーカメラによる調査を実施している。また、「屋久島」（鹿児島県）の国有林野では、植生等のモニタリング調査、ヤクシカによる植生への被害対策、湿原の保全対策やヤクスギの樹勢診断等に取り組んでいる。このほか、「小笠原諸島」（東京都）の国有林野では、アカギやモクマオウなどの外来種の駆除を実施した跡地に在来種の植栽や種まきを行うなど、小笠原諸島固有の森

林生態系の修復に取り組んでいる（事例Ⅳ－2）。

（希少な野生生物の保護等）

　国有林野事業では、希少な野生生物の保護を図るため、野生生物の生育・生息状況の把握、生育・生息環境の維持・改善等に取り組んでいる。

　また、自然環境の保全・再生を図るため、地域、ボランティア、NPO等と連携し、生物

資料Ⅳ－5　我が国の世界自然遺産の陸域に占める国有林野の割合

知床
（北海道）
国有林野 94%

白神山地
（青森県・秋田県）
国有林野 100%

小笠原諸島
（東京都）
国有林野 81%

屋久島
（鹿児島県）
国有林野 95%

奄美大島、徳之島、
沖縄島北部及び
西表島
（鹿児島県・沖縄県）
国有林野 68%

資料：林野庁経営企画課作成。

事例Ⅳ－2　小笠原諸島における市民参加による外来種駆除の取組

　小笠原総合事務所国有林課は、小笠原諸島・父島の国有林において地域と連携した外来種対策の取組を進めるため、特定非営利活動法人小笠原野生生物研究会及び小笠原グリーン株式会社の2者との間で「モデルプロジェクトの森注における協働事業に伴う活動に関する協定」を締結している。

　2者は住民参加型の資源循環プロジェクトであるTeam Wood Recycle(TWR)を立ち上げ、父島中西部の洲崎地区において、小笠原諸島森林生態系保全センターの協力の下、本協定に基づき外来種の駆除や在来種であるモモタマナ等の植栽・保育作業といった活動を、地域住民や島外の大学生等と共に実施している。これにより、以前は外来種が繁茂していた森林にモモタマナが定着するとともに、林内が明るくなったことにより別の在来種であるウラジロエノキの自然発生も確認され、着実に小笠原本来の姿へ再生が進んでいる。

　こうした活動を通じて島内の小学生に森林環境教育の場を提供するとともに、島外の大学生等がボランティア活動のために長期間滞在することで関係人口の創出にも貢献している。なお、駆除木は炭焼きやチップ化等により有効活用されており、循環型社会への取組としても注目されている。

注：地域住民や民間団体等と合意形成を図りながら、協働・連携して地域や森林の特性を活かした森林整備・保全活動を実施する森林。

チェーンブロックによる外来種の抜根

駆除木の炭焼き

多様性についての現地調査、荒廃した植生回復等の森林生態系の保全等の取組を実施している。

　さらに、国有林野内の優れた自然環境や希少な野生生物の保護等を行うため、環境省や都道府県の環境行政関係者との連絡調整や意見交換を行いながら、自然再生事業実施計画[1]や生態系維持回復事業計画[2]等を策定し、連携した取組を進めている。

（鳥獣被害対策等）

　シカ等の野生鳥獣による森林被害は依然として深刻であり、希少な高山植物など、他の生物や生態系への脅威ともなっている。このため、国有林野事業では、防護柵の設置のほ

事例Ⅳ−3　LPWAを活用した民国連携によるシカ捕獲の取組

　国有林野事業では、わなによるシカ捕獲の効率化に向けてLPWA[注]を利用した捕獲に取り組んでいる。LPWAを利用することで、捕獲等の状況をPCや携帯電話でリアルタイムに確認することができるとともに、わなが作動した際に通報されることから、山間部に設置したわなの見回り作業の負担軽減につながることが期待される。

　大分西部森林管理署では、令和2（2020）年度及び令和3（2021）年度にLPWA通信網の構築及び試験的運用を実施し、その結果、効率的な見回り及び捕獲が可能であることが実証された。令和5（2023）年度には、別府市から国有林で活用しているLPWA通信網を共同利用したいとの要望があったことから、大分西部森林管理署、大分森林管理署、別府市等では電波エリアを共有する形で親機の設置を進め、これにより広範囲でシカを効率的に捕獲できる体制が整備された。

　また、高知中部森林管理署では、香美市及び香美猟友会と「香美市シカ被害対策及びジビエ活用推進連携協定」を締結し、協力した取組を進めている。その中で、LPWAの活用等により捕獲から処理までにかかる時間が短縮されたことでジビエ利用が円滑に進んだといった効果も表れている。

注：「Low Power Wide Area」の略。小電力で長距離通信できる無線通信技術。親機から子機を操作することや、子機からの微弱な電波を親機で増幅しクラウドにデータを蓄積することが可能。

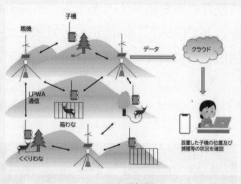

LPWA通信網

わなにかかったシカ

---

[1] 自然再生推進法に基づき、過去に損なわれた生態系その他の自然環境を取り戻すことを目的とし、地域の多様な主体が参加して、森林その他の自然環境を保全、再生若しくは創出し、又はその状態を維持管理することを目的とした自然再生事業の実施に関する計画。

[2] 自然公園法に基づき、国立公園又は国定公園における生態系の維持又は回復を図るために、国又は都道府県が策定する計画。

か、GPSや自動撮影カメラ等によるシカの生息・分布調査や被害調査、職員による捕獲、効果的な捕獲技術の実用化等の対策に取り組んでいる。また、林野庁職員が考案した「小林式誘引捕獲法」については、各森林管理局で開催する現地検討会等を通じて普及展開を図っている。さらに、地域の関係者等と協定を締結し、国有林野内で捕獲を行う地域の猟友会等にわなを貸し出して捕獲を行うなど、地域全体で取り組む対策を推進している（事例IV−3）。このほか、松くい虫等の病害虫の防除にも努めている。

（エ）民有林との一体的な整備・保全
（公益的機能維持増進協定の推進）

国有林野に隣接・介在する民有林野の中には、森林所有者等による間伐等の施業が十分に行われず、国有林野の発揮している国土保全等の公益的機能に悪影響を及ぼす場合や、民有林野における外来樹種の繁茂が国有林野で実施する駆除に支障となる場合もみられる。このような民有林野の整備・保全については、森林管理局長が森林所有者等と「公益的機能維持増進協定」を締結して、国有林野事業により一体的に整備及び保全を行っており、令和5（2023）年3月までに累計20か所（約595ha）の協定が締結された。

（2）森林・林業の再生への貢献
（低コスト化等の実践と技術の開発・普及）

現在、林業経営の効率化に向け、生産性向上、造林の省力化や低コスト化等に加え、新技術の活用により、伐採から再造林・保育に至る収支のプラス転換を可能とする「新しい林業」の実現に向けた取組を行っている[3]。国有林野事業では、これまでの取組により、低密度植栽を広く実践しているほか、下刈り回数・方法の見直し、ドローンによる撮影や航空レーザ計測で得られたデータの利用など、デジタル技術を活用した効率的な森林管理・木材生産、効率的なシカ防護対策、早生樹の導入等の技術の試行を進め、現地検討会の開催等により民有林における普及と定着に努めている。

また、より実践的な取組として、コンテナ苗の活用により、効率的かつ効果的な再造林手法の導入・普及等を進めるとともに、伐採から造林までを一体的に行う「伐採と造林の一貫作業システム[4]」の導入・普及に取り組んでいる。この結果、国有林野事業では、令和4（2022）年度には4,418haでコンテナ苗を植栽し（資料IV−6）、996haで伐採と造林の一貫作業を実施した。

さらに、森林管理局等と苗木生産者が、複数年にわたる安定的な苗木の使用と生産・供給に関する協定を締結し、優良種苗の生産拡大の後押しとなる取組を進めている（事例IV−4）。

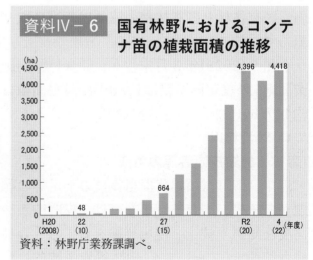

資料IV−6 **国有林野におけるコンテナ苗の植栽面積の推移**

資料：林野庁業務課調べ。

---

[3] 「新しい林業」については、第II章第1節（4）100-101ページを参照。

[4] 伐採と造林の一貫作業システムについては、第II章第1節（4）102-103ページを参照。

事例Ⅳ－4　スギ特定苗木の普及促進に向けた需給協定の締結

　関東森林管理局では、管内における特定苗木の安定的な需要を創出することにより苗木生産者が安心して特定苗木の生産拡大に取り組むことができるよう、公募により選定した苗木生産者との間で、令和5(2023)年11月、スギ特定苗木の普及促進に向けた需給協定を締結した。この協定は、令和6(2024)年から令和7(2025)年の2年間を協定期間とし、管内3地区(栃木ブロック、群馬ブロック、千葉・神奈川ブロック)の各森林管理署等が発注する造林請負事業で使用するスギ特定苗木について、植栽時期、植栽予定本数(計9万本)を需給計画として定め、相互にその使用と生産に努めることとしている。

　また、植栽後は、苗木生産者と連携して特定苗木の成長量を調査し、調査結果の周知等により民有林への特定苗木の普及を促進していくこととしている。

　今後、地域の生産体制の動向に応じて、更なる協定の活用も視野に入れ、国有林における特定苗木の使用を増やしていくこととしている。

出荷に向けて育苗中の特定苗木

出荷段階の特定苗木

(民有林と連携した施業)

　国有林野事業では、民有林と連携することで事業の効率化や低コスト化等を図ることのできる地域においては、「森林共同施業団地」を設定し、民有林野と国有林野を接続する路網の整備や相互利用、連携した施業の実施、民有林材と国有林材の協調出荷等に取り組んでいる。

　令和5(2023)年3月末現在、「森林共同施業団地」の設定箇所数は172か所、設定面積は約44万ha(うち国有林野は約24万ha)となっている(資料Ⅳ－7)。

(森林・林業技術者等の育成)

　近年、市町村の林務担当職員の不足等の課題がある中、国有林野事業では、専門的かつ高度な知識や技術と現場経験を有する「森林総合監理士(フォレスター)[5]」等を系統的に育

資料Ⅳ－7　森林共同施業団地の設定状況

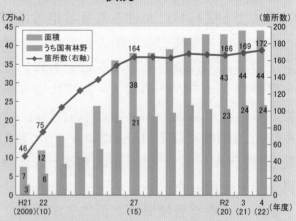

注：各年度末の数値であり、事業が終了したものは含まない。令和3(2021)年度に2か所の森林共同施業団地を3か所に統合・分割し、令和4(2022)年度に新たに2か所で森林共同施業団地を設定(0.4万haうち国有林野0.2万ha)して事業を開始。

資料：農林水産省「国有林野の管理経営に関する基本計画の実施状況」

---

[5] 森林総合監理士については、第Ⅰ章第1節(3)44ページを参照。

成し、森林管理署と都道府県の森林総合監理士等との連携による「技術的援助等チーム」を設置するなど地域の実情に応じた体制を整備し、市町村行政に対し市町村森林整備計画の策定とその達成に向けた支援等を行っている[6]。

(森林経営管理制度への貢献)

　国有林野事業では、森林経営管理制度[7]により市町村が集積・集約した森林の経営管理を担う林業経営者に対し、国有林野事業の受注機会の拡大に配慮するほか、市町村林務行政に対する技術的支援や公的管理の手法の普及、地域の方々の森林・林業に対する理解の促進等に取り組んでいる。また、国有林野事業で把握している民間事業者の情報を市町村に提供している。これらの取組を通じて地域の林業経営者の育成を支援している。

(相続土地国庫帰属制度への対応)

　所有者不明土地の発生の抑制を図ることを目的に「相続等により取得した土地所有権の国庫への帰属に関する法律」が令和3(2021)年に成立し、相続等によってやむを得ず土地所有権を取得した者が、法務大臣の承認を受けてその土地を国庫に帰属させることができる相続土地国庫帰属制度が創設された。令和5(2023)年4月の同法の施行により制度の運用が開始され、各森林管理局では、承認申請に係る審査のうち実地調査等について、法務局からの要請に応じて協力している。また、国庫に帰属した土地のうち森林については、森林管理署等が、巡視による倒木・不法投棄等の異常の有無の確認や土地の境界保全に努める。令和6(2024)年3月末時点での帰属件数は6件(約5,000㎡)となっている。

(樹木採取権制度の推進)

　「国有林野の管理経営に関する法律等の一部を改正する法律」が令和2(2020)年4月に施行され、効率的かつ安定的な林業経営の育成を図るために、国有林野の一定区域を樹木採取区として指定し、当該区域で一定期間、安定的に樹木を採取できる権利を民間事業者に設定する樹木採取権制度が創設された。樹木の採取(伐採)に当たっては、国有林野の伐採ルールに則り国が樹木採取区ごとに定める基準や国有林野の地域管理経営計画に適合しなければならないこととし、公益的機能の確保に支障を来さない仕組みとしている。樹木採取権の設定を受けた民間事業者にとっては長期的な事業の見通しが立つことで、計画的な雇用や林業機械の導入等が促進され、経営基盤の強化等につながることが期待される。

　令和4(2022)年度までに全国8か所で、基

資料Ⅳ-8　樹木採取権の設定及び検討状況

注：令和5(2023)年度末時点。
資料：林野庁業務課作成。

---

[6] 市町村森林整備計画については、第Ⅰ章第1節(2)43ページを参照。

[7] 森林経営管理制度については、第Ⅰ章第2節(4)50-51ページを参照。

本となる規模(区域面積200～300ha程度(皆伐相当)、権利存続期間10年程度)の樹木採取権を設定し、令和5(2023)年度には設定した全ての樹木採取区で伐採等が行われた(資料Ⅳ－8)。

　新たな樹木採取権の設定に向けては、「今後の樹木採取権設定に関する方針」(令和4(2022)年12月策定)に基づき、地域における具体的な木材需要増加の確実性を確認する新規需要創出動向調査(マーケットサウンディング)を実施した。その結果、具体的なニーズが確認できた3森林計画区において、基本となる規模の樹木採取区を指定するための検討を行っている。また、より大規模・長期間の樹木採取区に係るマーケットサウンディングについては、木材需要者からの提案を常時受け付けている。

(林産物の安定供給)

　国有林野事業から供給される木材は、国産材供給量の1割強を占めており、令和4(2022)年度の木材供給量は、立木によるものが174万㎥(丸太換算)、素材[8]によるものが279万㎥となっている。

　国有林野事業からの木材の供給に当たっては、地域における木材の安定供給体制の構築等に資するため、製材・合板工場等の需要者と協定を締結し、山元から木材を直送する国有林材の安定供給システムによる販売を進めており、令和4(2022)年度には素材の販売量全体の63.6%に当たる177万㎥となった(資料Ⅳ－9)。

　このほか、ヒバや木曽ヒノキなど民有林からの供給が期待しにくい樹種や広葉樹の材について、地域の経済・文化への貢献の観点から、資源の保続及び良好な森林生態系の維持に配慮しつつ供給している。

　さらに、国有林野事業については、全国的なネットワークを持ち、国産材供給量の1割強を供給し得るという特性を活かし、地域の木材需要が急激に変動した場合に、地域の需要に応える供給調整機能を発揮することが重要となっている。このため、平成25(2013)年度から、林野庁及び全国の森林管理局において、学識経験者のほか川上、川中及び川下関係者等からなる「国有林材供給調整検討委員会」を開催することにより、地域の木材需要に応じた国有林材の供給に取り組んでいる。

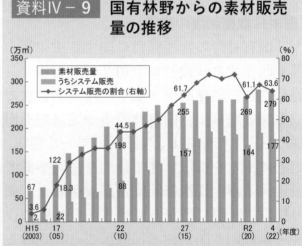

資料Ⅳ－9　国有林野からの素材販売量の推移

注1：各年度末の値。
　2：「システム販売」は「国有林材の安定供給システムによる販売」のこと。
資料：平成25(2013)年度までは、林野庁業務課調べ。平成26(2014)年度以降は、農林水産省「国有林野の管理経営に関する基本計画の実施状況」。

---

[8] 製材・合板等の原材料に供される丸太等(原木)。

（3）「国民の森林」としての管理経営等

（ア）「国民の森林」としての管理経営

（国有林野事業への理解と支援に向けた多様な情報受発信）

国有林野事業では、国有林野を「国民の森林」として位置付け、国民に対する情報の公開、フィールドの提供、森林・林業に関する普及啓発等により、国民に開かれた管理経営に努めている。

さらに、国民の意見を聴取するため、一般公募により「国有林モニター」を選定し、「国有林モニター会議」や現地見学会、アンケート調査等を行っている。国有林モニターには、令和5（2023）年4月現在330名が登録している。

このほか、ホームページの内容の充実に努めるとともに、森林管理局の新たな取組や年間の業務予定等を公表するなど、国民への情報発信に積極的に取り組んでいる。

（森林環境教育の推進）

国有林野事業では、森林環境教育の場としての国有林野の利用を進めるため、森林環境教育のプログラムの整備、フィールドの提供等に取り組んでいる。

この一環として、学校等と森林管理署等が協定を結び、国有林野の豊かな森林環境を子供たちに提供する「遊々の森」を設定している。令和4（2022）年度末現在146か所で協定が締結され、森林教室や自然観察、体験林業等の様々な活動が行われている。

（NPO、地域、企業等との連携）

国有林野事業では、NPO、地域、企業等と連携して国民参加の森林づくりを進めている。森林づくりを行うことを希望するNPO等に森林づくりのフィールドを提供する「ふれあいの森」や、地域住民や民間団体等と合意形成を図りながら、協働・連携して地域や森林の特色を活かした森林整備・保全活動を実施する「モデルプロジェクトの森」を設定しており、令和4（2022）年度末現在、それぞれ122か所、14か所となっている（事例Ⅳ－5）。

また、企業の社会的責任（CSR）活動等を目的とした森林づくり活動へのフィールドを提供する「社会貢献の森」、森林保全を目的とした森林パトロールや美化活動等のフィールドを提供する「多様な活動の森」を設定しており、令和4（2022）年度末現在、それぞれ155か所、84か所となっている。さらに、分収林制度を活用し、企業等が契約者となって社会貢献、社員教育及び顧客とのふれあいの場として森林づくりを行う「法人の森林」も設定しており、令和4（2022）年度末現在463か所となっている。

このほか、歴史的に重要な木造建造物や各地の祭礼行事、伝統工芸等の次代に引き継ぐべき木の文化を守るため、「木の文化を支える森」を設定しており、令和4（2022）年度末現在24か所となっている。

（イ）地域振興への寄与

（国有林野の貸付け・売払い）

国有林野事業では、農林業を始めとする地域産業の振興、住民の福祉の向上等に貢献するため、地方公共団体や地元住民等に対して、国有林野の貸付けを行っている。令和4（2022）年度末現在の貸付面積は約7.2万haで、道路、電気・通信、ダム等の公用、公共用又は公益事業用の施設用地が49.5%、農地や採草放牧地が13.9%を占めている。

Ⅳ

　このうち、公益事業用の施設用地については、FIT制度[9]に基づき経済産業省から発電事業の認定を受けた事業者も貸付対象としており、令和4(2022)年度末現在で約310haの貸付けを行っている。

　このほか、令和4(2022)年度には、ダム用地や道路用地等として、計74haの国有林野の売払い等を行った。

(公衆の保健のための活用)

　国有林野事業では、優れた自然景観を有し、森林浴、自然観察、野外スポーツ等に適した国有林野について、令和5(2023)年4月現在576か所(約24万ha)を「自然休養林」や「自然観察教育林」等の「レクリエーションの森」に設定している(資料Ⅳ－10)。令和4(2022)年度には、「レクリエーションの森」において、延べ約1億人の利用があった。

　「レクリエーションの森」では、地元の地方公共団体を核とする「「レクリエーションの森」管理運営協議会」を始めとした地域の関係者と森林管理署等が連携しながら、利用者のニーズに対応した管理運営を行っている。一部の地域では、利用者からの協力金による収入のほか、「サポーター制度」に基づく企業等からの資金も活用している。令和4(2022)年度末現在11か所の「レクリエーションの森」において、延べ18の企業等がサポーターとなっている。

(観光資源としての活用の推進)

　「レクリエーションの森」のうち、特に観光資源としての潜在的魅力がある93か所を「日本 美 しの森 お薦め国有林」とし

日本 美 しの森
お薦め国有林
https://www.rinya.maff.go.jp/j/kokuyu_rinya/kokumin_mori/katuyo/reku/rekumori/index.html

---

事例Ⅳ－5　「ふれあいの森」における植樹活動

　青森県生活協同組合連合会は、平成2(1990)年に開始した牛乳パックリサイクル活動の収益金を基に、社会貢献活動の一環として平成13(2001)年に青森森林管理署と協定を締結し、青森市内の内真部山国有林に設定した「生協ふれあいの森」で植樹活動を行っている。

　「生協ふれあいの森」は青森ヒバの美林を擁する眺望山の山麓にあり、植樹祭では、県内の生協組合員親子などが多数参加し、これまでに約3,900本のヒバを植えてきた。植樹祭後には、署職員の案内による森林内の散策やコースターなどの小物づくりを実施している。同連合会は「生協ふれあいの森」における様々な体験活動を通じて、森林と人々の生活との関係に対する理解が深まることを期待している。

植樹祭の参加者

ヒバ苗木の植樹

---

[9] FIT制度については、第Ⅲ章第2節(3)142ページを参照。

て選定しており[10](資料IV−11)、外国人観光客も含めた利用者の増加を図るため、標識類等の多言語化、歩道等の施設修繕などの重点的な環境整備及びホームページ等による情報発信の強化に取り組んでいる。令和6(2024)年3月に新たに1か所の「日本美しの森 お薦め国有林」の魅力を伝える動画を農林水産省公式YouTubeチャンネル及びホームページ等で公開したほか、SNS等に広告を掲載するなど、国内外の幅広い層への情報発信に取り組んだ。さらに、環境省との連携を強化し、優れた自然の保護と利用の両立を図りながら、「レクリエーションの森」と国立公園が重複している箇所における更なる利便性の向上に取り組んでいる。

資料IV−10　「レクリエーションの森」の設定状況

レクリエーションの森の種類	箇所数	面積（千ha）	利用者数（百万人）	代表的なレクリエーションの森（都道府県）
自然休養林	79	94	19	高尾山（東京）、赤沢（長野）、剣山（徳島）、屋久島（鹿児島）
自然観察教育林	87	22	11	白神山地・暗門の滝（青森）、金華山（岐阜）、赤西（兵庫）
風景林	145	62	43	えりも（北海道）、芦ノ湖（神奈川）、嵐山（京都）
森林スポーツ林	26	3	3	筑波山（茨城）、滝越（長野）、扇ノ仙（鳥取）
野外スポーツ地域	164	49	16	天狗山（北海道）、裏磐梯デコ平（福島）、向坂山（宮崎）
風致探勝林	75	13	7	温身平（山形）、駒ヶ岳（長野）、虹ノ松原（佐賀）
合　　計	576	243	99	

注1：箇所数及び面積は、令和5(2023)年4月1日現在の数値であり、利用者数は令和4(2022)年度の参考値である。
　2：計の不一致は四捨五入による。
資料：農林水産省「令和4年度　国有林野の管理経営に関する基本計画の実施状況」

[10] 「日本美しの森 お薦め国有林」の選定については、「平成29年度森林及び林業の動向」トピックス4（8-9ページ）を参照。

資料Ⅳ－11　「日本 美 しの森 お薦め国有林」の例

ポロト自然休養林(北海道)

白神山地・暗門の滝自然観察教育林(青森県)

野反自然休養林(野反湖とノゾリキスゲ)
(群馬県)

安宅林風景林(松林の小径)
(石川県)

戸隠・大峰自然休養林(長野県)

剣山自然休養林(徳島県)

くまもと自然休養林(熊本県)

植栽から4年後の海岸防災林(宮城県仙台市)

東日本大震災からの復興

　平成23(2011)年3月11日に発生した「東日本大震災」では、地震や津波により、森林・林業・木材産業にも大きな被害が発生した。また、東京電力福島第一原子力発電所の事故により、広い範囲の森林が放射性物質に汚染された。農林水産省では、「「第2期復興・創生期間」以降における東日本大震災からの復興の基本方針」等に基づき、震災からの復旧及び復興に向けた取組を進めている。

　本章では、森林・林業・木材産業等の被害と復旧状況を記述するとともに、海岸防災林の復旧・再生、木材の活用等、これまでの復興に向けた森林・林業・木材産業の取組について記述する。また、原子力災害からの復興に向けたこれまでの取組として、森林の放射性物質対策、安全な特用林産物の供給、損害の賠償等について記述する。

1．復興に向けた森林・林業・木材産業の取組

（1）東日本大震災からの復興に向けて

　平成23(2011)年3月11日に発生した「平成23年(2011年)東北地方太平洋沖地震」では、広い範囲で強い揺れが観測されるとともに、東北地方の太平洋沿岸地域では大規模な津波被害が発生した。被害は未曾有の規模となり、東京電力福島第一原子力発電所の事故による災害を含めて、「東日本大震災」と呼称することとされた。

　政府は、令和2(2020)年度までの10年間を復興期間とし、国の総力を挙げて復旧・復興に取り組むとともに、令和3(2021)年3月には、続く令和3(2021)年度から令和7(2025)年度までの5年間を「第2期復興・創生期間」として、「「第2期復興・創生期間」以降における東日本大震災からの復興の基本方針」を閣議決定した。同方針において、森林・林業分野では、放射性物質を含む土壌の流出を防ぐための間伐等の森林整備とその実施に必要な放射性物質対策や、しいたけ原木生産のための里山の広葉樹林について計画的な再生に向けた取組等を進めることとされた。さらに、令和6(2024)年3月の見直しにより、帰還困難区域を含め森林・林業再生を進めるため、科学的根拠に基づくリスクコミュニケーションを含め、森林における作業の実施や伐採木・樹皮の扱い等に関する関係者との調整など必要な対応を進めることが追記された。

（2）森林等の被害と復旧・復興
（ア）山地災害等と復旧状況

　東日本大震災により、青森県から高知県までの15県において、山腹崩壊や地すべり等の林地荒廃(458か所)、津波による防潮堤[1]の被災等の治山施設の被害(275か所)、法面・路肩の崩壊等の林道施設等の被害(2,632か所)、火災による焼損等の森林被害(約1,065ha)等が発生した(資料V-1)。

　治山施設や林道施設等の被害箇所については、国が採択した山林施設災害復旧等事業591か所について、国、県、市町村が復旧工事を進め、令和3(2021)年度までに事業が完了した。

資料V-1　東日本大震災による林野関係の被害

被害の内容	被害箇所数
林地荒廃	458か所
治山施設	275か所
林道施設等	2,632か所
森林被害	約1,065ha
木材加工流通施設	115か所
特用林産施設等	476か所
合　計	(1,065ha) 3,956か所

注1：着色部は震災による林野関係の被害が確認された県(15県)。■は特に被害が甚大であった3県。
　　2：被害箇所数は平成23(2011)年に報告された数値。
資料：林野庁調べ(平成23(2011)年時点)。

[1] 高潮や津波等により海水が陸上に浸入することを防止する目的で陸岸に設置される堤防。治山事業では、海岸防災林の保護のため、治山施設として防潮堤等を整備している。

(イ)海岸防災林の復旧・再生
(復旧に向けた方針)

　被災した海岸防災林の復旧・再生に当たっては、「今後における海岸防災林の再生について[2]」の方針を踏まえつつ、被災状況や地域の実情に応じて取り組むこととし、令和6 (2024)年3月末時点で、要復旧延長約164km[3]のうち、約163kmにおいて植栽等の復旧事業[4]が完了した。これについては、津波に対する被害軽減、飛砂害・風害の防備、潮害の防備等の機能を発揮させるために、引き続き、健全な生育を促す保育作業を継続的に実施する必要がある。また、福島県における植栽未完了部分については、関係機関と調整しつつ、早期完了に向けて事業を継続することとしている[5]。

(植栽等の実施における民間団体等との連携)

　海岸防災林の復旧・再生については、地域住民、NPO、企業等の参加や協力を得ながら、植栽や保育が進められてきた(事例V－1)。

　国有林では、海岸防災林の復旧事業地のうち、生育基盤の造成が完了した箇所の一部において、森林管理署との協定締結

国有林野事業における
東日本大震災に関する情報
https://www.rinya.maff.go.jp/j/
kokuyu_rinya/higashinihon.html

事例V－1　企業による海岸防災林の植樹・保育活動

　福島県では、平成26(2014)年度から、「ふくしまの森と海岸林再生活動」として、NPO、企業等と連携した取組を進めている。同取組においてNPO、企業等は、福島県等の公有林の土地所有者と協定を締結し、生育基盤の造成が完了した部分において植樹・保育活動を行っている。

　送電線の測量設計から建設・管理までの工事を専門として扱う株式会社メイワ(福島県南相馬市)は、同取組に参加し、令和2(2020)年に南相馬市において400本のクロマツの植樹を行い、令和3(2021)年からは春と秋に保育活動として下刈りを行っている。植樹場所を社内公募により「メイワ未来の森」と名付けるとともに、同社における業務内容を活かして植樹のための測量から下刈りまでを全て社員で行うなど、多くの社員が活動に参加している。

植樹作業

下刈り作業

(写真提供:株式会社メイワ)

---

[2] 「東日本大震災に係る海岸防災林の再生に関する検討会」(平成24(2012)年2月)

[3] 「東日本大震災からの復興の状況に関する報告」(令和5(2023)年12月15日国会報告)

[4] 地盤高が低く地下水位が高い箇所では盛土を行うなど、生育基盤を造成した上で植栽を実施。

[5] 復興庁「復興施策に関する事業計画及び工程表(福島12市町村を除く。)(令和2年4月版)」(令和2(2020)年8月7日)、
復興庁「福島12市町村における公共インフラ復旧の工程表」(令和5(2023)年9月29日)

による国民参加の森林づくり制度を活用し、延べ98の民間団体が平成24(2012)年度から令和元(2019)年度末までに、宮城県仙台市内、名取市内、東松島市内及び福島県相馬市内の国有林33haにおいて植栽を行っており、植栽後も協定に基づき、下刈りなどの保育に取り組んでいる。

（3）復興への木材の活用と森林・林業・木材産業の貢献
（ア）林業・木材産業の被害と復旧状況

　東日本大震災により、林地や林道施設等へ被害が生じた。また、木材加工流通施設や特用林産施設等も被災し（資料Ⅴ－1）、大規模な合板工場や製紙工場も被災したことから、これらの工場に供給されていた合板用材や木材チップの流通が停滞するなど、林業への間接の被害もあった。さらに、東京電力福島第一原子力発電所の事故に伴う放射性物質の影響により、東日本地域ではしいたけ原木の調達が困難になり、しいたけの生産体制に大きな被害を受けた[6]。

　平成23(2011)年中に、被災工場が順次操業を再開したことに伴い、用材等の流通が回復した。現在、素材[7]生産については震災前の水準以上になっており、木材製品の生産については、おおむね震災前の水準にまで回復している。

（イ）まちの復旧・復興に向けた木材の活用
（応急仮設住宅における木材の活用）

　東日本大震災以前、応急仮設住宅のほとんどは、鉄骨プレハブにより供給されていたが、東日本大震災においては木造化の取組が進んだ。被災3県（岩手県、宮城県、福島県）では、約5.3万戸の応急仮設住宅のうち27.5%に当たる約1.5万戸が木造で建設された[8]。

（災害公営住宅における木材の貢献）

　「東日本大震災からの復興の基本方針」（平成23(2011)年7月東日本大震災復興対策本部決定、同年8月改定）では、津波の危険性がない地域では、災害公営住宅[9]等の木造での整備を促進するとされており、住まいの復興工程表で計画されていた災害公営住宅のうち原発避難からの帰還者向けのもの等を除く2万9,230戸の工事が、令和2(2020)年度末に完了し、25.0%が木造で建設された[10]。

（公共施設等での木材の活用）

　被災地では、新しいまちづくりに当たり、公共建築物等にも木材が活用されてきた。また、地域材を積極的に活用する取組も行われ、被災地域の復興のシンボル的な役割を担ってきた。

　例えば、福島県田村市において、福島県産材を活用し、避難解除後の帰還者の交通やコミュニティの拠点としてJR船引駅に学習スペースやコミュニティスペースが整備された（資料Ⅴ－2）。

---

[6] 特用林産物については、第2節（2）188-191ページを参照。

[7] 製材・合板等の原材料に供される丸太等（原木）。

[8] 国土交通省調べ。

[9] 災害により住宅を滅失した者に対し、地方公共団体が整備する公営住宅。

[10] 国土交通省調べ（令和2(2020)年12月時点）。

資料Ⅴ－2　JR船引駅(福島県田村市)

学習スペース

コミュニティスペース

(ウ)エネルギー安定供給に向けた木質バイオマスの活用

　平成24(2012)年7月に閣議決定された「福島復興再生基本方針」では、目標の一つとして、再生可能エネルギー産業等の創出による地域経済の再生が位置付けられたこと等を受け、各県で木質バイオマス関連施設が稼働している。岩手県、宮城県、福島県においては、令和5(2023)年9月末時点で、主に間伐材等由来の木質バイオマスを使用する発電所34件がFIT・FIP認定され、そのうち21件が稼働している。また、木質バイオマスの熱利用については、宮城県気仙沼市や岩手県久慈市で熱供給事業が行われている[11]。

(エ)新たな木材工場の稼働

　福島県浪江町では、福島再生加速化交付金を活用し整備した福島高度集成材製造センター(FLAM)が令和3(2021)年3月に完成し、令和4(2022)年7月より本格稼働している。県産材を活用した集成材を製造しており、中高層建築物等で活用されている。

---

[11] 木質バイオマスのエネルギー利用については、第Ⅲ章第2節(3)140-143ページを参照。

2．原子力災害からの復興

（1）森林の放射性物質対策
（ア）森林内の放射性物質に関する調査・研究
（森林においても空間線量率は減少）

　東京電力福島第一原子力発電所の事故により、環境中に大量の放射性物質が放出され、福島県を中心に広い範囲の森林が汚染された。福島県は、平成23(2011)年から、帰還困難区域を除く県内各地の森林において、空間線量率等のモニタリング調査を実施している。令和5(2023)年3月の空間線量率の平均値は0.17μSv/hとなっており、森林内の空間線量率は、放射性物質の物理的減衰による予測値とほぼ同様に低下している(資料Ⅴ-3)。

（森林内の放射性物質の分布状況の推移）

資料Ⅴ-3　福島県の森林内の空間線量率の推移

注：放射性セシウムの物理的減衰曲線とモニタリング実測(福島県の森林内362か所の平均値)の関係。

資料：福島県「森林における放射性物質の状況と今後の予測について」(令和4(2022)年度)

　森林・林業施策の対応に必要な基礎的知見として、林野庁は、福島県内の森林において、放射性セシウムの濃度と蓄積量の推移を調査している。

　森林内では、事故後最初の1年で葉、枝、落葉層の放射性セシウムの分布割合が大幅に低下し、土壌の分布割合が大きく上昇した。令和5(2023)年時点では、森林内の放射性セシウムの90%以上が土壌に分布し、その大部分は土壌の表層0～5cmに存在している。なお、森林全体での放射性セシウム蓄積量の変化が少なく、かつ大部分が土壌表層付近にとどまっていることなどから、森林外への流出は少ないと考えられる[12]。

（森林整備等に伴う放射性物質の移動）

　林野庁は、平成24(2012)年から平成29(2017)年にかけて福島県内の森林に設定した試験地において、落葉等除去や伐採等の作業を実施した後の放射性セシウムの移動状況調査を行った。その結果から、間伐の際に林床を大きく攪乱せず、土砂の移動が少なければ、森林外への放射性セシウムの移動は抑えられることが明らかにされている[13]。

（ぼう芽更新木等に含まれる放射性物質）

　放射性物質の影響によりきのこ生産に用いる原木の生産が停止した地域において、将来的にしいたけ等原木の生産を再開する上で必要な知見を蓄積するため、林野庁は、平成25(2013)年度から、東京電力福島第一原子力発電所の事故後に伐採した樹木の根株から発生したぼう芽更新木について調査している。これらの取組に加えて、林野庁では、福島県及び周辺県のしいたけ等原木林の再生に向け、伐採及び伐採後のぼう芽更新木の放射性セシウム濃度の調査等について支援している。

---

[12] 林野庁ホームページ「令和4年度 森林内の放射性物質の分布状況調査結果について」

[13] 林野庁「平成28年度森林における放射性物質拡散防止等技術検証・開発事業報告書」(平成29(2017)年3月)

(情報発信等の取組)

　これまでの国、福島県等の取組により、森林における放射性物質の分布、森林から生活圏への放射性物質の流出等に係る知見等が蓄積されており、林野庁では、これらの情報を分かりやすく提供するため、シンポジウムの開催や動画の制作、パンフレットの作成・配布等の普及啓発を実施している。

(イ)林業の再生及び安全な木材製品の供給に向けた取組

(福島県における素材生産量の回復)

　福島県全体の素材生産量は、震災が発生した平成23(2011)年には大きく減少したが、森林内の空間線量率が低下したことや、放射性物質対策に関する知見の蓄積や制度の整備に伴い、帰還困難区域やその周辺の一部の地域を除き、おおむね素材生産が可能となり、平成27(2015)年には震災前の水準まで回復している。

(林業再生対策の取組)

　放射性物質の影響による森林整備の停滞が懸念される中、森林の多面的機能の維持・増進のために必要な森林整備を実施し、林業の再生を図るため、平成25(2013)年度から、福島県や市町村等の公的主体により間伐等の森林整備と放射性物質対策[14]が一体的に実施されている。令和5(2023)年3月末までの実績は、汚染状況重点調査地域等に指定されている福島県内44市町村(既に解除された市町村を含む。)の森林において、間伐等14,110ha、森林作業道作設1,705kmとなっている。

(里山の再生に向けた取組)

　平成28(2016)年3月に復興庁、農林水産省及び環境省によって取りまとめられた「福島の森林・林業の再生に向けた総合的な取組」に基づく取組の一つとして、平成28(2016)年度から令和元(2019)年度にかけて、里山再生モデル事業を実施した。平成30(2018)年3月末までに14か所のモデル地区を選定し、林野庁による森林整備、環境省による除染、内閣府による線量マップの作成等、関係省庁が県や市町村と連携しながら、里山の再生に取り組んだ[15]。

　令和2(2020)年度からは、里山再生事業として森林整備等を行っており、令和6(2024)年3月末までに7市町村13地区において実施している。

(林内作業者の安全・安心対策の取組)

　避難指示解除区域において、生活基盤の復旧や製造業等の事業活動が行われ、営林についても再開できることを踏まえ、林内作業者の放射線安全・安心対策の取組が進められている。

　林野庁では、「東日本大震災により生じた放射性物質により汚染された土壌等を除染するための業務等に係る電離放射線障害防止規則」に基づき、森林内の個別作業における判断に資するため、「森林内等の作業における放射線障害防止対策に関する留意事項等について(Q&A)」を作成し、森林内作業を行う際の作業手順や留意事項を解説している。

　また、平成26(2014)年度からは、避難指示解除区域等を対象に、試行的な間伐等を実施し、平成28(2016)年度には、それまでに得られた知見を基に、林内作業者向けに分かりやすい放射線安全・安心対策のガイドブックを作成し、森林組合等の林業関係者に配布し普及を

---

[14] 急傾斜地等における表土の一時的な移動を抑制する筋工の設置等。

[15] 平成28(2016)年9月に川俣町、葛尾村、川内村及び広野町の計4か所、同年12月に相馬市、二本松市、伊達市、富岡町、浪江町及び飯舘村の計6か所、平成30(2018)年3月に田村市、南相馬市、楢葉町及び大熊町の計4か所を選定。

行っている。

(木材製品や作業環境等の安全証明対策の取組)

　林野庁では、消費者に安全な木材製品が供給されるよう、福島県内において民間団体が行う木材製品や木材加工施設の作業環境における放射性物質の測定及び分析に対して、継続的に支援している。これまでの調査で最も高い放射性セシウム濃度を検出した木材製品を使って、木材で囲まれた居室を想定した場合の外部被ばく量を試算[16]すると、年間0.049mSvと推定され、国際放射線防護委員会(ICRP)2007年勧告にある一般公衆における参考レベル下限値の実効線量１mSv/年と比べても小さいものであった[17]。福島県においても、県産材製材品の表面線量調査を定期的に行っており、専門家からは、環境や健康への影響がないとの評価が得られている。

(樹皮の処理対策の取組)

　木材加工の工程で発生する樹皮(バーク)は、ボイラー等の燃料、堆肥、家畜の敷料等として利用されるが、バークを含む木くずの燃焼により、高濃度の放射性物質を含む灰が生成される事例が報告されたことなどから、利用が進まなくなり、製材工場等に滞留するようになった。

　このため、林野庁では、製材工場等から発生するバークの廃棄物処理施設での処理を支援しており、バークの滞留量は、ピーク時(平成25(2013)年８月)の8.4万トンから、令和５(2023)年11月には約2,000トンへと減少した。

　また、発生したバークを農業用敷料やマルチ資材に用いる方法の開発等、利用の拡大に向けた実証が進められている。

(しいたけ等原木が生産されていた里山の広葉樹林の再生に向けた取組)

　震災前、福島県は全国有数のしいたけ等原木の生産地であり、全国のしいたけ原木の生産量の約１割、都道府県境を越えて流通するしいたけ原木の約５割を福島県産が占めていた。事故後、放射性物質の影響により、しいたけ等原木の生産が停滞し、原木となる広葉樹の伐採・更新が進んでいない。林野庁では、伐採・更新による循環利用が図られるよう、計画的な原木林の再生に向けた取組を「里山・広葉樹林再生プロジェクト」として、令和３(2021)年４月より福島県、市町村、福島県森林組合連合会、福島県木材協同組合連合会等と連携して推進している。同プロジェクトでは、市町村が、再生すべき原木林の面積や実行体制等を定めたほだ木[18]等原木林再生のための計画(再生プラン)を作成し、令和４(2022)年度から広葉樹の伐採を本格的に実施している。また、福島県がぼう芽更新木の放射性物質の調査を行うとともに、伐採した広葉樹の利用拡大等に関係者が連携して取り組んでいる。これらの伐採や調査は、林野庁の実証事業を活用して行われている。

(２)安全な特用林産物の供給

　東京電力福島第一原子力発電所の事故による放射性物質の拡散は、きのこや山菜等の特用林産物の生産にも大きな影響を及ぼしている。

---

[16] 国際原子力機関(IAEA)の「IAEA-TECDOC-1376」による居室を想定した場合の試算に基づいて算出。

[17] 木構造振興株式会社、福島県木材協同組合連合会、一般財団法人材料科学技術振興財団「安全な木材製品等流通影響調査・検証事業報告書」(令和元(2019)年)

[18] 原木にきのこの種菌を植え込んだもの。

きのこ等の食品については、検査の結果、放射性物質の濃度が厚生労働省の定める一般食品の基準値(100Bq/kg)を超え、更に地域的な広がりがみられた場合には、原子力災害対策本部長が関係県の知事に出荷制限等を指示している。令和6(2024)年3月28日現在、14県196市町村で、22品目の特用林産物に出荷制限が指示されている。

(栽培きのこの生産状況)

　平成24(2012)年の東日本地域におけるしいたけ生産量は、震災前の平成22(2010)年の4万664トンから30％以上減少して2万7,875トンとなったが、その後は徐々に回復してきている。このうち、菌床しいたけについては震災前の水準を上回っている一方で、原木しいたけについては震災前の水準を下回る状況が続いている(資料Ⅴ－4)。

(きのこ原木等の安定供給に向けた取組)

　林野庁は、きのこ原木や菌床等について、一般食品の基準値を踏まえた「当面の指標値」(きのこ原木とほだ木は50Bq/kg、菌床用培地と菌床は200Bq/kg)を設定しており[19]、同指標値を超えるきのこ原木と菌床用培地の使用、生産及び流通が行われないよう都道府県や業界団体に対し要請を行っている。

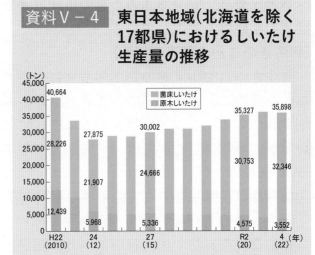

資料Ⅴ－4　東日本地域(北海道を除く17都県)におけるしいたけ生産量の推移

注1：17都県とは、青森、岩手、宮城、秋田、山形、福島、茨城、栃木、群馬、埼玉、千葉、東京、神奈川、新潟、山梨、長野、静岡。
　2：乾しいたけは生重量換算値。
資料：林野庁「特用林産基礎資料」

　震災前には、きのこ原木は、福島県の阿武隈(あぶくま)地域で生産されていたものが広く全国に流通していたが、指標値を超えるきのこ原木が多く発生し、現在も生産が回復していない。

　きのこ原木の生産量の大幅な減少に伴い、多くの県できのこ原木の安定調達に影響が生じたことから、林野庁では、きのこ原木の安定供給検討委員会[20]を開催し、需要者と供給者のマッチングを行ってきた[21]。しかし、需給のギャップは解消されておらず、林野庁では、引き続き、きのこ原木の需給情報の収集・分析・提供を行うこととしている。

(きのこ等の放射性物質低減に向けた取組)

　林野庁は、原木きのこの生産再開に向けて、「放射性物質低減のための原木きのこ栽培管理に関するガイドライン[22]」を策定し、全国の都道府県に周知した。出荷制限が指示された地域については、同ガイドラインを活用した栽培管理の実施により基準値を超えるきのこが生産されないと判断された場合、地域の出荷制限は残るものの、ほだ木のロット単位

---

[19] 「「きのこ原木及び菌床用培地の当面の指標値の設定について」の一部改正について」(平成24(2012)年3月28日付け23林政経第388号林野庁林政部経営課長・木材産業課長等連名通知)

[20] 平成25(2013)年度までは「きのこ生産資材安定供給検討委員会」、平成26(2014)年度からは「安全なきのこ原木の安定供給体制構築に係わる検討委員会」と呼称。

[21] 「平成24年度森林及び林業の動向」第Ⅱ章第3節(2)61ページを参照。

[22] 「放射性物質低減のための原木きのこ栽培管理に関するガイドライン」(平成25(2013)年10月16日付け25林政経第313号林野庁林政部経営課長通知)。生産された原木きのこが食品の基準値を超えないようにするための具体的な栽培管理方法として、指標値以下の原木を使用すること、発生したきのこの放射性物質を検査することなどの必須工程のほか、状況に応じて原木・ほだ木を洗浄することなどを示している。

[23]での出荷が可能となる。

　原木しいたけについては、令和6 (2024)年3月28日現在、6県93市町村で出荷制限が指示されている[24]が、このうち6県68市町村でロット単位での出荷が認められるなど、生産が再開されている。

　林野庁では、安全なきのこ等の生産に必要な簡易ハウス等の防除施設や放射性物質測定機器の整備等を支援している。

(野生きのこ、山菜等の状況)

　野生きのこや山菜等の特用林産物については、令和6 (2024)年3月28日現在、野生きのこ、たけのこ、くさそてつ、こしあぶら、ふきのとう、ぜんまい等18品目に出荷制限が指示されている。なお、野生きのこについては、全体を1品目として出荷制限が指示されているが、解除に当たっては、平成26(2014)年から、種類ごとに解除できることとされている。

　林野庁は、野生きのこ、山菜等の出荷制限の解除が円滑に進むよう、平成27(2015)年に「野生のきのこ類等の出荷制限解除に向けた検査等の具体的運用について[25]」を通知し、具体的な検査方法や出荷管理について関係都県に周知した。このような中で、野生きのこの出荷制限の解除も進みつつある。一方、近年でも新たに出荷制限が指示される品目もあり、安全な特用林産物を出荷するため、今後も検査等を継続していく必要がある。

　さらに、令和3 (2021)年3月、原子力災害対策本部が策定する「検査計画、出荷制限等の品目・区域の設定・解除の考え方」の一部が改正され、出荷制限地域であっても、県が定めた出荷・検査方針により、野生きのこ・山菜類等を適切に管理・検査する体制が整備された地域では、非破壊検査により基準値を下回ることが確認できたものは出荷可能となった。令和3 (2021)年3月にはまつたけ、令和4 (2022)年3月には皮付きたけのこ、令和5 (2023)年3月にはなめこ、ならたけ、むきたけに適用される旨、厚生労働省から都道府県へ通知された[26]。これにより、宮城県及び福島県内の一部区域において、これらの5品目の出荷が再開された。

　林野庁では、風評の払拭に向けて、きのこ等の特用林産物に関する出荷制限・解除の情報等をホームページで迅速に発信している。

(薪、木炭、木質ペレットの指標値の設定)

　林野庁は、調理加熱用の薪と木炭に関する放射性セシウム濃度の当面の指標値を、それぞれ40Bq/kg、280Bq/kg(いずれも乾重量)に設定し[27]、都道府県や業界団体に対し、同指標値を超える薪や木炭の使用、生産及び流通が行われないよう要請を行っている。木質ペレットについても、放射性セシウム濃度に関する当面の指標値を、樹皮を除いた木材を原料

---

[23] 原木の仕入先や植菌時期ごとのまとまり。

[24] これまでに出荷制限が指示された市町村のうち、2県3市町で出荷制限が解除されている。

[25] 「野生のきのこ類等の出荷制限解除に向けた検査等の具体的運用について」(平成27(2015)年11月20日付け27林政経第247号林野庁林政部経営課長通知)

[26] 「非破壊検査法による食品中の放射性セシウムスクリーニング法について」(令和3 (2021)年3月26日付け厚生労働省医薬・生活衛生局食品監視安全課事務連絡、令和4 (2022)年3月25日付け厚生労働省医薬・生活衛生局食品監視安全課事務連絡、令和5 (2023)年3月30日付け厚生労働省医薬・生活衛生局食品監視安全課事務連絡)

[27] 「調理加熱用の薪及び木炭の当面の指標値の設定について」(平成23(2011)年11月2日付け23林政経第231号林野庁林政部経営課長・木材産業課長連名通知)

とするホワイトペレットと樹皮を含んだ木材を原料とする全木ペレットについては40Bq/kg、樹皮を原料とするバークペレットについては300Bq/kgと設定した[28]。

なお、これらの指標値は、燃焼灰が一般廃棄物として処理可能な放射性物質濃度を超えないよう定められた。

（3）損害の賠償

原子力損害の賠償に関する法律に基づき、東京電力福島第一原子力発電所の事故の損害賠償責任は東京電力ホールディングス株式会社が負っている。さらに、原子力損害賠償紛争審査会は、被害者の迅速、公正かつ適正な救済を図るため「東京電力株式会社福島第一、第二原子力発電所事故による原子力損害の範囲の判定等に関する中間指針」等を策定しているとともに、風評被害については、個別の事例又は類型ごとに東京電力ホールディングス株式会社に合理的かつ柔軟な対応を求めている[29]。

林業関係では、これまで、避難指示等に伴い事業に支障が生じたことによる減収等について賠償が行われている。関係団体からの聴取によると、令和5（2023）年6月末現在、請求額約91億円に対し支払額は約88億円となっている。

また、原木しいたけの栽培管理に必要な追加的経費等に関する損害賠償の請求・支払状況については、関係県からの聴取によると、令和5（2023）年9月末現在、請求額約454億円に対し、支払額は約399億円となっている。

避難指示区域内の森林（山林の土地及び立木）に係る財物賠償については、同社が平成26（2014）年9月から賠償請求を受け付けており[30]、平成27（2015）年3月からは避難指示区域以外の福島県内の立木についても賠償の請求を受け付けている[31]。

---

[28] 「木質ペレットの当面の指標値の設定及び「木質ペレット及びストーブ燃焼灰の放射性セシウム測定のための検査方法」の制定について」（平成24（2012）年11月2日付け24林政利第70号林野庁林政部木材利用課長通知）

[29] 原子力損害賠償紛争審査会「東京電力株式会社福島第一、第二原子力発電所事故による原子力損害の範囲の判定等に関する中間指針」（平成23（2011）年8月5日）、「東京電力株式会社福島第一、第二原子力発電所事故による原子力損害の範囲の判定等に関する中間指針追補（自主的避難等に係る損害について）」（第一次追補）（平成23（2011）年12月6日）、「東京電力株式会社福島第一、第二原子力発電所事故による原子力損害の範囲の判定等に関する中間指針第二次追補（政府による避難区域等の見直し等に係る損害について）」（平成24（2012）年3月16日）、「東京電力株式会社福島第一、第二原子力発電所事故による原子力損害の範囲の判定等に関する中間指針第三次追補（農林漁業・食品産業の風評被害に係る損害について）」（平成25（2013）年1月30日）、「東京電力株式会社福島第一、第二原子力発電所事故による原子力損害の範囲の判定等に関する中間指針第四次追補（避難指示の長期化等に係る損害について）」（平成25（2013）年12月26日）、「東京電力株式会社福島第一、第二原子力発電所事故による原子力損害の範囲の判定等に関する中間指針第五次追補（集団訴訟の確定判決等を踏まえた指針の見直しについて）」（令和4（2022）年12月20日）

[30] 東京電力プレスリリース「宅地・田畑以外の土地および立木に係る財物賠償について」（平成26（2014）年9月18日付け）

[31] 東京電力プレスリリース「福島県の避難指示区域以外の地域における立木に係る財物賠償について」（平成27（2015）年3月19日付け）

第2部

令和5年度
森林及び林業施策

概説

1 施策の重点

森林・林業基本計画（令和3 (2021)年6月閣議決定)に沿って、以下の森林・林業施策を積極的に展開した。

(1)森林の有する多面的機能の発揮に関する施策

森林の有する多面的機能を将来にわたって適切に発揮させていくため、①適切な森林施業の確保、②面的なまとまりをもった森林管理、③再造林の推進、④野生鳥獣による被害への対策の推進、⑤適切な間伐等の推進、⑥路網整備の推進、⑦複層林化と天然生林の保全管理等の推進、⑧カーボンニュートラル実現への貢献、⑨国土の保全等の推進、⑩研究・技術開発及びその普及、⑪新たな山村価値の創造、⑫国民参加の森林づくり等の推進、⑬国際的な協調及び貢献に関する施策を実施した。

特に、市町村が森林環境譲与税も活用して実施する、森林経営管理法 (平成30年法律第35号)に基づく森林整備等の取組を推進した。また、令和5 (2023)年4月に設置された「花粉症に関する関係閣僚会議」において同年5月に決定された「花粉症対策の全体像」及び同年10月に決定された「花粉症対策 初期集中対応パッケージ」に基づき、発生源対策や飛散対策の取組を推進した。

また、森林の防災・保水機能を発揮させるため、「防災・減災、国土強靱化のための5か年加速化対策」(令和2 (2020)年12月閣議決定)により山地災害危険地区や氾濫した河川の上流域等における治山対策、間伐等の取組を推進した。

(2)林業の持続的かつ健全な発展に関する施策

林業の持続的かつ健全な発展を図るため、①望ましい林業構造の確立、②担い手となる林業経営体の育成、③人材の育成・確保等、④林業従事者の労働環境の改善、⑤森林保険による損失の補填、⑥特用林産物の生産振興に関する施策を推進した。

特に、情報通信技術(ICT)等を活用し資源管理や生産管理を行うスマート林業等の新たな技術の導入により、伐採から再造林・保育に至る収支のプラス転換を可能とする「新しい林業」に向けた林業経営育成を図った。

さらに、令和5 (2023)年度から、関係者が連携して地域コンソーシアムを形成してデジタル技術の現場実装を進める「デジタル林業戦略拠点」の取組を開始した。

(3)林産物の供給及び利用の確保に関する施策

林産物の供給及び利用を確保するため、①原木の安定供給、②木材産業の競争力強化、③都市等における木材利用の促進、④生活関連分野等における木材利用の促進、⑤木質バイオマスの利用、⑥木材等の輸出促進、⑦消費者等の理解の醸成、⑧林産物の輸入に関する措置に関する施策を推進した。

特に、国産材の安定供給体制の構築に向けた需給情報連絡協議会を開催し、川上から川下までの関係者の木材需給情報の収集・共有等を図るとともに、海外情勢の影響を受けにくい需給構造構築に向けて国産材供給力の強化、国産の製品等への転換等の取組を支援した。

(4)国有林野の管理及び経営に関する施策

国土保全等の公益的機能の高度発揮に重要な役割を果たしている国有林野の特性を踏まえ、公益重視の管理経営を一層推進した。

また、効率的かつ安定的な林業経営の育成を図るため、国有林野の一定区域において、公益的機能を確保しつつ、一定期間、安定的に樹木を採取できる権利を設定する樹木採取権制度の運用を行った。

(5)その他横断的に推進すべき施策

その他横断的に推進すべき施策として、①デジタル化の推進、②新型コロナウイルス感染症への対応、③東日本大震災からの復興・創生に関する施策を実施した。

特に、東日本大震災によって被災した海岸防災林の復旧及び再生に取り組んだ。また、被災地の森林・林業の再生のため、森林の放射性物質による汚染実態の把握、円滑な林業の再生に資する実証等を実施するとともに、関連する情報の収集、整理、情

報発信等を実施した。

（6）団体に関する施策

　森林組合が、国民や組合員の信頼を受け、地域の森林施業や経営の担い手の中心として、森林経営管理制度においても重要な役割を果たすよう、事業・業務執行体制の強化及び体質の改善に向けた指導を行った。

2　財政措置

（1）財政措置

　令和5（2023）年度林野庁関係当初予算においては、一般会計に非公共事業費約1,077億円、公共事業費約1,979億円を計上した。本予算において、

① 「森林・林業・木材産業グリーン成長総合対策」として、

　（ア）木材需要に的確に対応できる安定的・持続可能な供給体制の構築のための取組を総合的に推進する「林業・木材産業循環成長対策」

　（イ）都市部における木材利用の強化や建築用木材の供給体制の強化を支援する「建築用木材供給・利用強化対策」

　（ウ）非住宅建築物等の木造化・木質化に向けた環境整備や、木材輸出等による木材の需要拡大を支援する「木材需要の創出・輸出力強化対策」

　（エ）新技術の導入により収益性等の向上につながる経営モデルの実証等を支援する「「新しい林業」に向けた林業経営育成対策」

　（オ）植樹等の森林づくりや木材利用を国民運動として進めていくための取組を支援する「カーボンニュートラル実現に向けた国民運動展開対策」

② 新技術の開発・実証や実装を支援する「林業デジタル・イノベーション総合対策」

③ 林業への新規就業者の育成・定着、これからの林業経営を担う人材等の確保・育成に向けた取組等を支援する「森林・林業担い手育成総合対策」

④ 森林の多面的機能の適切な発揮と山村地域のコミュニティの維持・活性化を図るための取組を推進する「森林・山村地域振興対策」

⑤ 花粉症対策苗木への植替え等を支援する「花粉発生源対策推進事業」

⑥ シカ被害を効果的に抑制するための取組等を支援する「シカ等による森林被害緊急対策事業」

⑦ 間伐や主伐後の再造林、幹線となる林道の開設・改良等を推進する「森林整備事業」

⑧ 激化する降水形態や活発化する地震及び火山活動に対応するため、復旧の加速化・効率化や事前防災力の向上を図るとともに、事業体等の負担軽減を推進する「治山事業」

等に取り組んだ。

　また、東日本大震災復興特別会計に非公共事業費約51億円、公共事業費約49億円を盛り込んだ。

　くわえて、令和5（2023）年度林野庁関係補正予算に非公共事業323億円、公共事業1,077億円を計上し、

① 林業・木材産業の国際競争力の強化や国内需要の拡大を図るため、林業・木材産業の体質強化に向けた取組等を総合的に支援する「林業・木材産業国際競争力強化総合対策」

② 10年後に花粉発生源となるスギ人工林の約2割減少を目指し、「花粉症対策　初期集中対応パッケージ」に掲げられた取組を実施する「花粉症解決に向けた緊急総合対策」

③ 燃油・資材の価格高騰や供給難への対応として、木質バイオマスエネルギーへの転換促進に向けた取組や、きのこ生産者のコスト低減等に向けた取組を支援する「燃油・資材の森林由来資源への転換等対策」

④ シカの生息頭数が増えている地域等における集中捕獲に資する対策を実施する「鳥獣被害防止総合対策」

⑤ 山地災害危険地区や氾濫した河川の上流域等での治山施設の整備等を推進する「治山施設の設置等による防災・減災対策」

⑥ 山地災害危険地区周辺や氾濫した河川の上流域等での間伐等の森林整備や、林道の開設・改良等を推進する「森林整備による防災・減災対策」

⑦ 被災した治山・林道施設や荒廃山地等の速やかな復旧等を推進する「災害復旧等事業」

等に取り組んだ。

林業関係の一般会計等の予算額

（単位：百万円）

区分	令和4（2022）年度	令和5（2023）年度
林業関係の一般会計等の予算額	420,634	452,345
治山事業の推進	87,485	89,068
森林整備事業の推進	177,447	180,933
災害復旧等	34,309	43,644
保安林等整備管理	467	459
森林計画	696	681
森林の整備・保全	3,494	2,825
林業振興対策	5,970	4,958
林産物供給等振興対策	2,508	2,146
森林整備・林業等振興対策	29,574	29,833
林業試験研究及び林業普及指導	11,228	11,909
森林病害虫等防除	714	758
国際林業協力	153	147
その他	66,589	84,983
東日本大震災復興特別会計予算額	10,204	9,946
国有林野事業債務管理特別会計予算額	353,472	343,033

注1：予算額は補正後のものである。
　　2：一般会計及び東日本大震災復興特別会計には、他省庁計上予算を含む。
　　3：総額と内訳の計の不一致は、四捨五入による。

（2）森林・山村に係る地方財政措置

「森林・山村対策」、「国土保全対策」等を引き続き実施し、地方公共団体の取組を促進した。

「森林・山村対策」としては、

① 公有林等における間伐等の促進

② 施業の集約化に必要な森林境界の明確化など森林整備地域活動の促進

③ 林業の担い手確保及び育成対策の推進

④ 民有林における長伐期化及び複層林化と林業公社がこれを行う場合の経営の安定化の推進

⑤ 地域で流通する木材の利用のための普及啓発及び木質バイオマスエネルギー利用促進対策

⑥ 市町村による森林所有者情報の整備

等に要する経費等に対して、地方交付税措置を講じた。

「国土保全対策」としては、ソフト事業として、U・Iターン受入対策、森林管理対策等に必要な経費に対する普通交付税措置及び上流域の水源維持等のための事業に必要な経費を下流域の団体が負担した場合の特別交付税措置を講じた。また、公の施設として保全及び活用を図る森林の取得及び施設の整備、農山村の景観保全施設の整備等に要する経費を地方債の対象とした。

さらに、森林吸収源対策等の推進を図るため、林地台帳の運用、森林所有者の確定等、森林整備の実施に必要となる地域の主体的な取組に要する経費について、引き続き地方交付税措置を講じた。

3　税制上の措置

林業に関する税制について、令和5（2023）年度税制改正において、

① 林業用軽油に対する石油石炭税（地球温暖化対策のための課税の特例による上乗せ分）の還付措置の適用期限の3年延長（石油石炭税）

② 独立行政法人農林漁業信用基金が受ける抵当権の設定登記等の税率の軽減措置の適用期限の2年延長（登録免許税）

③　森林組合等が株式会社日本政策金融公庫資金等の貸付けを受けて取得した共同利用施設に係る課税標準の特例措置の適用期限の2年延長(不動産取得税)

④　森林組合等が林業・木材産業改善資金等の貸付けを受けて取得した農林漁業者等の共同利用に供する機械及び装置に係る課税標準の特例措置の適用期限の2年延長(固定資産税)

⑤　中小企業投資促進税制について、対象資産の見直しを行った上、その適用期限の2年延長(所得税・法人税)

⑥　中小企業経営強化税制について、対象資産の見直しを行った上、その適用期限の2年延長(所得税・法人税)

⑦　新型コロナウイルス感染症により影響を受けた事業者に対して行う特別貸付けに係る消費貸借に関する契約書の非課税措置の適用期限の1年延長(印紙税)

等の措置を講じた。

4　金融措置

(1)株式会社日本政策金融公庫資金制度

株式会社日本政策金融公庫の林業関係資金については、造林等に必要な長期低利資金の貸付計画額を255億円とした。沖縄県については、沖縄振興開発金融公庫の農林漁業関係貸付計画額を110億円とした。

森林の取得、木材の加工・流通施設等の整備、災害からの復旧を行う林業者等に対する利子助成を実施した。

令和6年能登半島地震や東日本大震災により被災した林業者等及び新型コロナウイルス感染症や原油価格・物価高騰等の影響を受けた林業者等に対し、実質無利子・無担保等貸付けを実施した。

(2)林業・木材産業改善資金制度

経営改善等を行う林業者・木材産業事業者に対する都道府県からの無利子資金である林業・木材産業改善資金について貸付計画額を38億円とした。

(3)木材産業等高度化推進資金制度

林業経営の基盤強化並びに木材の生産及び流通の合理化又は木材の安定供給を推進するための木材産業等高度化推進資金について貸付枠を600億円とした。

(4)独立行政法人農林漁業信用基金による債務保証制度

林業経営の改善等に必要な資金の融通を円滑にするため、独立行政法人農林漁業信用基金による債務保証や林業経営者に対する経営支援等の活用を促進した。

債務保証を通じ、重大な災害からの復旧、「木材の安定供給の確保に関する特別措置法」(平成8年法律第47号)に係る取組及び事業承継・創業等を支援するための措置を講じた。

令和6年能登半島地震や東日本大震災により被災した林業者等及び新型コロナウイルス感染症や原油価格・物価高騰等の影響を受けた林業者等に対し、保証料の助成等を実施した。

(5)林業就業促進資金制度

新たに林業に就業しようとする者の円滑な就業を促進するため、新規就業者や認定事業主に対する、研修受講や就業準備に必要な資金の林業労働力確保支援センターによる貸付制度を通じた支援を行った。

5　政策評価

効果的かつ効率的な行政の推進、行政の説明責任の徹底を図る観点から、「行政機関が行う政策の評価に関する法律」(平成13年法律第86号)に基づき、5年ごとに定める農林水産省政策評価基本計画及び毎年度定める農林水産省政策評価実施計画により、事前評価(政策を決定する前に行う政策評価)や事後評価(政策を決定した後に行う政策評価)を実施し、特に実績評価においては、森林・林業基本計画に基づき設定した51の測定指標について、令和4(2022)年度中に実施した政策に係る進捗を検証した。

I 森林の有する多面的機能の発揮に関する施策

1 適切な森林施業の確保

(1)森林計画制度の下での適切な施業の推進

　地域森林計画や市町村森林整備計画において、地域ごとに目標とする主伐量や造林量、発揮が期待される機能に応じたゾーニング等を定め、森林所有者等による造林、保育、伐採その他の森林施業の適切な実施を推進した。また、特に植栽による更新に適した区域の設定のほか、計画策定時に森林資源の保続が可能な主伐量の上限の検討等を進めるよう促し、再造林の実施をより効果的に促進した。

　くわえて、森林総合監理士等が市町村への技術的な支援等を適切に担うことができるよう、継続教育等による技術水準の向上を図りつつ、その育成・確保を図った。

(2)適正な伐採と更新の確保

　適正な伐採と更新の確保に向け、伐採造林届出書や伐採・造林後の森林の状況報告書の確実な提出、市町村森林整備計画に基づく適切な指導等、伐採及び伐採後の造林の届出等の制度の適正な運用を図った。

　また、衛星画像を活用した伐採箇所の効率的な把握などを促し、無断伐採の発生防止に向けた取組を推進した。

2 面的なまとまりをもった森林管理

(1)森林の経営管理の集積等

　森林経営計画の作成に向け、市町村や森林組合等による森林情報の収集、森林調査、境界の明確化、森林所有者の合意形成の活動及び既存路網の簡易な改良に対する支援を行うとともに、施業提案や森林境界の確認の手法として3次元地図や過去の空中写真等の森林情報の活用を推進することにより、施業の集約化の促進を図った。

　さらに、森林経営計画に基づき面的なまとまりをもって森林施業を行う者に対して、間伐等やこれと

一体となった森林作業道の開設等を支援するとともに、税制上の特例措置や融資条件の優遇措置を講じた。また、適切な経営管理が行われていない森林については、森林経営管理制度の下で、市町村が仲介役となり、林業経営者へ森林の経営管理の集積・集約化を図った。

　くわえて、森林経営管理制度の円滑な運用を図るため、市町村への指導・助言を行うことができる技術者の養成を進めるとともに、全国の知見・ノウハウを集積・分析し、市町村等への提供を行った。

　このほか、民有林と国有林が連携した「森林共同施業団地」の設定等の取組を推進した。

　所有者不明の森林については、森林経営管理制度等の活用による所有者情報の把握・確認が進むよう取組を促すとともに、森林経営管理制度の特例措置の円滑な運用に向けた知見等の整理を行った。また、共有林の共有者の一部の所在が不明である場合等には、共有者不確知森林制度の活用による森林の適切な整備を促した。

(2)森林関連情報の整備・提供

　森林関連情報については、レーザ測量等のリモートセンシング技術を活用し、森林資源情報の精度向上を図った。また、都道府県等が導入している標準仕様書に基づく森林クラウドにデータを集積し、情報の共有化と高度利用を促進した。

　森林の土地の所有者届出制度や精度向上に向けた調査等により得られた情報の林地台帳への反映を促進した。

　適正な森林管理、地域森林計画等の樹立及び学術研究の発展に資するため、林況や生物多様性等の森林経営の基準・指標に係るデータを継続的に把握する森林資源モニタリングを引き続き実施し、データの公表・活用を進めた。

3 再造林の推進

(1)優良種苗の安定的な供給

　再造林の低コスト化等に資するエリートツリー等の優良種苗の普及を加速するとともに、低コストかつ安定的に供給する体制を構築するため、原種増産技術の開発、採種園等の造成・改良、コンテナ苗の

生産施設の整備、生産技術の向上に向けた研修等の取組を推進した。

（2）造林適地の選定

林業に適した林地における再造林の実効性を高めていくため、林野土壌調査等の過去文献やレーザ測量などを活用した。また、市町村森林整備計画において「木材等生産機能維持増進森林」のうち「特に効率的な施業が可能な森林の区域」の適切なゾーニングを推進した。さらに、「森林の間伐等の実施の促進に関する特別措置法」（平成20年法律第32号。以下「間伐等特措法」という。）に基づく措置により、自然的・社会的な条件からみて植栽に適した区域における再造林を促進した。

（3）造林の省力化と低コスト化

伐採と造林の一貫作業や低密度植栽、エリートツリー等の植栽による下刈り回数の削減等の効率的な施業の導入や、リモートセンシング技術による施工管理等の効率化を推進するとともに、省力化・低コスト化に資する成長に優れた品種の開発を進めるほか、苗木生産施設等の整備への支援及び再造林作業を省力化する林業機械の開発に取り組んだ。

また、国有林のフィールドや技術力等を活かし、低コスト造林技術の開発・実証等に取り組んだ。

4　野生鳥獣による被害への対策の推進

森林整備と一体的に行う防護柵等の鳥獣害防止施設の整備や野生鳥獣の捕獲の支援を行うとともに、鳥獣保護管理施策や農業被害対策等との連携を図りつつ、シカ被害を効果的に抑制するため、林業関係者による捕獲効率向上対策や都道府県による広域的な捕獲の取組、情報通信技術(ICT)等を活用した新たな捕獲技術等の開発・実証を推進した。くわえて、近年顕在化しつつあるノウサギ被害の対策手法の確立に向けた試験を行った。

また、野生鳥獣による被害が発生している森林等において、森林法（昭和26年法律第249号）に基づく市町村森林整備計画等における鳥獣害防止森林区域の設定を通じた被害対策や、地域の実情に応じた野生鳥獣の生息環境となる針広混交の育成複層林や天然生林への誘導など野生鳥獣との共存に配慮した対策を推進した。

5　適切な間伐等の推進

不在村森林所有者の増加等の課題に対処するため、地域に最も密着した行政機関である市町村が主体となった森林所有者の確定及び境界の明確化や林業の担い手確保等のための施策を講ずるとともに、森林経営計画に基づき面的なまとまりをもって実施される間伐等を支援するほか、間伐等特措法等に基づき市町村による間伐等の取組を進めることなどにより、森林の適切な整備を推進した。また、市町村による森林経営管理制度と森林環境譲与税を活用した間伐等の取組を推進した。

6　路網整備の推進

傾斜区分と作業システムに応じた目指すべき路網密度の水準を踏まえつつ、林道と森林作業道を適切に組み合わせた路網の整備を推進した。その際、災害の激甚化、走行車両の大型化及び未利用材の収集運搬の効率化に対応できるよう、路網の強靱化・長寿命化を図った。

特に、強靱で災害に強く、木材の効率的な輸送を可能とする幹線林道の開設や、既設林道の改築・改良による質的向上を推進した。

7　複層林化と天然生林の保全管理等の推進

（1）生物多様性の保全
ア　生物多様性の保全に配慮した森林施業の推進

一定の広がりにおいて、様々な生育段階や樹種から構成される森林がモザイク状に配置されている「指向する森林の状態」を目指して、多様な森林整備を推進した。

このため、国有林において面的複層林施業等の先導的な取組を進めるとともに、市町村による森林経営管理制度と森林環境譲与税を活用した針広混交林化の取組等を促進した。あわせて、育成単層林施業においても、長伐期化や広葉樹の保残など生物多様性の保全に配慮した施業を推進した。この際、森林

所有者等がそれらの施業を選択しやすくするための事例収集や情報提供、モザイク施業等の複層林化に係る技術の普及を図った。

イ　天然生林等の保全管理の推進

原生的な森林生態系、希少な生物が生育・生息する森林等の保全管理に向けて、継続的なモニタリングに取り組むとともに、民有林と国有林が連携して、森林生態系の保存及び復元、点在する希少な森林生態系の保護管理、それらの森林の連続性確保等に取り組んだ。また、生物多様性にとって重要な地域を保護・保全するために、法令等による保護地域だけでなく、NPOや住民等によって生物多様性の保全がなされている地域などにおける保全管理の取組を推進した。さらに、生活の身近にある里山林等の継続的な保全管理などを推進した。

ウ　生物多様性の保全に向けた国民理解の促進

国民が広く参加し、植樹や森林保全等の生物多様性への理解につながる活動の展開、地域と国有林が連携した自然再生活動や森林環境教育等の取組を推進した。また、森林認証等への理解促進など、生物多様性の保全と森林資源の持続可能な利用の調和を図った。

（2）公的な関与による森林整備

市町村による森林経営管理制度と森林環境譲与税を活用した森林整備等の取組を推進した。都県の森林整備法人等が管理する森林について、針広混交林化等への施業転換や採算性を踏まえた分収比率の見直しなどを進めるとともに、森林整備法人等がその知見を活かして、森林管理業務の受託等を行うことで、地域の森林整備の促進に貢献した。

奥地水源等の保安林について、水源林造成事業により森林造成を計画的に行うとともに、既契約分については育成複層林等への誘導を進め、当該契約地周辺の森林も合わせた面的な整備にも取り組んだ。また、荒廃した保安林等について、治山事業による整備を実施した。

（3）花粉症対策の推進

「花粉症対策の全体像」では、「発生源対策」、「飛散対策」、「発症・曝露対策」を3本柱として、10年後に花粉発生源のスギ人工林を約2割減少させ、将来的(約30年後)に半減させることを目指すこととしており、これを踏まえて、農林水産省は、令和5(2023)年5月に花粉発生源スギ人工林減少推進計画を策定した。

また、「花粉症対策の全体像」が想定する期間の初期段階から集中的に実施すべき対応として取りまとめられた「花粉症対策　初期集中対応パッケージ」では、「発生源対策」について、令和5(2023)年度中に重点的に伐採・植替え等を実施する区域を設定し、スギ人工林の伐採・植替え等を加速化すること等が決定された。

これらに基づき、関係行政機関との緊密な連携の下、森林所有者に対する花粉の少ない苗木等への植替えの働き掛けを支援するとともに、花粉発生源となっているスギ・ヒノキ人工林の伐採とコンテナを用いて生産された花粉の少ない苗木等への植替え、広葉樹の導入による針広混交林への誘導等を推進した。また、スギ材等の需要拡大や花粉の少ない苗木の生産拡大に加え、林業の生産性の向上及び労働力の確保に取り組んだ。

さらに、「飛散対策」として、雄花の着花量調査、航空レーザ計測に基づく森林資源情報の提供・公開を進めるとともに、花粉飛散防止剤の実用化等を推進した。

あわせて、これらの成果等の関係者への効果的な普及を行うとともに、より効果的な対策の実施に向けた調査を行った。

8　カーボンニュートラル実現への貢献

（1）森林・林業・木材産業分野における取組

令和12(2030)年度における我が国の森林吸収量目標約3,800万CO_2トン(平成25(2013)年度総排出量比約2.7%)の達成や、2050年カーボンニュートラルの実現に貢献するため、森林・林業基本計画等に基づき、総合的に対策を実施した。

具体的には、適切な間伐等の実施、保安林指定による天然生林等の適切な管理・保全等に引き続き取り組むことに加えて、中長期的な森林吸収量の確保・強化を図るため、間伐等特措法に基づく措置を活用し、エリートツリー等の再造林を促進した。

また、国連気候変動枠組条約及びパリ協定に基づ

き、森林吸収量を算定し、国連気候変動枠組条約事務局に報告する義務があるため、森林吸収量の算定対象となる森林の育成・管理状況等を定期的に調査・検証し、適切な吸収量等の把握を行った。具体的には、土地利用変化量や伐採木材製品(HWP)の炭素蓄積変化量の把握等に必要な基礎データの収集・分析、算定方法の検討等を行った。

さらに、製造時のエネルギー消費の比較的少ない木材の利用拡大、化石燃料の代替となる木質バイオマスのエネルギー利用の拡大、化石資源由来の製品の代替となる木質系新素材の開発、加工流通等における低炭素化等を通じて、二酸化炭素の排出削減に貢献してきた。HWPによる炭素の貯蔵拡大に向けて、住宅における国産材の利用促進とともに、非住宅分野等についても、製材やCLT(直交集成板)、木質耐火部材等に係る技術開発・普及や建築の実証に対する支援を実施した。エネルギー利用も含めた木材利用については、「合法伐採木材等の流通及び利用の促進に関する法律」(平成28年法律第48号。以下「クリーンウッド法」という。)等の運用を通じ、木材調達に係る合法性確認の徹底を図った。

あわせて、これらの取組が着実に進められるよう、デジタル技術の活用といった林業イノベーションや、森林づくり・木材利用に係る国民運動、森林由来のJ-クレジットの創出・活用の拡大等も推進し、川上から川下までの施策に総合的に取り組んだ。

(2)森林の公益的機能の発揮と調和する再生可能エネルギーの利用促進

森林の公益的機能の発揮と地域の合意形成に十分留意しつつ、林地の適正かつ積極的な利用を促進した。

具体的には、風力や地熱による発電施設の設置に関し、マニュアルの周知等を通じた国有林野の活用や保安林の解除に係る事務の迅速化・簡素化、保安林内作業許可基準の運用の明確化、地域における協議への参画等を通じた積極的な情報提供等を行い、森林の公益的機能の発揮と調和する再生可能エネルギーの利用促進を図った。

また、令和4 (2022)年に改正した森林法施行令(昭和26年政令第276号)等による太陽光発電に係る林地開発許可基準の見直しを踏まえ、林地開発許可

制度の適切な運用を図った。

(3)気候変動の影響に対する適応策の推進

気候変動適応計画 (令和5 (2023)年5月閣議決定)及び農林水産省気候変動適応計画(令和5 (2023)年8月改定)に基づき、事前防災・減災の考えに立った治山施設の整備や森林の整備、森林病害虫のまん延防止、森林生態系の保存及び復元、開発途上国における持続可能な森林経営や森林保全の取組への支援等に取り組んだ。

9　国土の保全等の推進

(1)適正な保安林の配備及び保全管理

水源の涵養、災害の防備、保健・風致の保存等の目的を達成するために保安林として指定する必要がある森林について、水源かん養保安林、土砂流出防備保安林、保健保安林等の指定に重点を置いて保安林の配備を計画的に推進した。また、指定した保安林については、伐採の制限や転用の規制をするなど適切な運用を図るとともに、令和4 (2022)年に改正した森林法施行令等における保安林の指定施業要件の植栽基準の見直しや、衛星デジタル画像等を活用した保安林の現況等に関する総合的な情報管理、現地における巡視及び指導の徹底等により、保安林の適切な管理の推進を図った。

このほか、宅地造成及び特定盛土等規制法 (昭和36年法律第191号。宅地造成等規制法の一部改正(令和4 (2022)年5月)により名称変更)に基づき危険な盛土等に対する規制が速やかに実効性を持って行われるよう、規制区域の指定や盛土等の安全性把握等のための基礎調査、危険が認められた盛土等の土砂撤去や崩落防止対策等を支援し、盛土等に伴う災害の防止に向けた取組を推進した。

(2)国民の安全・安心の確保のための効果的な治山事業等の推進

近年、頻発する集中豪雨や地震等による大規模災害の発生のおそれが高まっていることを踏まえ、山地災害による被害を防止・軽減し、地域の安全・安心を確保するため、効果的かつ効率的な治山対策を推進した。

具体的には、山地災害を防止し、地域の安全性の向上を図るための治山施設の設置等のハード対策と、地域の避難体制と連携した、山地災害危険地区に係る監視体制の強化や情報提供等のソフト対策を一体的に実施した。さらに、河川の上流域に位置する保安林、重要な水源地や集落の水源となっている保安林等において、浸透能及び保水力の高い森林土壌を有する森林の維持・造成を推進した。

特に、山地災害等が激甚化・頻発化する傾向を踏まえ、山地災害の復旧整備を図りつつ、「防災・減災、国土強靱化のための5か年加速化対策」に基づき山地災害危険地区等における治山対策を推進した。くわえて、尾根部からの崩壊等による土砂流出量の増大、流木災害の激甚化、広域にわたる河川氾濫等、災害の発生形態の変化等に対応して、流域治水と連携しつつ、土砂流出の抑制、森林土壌の保全強化、流木対策、海岸防災林の整備・保全等の取組を推進した。

また、治山施設の機能強化を含む長寿命化対策、民有林と国有林の連携による計画的な事業の実施、他の国土保全に関する施策と連携した取組、工事実施に当たっての木材の積極的な利用、生物多様性の保全等に配慮した治山対策の実施を推進した。

(3)大規模災害時における迅速な対応

異常な天然現象により被災した治山施設について、治山施設災害復旧事業により復旧を図るとともに、新たに発生した崩壊地等のうち緊急を要する箇所について、災害関連緊急治山事業等により早期の復旧整備を図った。

また、林道施設、山村環境施設及び森林に被害が発生した場合には、林道施設災害復旧事業、災害関連山村環境施設復旧事業、森林災害復旧事業(激甚災害に指定された場合)等により、早期の復旧を図った。

さらに、大規模災害等の発災時においては、国の技術系職員の派遣(MAFF-SAT)、ヘリコプターを活用した被害状況調査等により、被災地域の復旧支援を行った。

令和6年能登半島地震においては、地震発生翌日から、森林管理局による被害状況のヘリコプター調査を実施するとともに、MAFF-SATとして林野庁及び森林管理局署の治山・林道技術者を派遣し、被災施設等の復旧支援を行った。さらに、MAFF-SAT内に「能登半島地震山地災害緊急支援チーム」を編成し、避難所・集落周辺の森林や治山施設等の緊急点検を石川県と連携して行うとともに、復旧計画の作成等に向けた支援を行った。また、国土地理院と連携し、目視では確認できない地形変化を把握して復旧整備に反映するため、航空レーザ測量に着手した。

くわえて、奥能登地域の大規模な山腹崩壊箇所等について、石川県の要請を受けて国直轄による災害復旧等事業の実施を決定した。

(4)森林病虫害対策等の推進

マツノマダラカミキリが媒介するマツノザイセンチュウによる松くい虫被害対策については、保全すべき松林において被害のまん延防止のための薬剤散布、被害木の伐倒駆除及び健全な松林の整備や広葉樹林等への樹種転換を推進した。また、抵抗性マツで造成された海岸防災林の被害リスクや効果的な対策について調査を実施するとともに、抵抗性マツ品種の開発及び普及を促進した。

カシノナガキクイムシが媒介するナラ菌によるナラ枯れ被害対策については、被害の拡大防止に向け予防や駆除を積極的に実施するとともに、被害を受けにくい森林づくりなどの取組を推進した。また、既存防除手法の費用対効果や被害先端地域での効率的な防除方法についての実態調査を実施した。

林野火災の予防については、全国山火事予防運動等の普及活動や予防体制の強化を図るとともに、林野火災発生危険度予測システムの構築等を実施した。

さらに、各種森林被害の把握及び防止のため、森林保全推進員を養成するなどの森林保全管理対策を地域との連携により推進した。

10 研究・技術開発及びその普及

(1)研究・技術開発の戦略的かつ計画的な推進

「森林・林業・木材産業分野の研究・技術開発戦略」(令和4(2022)年3月策定)等を踏まえ、国及び国立研究開発法人森林研究・整備機構が都道府県の試験研究機関、大学、学術団体、民間企業等との産学官連携の強化を図りつつ、研究・技術開発を戦略

的かつ計画的に推進した。

国立研究開発法人森林研究・整備機構において、森林・林業基本計画等に基づく森林・林業施策について、

① 環境変動下での森林の多面的機能の適切な発揮に向けた研究開発

② 森林資源の活用による循環型社会の実現と山村振興に資する研究開発

③ 多様な森林の造成・保全と持続的資源利用に貢献する林木育種

等を推進した。

（2）効率的かつ効果的な普及指導の推進

研究・技術開発で得られた成果等に関しては、林業普及指導員の知識・技術水準を確保するための資格試験や研修の実施、林業普及指導事業交付金の交付による普及員の設置を適切に行うことなどを通じ、現場へ普及し社会還元を図った。

11　新たな山村価値の創造

（1）山村の内発的な発展

森林資源を活用して、林業・木材産業を成長発展させ、山村の内発的な発展を図るため、

① 森林経営の持続性を担保しつつ行う、川上から川下までが連携した顔の見える木材供給体制の構築や、地域内での熱利用・熱電併給を始めとする未利用木質資源の利用を促進するための木質バイオマス利用促進施設整備等の取組の支援

② 自伐林家等への支援や、漆、薪、木炭、山菜等の山村の地域資源の発掘・活用を通じた所得・雇用の増大を図る取組の支援

③ 健康、観光、教育等の多様な分野で森林空間を活用して新たな雇用と収入機会を生み出す「森林サービス産業」の創出・推進の取組

を実施した。

（2）山村集落の維持・活性化
ア　山村振興対策等の推進

山村振興法（昭和40年法律第64号）に基づいて、都道府県が策定する山村振興基本方針及び市町村が策定する山村振興計画に基づく産業の振興等に関する

事業の推進を図った。

また、山村地域の産業の振興に加え、住民福祉の向上にも資する林道の整備等を支援するとともに、振興山村、過疎地域等において都道府県が市町村に代わって整備することができる基幹的な林道を指定し、その整備を支援した。

さらに、山村地域の安全・安心の確保に資するため、治山施設の設置等や保安林の整備のハード対策と、地域の避難体制と連携した、山地災害危険地区に係る監視体制の強化や情報提供等のソフト対策を一体的に推進した。

振興山村及び過疎地域の農林漁業者等に対し、株式会社日本政策金融公庫による長期かつ低利の振興山村・過疎地域経営改善資金の融通を行った。

イ　再生利用が困難な荒廃農地の森林としての活用

農地として再生利用が困難であり、森林として管理・活用を図ることが適当な荒廃農地について、地域森林計画へ編入し、編入後の森林の整備及び保全を推進した。

また、林地化に当たっては、「農山漁村の活性化のための定住等及び地域間交流の促進に関する法律」（平成19年法律第48号）に基づく農用地の保全等に関する事業により、地域の話合いによる計画的な土地利用を推進した。

ウ　地域の森林の適切な保全管理

森林の多面的機能を適切に発揮させるとともに、関係人口の創出を通じ、地域のコミュニティの維持・活性化を図るため、地域住民や地域外関係者等による活動組織が実施する森林の保全管理、森林資源の活用を図る取組等の支援を実施した。

エ　集落の新たな支え手の確保

特定地域づくり事業協同組合や地域おこし協力隊の枠組みを活用した森林・林業分野における事例の収集・発信に取り組んだ。

さらに、林業高校や林業大学校等への進学、「緑の雇用」事業によるトライアル雇用、地域おこし協力隊への参加等を契機とした移住・定住の促進を図った。

（3）関係人口の拡大

関係人口や交流人口の拡大に取り組むため、農泊

や国立公園等とも連携しながら、健康、観光、教育等の多様な分野で森林空間を活用して新たな雇用と収入機会を生み出す「森林サービス産業」の創出・推進の取組を実施するとともに、森林景観を活かした観光資源の整備を実施した。

12 国民参加の森林づくり等の推進

（1）森林整備に対する国民理解の促進

森林整備に対する国民理解の醸成を図るため、各地方公共団体における森林環境譲与税を活用した取組の実施状況やその公表状況について、取りまとめて情報発信を行った。

（2）国民参加の森林づくり

国民参加の森林づくりを促進するため、全国植樹祭、全国育樹祭等の国土緑化行事、緑の少年団活動発表大会等の実施を支援するとともに、NPO・企業等が行う森林づくり活動に対するサポート体制構築への支援、森林づくりに関する情報提供等を通じNPO等による森林づくり活動を推進した。また、国有林におけるフィールドや情報の提供、技術指導等を推進した。

また、幼児期からの森林を活用した森林環境教育を推進するため、行政機関、専門家等による発表や意見交換等を行う「こどもの森づくりフォーラム」を開催した。

13 国際的な協調及び貢献

（1）国際対話への参画等

世界における持続可能な森林経営に向けた取組を推進するため、国連森林フォーラム(UNFF)、国連食糧農業機関(FAO)等の国際対話に積極的に参画するとともに、関係各国、各国際機関等と連携を図りつつ、国際的な取組を推進した。モントリオール・プロセスについては、他の国際的な基準・指標プロセスとの連携等を積極的に行った。

また、持続可能な森林経営に関する日中韓３か国部長級対話を通じ、近隣国との相互理解を推進した。

さらに、令和５(2023)年５月に我が国で開催された「Ｇ７広島サミット」において、持続可能な森林

経営と木材利用の促進へのコミットなどが盛り込まれた成果文書が採択された。

このほか、世界における持続可能な森林経営に向けて引き続きイニシアティブを発揮するため、FAOと林野庁の共催により、世界森林資源評価(FRA)2025東京ワークショップ等の国際会議を開催した。

（2）開発途上国の森林保全等のための調査及び技術開発

開発途上国における森林の減少及び劣化の抑制並びに持続可能な森林経営を推進するため、二国間クレジット制度(JCM)におけるREDD＋等の実施ルールの検討及び普及を行うとともに、民間企業等の知見・技術を活用した開発途上国の森林保全・資源利活用の促進や民間企業等による森林づくり活動の貢献度を可視化する手法の開発・普及を行った。また、民間企業等の海外展開の推進に向け、開発途上国の防災・減災に資する森林技術の開発や人材育成等を支援した。

このほか、開発途上国における我が国の民間団体等が行う海外での植林及び森林保全活動を推進するため、海外植林等に関する情報提供等を行った。

（3）二国間における協力

開発途上国からの要請を踏まえ、独立行政法人国際協力機構(JICA)を通じ、専門家派遣、研修員受入れや、これらと機材供与を効果的に組み合わせた技術協力プロジェクトを実施した。

また、JICAを通じた森林・林業案件に関する有償資金協力に対して、計画立案段階等における技術的支援を行った。

さらに、日インド森林及び林業分野の協力覚書等に基づく両国間の協力を推進するとともに、東南アジア諸国と我が国の二国間協力に向けた協議を行った。

（4）国際機関を通じた協力

熱帯林の保全と脱炭素社会の実現に貢献するため、国際熱帯木材機関(ITTO)への拠出を通じ、熱帯林減少の著しいアフリカにおける持続可能な土地利用の推進を通じた食料生産等と調和した森林経営の確立

及び東南アジアの木材輸出国における木材の持続可能な生産・利用に向けた取組を支援した。

また、FAOへの拠出を通じ、世界の森林減少・劣化の抑止のための森林と農業を取り巻くサプライチェーンにおける森林保全と農業の両立に有効なアプローチを浸透させるとともに、地域強靱化のための総合的で持続可能な森林の保全・利活用方策の普及に向けた取組を支援した。

Ⅱ　林業の持続的かつ健全な発展に関する施策

1　望ましい林業構造の確立

林業の持続的かつ健全な発展を図るため、目指すべき林業経営及び林業構造の姿を明確にしつつ、担い手となる林業経営体の育成、林業従事者の人材育成、林業労働等に関する施策を総合的かつ体系的に進めた。

（1）目指すべき姿

これからの林業経営が目指すべき方向である「長期にわたる持続的な経営」を実現するためには、効率的かつ安定的な林業経営が林業生産の相当部分を担う林業構造を確立することが重要である。このため、主体となり得る森林組合や、民間事業者など森林所有者から経営受託等した林業専業型の法人、一定規模の面積を所有する専業林家や森林所有者(林業経営を行う製材工場等の「林産複合型」の法人も含む。)等を目指すべき姿へ導いていくため、施策を重点化するなど、効果的な取組に努めた。

また、専ら自家労働等により作業を行い、農業などと複合的に所得を確保する主体等については、地域の林業経営を前述の主体とともに相補的に支えるものであり、その活動が継続できるよう取り組んだ。

（2）「新しい林業」の展開

従来の施業等を見直し、開発が進みつつある新技術を活用して、伐採から再造林・保育に至る収支のプラス転換を可能とする「新しい林業」を展開する

ため、
① ドローン等による苗木運搬、伐採と造林の一貫作業や低密度植栽及びエリートツリー等を活用した造林コストの低減と収穫期間の短縮
② 林業機械の自動化・遠隔操作化に向けた開発・普及による林業作業の省力化・軽労化
③ レーザ測量や全球測位衛星システム(GNSS)を活用した高度な森林関連情報の把握及びICTを活用した木材の生産流通管理等の効率化
④ 「新しい林業」を支える新技術の導入、技術を提供する事業者の活動促進を図るための異分野の技術探索及び産学官連携による知見共有等
⑤ 上記①～④の技術の導入による経営モデルの実証
等の取組を推進した。

2　担い手となる林業経営体の育成

（1）長期的な経営の確保

長期的に安定的な経営の確保のため、地籍調査等と連携した森林境界の明確化、施業集約化、長期施業受委託、森林経営管理制度による経営管理権の設定等を促進した。また、市町村森林整備計画に適合した適切な森林施業を確保する観点から、森林経営計画の作成を促進した。

（2）経営基盤及び経営力の強化

経営基盤の強化のため、森林組合法(昭和53年法律第36号)に基づき事業連携等を推進した。また、基盤強化を図る金融や税制上の措置等の活用を推進した。

経営力の強化のため、施業集約化を担う森林施業プランナーの育成、森林組合系統における実践的な能力を持つ理事の配置及び木材の有利販売等を担う森林経営プランナーの育成を推進した。

（3）林産複合型経営体の形成

林地取得等により林業経営を行う製材工場その他の「林産複合型経営体」を形成するため、林地取得に係る借入金への利子助成、株式会社日本政策金融公庫による林業経営育成資金等の融通及び独立行政法人農林漁業信用基金による債務保証を通じて資金

調達の円滑化を図った。

（4）生産性の向上

　林業の収益性の向上や木材需要に対応した原木の安定供給等を着実に推進するため、路網整備、高性能林業機械の導入の支援等に取り組んだ。

　また、花粉発生源対策として、スギ人工林伐採重点区域において木材加工業者等に対する高性能林業機械の導入を支援した。

　さらに、国有林においては、現場技能者等の育成のための研修フィールドを提供した。

　くわえて、令和4（2022）年7月にアップデートした「林業イノベーション現場実装推進プログラム」（令和元（2019）年12月策定）に基づき、異分野の知見や技術、人材を活用しながら、林業のデジタル化とイノベーションを推進するため、
① 林業イノベーションハブセンター（通称：森ハブ）によるイノベーションの推進に向けた支援プラットフォームの構築
② 林業機械の自動化・遠隔操作化、木質系新素材等の開発・実証
③ 一貫作業等による造林作業の低コスト化
④ レーザ測量等による森林資源情報のデジタル化等
⑤ 森林資源情報等のオープン化に向けた最適手法の検討
⑥ 国有林の森林資源データの精度向上と高度な利活用
⑦ 標準仕様に準拠したICT生産管理ソフトの導入等
⑧ ICT等先端技術を活用する技術者や現場技能者の育成等
⑨ 地域一体で森林調査から原木の生産・流通に至る林業活動にデジタル技術を活用する取組
等を推進した。

（5）再造林の実施体制の整備

　再造林の実施体制の整備に向けて、伐採と造林の一貫作業の推進、造林作業手の育成・確保、主伐・再造林型の施業提案能力の向上等を図った。

（6）社会的責任を果たす取組の推進

　社会的責任を果たす取組の推進のため、林業経営体に対して、法令の遵守、伐採・造林に関する自主行動規範の策定等の取組を促進した。また、市町村における伐採及び伐採後の造林の届出制度の適正な運用を図るとともに、林業経営体が伐採現場で、当該制度に基づく届出が市町村森林整備計画に適合している旨の通知を掲示する取組や、合法伐採木材に係る情報提供等を行う取組を促進した。

3　人材の育成・確保等

（1）「緑の雇用」事業等を通じた現場技能者の育成等

　林業大学校等において林業への就業に必要な知識等の習得を行い、将来的に林業経営を担い得る有望な人材として期待される青年に対し、就業準備のための給付金を支給するとともに、就職氷河期世代を含む幅広い世代を対象にトライアル雇用（短期研修）等の実施を支援した。

　また、新規就業者に対しては、段階的かつ体系的な研修カリキュラムにより、安全作業等に必要な知識、技術及び技能の習得に関する研修を実施するとともに、定着率の向上に向けた就業環境の整備を支援した。一定程度の経験を有する者に対しては、工程・コスト管理等のほか、関係者との合意形成や労働安全衛生管理等に必要な知識、技術及び技能の習得に関するキャリアアップ研修を実施した。これらの研修修了者については、農林水産省が備える名簿に統括現場管理責任者（フォレストマネージャー）等として登録することにより林業就業者のキャリア形成を支援した。さらに、複数の異なる作業や作業工程に対応できる技術を学ぶ多能工化研修の実施を支援した。また、花粉発生源対策として、スギ人工林伐採重点区域における労働需要等に対応するための地域間や産業間の連携による労働力の確保の取組を支援した。

　このほか、林業従事者の技能向上につながる技能検定制度への林業分野の追加に向けた取組を支援した。

　くわえて、外国人材の受入れの条件整備の取組を支援した。

（2）林業経営を担うべき人材の育成及び確保

林業高校等に対しては、その指導力向上やカリキュラムの充実を図るため、国や研究機関等による講師派遣及び森林・林業に関する情報提供を行うとともに、スマート林業教育を推進するため、教職員等を対象とした研修、地域協働型スマート林業教育プログラムの開発実証や学習コンテンツの作成及び運用等を行った。また、林業後継者の育成及び確保を図るため、林業高校生等を対象とした林業就業体験等を支援した。林業経営体の経営者、林業研究グループ等に対して、人材育成に係る研修への参加等を通じた自己研鑽や後継者育成を促進した。

（3）女性活躍等の推進

森林資源を活用した起業や既存事業の拡張の意思がある女性を対象に、地域で事業を創出するための対話型の講座を実施する取組等を支援した。

また、就労を通じた障害者等の社会参画を図る林福連携を進め、働きやすい職場環境の整備やトライアル雇用等に取り組む事業者などの取組を促進した。

4 林業従事者の労働環境の改善

（1）処遇等の改善

林業経営体の生産性及び収益性の向上、林業従事者の通年雇用化、月給制の導入、社会保険の加入等を促進した。また、林業従事者の技能を客観的に評価して適切に処遇できるよう、技能評価試験の本格的な実施に向けた取組など能力評価の導入を促進した。

さらに、林業従事者の労働負荷の軽減及び働きやすい職場環境の整備を図るため、伐木作業や造林作業の省力化・軽労化を実現するための遠隔操作・自動化機械の開発、休憩施設や衛生施設の整備等を推進した。

（2）労働安全対策の強化

森林・林業基本計画において、同計画策定後10年を目途とした林業労働災害の死傷年千人率を半減する目標を掲げている。この目標の達成に向けて労働安全対策を強化するため、安全な伐木技術の習得など就業者の技能向上のための研修や林業労働安全に

資する最新装置等を活用した研修、労働安全衛生装備・装置の導入支援、林業経営体への安全巡回指導、振動障害及び蜂刺傷災害の予防対策、労働安全衛生マネジメントシステムの普及啓発等を実施した。

また、林業経営体の自主的な安全活動を促進するため、労働安全コンサルタントを活用した安全診断による労働安全の管理体制の構築を推進した。さらに、林業・木材産業における労働災害の情報収集・分析を行い、就業者の安全確保のための普及啓発等を実施した。

5 森林保険による損失の補填

火災や気象災害等による林業生産活動の阻害を防止するとともに、林業経営の安定を図るため、国立研究開発法人森林研究・整備機構が取り扱う森林保険により、災害による経済的損失を合理的に補填した。その運営に当たっては、制度の普及を図るとともに、災害の発生状況を踏まえた保険料率の見直し等の商品改定、保険金支払の迅速化等によりサービスの向上を図った。

6 特用林産物の生産振興

（1）特用林産物の需要拡大・安定供給等

特用林産物の国内需要の拡大とともに、輸出拡大を図るため、
① 国産特用林産物の需要拡大・生産性向上
② 国産特用林産物の競争力の強化に向けた取組
等を支援した。

また、地域経済で重要な役割を果たす特用林産振興施設等の整備のほか、省エネ化やコスト低減に向けた施設整備や、高騰するおが粉など次期生産に必要な生産資材の導入費の一部を支援した。

（2）能登半島地震による被害からの復旧

令和6年能登半島地震で被害を受けたきのこ生産者等の生業を早期に再建するため、被災した特用林産振興施設の復旧・整備等を支援した。

Ⅲ　林産物の供給及び利用の確保に関する施策

1　原木の安定供給

（1）望ましい安定供給体制
　国産材の安定的かつ持続的な供給体制の構築に向け、生産流通の各段階におけるコスト低減と利益向上等を図るため、木材の生産流通の効率化に向けた取組や、路網整備、高性能林業機械の導入、伐採と造林の一貫作業、木材加工流通施設の整備等による林業・木材産業の生産基盤の強化等を支援した。

（2）木材の生産流通の効率化
　原木を安定的に供給及び調達できるようにするため、木材加工流通施設等の整備を支援する際には、川上と川中の協定取引や直送等の取組を推進した。
　また、森林経営の持続性を担保しつつ行う、川上から川下までが連携した顔の見える木材供給体制の構築を支援した。

（3）能登半島地震による被害からの復旧
　令和6年能登半島地震で被害を受けた林業・木材産業等関連事業者の生業を早期に再建するため、被災した木材加工流通施設等の復旧・整備等を支援した。

2　木材産業の競争力強化

（1）大規模工場等における「国際競争力」の強化
　木材製品を低コストで安定的に供給できるようにするため、大規模工場への施設整備の支援を強化するとともに、大径材の加工能力の強化、原木輸送の高効率化等を支援した。また、加工施設の大規模化・高効率化、他品目転換、高付加価値化等の取組を支援するとともに、ストック機能の強化等も含めた国産の製品の供給力強化に向けた取組を支援した。

（2）中小製材工場等における「地場競争力」の強化
　中小製材工場等において、その特性を活かして競争力を強化していくため、

① 森林経営の持続性を担保しつつ行う、川上から川下までが連携した顔の見える木材供給体制の構築
② 大径材の価値を最大化するための技術開発・普及啓発
③ 地域の状況に応じた木材加工流通施設の整備（リース及び利子の一部助成による導入支援も含む。）
④ 木材産業における作業安全対策や、外国人労働力確保
への支援等を実施した。

（3）JAS製品の供給促進
　品質・性能の確かなJAS製品等を供給していくため、木材加工流通施設の整備を支援（リース及び利子の一部助成による導入支援も含む。）した。また、JAS規格について利用実態に即した区分や基準の合理化に資するため、製品の性能検証や品質確保等に関する技術開発を支援した。

（4）国産材比率の低い分野への利用促進
　木造住宅における横架材、羽柄材等の国産材比率の低い部材への国産材の利用を促進するため、横架材等の製材、加工や乾燥に係る技術開発の支援に加え、設計手法の普及や設計者の育成の支援を実施した。
　また、住宅分野における建築用木材の国産の製品等への転換に向けて、主要構造部等に国産の製品等を用いた設計及び施工並びに普及ツール作成等の支援を実施した。

3　都市等における木材利用の促進

　「建築物における木材の利用の促進に関する基本方針」（令和3（2021）年10月木材利用促進本部決定）に基づき、民間建築物を含む建築物一般における木材利用を促進した。
　また、建築物木材利用促進協定制度の周知や効果的な運用を行った。

（1）公共建築物における木材利用
　「脱炭素社会の実現に資する等のための建築物等

における木材の利用の促進に関する法律」（平成22年法律第36号。以下「都市の木造化推進法」という。）第10条第2項第4号に規定する各省各庁の長が定める「公共建築物における木材の利用の促進のための計画」に基づいた各省各庁の木材利用の取組を進め、国自らが率先した木材利用を推進するとともに、都市の木造化推進法第12条第1項に規定する市町村方針の策定及び改定を促進した。

また、地域で流通する木材の利用の一層の拡大に向けて、設計上の工夫や効率的な木材調達に取り組むモデル性の高い木造公共建築物等の整備を支援するほか、木造公共建築物を整備した者等に対する利子助成等を実施した。

（2）民間非住宅、土木分野等における木材利用

ツーバイフォー工法等に係る検証や建築関係法令改正への対応を含め、強度又は耐火性に優れた建築用木材等の技術開発・普及を支援するとともに、それらの建築用木材（JAS構造材、木質耐火部材、内装材や木製サッシ）を利用した建築実証に対する支援を実施した。

CLTについては、令和4（2022）年に「CLT活用促進に関する関係省庁連絡会議」において改定した「CLTの普及に向けた新ロードマップ」に基づき、モデル的なCLT建築物等の整備の促進、設計者等の設計技術等の向上、低コスト化に向けた製品や技術の開発等に係る取組を支援するとともに、需要動向等を踏まえたCLT製造施設の整備や、CLTパネル等の寸法等の標準化・規格化に向けた取組を促進した。

また、木材を活用した非住宅・中高層建築物について、設計者に向けた講習会の実施やマニュアル等の整備を実施するとともに、中層木造建築物について、国土交通省との連携の下、コスト・施工性等において高い競争力を有し広く展開できる構法と、部材供給等の枠組みの整備・普及を推進した。このほか、設計施工や部材調達の合理化に有効なBIMを活用した設計、施工手法等の標準化に向けた検討を行った。

非住宅建築物の木造化・木質化を推進するため、地域への専門家派遣や地域での取組を分析・普及する取組を支援するとともに、内外装の木質化による利用者の生産性向上、経済面への影響等、木材利用の効果を実証・普及する取組を支援した。

くわえて、これまで木材利用が低位であった建築物の外構部等における木質化の実証の取組を支援した。

川上から川下までの各界の関係者が一堂に会する「民間建築物等における木材利用促進に向けた協議会（通称：ウッド・チェンジ協議会）」において、引き続き木材利用拡大に向けた課題やその解決方策等について意見交換を行った。

このほか、農林水産省木材利用推進計画（令和4（2022）年4月改定）に基づき、土木分野等における木材利用について、取組事例の紹介等により普及を行った。

4　生活関連分野等における木材利用の促進

木材製品に対する様々な消費者ニーズを捉え、広葉樹材を活用した家具や建具、道具・おもちゃ、木製食器、間伐材等を活用した布製品など生活関連分野等への木材利用を促進した。

また、木材を活用した優れた製品や取組等の展開に関する活動を支援するとともに、デジタル技術を活用した情報発信等を実施した。

5　木質バイオマスの利用

（1）エネルギー利用

地域の林業・木材産業事業者と発電事業者等が一体となって長期安定的な事業を進めるため、関係省庁や都道府県等と連携し、未利用木質資源の利用促進や、発電施設の原料調達の円滑化等に資する取組を進めるとともに、木質燃料製造施設、木質バイオマスボイラー等の整備や、燃料用途としても期待される早生樹の植栽等を行う実証事業を支援した。

また、森林資源をエネルギーとして地域内で持続的に活用するため、行政、事業者、住民等の地域の関係者の連携の下、エネルギー変換効率の高い熱利用・熱電併給に取り組む「地域内エコシステム」の構築・普及に向け、関係者による協議会の運営や小規模な技術開発に加え、先行事例の情報提供や多様な関係者の交流促進、計画作成支援等のためのプラットフォーム（リビングラボ）の構築等を支援した。

（2）新たなマテリアル利用

スギを原料とする改質リグニンを始めとする木質系新素材の製造技術やそれを利用した高付加価値製品の開発・実証を支援した。

6 木材等の輸出促進

「農林水産物・食品の輸出拡大実行戦略」（令和4 (2022)年12月改訂）に基づき、製材・合板等付加価値の高い木材製品の輸出を、中国、米国、韓国、台湾等に拡大していくため、輸出産地の育成支援、日本産木材の認知度向上、日本産木材製品のブランド化の推進、ターゲットを明確にした販売促進等に取り組んだ。

具体的には、
① 地域での合意形成の促進やセミナーの開催等を通じた木材輸出産地の育成
② 木造建築の技術者育成に資する、海外の設計者や国内の留学生等を対象とした木造技術講習会の開催
③ 企業間の連携による付加価値の高い木材製品の輸出体制の構築
④ 輸出先国・地域におけるSNS等を活用したプロモーション活動
⑤ 輸出先国・地域のニーズや規格・基準に対応した性能検証
等の取組を支援した。

このほか、農林水産物及び食品の輸出の促進に関する法律(令和元年法律第57号)に基づく認定品目団体を通じたオールジャパンでの輸出拡大の取組を支援した。

7 消費者等の理解の醸成

（1）「木づかい運動」の促進

10月8日が「木材利用促進の日」、同月が「木材利用促進月間」であることを踏まえ、官民一体による「木づかい運動」の促進を通じ、脱炭素社会に向けた木材利用の重要性、建築物等の木造化・木質化の意義や木の良さ等について国民各層の理解や認知の定着等に取り組んだ。

具体的には、

① 建築物等の木造化の意義や木の良さに関するメディアの活用等による情報発信
② 木製品等の付加価値情報の提供手法の展開
③ 優れた地域材製品の開発等の展開
④ 木材や木製品との触れ合いを通じて、木材の良さや利用の意義を学ぶ「木育」の促進
等の取組への支援等を実施した。

（2）違法伐採対策の推進

クリーンウッド法に基づき、合法性確認に取り組む木材関連事業者を対象とした研修の実施、消費者への普及啓発、業種及び品目別の合法性確認の手引きの作成等に対する支援を実施し、合法性が確認された木材及び木材製品(以下「合法伐採木材等」という。)の流通及び利用を促進した。

また、流通木材の合法性確認情報の伝達を確実かつ効率的に行うため、木材流通における情報伝達の電子化に関する調査を実施するとともに、第三者的な立場からの評価や助言を行う専門委員会の設置及び違法伐採関連情報等の提供により合法性確認の実効性の向上を図った。

さらに、クリーンウッド法の施行後5年見直しの検討結果に基づいた法改正を行った。

8 林産物の輸入に関する措置

国際的な枠組みの中で、持続可能な森林経営、違法伐採対策、輸出入に関する規制等の情報収集・交換、分析の充実等の連携を図るとともに、CPTPP協定や日EU・EPA等の締結・発効された協定に基づく措置の適切な運用を図った。また、経済連携協定等の交渉に当たっては、各国における持続可能な開発と適正な貿易の確保及び国内の林業・木材産業への影響に配慮しつつ対処した。

違法伐採対策については、二国間、地域間及び多国間協力を通じて、違法伐採及びこれに関連する貿易に関する対話、開発途上国における人材の育成、合法伐採木材等の普及等を推進した。

Ⅳ　国有林野の管理及び経営に関する施策

1　公益重視の管理経営の一層の推進

　国有林野は、国土保全上重要な奥地脊梁(せきりょう)山地や水源地域に広く分布し、公益的機能の発揮など国民生活に大きな役割を果たすとともに、民有林行政に対する技術支援などを通じて森林・林業の再生への貢献が求められている。

　このため、公益重視の管理経営を一層推進する中で、組織・技術力・資源を活用して民有林に係る施策を支え、森林・林業施策全体の推進に貢献するよう、森林・林業基本計画等に基づき、次の施策を推進した。

（1）多様な森林整備の推進

　国有林野の管理経営に関する法律（昭和26年法律第246号）等に基づき、32森林計画区において、地域管理経営計画、国有林野施業実施計画及び国有林の地域別の森林計画を策定した。

　この中で国民のニーズに応えるため、個々の国有林野を重視すべき機能に応じ、山地災害防止タイプ、自然維持タイプ、森林空間利用タイプ、快適環境形成タイプ及び水源涵養(かん)タイプに区分し、これらの機能類型区分ごとの管理経営の考え方に即して適切な森林の整備を推進した。その際、地球温暖化防止や生物多様性の保全に貢献するほか、地域経済や山村社会の持続的な発展に寄与するよう努めた。具体的には、人工林の多くが間伐等の必要な育成段階にある一方、資源として利用可能な段階を迎えていることを踏まえ、間伐を推進するとともに、針広混交林へ導くための施業、長伐期施業、一定の広がりにおいて様々な育成段階や樹種から構成される森林のモザイク的配置への誘導等を推進した。なお、主伐の実施に際しては、自然条件や社会的条件を考慮して実施箇所を選定するとともに、公益的機能の持続的な発揮と森林資源の循環利用の観点から確実な更新を図った。

　また、林道及び主として林業機械が走行する森林作業道がそれぞれの役割等に応じて適切に組み合わされた路網の整備を、自然条件や社会的条件の良い森林において重点的に推進した。

　さらに、国有林野及びこれに隣接・介在する民有林野の公益的機能の維持増進を図るため、公益的機能維持増進協定制度を活用した民有林野との一体的な整備及び保全の取組を推進した。

（2）生物多様性の保全

　生物多様性の保全の観点から、渓流沿い等の森林を保全するなど施業上の配慮を行うほか、原生的な天然林や、希少な野生生物の生育・生息の場となる森林である「保護林」や、これらを中心としたネットワークを形成して野生生物の移動経路となる「緑の回廊」のモニタリング調査等を行いながら適切な保護・管理を推進した。

　また、世界自然遺産登録地における森林の保全対策を推進するとともに、世界文化遺産登録地等に所在する国有林野において、森林景観等に配慮した管理経営を行った。

　森林における野生鳥獣被害防止のため、シカの生息・分布調査、広域的かつ計画的な捕獲、効果的な防除等とともに、地域の実情に応じた野生鳥獣が警戒する見通しの良い空間(緩衝帯)づくりや、地域の関係者が連携して取り組む捕獲のためのわなの貸出し等を実施した。

　さらに、野生生物や森林生態系等の状況を適確に把握し、自然再生の推進や希少な野生生物の保護を図る事業等を実施した。

　登山利用等による来訪者の集中により植生の荒廃等が懸念される国有林野において、グリーン・サポート・スタッフ(森林保護員)による巡視や入林者へのマナーの啓発を行うなど、きめ細やかな森林の保全・管理活動を実施した。

（3）治山事業の推進

　国有林野の9割が保安林に指定されていることを踏まえ、保安林の機能の維持・向上に向けた森林整備を計画的に進めた。

　国有林野内の治山事業においては、近年頻発する集中豪雨や地震・火山等による大規模災害の発生のおそれが高まっていることを踏まえ、山地災害による被害を防止・軽減するため、民有林野における国

土保全施策との一層の連携により、効果的かつ効率的な治山対策を推進し、地域の安全と安心の確保を図った。

具体的には、荒廃山地の復旧等と荒廃森林の整備の一体的な実施、予防治山対策や火山防災対策の強化、治山施設の機能強化を含む長寿命化対策やコスト縮減対策、海岸防災林の整備・保全対策、大規模災害発生時における体制整備等を推進した。また、民有林と国有林の連携による計画的な事業の実施や他の国土保全に関する施策と連携した流木災害対策の実施、工事実施に当たっての木材の積極的な利用及び生物多様性の保全等に配慮した治山対策の実施を推進した。

2　森林・林業の再生への貢献

（1）木材の安定供給体制の構築

適切な施業の結果得られる木材の持続的かつ計画的な供給に努めるとともに、その推進に当たっては、需要先との協定取引を行う国有林材の安定供給システムによる販売等において国有林材の戦略的な供給に努めた。その際、間伐材の利用促進を図るため、列状間伐や路網と高性能林業機械の組合せ等による低コストで効率的な作業システムの定着に取り組んだ。

また、国産材の安定供給体制の構築のため、民有林材を需要先へ直送する取組の普及及び拡大などを推進した。このほか、民有林からの供給が期待しにくい大径長尺材等の計画的な供給に取り組むとともに、インターネット等を活用した事業量の公表を行った。

さらに、国産材の1割強を供給し得る国有林の特性を活かし、地域の木材需要が急激に増減した場合に、必要に応じて供給時期の調整等を行うため、地域の需給動向、関係者の意見等を迅速かつ適確に把握する取組を推進した。

（2）樹木採取権制度の推進

効率的かつ安定的な林業経営の育成を図るため、樹木採取権制度を適切に運用した。

（3）森林施業の低コスト化の推進と技術の普及

路網と高性能林業機械を組み合わせた効率的な間伐、コンテナ苗を活用し伐採から造林までを一体的に行う一貫作業システム、複数年契約による事業発注等、低コストで効率的な作業システム、先端技術を活用した木材生産等の実証を推進した。

これらの取組について各地での展開を図るため、現地検討会等を開催し、地域の林業関係者との情報交換を行うなど、民有林への普及・定着に努めた。また、民有林経営への普及を念頭に置いた林業の低コスト化等に向けた技術開発に産官学連携の下で取り組んだ。

さらに、林業事業体の創意工夫を促進し、施業提案や集約化の能力向上等を支援するため、国有林野事業の発注等を通じた林業事業体の育成を推進した。

（4）民有林との連携

「森林共同施業団地」を設定し、民有林と国有林が連携した事業計画の策定に取り組むとともに、民有林と国有林を接続する効率的な路網の整備や連携した木材の供給等、施業集約に向けた取組を推進した。

森林総合監理士等の系統的な育成に取り組み、地域の林業関係者の連携促進や、森林管理署等と都道府県の森林総合監理士等の連携による「技術的援助等チーム」の設置等を通じた市町村森林整備計画の策定とその達成に向けた支援等を行った。

また、事業発注や国有林野の多種多様なフィールドを活用した現地検討会等の開催を通じて民有林の人材育成支援に取り組むとともに、森林・林業関係の教育機関等において、森林・林業に関する技術指導等に取り組んだ。

令和5（2023）年4月に施行された相続土地国庫帰属制度については、「相続等により取得した土地所有権の国庫への帰属に関する法律」（令和3年法律第25号）に基づき、主に森林として利用されている申請土地について、法務局が行う要件審査に協力するとともに、国庫に帰属した森林の巡視や境界保全を行うなど適切な維持管理に努めた。

3　「国民の森林」としての管理経営と国有林野の活用

（1）「国民の森林」としての管理経営

　国民の期待や要請に適切に対応していくため、国有林野の取組について多様な情報受発信に努め、情報の開示や広報の充実を進めるとともに、森林計画の策定等の機会を通じて国民の要請の適確な把握とそれを反映した管理経営の推進に努めた。

　体験活動及び学習活動の場としての「遊々の森」の設定及び活用を図るとともに、農山漁村における体験活動と連携し、森林・林業に関する体験学習のためのプログラムの作成及び学習コース等のフィールドの整備を行い、それらの情報を提供するなど、学校、NPO、企業等の多様な主体と連携して、都市や農山漁村等の立地や地域の要請に応じた森林環境教育を推進した。

　また、NPO等による森林づくり活動の場としての「ふれあいの森」、伝統文化の継承や文化財の保存等に貢献する「木の文化を支える森」、企業等の社会貢献活動の場としての「法人の森林」や「社会貢献の森」等、国民参加の森林づくりを推進した。

（2）国有林野の活用

　国有林野の所在する地域の社会経済状況、住民の意向等を考慮して、地域における産業の振興及び住民の福祉の向上に資するよう、貸付け、売払い等による国有林野の活用を積極的に推進した。

　その際、国土の保全や生物多様性の保全等に配慮しつつ、再生可能エネルギーを利用した発電に資する国有林野の活用にも努めた。

　さらに、「レクリエーションの森」について、民間活力を活かしつつ、利用者のニーズに対応した施設の整備や自然観察会等を実施するとともに、特に「日本美しの森 お薦め国有林」において重点的に、観光資源としての魅力の向上のための環境整備やワーケーション環境の整備、外国人も含む旅行者に向けた情報発信等に取り組み、更なる活用を推進した。

Ⅴ　その他横断的に推進すべき施策

1　デジタル化の推進

　森林関連情報の把握、木材生産流通等において、デジタル技術を活用して効率化を推進した。

　森林関連情報の把握については、レーザ測量等による森林資源情報の精度向上及びGNSSによる森林境界情報のデジタル化を推進した。また、その情報を都道府県等が導入している森林クラウドに集積し、情報の共有化と高度利用を促進した。

　木材の生産流通については、木材検収ソフトなどICT生産管理システム標準仕様に基づくシステムの導入を促進した。合法伐採木材等の流通については、合法性確認システムの構築に向けた調査等を行った。

　また、地域一体でこれらのデジタル技術を森林調査から原木の生産・流通に至る林業活動に活用する拠点の創出を進めた。

　さらに、ICTやドローン等を活用することによる森林土木分野の生産性向上に取り組んだ。また、補助金申請や各種手続を効率化して国民負担を軽減していくため、デジタルデータを活用した造林補助金の申請・検査業務を推進するほか、農林水産省共通申請サービスによる電子化等を図った。

2　新型コロナウイルス感染症への対応

　新型コロナウイルス感染症の影響を受けた林業者等の経営の維持安定を図るため、株式会社日本政策金融公庫による実質無利子・無担保等貸付けを実施した。

　また、独立行政法人農林漁業信用基金において実質無担保等により債務保証を行うとともに、保証料を免除した。

　あわせて、新型コロナウイルス感染症の影響を受けた林業者が独立行政法人農林漁業信用基金が行う債務保証を活用して償還負担の軽減を目的とした資金の借換えを行う場合に利子助成を行った。

　さらに、令和5（2023）年度税制改正において、新型コロナウイルス感染症により影響を受けた事業者

に対して行う特別貸付けに係る消費貸借に関する契約書の印紙税の非課税措置の適用期限を1年延長した。

3　東日本大震災からの復興・創生

(1)被災した海岸防災林の復旧及び再生

被災した海岸防災林については、復興関連工事との調整などやむを得ない事情により未完了の箇所がある福島県において、早期完了に向けて事業を推進した。

また、海岸防災林が有する津波エネルギーの減衰機能等を発揮させるため、地域関係者やNPO等と連携しつつ、植栽した樹木の保育等に継続して取り組んだ。

(2)放射性物質の影響がある被災地の森林・林業の再生

東京電力福島第一原子力発電所事故により放射性物質に汚染された森林について、汚染実態を把握するため、樹冠部から土壌中まで階層ごとに分布している放射性物質の挙動に係る調査及び解析を行った。また、避難指示解除区域等において、林業の再生を円滑に進められるよう実証事業等を実施するとともに、被災地における森林整備を円滑に進めるため、しいたけ原木生産のための里山の広葉樹林の計画的な再生等に向けた取組、樹皮(バーク)等の有効活用に向けた取組及び森林整備を実施する際に必要な放射性物質対策等を推進した。さらに、林業の再生に向けた情報の収集・整理と情報発信等を実施した。

消費者に安全な木材製品を供給するため、木材製品や作業環境等に係る放射性物質の調査及び分析、放射性物質測定装置の設置、風評被害防止のための普及啓発により、木材製品等の安全証明体制の構築を支援した。

このほか、放射性物質の影響により製材工場等に滞留するおそれがある樹皮(バーク)の処理費用等の立替えを支援した。

(3)放射性物質の影響に対応した安全な特用林産物の供給確保

被災地における特用林産物の産地再生に向けた取組を進めるため、次期生産に必要な生産資材の導入を支援するとともに、安全なきのこ等の生産に必要な簡易ハウス等の防除施設、放射性物質測定機器等の導入、出荷管理・検査の体制整備等を支援した。

また、都県が行う放射性物質の検査を支援するため、国においても必要な検査を実施した。

(4)東日本大震災からの復興に向けた木材等の活用

復興に向け、被災地域における木質バイオマス関連施設、木造公共建築物等の整備を推進した。

VI　団体に関する施策

森林組合が、組合員との信頼関係を引き続き保ち、地域の森林管理と林業経営の担い手として役割を果たしながら、林業所得の増大に最大限貢献していくよう、合併や組合間の多様な連携、正組合員資格の拡大による後継者世代や女性の参画、実践的な能力を持つ理事の配置等を推進するとともに、内部牽制体制の充実及び法令等遵守意識の徹底を図った。

また、森林組合系統が運動方針を定め、地域森林の適切な保全・利用等を目標として掲げながら、市町村等と連携した体制の整備、循環型林業の確立、木材販売力の強化等の取組を展開していることを踏まえ、その実効性が確保されるよう系統主体での取組を促進した。

令和6年度

森林及び林業施策

第213回国会（常会）提出

目　次

概　説 ··· 1
  1　施策の重点 ·· 1
  2　財政措置 ··· 1
  3　税制上の措置 ·· 2
  4　金融措置 ··· 3
  5　政策評価 ··· 3

I　森林の有する多面的機能の発揮に関する施策 ·· 4
  1　適切な森林施業の確保 ··· 4
  2　面的なまとまりをもった森林管理 ·· 4
  3　再造林の推進 ·· 4
  4　野生鳥獣による被害への対策の推進 ·· 5
  5　適切な間伐等の推進 ·· 5
  6　路網整備の推進 ·· 5
  7　複層林化と天然生林の保全管理等の推進 ··· 5
  8　カーボンニュートラル実現への貢献 ··· 6
  9　国土の保全等の推進 ·· 7
  10　研究・技術開発及びその普及 ··· 8
  11　新たな山村価値の創造 ·· 9
  12　国民参加の森林づくり等の推進 ··· 9
  13　国際的な協調及び貢献 ··· 10

II　林業の持続的かつ健全な発展に関する施策 ·· 11
  1　望ましい林業構造の確立 ··· 11
  2　担い手となる林業経営体の育成 ··· 11
  3　人材の育成・確保等 ··· 12
  4　林業従事者の労働環境の改善 ··· 13
  5　森林保険による損失の補填 ·· 13
  6　特用林産物の生産振興 ··· 13

III　林産物の供給及び利用の確保に関する施策 ·· 13
  1　原木の安定供給 ·· 13
  2　木材産業の競争力強化 ··· 14
  3　都市等における木材利用の促進 ··· 14
  4　生活関連分野等における木材利用の促進 ··· 15
  5　木質バイオマスの利用 ··· 15
  6　木材等の輸出促進 ··· 15
  7　消費者等の理解の醸成 ··· 16
  8　林産物の輸入に関する措置 ·· 16

IV　国有林野の管理及び経営に関する施策 ·· 16
  1　公益重視の管理経営の一層の推進 ·· 16
  2　森林・林業施策全体の推進への貢献 ·· 18
  3　「国民の森林」としての管理経営と国有林野の活用 ·· 18

V　その他横断的に推進すべき施策 ·· 19
  1　デジタル化の推進 ··· 19
  2　東日本大震災からの復興・創生 ··· 19

VI　団体に関する施策 ·· 20

概説

1　施策の重点

　我が国の森林は、国土の約3分の2を占め、国土の保全、水源の涵養、生物多様性の保全、地球温暖化の防止、文化の形成、木材等の物質生産等の多面的機能を有しており、国民生活に様々な恩恵をもたらす「緑の社会資本」である。それらの機能を適切に発揮させていくためには、将来にわたり、森林を適切に整備及び保全していかなければならない。

　また、適切に管理された森林から生産された木材を利用することは、森林整備の促進のみならず、二酸化炭素の排出抑制及び炭素の貯蔵を通じて、循環型社会の実現に寄与する。

　このことから、森林・林業政策については、森林・林業基本計画(令和3(2021)年6月閣議決定)を指針として、森林の有する多面的機能の発揮に関する施策、林業の持続的かつ健全な発展に関する施策、林産物の供給及び利用の確保に関する施策、国有林野の管理及び経営に関する施策、その他横断的に推進すべき施策、団体に関する施策を総合的かつ計画的に展開する。

　具体的には、国産材供給体制の強化と森林資源の循環利用の確立に向けて、路網の整備・機能強化や搬出間伐、木材加工流通施設の整備等とともに、伐採と造林の一貫作業等による再造林の低コスト化に向けた取組等を支援する。さらには、エリートツリーや自動化機械等の新技術を取り入れて、伐採から再造林・保育に至る収支のプラス転換を可能とする「新しい林業」の経営モデルの構築に取り組む。適切な経営管理が行われていない森林については、森林経営管理制度及び森林環境譲与税を活用した適切な森林整備等を推進していく。

　さらに、エネルギー利用も含めた木材の利用拡大に向けて、木造公共建築物等や木質バイオマス利用促進施設の整備等の取組を支援することに加え、都市等における木材利用の促進を図るため、製材やCLT(直交集成板)、木質耐火部材の技術開発・普及等を通じた建築物への利用環境整備の取組を支援す

る。

　くわえて、令和5(2023)年4月に設置された「花粉症に関する関係閣僚会議」において同年5月に決定された「花粉症対策の全体像」及び同年10月に決定された「花粉症対策　初期集中対応パッケージ」に基づき、10年後に花粉発生源となるスギ人工林を約2割減少させることを目指す「発生源対策」に加え、花粉飛散防止剤の実用化等の「飛散対策」に取り組む。

　こうした取組を踏まえ、国土と自然環境の根幹である森林の適切な管理と、森林資源の持続的な利用を一層推進し、林業・木材産業が内包する持続性を高めながら成長発展させ、カーボンニュートラルに寄与する「グリーン成長」を実現するための取組を推進する。

　また、国有林においては、国有林野の管理経営に関する基本計画(令和5(2023)年12月策定)に基づき、公益重視の管理経営を推進する。

　このほか、近年の地球温暖化に伴い激甚化・同時多発化のリスクが増大する山地災害等に対する治山対策を一層強化するとともに、令和5(2023)年6月、7月の大雨や令和6年能登半島地震等により発生した森林被害や山地災害の復旧整備を推進する。

2　財政措置

(1)財政措置

　令和6(2024)年度林野庁関係当初予算においては、一般会計に非公共事業費約1,021億円、公共事業費約1,982億円を計上する。本予算において、
① 「森林・林業・木材産業グリーン成長総合対策」として、
　(ア)林業・木材産業の生産基盤強化に向けた川上から川下までの取組を総合的に支援する「林業・木材産業循環成長対策」
　(イ)新技術の開発・実証や実装を支援する「林業デジタル・イノベーション総合対策」
　(ウ)都市部における木材利用の強化や建築用木材の供給体制の強化を支援する「建築用木材供給・利用強化対策」
　(エ)非住宅建築物等における木材利用促進や、木材輸出等による木材の需要拡大を支援する

直近3か年の林業関係予算の推移

(単位：億円、%)

区分	令和4（2022）年度		令和5（2023）年度		令和6（2024）年度	
公共事業費	1,971	(100.1)	1,979	(100.4)	1,982	(100.1)
非公共事業費	1,005	(95.2)	1,077	(107.2)	1,021	(94.8)
国有林野事業債務管理特別会計	3,546	(98.1)	3,440	(97.0)	3,401	(98.9)
東日本大震災復興特別会計						
（公共事業）	52	(99.4)	49	(93.2)	40	(81.9)
（非公共事業）	50	(111.6)	51	(101.8)	50	(98.3)

注：当初予算額であり、（　　）は前年度比率。上記のほか、農山漁村地域整備交付金に林野関係事業を措置している。

「木材需要の創出・輸出力強化対策」

(オ) 林業への新規就業者の育成・定着、これからの林業経営を担う人材等の育成・確保に向けた取組等を支援する「森林・林業担い手育成総合対策」

(カ) 新技術の導入により収益性等の向上につながる経営モデルの構築等を支援する「「新しい林業」に向けた林業経営育成対策」

(キ) 意欲と能力のある林業経営者が行う機械導入・施設整備に対する融資の円滑化を支援する「林業・木材産業金融対策」

(ク) 森林の多面的機能の適切な発揮と山村集落の維持・活性化を図るための取組を推進する「森林・山村地域振興対策」

② 花粉発生源対策としてスギ人工林の伐採・植替え等を推進するとともに、間伐や主伐後の再造林、幹線となる林道の開設・改良等を推進する「森林整備事業」

③ 流木対策や機能強化対策の充実、流域治水との連携拡大等、国土強靱化に向けた取組等を推進する「治山事業」

等に取り組む。

また、東日本大震災復興特別会計に非公共事業費約50億円、公共事業費約40億円を盛り込む。

（2）森林・山村に係る地方財政措置

「森林・山村対策」、「国土保全対策」等を引き続き実施し、地方公共団体の取組を促進する。

「森林・山村対策」としては、

① 公有林等における間伐等の促進

② 施業の集約化に必要な森林境界の明確化など森林整備地域活動の促進

③ 林業の担い手育成及び確保対策の推進

④ 民有林における長伐期化及び複層林化と林業公社がこれを行う場合の経営の安定化の推進

⑤ 地域で流通する木材の利用のための普及啓発及び木質バイオマスエネルギー利用促進対策

⑥ 市町村による森林所有者情報の整備

等に要する経費等に対して、地方交付税措置を講ずる。

「国土保全対策」としては、ソフト事業として、U・Iターン受入対策、森林管理対策等に必要な経費に対する普通交付税措置及び上流域の水源維持等のための事業に必要な経費を下流域の団体が負担した場合の特別交付税措置を講ずる。また、公の施設として保全及び活用を図る森林の取得及び施設の整備、農山村の景観保全施設の整備等に要する経費を地方債の対象とする。

さらに、森林吸収源対策等の推進を図るため、林地台帳の運用、森林所有者の確定等、森林整備の実施に必要となる地域の主体的な取組に要する経費について、引き続き地方交付税措置を講ずる。

このほか、花粉症対策の推進を図るため、スギ人工林の伐採・植替え等の加速化、花粉の少ない苗木の生産拡大等に要する経費に対して、地方交付税等措置を講ずる。

3　税制上の措置

林業に関する税制について、令和6（2024）年度税制改正において、

① 森林環境譲与税の譲与基準について、私有林人工林面積の譲与割合を5/10から55/100とし、人口の譲与割合を3/10から25/100とする見直し（森林

環境譲与税)

② 山林所得に係る森林計画特別控除(収入金額の20％の控除等)の適用期限の２年延長(所得税)

③ 軽油引取税の課税免除の特例措置(林業、木材加工業、木材市場業、堆肥製造業)の適用期限の３年延長(軽油引取税)

④ 新型コロナウイルス感染症及びそのまん延防止のための措置によりその経営に影響を受けた事業者に対して行う特別貸付けに係る消費貸借に関する契約書の非課税措置の適用期限の１年延長(印紙税)

等を行う。

4 　金融措置

（1）株式会社日本政策金融公庫資金制度

株式会社日本政策金融公庫の林業関係資金については、造林等に必要な長期低利資金の貸付計画額を277億円とする。沖縄県については、沖縄振興開発金融公庫の農林漁業関係貸付計画額を80億円とする。

森林の取得、木材の加工・流通施設等の整備、災害からの復旧を行う林業者等に対する利子助成を実施する。

令和６年能登半島地震や東日本大震災により被災した林業者等及び新型コロナウイルス感染症や原油価格・物価高騰等の影響を受けた林業者等に対し、実質無利子・無担保等貸付けを実施する。

（2）林業・木材産業改善資金制度

経営改善等を行う林業者・木材産業事業者に対する都道府県からの無利子資金である林業・木材産業改善資金について貸付計画額を38億円とする。

（3）木材産業等高度化推進資金制度

林業経営の基盤強化並びに木材の生産及び流通の合理化又は木材の安定供給を推進するための木材産業等高度化推進資金について貸付枠を600億円とする。

（4）独立行政法人農林漁業信用基金による債務保証制度

林業経営の改善等に必要な資金の融通を円滑にするため、独立行政法人農林漁業信用基金による債務保証や林業経営者に対する経営支援等の活用を促進する。

債務保証を通じ、重大な災害からの復旧、「木材の安定供給の確保に関する特別措置法」(平成８年法律第47号)に係る取組及び事業承継・創業等を支援するための措置を講ずる。

令和６年能登半島地震や東日本大震災により被災した林業者等及び新型コロナウイルス感染症や原油価格・物価高騰等の影響を受けた林業者等に対し、保証料の助成等を実施する。

（5）林業就業促進資金制度

新たに林業に就業しようとする者の円滑な就業を促進するため、新規就業者や認定事業主に対する、研修受講や就業準備に必要な資金の林業労働力確保支援センターによる貸付制度を通じた支援を行う。

5 　政策評価

効果的かつ効率的な行政の推進、行政の説明責任の徹底を図る観点から、「行政機関が行う政策の評価に関する法律」(平成13年法律第86号)に基づき、５年ごとに定める農林水産省政策評価基本計画及び毎年度定める農林水産省政策評価実施計画により、事前評価(政策を決定する前に行う政策評価)や事後評価(政策を決定した後に行う政策評価)を実施することとし、特に実績評価においては、森林・林業基本計画に基づき設定した52の測定指標について、令和５(2023)年度中に実施した政策に係る進捗を検証する。

Ｉ　森林の有する多面的機能の発揮に関する施策

1　適切な森林施業の確保

(1)森林計画制度の下での適切な施業の推進

　地域森林計画や市町村森林整備計画において、地域ごとに目標とする主伐量や造林量、発揮が期待される機能に応じたゾーニング等を定め、森林所有者等による造林、保育、伐採その他の森林施業の適切な実施を推進する。また、特に植栽による更新に適した区域の設定のほか、計画策定時に森林資源の保続が可能な主伐量の上限の検討等を進めるよう促し、再造林の実施をより効果的に促進する。

　くわえて、森林総合監理士等が市町村への技術的な支援等を適切に担うことができるよう、継続教育等による技術水準の向上を図りつつ、その育成・確保を図る。

(2)適正な伐採と更新の確保

　適正な伐採と更新の確保に向け、伐採造林届出書や伐採・造林後の森林の状況報告書の確実な提出、市町村森林整備計画に基づく適切な指導等、伐採及び伐採後の造林の届出等の制度の適正な運用を図る。

　また、衛星画像を活用した伐採箇所の効率的な把握などを促し、無断伐採の発生防止に向けた取組を推進する。

2　面的なまとまりをもった森林管理

(1)森林の経営管理の集積等

　森林経営計画の作成に向け、市町村や森林組合等による森林情報の収集、森林調査、境界の明確化、森林所有者の合意形成の活動及び既存路網の簡易な改良に対する支援を行うとともに、施業提案や森林境界の確認の手法としてリモートセンシングデータや過去の空中写真等の森林情報の活用を推進することにより、施業の集約化の促進を図る。

　さらに、森林経営計画に基づき面的なまとまりをもって森林施業を行う者に対して、間伐等やこれと一体となった森林作業道の開設等を支援するとともに、税制上の特例措置や融資条件の優遇措置を講ずる。また、適切な経営管理が行われていない森林については、森林経営管理制度の下で、市町村が仲介役となり、林業経営者へ森林の経営管理の集積・集約化を図る。

　くわえて、森林経営管理制度の円滑な運用を図るため、市町村への指導・助言を行うことができる技術者の養成を進めるとともに、全国の知見・ノウハウを集積・分析し、市町村等への提供を行う。

　このほか、民有林と国有林が連携した「森林共同施業団地」の設定等の取組を推進する。

　所有者不明の森林については、森林経営管理制度等の活用による所有者情報の把握・確認が進むよう取組を促すとともに、森林経営管理制度の特例措置の円滑な運用に向けた知見等の整理を行う。また、共有林の共有者の一部の所在が不明である場合等には、共有者不確知森林制度の活用による森林の適切な整備を促す。

(2)森林関連情報の整備・提供

　森林関連情報については、レーザ測量等のリモートセンシング技術を活用し、森林資源情報の精度向上を図る。また、都道府県等が導入している標準仕様書に基づく森林クラウドにデータを集積し、情報の共有化と高度利用を促進する。

　森林の土地の所有者届出制度や精度向上に向けた調査等により得られた情報の林地台帳への反映を促進する。

　適正な森林管理、地域森林計画等の樹立及び学術研究の発展に資するため、林況や生物多様性等の森林経営の基準・指標に係るデータを継続的に把握する森林資源モニタリングを引き続き実施し、データの公表・活用を進める。

3　再造林の推進

(1)優良種苗の安定的な供給

　再造林の低コスト化等に資するエリートツリー等の優良種苗の普及を加速するとともに、低コストかつ安定的に供給する体制を構築するため、原種増産の技術開発・施設整備、採種園等の造成・改良、コ

ンテナ苗の生産施設の整備、細胞増殖による苗木大量増産技術の開発、生産技術の向上に向けた研修等の取組を推進する。

（2）造林適地の選定

　林業に適した林地における再造林の実効性を高めていくため、林野土壌調査等の過去文献やレーザ測量等を活用する。また、市町村森林整備計画において「木材等生産機能維持増進森林」のうち「特に効率的な施業が可能な森林の区域」の適切なゾーニングを推進する。さらに、「森林の間伐等の実施の促進に関する特別措置法」（平成20年法律第32号。以下「間伐等特措法」という。）に基づく措置により、自然的・社会的な条件からみて植栽に適した区域における再造林を促進する。

（3）造林の省力化と低コスト化

　伐採と造林の一貫作業や低密度植栽、エリートツリー等の植栽による下刈り回数の削減等の効率的な施業の導入や、リモートセンシング技術による施工管理等の効率化を推進するとともに、省力化・低コスト化に資する成長に優れた品種の開発を進めるほか、苗木生産施設等の整備への支援及び再造林作業を省力化する林業機械の開発に取り組む。

　また、国有林のフィールドや技術力等を活かし、低コスト造林技術の開発・実証等に取り組む。

4　野生鳥獣による被害への対策の推進

　森林整備と一体的に行う防護柵等の鳥獣害防止施設の整備や野生鳥獣の捕獲の支援を行うとともに、鳥獣保護管理施策や農業被害対策等との連携を図りつつ、森林における効果的なシカ捕獲の推進のため、林業関係者等のシカ捕獲への参画促進や先進技術による調査等を支援するとともに、再造林時の効果的な防護資材の活用方法等を検証する。

　また、野生鳥獣による被害が発生している森林等において、森林法（昭和26年法律第249号）に基づく市町村森林整備計画等における鳥獣害防止森林区域の設定を通じた被害対策や、地域の実情に応じた野生鳥獣の生息環境となる針広混交の育成複層林や天然生林への誘導など野生鳥獣との共存に配慮した対策を推進する。

5　適切な間伐等の推進

　不在村森林所有者の増加等の課題に対処するため、地域に最も密着した行政機関である市町村が主体となった森林所有者の確定及び境界の明確化や林業の担い手確保等のための施策を講ずる。また、森林経営計画に基づき面的なまとまりをもって実施される間伐等を支援するほか、間伐等特措法等に基づき市町村等による間伐等の取組を進めることなどにより、森林の適切な整備を推進する。また、市町村による森林経営管理制度と森林環境譲与税を活用した間伐等の取組を推進する。

6　路網整備の推進

　傾斜区分と作業システムに応じた目指すべき路網密度の水準を踏まえつつ、林道と森林作業道を適切に組み合わせた路網の整備を推進する。

　特に、災害の激甚化や、木材輸送の効率化を図るための走行車両の大型化に対応した、幹線林道の開設や既設林道の改築・改良による質的向上を推進する。

7　複層林化と天然生林の保全管理等の推進

（1）生物多様性の保全
ア　生物多様性の保全に配慮した森林施業の推進

　一定の広がりにおいて、様々な生育段階や樹種から構成される森林がモザイク状に配置されている「指向する森林の状態」を目指して、多様な森林整備を推進する。

　このため、国有林において面的複層林施業等の先導的な取組を進めるとともに、市町村による森林経営管理制度と森林環境譲与税を活用した針広混交林化の取組等を促進する。あわせて、育成単層林施業においても、長伐期化や広葉樹の保残など生物多様性の保全に配慮した施業を推進する。この際、森林所有者等がそれらの施業を選択しやすくするための事例収集や情報提供、モザイク施業等の複層林化に係る技術の普及を図る。

イ　天然生林等の保全管理の推進

　原生的な森林生態系、希少な生物が生育・生息する森林等の保全管理に向けて、継続的なモニタリングに取り組むとともに、民有林と国有林が連携して、森林生態系の保存及び復元、点在する希少な森林生態系の保護管理、それらの森林の連続性確保等に取り組む。また、生物多様性にとって重要な地域を保護・保全するために、法令等による保護地域だけでなく、NPOや住民等によって生物多様性の保全がなされている地域などにおける保全管理の取組を推進する。さらに、生活の身近にある里山林等の継続的な保全管理などを推進する。

ウ　生物多様性の保全に向けた国民理解の促進

　国民が広く参加し、植樹や森林保全等の生物多様性への理解につながる活動の展開、地域と国有林が連携した自然再生活動や森林環境教育等の取組を推進する。また、森林認証等への理解促進など、生物多様性の保全と森林資源の持続可能な利用の調和を図る。

（2）公的な関与による森林整備

　市町村による森林経営管理制度と森林環境譲与税を活用した森林整備等の取組を推進する。都県の森林整備法人等が管理する森林について、針広混交林化等への施業転換や採算性を踏まえた分収比率の見直しなどを進めるとともに、森林整備法人等がその知見を活かして、森林管理業務の受託等を行うことで、地域の森林整備の促進に貢献する。

　奥地水源等の保安林について、水源林造成事業により森林造成を計画的に行うとともに、既契約分については育成複層林等への誘導を進め、当該契約地周辺の森林も合わせた面的な整備にも取り組む。また、荒廃した保安林等について、治山事業による整備を実施する。

（3）花粉症対策の推進

　「花粉症対策の全体像」及び「花粉症対策　初期集中対応パッケージ」に基づき、関係行政機関との緊密な連携の下、「発生源対策」として、森林所有者に対する花粉の少ない苗木等への植替えの働き掛けの支援等によるスギ人工林の伐採・植替え等の加速化、スギ材需要の拡大、花粉の少ない苗木の生産拡大、林業の生産性向上及び労働力の確保を推進する。

　また、花粉飛散量予測のためのスギ・ヒノキ雄花の着花量調査、高度化された航空レーザ計測に基づく森林資源情報のデータ公開、花粉飛散防止剤の実用化等の「飛散対策」等に取り組む。

　あわせて、これらの成果等の関係者への効果的な普及を行うとともに、より効果的な対策の実施に向けた調査を行う。

8　カーボンニュートラル実現への貢献

（1）森林・林業・木材産業分野における取組

　令和12(2030)年度における我が国の森林吸収量目標約3,800万CO$_2$トン(平成25(2013)年度総排出量比約2.7%)の達成や、2050年カーボンニュートラルの実現に貢献するため、森林・林業基本計画等に基づき、総合的に対策を実施する。

　具体的には、適切な間伐等の実施、保安林指定による天然生林等の適切な管理・保全等に引き続き取り組むことに加えて、中長期的な森林吸収量の確保・強化を図るため、間伐等特措法に基づき、エリートツリー等の再造林を促進する。

　また、国連気候変動枠組条約及びパリ協定に基づき、適切に森林吸収量を算定し、国連気候変動枠組条約事務局に報告する義務があるため、森林吸収量の算定対象となる森林の育成・管理状況等を把握するとともに、土地利用変化量や伐採木材製品(HWP)の炭素蓄積変化量の把握等に必要な基礎データの収集・分析、算定方法の検討等を行う。

　さらに、製造時のエネルギー消費の比較的少ない木材の利用拡大、化石燃料の代替となる木質バイオマスのエネルギー利用の拡大、化石資源由来の製品の代替となる木質系新素材の開発、加工流通等における低炭素化等を通じて、二酸化炭素の排出削減に貢献していく。HWPによる炭素の貯蔵拡大に向けて、住宅における国産材の利用促進とともに、非住宅分野等についても、製材やCLT、木質耐火部材等に係る技術開発・普及や建築の実証に対する支援を実施する。エネルギー利用も含めた木材利用については、「合法伐採木材等の流通及び利用の促進に関する法律」（平成28年法律第48号。以下「クリーン

ウッド法」という。)等の運用を通じ、木材調達に係る合法性確認の徹底を図る。

あわせて、これらの取組が着実に進められるよう、デジタル技術の活用といった林業イノベーションや、森林づくり・木材利用に係る国民運動、森林由来のJ-クレジットの創出・活用の拡大等も推進し、川上から川下までの施策に総合的に取り組む。

（2）森林の公益的機能の発揮と調和する再生可能エネルギーの利用促進

森林の公益的機能の発揮と地域の合意形成に十分留意しつつ、林地の適正かつ積極的な利用を促進する。

具体的には、風力や地熱による発電施設の設置に関し、マニュアルの周知等を通じた国有林野の活用や保安林の解除に係る事務の迅速化・簡素化、保安林内作業許可基準の運用の明確化、地域における協議への参画等を通じた積極的な情報提供等を行い、森林の公益的機能の発揮と調和する再生可能エネルギーの利用促進を図る。

また、令和4（2022）年に改正した森林法施行令（昭和26年政令第276号）等による太陽光発電に係る林地開発許可基準の見直しを踏まえ、林地開発許可制度の適切な運用を図る。

（3）気候変動の影響に対する適応策の推進

気候変動適応計画（令和5（2023）年5月閣議決定）及び農林水産省気候変動適応計画（令和5（2023）年8月改定）に基づき、事前防災・減災の考えに立った治山施設の整備や森林の整備、森林病害虫のまん延防止、森林生態系の保存及び復元、開発途上国における持続可能な森林経営や森林保全の取組への支援等に取り組む。

9　国土の保全等の推進

（1）適正な保安林の配備及び保全管理

水源の涵養、災害の防備、保健・風致の保存等の目的を達成するために保安林として指定する必要がある森林について、水源かん養保安林、土砂流出防備保安林、保健保安林等の指定に重点を置いて保安林の配備を計画的に推進する。また、指定した保安

林については、伐採の制限や転用の規制をするなど適切な運用を図るとともに、令和4（2022）年に改正した森林法施行令等における保安林の指定施業要件の植栽基準の見直しや、衛星デジタル画像等を活用した保安林の現況等に関する総合的な情報管理、現地における巡視及び指導の徹底等により、保安林の適切な管理の推進を図る。

このほか、宅地造成及び特定盛土等規制法（昭和36年法律第191号）に基づき危険な盛土等に対する規制が速やかに実効性を持って行われるよう、規制区域の指定や盛土等の安全性把握等のための基礎調査、危険が認められた盛土等の土砂撤去や崩落防止対策等を支援し、盛土等に伴う災害の防止に向けた取組を推進する。

（2）国民の安全・安心の確保のための効果的な治山事業等の推進

近年、頻発する集中豪雨や地震等による大規模災害の発生のおそれが高まっていることを踏まえ、山地災害による被害を防止・軽減し、地域の安全・安心を確保するため、効果的かつ効率的な治山対策を推進する。

具体的には、山地災害を防止し、地域の安全性の向上を図るための治山施設の設置等のハード対策と、地域の避難体制と連携した、山地災害危険地区に係る監視体制の強化や情報提供等のソフト対策を一体的に実施する。また、河川の上流域に位置する保安林、重要な水源地や集落の水源となっている保安林等において、浸透能及び保水力の高い森林土壌を有する森林の維持・造成を推進する。

特に、山地災害等が激甚化・頻発化する傾向を踏まえ、山地災害の復旧整備を図りつつ、「防災・減災、国土強靱化のための5か年加速化対策」（令和2（2020）年12月閣議決定）に基づき山地災害危険地区等における治山対策を推進する。くわえて、尾根部からの崩壊等による土砂流出量の増大、流木災害の激甚化、広域にわたる河川氾濫等、災害の発生形態の変化等に対応して、流域治水と連携しつつ、土砂流出の抑制、森林土壌の保全強化、流木対策、海岸防災林の整備・保全等の取組を推進する。さらに、山地災害が発生する危険性の高い地区のより的確な把握に向け、災害の発生状況を踏まえ、リモー

トセンシング技術も活用した山地災害危険地区の再調査を推進する。

このほか、治山施設の機能強化を含む長寿命化対策、民有林と国有林の連携による計画的な事業、他の国土保全に関する施策との連携、工事実施に当たっての木材の積極的な利用、生物多様性の保全等に配慮した治山対策や生態系を基盤とした防災・減災により災害リスクを低減するEco-DRR(Ecosystem-based disaster risk reduction)に向けた取組を推進する。

(3)大規模災害時における迅速な対応

異常な天然現象により被災した治山施設について、治山施設災害復旧事業により復旧を図るとともに、新たに発生した崩壊地等のうち緊急を要する箇所について、災害関連緊急治山事業等により早期の復旧整備を図る。

また、林道施設、山村環境施設及び森林に被害が発生した場合には、林道施設災害復旧事業、災害関連山村環境施設復旧事業、森林災害復旧事業(激甚災害に指定された場合)等により、早期の復旧を図る。

さらに、大規模災害等の発災時においては、国の技術系職員の派遣(MAFF-SAT)、地方公共団体や民間コンサルタント等と連携した災害調査、復旧方針の策定など被災地域の復旧支援を行う。なお、被災規模が大規模で復旧に高度な技術を要する場合については、地方公共団体の要請を踏まえ、国の直轄事業による復旧を行う。

令和6年能登半島地震で被災した山地の復旧については、国土地理院と連携して実施した航空レーザ測量の結果も活用し、復旧整備計画の作成及び効果的・効率的な治山対策等の実施を推進する。

また、被災した林道施設については、ドローン等を活用した効率的な災害査定を行い、林道施設災害復旧事業等により、早期の復旧を図る。

くわえて、石川県の要請を受けて国直轄による災害復旧等事業の実施を決定した奥能登地域の大規模な山腹崩壊箇所等について、早期かつ確実な復旧を図る。

(4)森林病虫害対策等の推進

マツノマダラカミキリが媒介するマツノザイセンチュウによる松くい虫被害対策については、保全すべき松林において被害のまん延防止のための薬剤散布、被害木の伐倒駆除及び健全な松林の整備や広葉樹林等への樹種転換を推進する。また、抵抗性マツで造成された海岸防災林の被害リスクや効果的な対策について調査を実施するとともに、抵抗性マツ品種の開発及び普及を促進する。

カシノナガキクイムシが媒介するナラ菌によるナラ枯れ被害対策については、被害の拡大防止に向け予防や駆除を積極的に実施するとともに、被害を受けにくい森林づくりなどの取組を推進する。また、既存防除手法の費用対効果や被害先端地域での効率的な防除方法についての実態調査を実施する。

林野火災の予防については、全国山火事予防運動等の普及活動や予防体制の強化を図るとともに、林野火災発生危険度予測システムの構築等を実施する。

さらに、各種森林被害の把握及び防止のため、森林保全推進員を養成するなどの森林保全管理対策を地域との連携により推進する。

10　研究・技術開発及びその普及

(1)研究・技術開発の戦略的かつ計画的な推進

「森林・林業・木材産業分野の研究・技術開発戦略」(令和4(2022)年3月策定)等を踏まえ、国及び国立研究開発法人森林研究・整備機構が都道府県の試験研究機関、大学、学術団体、民間企業等との産学官連携の強化を図りつつ、研究・技術開発を戦略的かつ計画的に推進する。

国立研究開発法人森林研究・整備機構において、森林・林業基本計画が目指す姿の実現等に貢献するため、
① 環境変動下での森林の多面的機能の適切な発揮に向けた研究開発
② 森林資源の活用による循環型社会の実現と山村振興に資する研究開発
③ 多様な森林の造成・保全と持続的資源利用に貢献する林木育種
等を推進する。

（2）効率的かつ効果的な普及指導の推進

　研究・技術開発で得られた成果等に関しては、林業普及指導員の知識・技術水準を確保するための資格試験や研修の実施、林業普及指導事業交付金の交付による普及員の設置を適切に行うことなどを通じ、現場へ普及し社会還元を図る。

11　新たな山村価値の創造

（1）山村の内発的な発展

　森林資源を活用して、林業・木材産業を成長発展させ、山村の内発的な発展を図るため、
①　森林経営の持続性を担保しつつ行う、川上から川下までが連携した顔の見える木材供給体制の構築や、地域内での熱利用・熱電併給を始めとする未利用木質資源の利用を促進するための木質バイオマス利用促進施設整備等の取組の支援
②　自伐林家等への支援や、漆、薪、木炭、山菜等の山村の地域資源の発掘・活用を通じた所得・雇用の増大を図る取組の支援
③　健康、観光、教育等の多様な分野で森林空間を活用して新たな雇用と収入機会を生み出す「森林サービス産業」の創出・推進の取組
を実施する。

（2）山村集落の維持・活性化
ア　山村振興対策等の推進

　山村振興法(昭和40年法律第64号)に基づいて、都道府県が策定する山村振興基本方針及び市町村が策定する山村振興計画に基づく産業の振興等に関する事業の推進を図る。

　また、山村地域の産業の振興に加え住民福祉の向上にも資する林道の整備等を支援するとともに、振興山村、過疎地域等において都道府県が市町村に代わって整備することができる基幹的な林道を指定し、その整備を支援する。

　さらに、山村地域の安全・安心の確保に資するため、治山施設の設置等や保安林の整備のハード対策と、地域の避難体制と連携した、山地災害危険地区に係る監視体制の強化や情報提供等のソフト対策を一体的に推進する。

　振興山村及び過疎地域の農林漁業者等に対し、株式会社日本政策金融公庫による長期かつ低利の振興山村・過疎地域経営改善資金の融通を行う。

イ　再生利用が困難な荒廃農地の森林としての活用

　農地として再生利用が困難であり、森林として管理・活用を図ることが適当な荒廃農地について、地域森林計画へ編入し、編入後の森林の整備及び保全を推進する。

　また、林地化に当たっては、「農山漁村の活性化のための定住等及び地域間交流の促進に関する法律」(平成19年法律第48号)に基づく農用地の保全等に関する事業により、地域の話合いによる計画的な土地利用を推進する。

ウ　地域の森林の適切な保全管理

　森林の多面的機能を適切に発揮させるとともに、関係人口の創出を通じ、地域のコミュニティの維持・活性化を図るため、地域住民や地域外関係者等による活動組織が実施する森林の保全管理、森林資源の活用を図る取組等の支援を実施する。

エ　集落の新たな支え手の確保

　特定地域づくり事業協同組合や地域おこし協力隊の枠組みを活用した森林・林業分野における事例の収集・発信に取り組む。

　さらに、林業高校や林業大学校等への進学、「緑の雇用」事業によるトライアル雇用、地域おこし協力隊への参加等を契機とした移住・定住の促進を図る。

（3）関係人口の拡大

　関係人口や交流人口の拡大に取り組むため、農泊や国立公園等とも連携しながら、健康、観光、教育等の多様な分野で森林空間を活用して新たな雇用と収入機会を生み出す「森林サービス産業」の創出・推進の取組を実施するとともに、森林景観を活かした観光資源の整備を実施する。

12　国民参加の森林づくり等の推進

（1）森林整備に対する国民理解の促進

　森林整備に対する国民理解の醸成を図るため、各地方公共団体における森林環境譲与税を活用した取組の実施状況やその公表状況について、取りまとめ

て情報発信を行う。

（2）国民参加の森林づくり

　国民参加の森林づくりを促進するため、全国植樹祭、全国育樹祭等の国土緑化行事、緑の少年団活動発表大会等の実施を支援するとともに、NPO・企業等が行う森林づくり活動に対するサポート体制構築への支援、森林づくりに関する情報提供等を通じNPO等による森林づくり活動を推進する。また、国有林におけるフィールドや情報の提供、技術指導等を推進する。

　また、幼児期からの森林を活用した森林環境教育を推進するため、行政機関、専門家等による発表や意見交換等を行う「こどもの森づくりフォーラム」を開催する。

13　国際的な協調及び貢献

（1）国際対話への参画等

　世界における持続可能な森林経営に向けた取組を推進するため、国連森林フォーラム(UNFF)、国連食糧農業機関(FAO)等の国際対話に積極的に参画するとともに、関係各国、各国際機関等と連携を図りつつ、国際的な取組を推進する。モントリオール・プロセスについては、他の国際的な基準・指標プロセスとの連携等を積極的に行う。

　また、持続可能な森林経営に関する日中韓3か国部長級対話を通じ、近隣国との相互理解を推進する。

　このほか、世界における持続可能な森林経営に向けて引き続きイニシアティブを発揮するため、森林・林業問題に関する幅広い関係者の参加による国際会議を開催する。

（2）開発途上国の森林保全等のための調査及び技術開発

　開発途上国における森林の減少及び劣化の抑制並びに持続可能な森林経営を推進するため、二国間クレジット制度(JCM)におけるREDD＋等の実施ルールの検討及び普及を行うとともに、民間企業等の知見・技術を活用した開発途上国の森林保全・資源利活用の促進や民間企業等による森林づくり活動の貢

献度を可視化する手法の開発・普及を行う。また、民間企業等の海外展開の推進に向け、開発途上国の防災・減災に資する森林技術の開発や人材育成等を支援する。

　このほか、開発途上国における我が国の民間団体等が行う海外での植林及び森林保全活動を推進するため、海外植林等に関する情報提供等を行う。

（3）二国間における協力

　開発途上国からの要請を踏まえ、独立行政法人国際協力機構(JICA)を通じ、専門家派遣、研修員受入れや、これらと機材供与を効果的に組み合わせた技術協力プロジェクトを実施する。

　また、JICAを通じた森林・林業案件に関する有償資金協力に対して、計画立案段階等における技術的支援を行う。

　さらに、日インド森林及び林業分野の協力覚書等に基づく両国間の協力を推進するとともに、東南アジア諸国と我が国の二国間協力に向けた協議を行う。

（4）国際機関を通じた協力

　熱帯林の保全とカーボンニュートラルの実現に貢献するため、国際熱帯木材機関(ITTO)への拠出を通じ、地球規模課題と地域ニーズを最適化する「持続可能な森林経営」の実践及び「持続可能な木材利用」の推進体制の構築を支援する。

　また、FAOへの拠出を通じ、地域強靱化のための総合的で持続可能な森林の保全・利活用方策の普及に向けた取組を支援するとともに、森林と農業を取り巻くサプライチェーンにおける森林保全と農業の両立に有効なアプローチを浸透させる取組や、森林再生及び持続可能な森林経営と木材利用の重要性を普及する取組を支援することで世界の森林減少・劣化の抑止に貢献する。

II　林業の持続的かつ健全な発展に関する施策

1　望ましい林業構造の確立

　林業の持続的かつ健全な発展を図るため、目指すべき林業経営及び林業構造の姿を明確にしつつ、担い手となる林業経営体の育成、林業従事者の人材育成、林業労働等に関する施策を総合的かつ体系的に進めていく。

（1）目指すべき姿

　これからの林業経営が目指すべき方向である「長期にわたる持続的な経営」を実現するためには、効率的かつ安定的な林業経営が林業生産の相当部分を担う林業構造を確立することが重要である。このため、主体となり得る森林組合や、民間事業者など森林所有者から経営受託等した林業専業型の法人、一定規模の面積を所有する専業林家や森林所有者(林業経営を行う製材工場等の「林産複合型」の法人も含む。)等を目指すべき姿へ導いていくため、施策を重点化するなど、効果的な取組に努める。

　また、専ら自家労働等により作業を行い、農業などと複合的に所得を確保する主体等については、地域の林業経営を前述の主体とともに相補的に支えるものであり、その活動が継続できるよう取り組む。

（2）「新しい林業」の展開

　従来の施業等を見直し、開発が進みつつある新技術を活用して、伐採から再造林・保育に至る収支のプラス転換を可能とする「新しい林業」を展開するため、
①　ドローン等による苗木運搬、伐採と造林の一貫作業や低密度植栽及びエリートツリー等を活用した造林コストの低減と収穫期間の短縮
②　林業機械の自動化・遠隔操作化に向けた開発・普及による林業作業の省力化・軽労化
③　レーザ測量や全球測位衛星システム(GNSS)を活用した高度な森林関連情報の把握及び情報通信技術(ICT)を活用した木材の生産流通管理等の効率化

④　「新しい林業」を支える新技術の導入、技術を提供する事業者の活動促進を図るための異分野の技術探索及び産学官連携による知見共有等
⑤　上記①～④の技術の導入による経営モデルの実証
等の取組を推進する。

2　担い手となる林業経営体の育成

（1）長期的な経営の確保

　長期的に安定的な経営の確保のため、地籍調査等と連携した森林境界の明確化、施業集約化、長期施業受委託、森林経営管理制度による経営管理権の設定等を促進する。また、市町村森林整備計画に適合した適切な森林施業を確保する観点から、森林経営計画の作成を促進する。

（2）経営基盤及び経営力の強化

　経営基盤の強化のため、森林組合法(昭和53年法律第36号)に基づき事業連携等を推進する。また、基盤強化を図る金融や税制上の措置等の活用を推進する。

　経営力の強化のため、施業集約化を担う森林施業プランナーの育成、森林組合系統における実践的な能力を持つ理事の配置及び木材の有利販売等を担う森林経営プランナーの育成を推進する。

（3）林産複合型経営体の形成

　林地取得等により林業経営を行う製材工場その他の「林産複合型経営体」を形成するため、株式会社日本政策金融公庫による林業経営育成資金(森林取得)の融通、当該資金の借入れに対する利子助成、独立行政法人農林漁業信用基金による債務保証等を通じて資金調達の円滑化を図る。

（4）生産性の向上

　林業の収益性の向上や木材需要に対応した原木の安定供給等を着実に推進するため、路網整備、高性能林業機械の導入の支援等に取り組む。

　また、花粉発生源対策として、スギ人工林伐採重点区域において木材加工業者等に対する高性能林業機械の導入を支援する。

さらに、国有林においては、現場技能者等の育成のための研修フィールドを提供する。

くわえて、令和4 (2022)年7月にアップデートした「林業イノベーション現場実装推進プログラム」(令和元(2019)年12月策定)に基づき、異分野の知見や技術、人材を活用しながら、林業のデジタル化とイノベーションを推進するため、

① 林業イノベーションハブセンター(通称：森ハブ)によるイノベーションの推進に向けた支援プラットフォームの運営
② 林業機械の自動化・遠隔操作化、木質系新素材等の開発・実証
③ 一貫作業等による造林作業の低コスト化
④ レーザ測量等による森林資源情報のデジタル化等
⑤ 全国の森林情報を閲覧・取得できるデータプラットフォームの構築等の検討
⑥ 国有林の森林資源データの精度向上と高度な利活用
⑦ 標準仕様に準拠したICT生産管理ソフトの導入等
⑧ ICT等先端技術を活用する技術者や現場技能者の育成等
⑨ 地域一体で森林調査から原木の生産・流通に至る林業活動にデジタル技術を活用する取組
等を推進する。

(5)再造林の実施体制の整備

再造林の実施体制の整備に向けて、伐採と造林の一貫作業の推進、造林作業手の育成・確保、主伐・再造林型の施業提案能力の向上等を図る。

(6)社会的責任を果たす取組の推進

社会的責任を果たす取組の推進のため、林業経営体に対して、法令の遵守、伐採・造林に関する自主行動規範の策定等の取組を促進する。また、市町村における伐採及び伐採後の造林の届出制度の適正な運用を図るとともに、林業経営体が伐採現場で、当該制度に基づく届出が市町村森林整備計画に適合している旨の通知を掲示する取組や、合法伐採木材に係る情報提供等を行う取組を促進する。

3　人材の育成・確保等

(1)「緑の雇用」事業等を通じた現場技能者の育成等

林業大学校等において林業への就業に必要な知識等の習得を行い、将来的に林業経営を担い得る有望な人材として期待される青年に対し、就業準備のための給付金を支給するとともに、就職氷河期世代を含む幅広い世代を対象にトライアル雇用(短期研修)等の実施を支援する。

また、新規就業者に対しては、段階的かつ体系的な研修カリキュラムにより、安全作業等に必要な知識、技術及び技能の習得に関する研修を実施するとともに、定着率の向上に向けた就業環境の整備を支援する。一定程度の経験を有する者に対しては、工程・コスト管理等のほか、労働安全衛生管理等に必要な知識、技術及び技能の習得に関するキャリアアップ研修を実施する。これらの研修修了者については、農林水産省が備える名簿に統括現場管理責任者(フォレストマネージャー)等として登録することにより林業就業者のキャリア形成を支援する。さらに、複数の異なる作業や作業工程に対応できる技術を学ぶ多能工化研修の実施を支援する。また、花粉発生源対策として、スギ人工林伐採重点区域における労働需要等に対応するための地域間や産業間の連携による労働力の確保の取組を支援する。

このほか、林業従事者の技能向上につながる技能検定制度への林業分野の追加に向けた取組を支援する。

くわえて、外国人材の受入れの条件整備の取組を支援する。

(2)林業経営を担うべき人材の育成及び確保

林業高校等に対しては、その指導力向上やカリキュラムの充実を図るため、国や研究機関等による講師派遣及び森林・林業に関する情報提供を行うとともに、スマート林業教育を推進するため、教職員等を対象とした研修、地域協働型スマート林業教育プログラムの開発実証や学習コンテンツの作成及び運用等を行う。また、林業後継者の育成及び確保を図るため、林業高校生を対象とした林業体験学習等を支援する。林業経営体の経営者、林業研究グループ

等に対して、人材育成に係る研修への参加等を通じた自己研鑽や後継者育成を促進する。

（3）女性活躍等の推進

森林資源を活用した起業や既存事業の拡張の意思がある女性を対象に、地域で事業を創出するための対話型の講座を実施する取組等を支援する。

また、就労を通じた障害者等の社会参画を図る林福連携を進め、働きやすい職場環境の整備やトライアル雇用等に取り組む事業者などの取組を促進していく。

4　林業従事者の労働環境の改善

（1）処遇等の改善

林業経営体の生産性及び収益性の向上、林業従事者の通年雇用化、月給制の導入、社会保険の加入等を促進する。また、林業従事者の技能を客観的に評価して適切に処遇できるよう、技能評価試験の本格的な実施に向けた取組など能力評価の導入を促進する。

さらに、林業従事者の労働負荷の軽減及び働きやすい職場環境の整備を図るため、伐木作業や造林作業の省力化・軽労化を実現するための遠隔操作・自動化機械の開発、休憩施設や衛生施設の整備等を推進する。

（2）労働安全対策の強化

森林・林業基本計画において、同計画策定後10年を目途とした林業労働災害の死傷年千人率を半減する目標を掲げている。この目標の達成に向けて労働安全対策を強化するため、安全な伐木技術の習得など就業者の技能向上のための研修や林業労働安全に資する訓練装置等を活用した研修、労働安全衛生装備・装置の導入支援、林業経営体への安全巡回指導、振動障害及び蜂刺傷災害の予防対策、労働安全衛生マネジメントシステムの普及啓発等を実施する。

また、林業経営体の自主的な安全活動を促進するため、労働安全コンサルタントを活用した安全診断による労働安全の管理体制の構築を推進する。さらに、林業・木材産業における労働災害の情報収集・

分析を行い、就業者の安全確保のための普及啓発等を実施する。

5　森林保険による損失の補填

火災や気象災害等による林業生産活動の阻害を防止するとともに、林業経営の安定を図るため、国立研究開発法人森林研究・整備機構が取り扱う森林保険により、災害による経済的損失を合理的に補填する。その運営に当たっては、制度の普及を図るとともに、災害の発生状況を踏まえた商品改定、保険金支払の迅速化等によりサービスの向上を図る。

6　特用林産物の生産振興

特用林産物の国内需要の拡大とともに、輸出拡大を図るため、
① 国産特用林産物の需要拡大・生産性向上
② 国産特用林産物の競争力の強化に向けた取組
等を支援する。

また、地域経済で重要な役割を果たす特用林産振興施設等の整備のほか、省エネ化やコスト低減に向けた施設整備や、高騰するおが粉など次期生産に必要な生産資材の導入費の一部を支援する。

III　林産物の供給及び利用の確保に関する施策

1　原木の安定供給

（1）望ましい安定供給体制

国産材の安定的かつ持続的な供給体制の構築に向け、生産流通の各段階におけるコスト低減と利益向上等を図るため、木材の生産流通の効率化に向けた取組や、路網整備、高性能林業機械の導入、伐採と造林の一貫作業、木材加工流通施設の整備等による林業・木材産業の生産基盤の強化等を支援する。

（2）木材の生産流通の効率化

原木を安定的に供給及び調達できるようにするた

め、木材加工流通施設等の整備を支援する際には、川上と川中の協定取引や直送等の取組を推進する。

　また、森林経営の持続性を担保しつつ行う、川上から川下までが連携した顔の見える木材供給体制の構築を支援する。

2　木材産業の競争力強化

（1）大規模工場等における「国際競争力」の強化

　木材製品を低コストで安定的に供給できるようにするため、大規模工場への施設整備の支援を強化するとともに、大径材の加工能力の強化、原木輸送の高効率化等を支援する。また、加工施設の大規模化・高効率化、他品目転換、高付加価値化等の取組を支援するとともに、ストック機能の強化等も含めた国産の製品の供給力強化に向けた取組を支援する。

（2）中小製材工場等における「地場競争力」の強化

　中小製材工場等において、その特性を活かして競争力を強化していくため、

① 森林経営の持続性を担保しつつ行う、川上から川下までが連携した顔の見える木材供給体制の構築

② 大径材の価値を最大化するための技術開発・普及啓発

③ 地域の状況に応じた木材加工流通施設の整備（リース料の一部助成による導入支援も含む。）

④ 木材産業における作業安全対策や、外国人労働力確保

への支援等を実施する。

（3）JAS製品の供給促進

　品質・性能の確かなJAS製品等を供給していくため、木材加工流通施設の整備を支援（リース料の一部助成による導入支援も含む。）するとともに、JAS製材に係るサプライチェーンの構築に向けた取組を支援する。また、JAS構造材の利用実証の支援に加え、JAS規格について利用実態に即した区分や基準の合理化に資するため、技術開発の支援において、製品の性能検証等に関する取組を推進する。

（4）国産材比率の低い分野への利用促進

　木造住宅における横架材、羽柄材等の国産材比率の低い部材への国産材の利用を促進するため、横架材等の製材や加工、乾燥に係る技術開発の支援に加え、設計手法の普及や設計者の育成の支援を実施する。

　花粉症対策として、スギ材の需要拡大に向けて、住宅分野におけるスギJAS構造材等の利用を図るための取組を支援するほか、製品の開発や製造の低コスト化、設計や建築に係る技術開発等を支援する。

3　都市等における木材利用の促進

　「建築物における木材の利用の促進に関する基本方針」（令和3（2021）年10月木材利用促進本部決定）に基づき、民間建築物を含む建築物一般における木材利用を促進する。

　また、建築物木材利用促進協定制度の周知や効果的な運用を行う。

（1）公共建築物における木材利用

　「脱炭素社会の実現に資する等のための建築物等における木材の利用の促進に関する法律」（平成22年法律第36号。以下「都市の木造化推進法」という。）第10条第2項第4号に規定する各省各庁の長が定める「公共建築物における木材の利用の促進のための計画」に基づいた各省各庁の木材利用の取組を進め、国自らが率先した木材利用を推進するとともに、都市の木造化推進法第12条第1項に規定する市町村方針の策定及び改定を促進する。

　また、地域で流通する木材の利用の一層の拡大に向けて、設計上の工夫や効率的な木材調達に取り組むモデル性の高い木造公共建築物等の整備を支援するほか、木造公共建築物を整備した者等に対する利子助成等を実施する。

（2）民間非住宅、土木分野等における木材利用

　ツーバイフォー工法等に係る検証や建築関係法令改正への対応を含め、強度又は耐火性に優れた建築用木材等の技術開発・普及を支援するとともに、中層建築物に重点を置いた建築用木材（JAS構造材、木質耐火部材、内装材や木製サッシ）を利用した建築

実証に対する支援を実施する。

CLTについては、令和4 (2022)年に「CLT活用促進に関する関係省庁連絡会議」において改定した「CLTの普及に向けた新ロードマップ」に基づき、モデル的なCLT建築物等の整備の促進、設計者等の設計技術等の向上、低コスト化に向けた製品や技術の開発等に係る取組を支援するとともに、需要動向等を踏まえたCLT製造施設の整備や、CLTパネル等の寸法等の標準化・規格化に向けた取組を促進する。

また、木材を活用した非住宅・中高層建築物について、設計者に向けた講習会の実施やマニュアル等の整備を実施するとともに、中層木造建築物について、国土交通省との連携の下、コスト・施工性等において高い競争力を有し広く展開できる構法と、部材供給等の枠組みの整備・普及を推進する。このほか、設計施工や部材調達の合理化に有効なBIMを活用した設計、施工手法等の標準化に向けた検討を行う。

非住宅建築物の木造化・木質化を推進するため、地域への専門家派遣や相談窓口の設置を支援するとともに、内外装の木質化による利用者の生産性向上、経済面への影響等、木材利用の効果を見える化・普及する取組を支援する。

くわえて、これまで木材利用が低位であった建築物の外構部等における木質化の実証の取組を支援する。

川上から川下までの各界の関係者が一堂に会する「民間建築物等における木材利用促進に向けた協議会(通称：ウッド・チェンジ協議会)」において、引き続き木材利用拡大に向けた課題やその解決方策等について意見交換を行う。

このほか、農林水産省木材利用推進計画(令和4 (2022)年4月改定)に基づき、土木分野等における木材利用について、取組事例の紹介等により普及を行う。

4　生活関連分野等における木材利用の促進

木材製品に対する様々な消費者ニーズを捉え、広葉樹材を活用した家具や建具、道具・おもちゃ、木製食器、間伐材等を活用した布製品など生活関連分野等への木材利用を促進する。

また、木材を活用した優れた製品や取組等の展開に関する活動を支援するとともに、デジタル技術を活用した情報発信等を実施する。

5　木質バイオマスの利用

(1)エネルギー利用

地域の林業・木材産業事業者と発電事業者等が一体となって長期安定的な事業を進めるため、関係省庁や都道府県等と連携し、未利用木質資源の利用促進や、発電施設の原料調達の円滑化等に資する取組を進めるとともに、木質燃料製造施設、木質バイオマスボイラー等の整備や、燃料用途としても期待される早生樹の植栽等を行う実証事業を支援する。

また、森林資源をエネルギーとして地域内で持続的に活用するため、行政、事業者、住民等の地域の関係者の連携の下、エネルギー変換効率の高い熱利用・熱電併給に取り組む「地域内エコシステム」の構築・普及に向け、関係者による協議会の運営や小規模な技術開発に加え、先行事例の情報提供や多様な関係者の交流促進、計画作成支援等のためのプラットフォーム(リビングラボ)の構築等を支援する。

(2) 新たなマテリアル利用

スギを原料とする改質リグニンを始めとする木質系新素材の製造技術やそれを利用した高付加価値製品の開発・実証を支援する。

6　木材等の輸出促進

「農林水産物・食品の輸出拡大実行戦略」(令和5 (2023)年12月改訂)に基づき、製材・合板等付加価値の高い木材製品の輸出を、中国、米国、韓国、台湾等に拡大していくため、輸出産地の育成支援、日本産木材の認知度向上、日本産木材製品のブランド化の推進、ターゲットを明確にした販売促進等に取り組む。

具体的には、
① 地域での合意形成の促進やセミナーの開催等を通じた木材輸出産地の育成
② 木造建築の技術者育成に資する、海外の設計者

や国内の留学生等を対象とした木造技術講習会の開催

③　訪日外国人に向けた日本産木材製品のプロモーション活動

④　輸出先国・地域のニーズや規格・基準に対応した製品・技術開発や性能検証

等の取組を支援する。

このほか、農林水産物及び食品の輸出の促進に関する法律（令和元年法律第57号）に基づく認定品目団体を通じたオールジャパンでの輸出拡大の取組を支援する。

7　消費者等の理解の醸成

（1）「木づかい運動」の促進

10月8日が「木材利用促進の日」、同月が「木材利用促進月間」であることを踏まえ、官民一体による「木づかい運動」の促進を通じ、カーボンニュートラルの実現に向けた木材利用の重要性、建築物等の木造化・木質化の意義や木の良さ等について国民各層の理解や認知の定着等に取り組む。

具体的には、

①　建築物等におけるスギ材等の国産材利用の機運醸成

②　建築物や木製品における国産材利用の価値向上促進

③　事業者等における身近な木製品の導入促進

④　国産材利用の意義に関する情報発信・木育等学びの機会充実化

等の取組への支援等を実施する。

（2）違法伐採対策の推進

クリーンウッド法に基づき、合法性確認に取り組む木材関連事業者を対象とした研修の実施、消費者への普及啓発に対する支援を実施し、合法性が確認された木材及び木材製品（以下「合法伐採木材等」という。）の流通及び利用を促進する。

また、流通木材の合法性確認情報の伝達を確実かつ効率的に行うため、木材流通における情報伝達等を行うシステムを整備するとともに、事業者の合法性確認を指導かつ支援する人材の養成、第三者的な立場からの評価や助言を行う専門委員会の設置及び

違法伐採関連情報等の提供により合法性確認の実効性の向上を図る。

さらに、令和5（2023）年5月に公布された改正クリーンウッド法の令和7（2025）年4月1日の施行に向け、新制度の周知を図る。

8　林産物の輸入に関する措置

国際的な枠組みの中で、持続可能な森林経営、違法伐採対策、輸出入に関する規制等の情報収集・交換、分析の充実等の連携を図るとともに、CPTPP協定や日EU・EPA等の締結・発効された協定に基づく措置の適切な運用を図る。また、経済連携協定等の交渉に当たっては、各国における持続可能な開発と適正な貿易の確保及び国内の林業・木材産業への影響に配慮しつつ対処する。

違法伐採対策については、二国間、地域間及び多国間協力を通じて、違法伐採及びこれに関連する貿易に関する対話、開発途上国における人材の育成、合法伐採木材等の普及等を推進する。

IV　国有林野の管理及び経営に関する施策

1　公益重視の管理経営の一層の推進

国有林野は、国土保全上重要な奥地脊梁山地や水源地域に広く分布し、公益的機能の発揮など国民生活に大きな役割を果たすとともに、民有林行政に対する技術支援などを通じて森林・林業の再生への貢献が求められている。

このため、公益重視の管理経営を一層推進する中で、組織・技術力・資源を活用して民有林に係る施策を支え、森林・林業施策全体の推進に貢献するよう、森林・林業基本計画等に基づき、次の施策を推進する。

（1）多様な森林整備の推進

国有林野の管理経営に関する法律（昭和26年法律第246号）等に基づき、31森林計画区において、地域

管理経営計画、国有林野施業実施計画及び国有林の地域別の森林計画を策定する。

この中で、国民のニーズに応えるため、個々の国有林野を、重視すべき機能に応じ、山地災害防止タイプ、自然維持タイプ、森林空間利用タイプ、快適環境形成タイプ及び水源涵養タイプに区分し、これらの機能類型区分ごとの管理経営の考え方に即して適切な森林の整備を推進する。その際、地球温暖化防止や生物多様性の保全に貢献するほか、地域経済や山村社会の持続的な発展に寄与するよう努める。

具体的には、人工林の半数以上が50年生を超えて本格的な利用期を迎えていることを踏まえ、複層林、針広混交林へ導くための施業、長伐期施業等により、一定の広がりにおいて様々な育成段階や樹種から構成される森林のモザイク的配置への誘導等を推進するとともに、育成段階にあるものは、引き続き適切な間伐等の施業を推進する。なお、主伐の実施に際しては、自然条件や社会的条件を考慮して実施箇所を選定するとともに、公益的機能の持続的な発揮と森林資源の循環利用の観点から確実な更新を図る。

また、林道及び主として林業機械が走行する森林作業道がそれぞれの役割等に応じて適切に組み合わされた路網の整備を、自然条件や社会的条件の良い森林において重点的に推進する。

（2）生物多様性の保全

生物多様性の保全の観点から、渓流沿い等の森林を保全するなど施業上の配慮を行うほか、原生的な天然林や、希少な野生生物の生育・生息の場となる森林である「保護林」や、これらを中心としたネットワークを形成して野生生物の移動経路となる「緑の回廊」のモニタリング調査等を行いながら適切な保護・管理を推進する。

また、世界自然遺産登録地における森林の保全対策を推進するとともに、世界文化遺産登録地等に所在する国有林野において、森林景観等に配慮した管理経営を行う。

森林における野生鳥獣被害防止のため、シカの生息・分布調査、広域的かつ計画的な捕獲、捕獲個体の処理体制の構築、効果的な防除等とともに、地域の実情に応じた野生鳥獣が警戒する見通しの良い空

間(緩衝帯)づくりや、地域の関係者が連携して取り組む捕獲のためのわなの貸出し等を実施する。

さらに、野生生物や森林生態系等の状況を適確に把握し、自然再生の推進や希少な野生生物の保護を図る事業等を実施する。

登山利用等による来訪者の集中により植生の荒廃等が懸念される国有林野において、グリーン・サポート・スタッフ(森林保護員)による巡視や入林者へのマナーの啓発を行うなど、きめ細やかな森林の保全・管理活動を実施する。

（3）治山事業の推進

国有林野の9割が保安林に指定されていることを踏まえ、保安林の機能の維持・向上に向けた森林整備を計画的に進める。

国有林野内の治山事業においては、近年頻発する集中豪雨や地震・火山等による大規模災害の発生のおそれが高まっていることを踏まえ、山地災害による被害を防止・軽減するため、民有林野における国土保全施策との一層の連携により、効果的かつ効率的な治山対策を推進し、地域の安全と安心の確保を図る。

具体的には、山地災害等が激甚化・頻発化する傾向を踏まえ、山地災害の復旧整備を図りつつ、「防災・減災、国土強靱化のための5か年加速化対策」に基づき山地災害危険地区等における治山対策を推進する。くわえて、尾根部からの崩壊等による土砂流出量の増大、流木災害の激甚化、広域にわたる河川氾濫等、災害の発生形態の変化等に対応して、流域治水と連携しつつ、土砂流出の抑制、森林土壌の保全強化、流木対策、海岸防災林の整備・保全、大規模災害発生時における体制整備等の取組を推進する。さらに、山地災害が発生する危険性の高い地区のより的確な把握に向け、災害の発生状況を踏まえ、リモートセンシング技術も活用した山地災害危険地区の再調査を推進する。

このほか、治山施設の機能強化を含む長寿命化対策、他の国土保全に関する施策と連携した取組、工事実施に当たっての木材の積極的な利用、生物多様性の保全等に配慮した治山対策の実施を推進する。

2　森林・林業施策全体の推進への貢献

(1)国産材の安定供給体制の構築への貢献

　適切な施業の結果得られる木材の持続的かつ計画的な供給に努めることで、地域における木材の安定供給体制の構築に貢献する。また、その推進に当たっては、製材工場等の需要者と協定を締結して山元から直送する安定供給システムによる販売に取り組み、この中で公募・選定時の評価等を通じて国産材の需要拡大や加工・流通の合理化等に貢献する。また、民有林と国有林が協調して需要先へ直送することで木材供給の大ロット化等を実現する取組の普及及び拡大なども推進する。このほか、民有林からの供給が期待しにくい大径長尺材等の計画的な供給に取り組むとともに、根株・枝条を含む未利用間伐材等の供給に取り組む。

　さらに、国産材供給量の1割強を安定的に供給している国有林野事業の特性を活かし、地域の木材需要が急激に増減した場合に、必要に応じて供給時期の調整等を行うため、地域の需給動向、関係者の意見等を迅速かつ適確に把握する取組を推進する。

(2)効率的な施業の推進と技術の普及

　伐採から再造林・保育に至る収支のプラス転換を可能とする「新しい林業」の実現等に向けて、民有林への普及を念頭に置き、産学官連携の下、林業の省力化や低コスト化等に資する技術開発・実証を推進するとともに、事業での実用化を図り効率的な施業を推進する。

　特に、造林の省力化や低コスト化に向けてエリートツリー等の新たな手法の事業での活用を進めるとともに、レーザ計測やドローン等を活用した効率的な森林管理・木材生産手法の実証等に積極的に取り組む。

　また、こうした成果については、現地検討会や森林管理局等のホームページでの結果の公表等を通じて、民有林関係者等への普及・定着に取り組む。

(3)林業事業体・林業経営体の育成

　林業従事者の確保等に資する観点から、事業発注者という国有林野事業の特性を活かし、年間の発注見通しの公表等を行いつつ、安定的な事業発注に努めるとともに、技術力向上等の取組を評価する発注方式の活用、複数年契約によるまとまった面積の事業実施、労働安全対策に配慮した事業実行の指導等により林業事業体の育成を推進する。

　効率的かつ安定的な林業経営の育成を図るため、樹木採取権制度を適切に運用する。また、新たな樹木採取権の設定に向けて、地域における具体的な木材需要増加の確実性を確認する新規需要創出動向調査を行う。さらに、分収造林制度を活用した経営規模拡大の支援に取り組む。

(4)民有林との連携等

　「森林共同施業団地」を設定し、民有林と国有林が連携した事業計画の策定に取り組むとともに、民有林と国有林を接続する効率的な路網の整備や連携した木材の供給等、施業集約に向けた取組を推進する。

　森林総合監理士等の人材を活用し、都道府県と連携した市町村の森林・林業行政等に対する技術支援を行う。

　また、大学の研究・実習等へのフィールドの提供等を通じ、森林・林業技術者の育成を支援するとともに、林業従事者の育成に向けた林業大学校等への講師派遣等に努める。

　国有林野及びこれに隣接・介在する民有林野の公益的機能の維持増進を図るため、公益的機能維持増進協定制度を活用した民有林野との一体的な整備及び保全の取組を推進する。

　相続土地国庫帰属制度については、主に森林として利用されている申請土地について、法務局が行う要件審査に協力するとともに、帰属した森林の適切な維持管理に努める。

3　「国民の森林(もり)」としての管理経営と国有林野の活用

(1)「国民の森林(もり)」としての管理経営

　国民の期待や要請に適切に対応していくため、国有林野の取組について多様な情報受発信に努め、情報の開示や広報の充実を進めるとともに、森林計画の策定等の機会を通じて国民の要請の適確な把握とそれを反映した管理経営の推進に努める。

体験活動及び学習活動の場としての「遊々の森」の設定及び活用を図るとともに、農山漁村における体験活動と連携し、森林・林業に関する体験学習のためのプログラムの作成及び学習コース等のフィールドの整備を行い、それらの情報を提供するなど、学校、NPO、企業等の多様な主体と連携して、都市や農山漁村等の立地や地域の要請に応じた森林環境教育を推進する。

また、NPO等による森林づくり活動の場としての「ふれあいの森」、伝統文化の継承や文化財の保存等に貢献する「木の文化を支える森」、企業等の社会貢献活動の場としての「法人の森林」や「社会貢献の森」等、国民参加の森林づくりを推進する。

（2）国有林野の活用

国有林野の所在する地域の社会経済状況、住民の意向等を考慮して、地域における産業の振興及び住民の福祉の向上に資するよう、貸付け、売払い等による国有林野の活用を積極的に推進する。

その際、再生可能エネルギー発電事業の用に供する場合には、国土の保全や生物多様性の保全等に配慮するとともに地域の意向を踏まえつつ、適切な活用を図る。

さらに、「レクリエーションの森」について、民間活力を活かしつつ、利用者のニーズに対応した施設の整備や自然観察会等を実施するとともに、特に「日本美しの森 お薦め国有林」において重点的に、観光資源としての魅力の向上のための環境整備やワーケーション環境の整備、外国人も含む旅行者に向けた情報発信等に取り組み、更なる活用を推進する。

V　その他横断的に推進すべき施策

1　デジタル化の推進

森林関連情報の把握、木材生産流通等において、デジタル技術を活用して効率化を推進する。

森林関連情報の把握については、レーザ測量等の

リモートセンシング技術の活用による森林資源情報の精度向上及び森林境界情報のデジタル化を推進する。また、その情報を都道府県等が導入している森林クラウドに集積し、情報の共有化と高度利用を促進する。

木材の生産流通については、木材検収ソフトなどICT生産管理システム標準仕様に基づくシステムの導入を促進する。合法伐採木材等の流通については、合法性確認システムの整備等を行う。

また、地域一体でこれらのデジタル技術を森林調査から原木の生産・流通に至る林業活動に活用する拠点の創出を進める。

さらに、ICTやドローン等を活用することによる森林土木分野の生産性向上に取り組む。また、補助金申請や各種手続を効率化して国民負担を軽減していくため、デジタルデータを活用した造林補助金の申請・検査業務を推進するほか、農林水産省共通申請サービスによる電子化等を図る。

2　東日本大震災からの復興・創生

（1）被災した海岸防災林の復旧及び再生

被災した海岸防災林については、福島県の一部において、復興関連工事との調整などやむを得ない事情により未完了の箇所があるため、早期完了に向けて事業を推進する。

また、海岸防災林が有する津波エネルギーの減衰機能等を発揮させるため、地域関係者やNPO等と連携しつつ、植栽した樹木の保育等に継続して取り組む。

（2）放射性物質の影響がある被災地の森林・林業の再生

東京電力福島第一原子力発電所事故により放射性物質に汚染された森林について、汚染実態を把握するため、樹冠部から土壌中まで階層ごとに分布している放射性物質の挙動に係る調査及び解析を行う。また、避難指示解除区域等において、林業の再生を円滑に進められるよう実証事業等を実施するとともに、被災地における森林整備を円滑に進めるため、しいたけ原木生産のための里山の広葉樹林の計画的な再生等に向けた取組、森林整備を実施する際に必

要な放射性物質対策等を推進する。さらに、林業の再生に向けた情報の収集・整理と情報発信等を実施する。

　消費者に安全な木材製品を供給するため、木材製品や作業環境等に係る放射性物質の調査及び分析、放射性物質測定装置の設置、風評被害防止のための普及啓発により、木材製品等の安全証明体制の構築を支援する。

　このほか、放射性物質の影響により製材工場等に滞留するおそれがある樹皮(バーク)の処理費用等の立替えを支援する。

(3)放射性物質の影響に対応した安全な特用林産物の供給確保

　被災地における特用林産物の産地再生に向けた取組を進めるため、次期生産に必要な生産資材の導入を支援するとともに、安全なきのこ等の生産に必要な簡易ハウス等の防除施設、放射性物質測定機器等の導入、出荷管理・検査の体制整備等を支援する。

　また、都県が行う放射性物質の検査を支援するため、国においても必要な検査を実施する。

(4)東日本大震災からの復興に向けた木材等の活用

　復興に向け、被災地域における木質バイオマス関連施設、木造公共建築物等の整備を推進する。

Ⅵ　団体に関する施策

　森林組合が、組合員との信頼関係を引き続き保ち、地域の森林管理と林業経営の担い手として役割を果たしながら、林業所得の増大に最大限貢献していくよう、合併や組合間の多様な連携、正組合員資格の拡大による後継者世代や女性の参画、実践的な能力を持つ理事の配置等を推進するとともに、内部牽制体制の充実及び法令等遵守意識の徹底を図る。

　また、森林組合系統が運動方針を定め、地域森林の適切な保全・利用等を目標として掲げながら、市町村等と連携した体制の整備、循環型林業の確立、木材販売力の強化等の取組を展開していることを踏

まえ、その実効性が確保されるよう系統主体での取組を促進する。

参考資料

○「令和5年度 森林及び林業の動向」
 資料一覧

○参考付表

○参考図表

○森林・林業白書一括検索

目次

「令和 5 年度 森林及び林業の動向」資料一覧 ···························· 1

参考付表

国民経済及び森林資源

1   林業関係基本指標 ·· 5
2   林業産出額 ·· 5
3   我が国の森林資源の現況 ·· 6
4   都道府県別森林面積 ·· 6
5   人工造林面積 ··· 7
6   樹種別人工造林面積 ·· 7
7   山行苗木生産量 ·· 8
8   人工林の齢級別面積 ·· 8

森林の整備及び保全

9   間伐実績及び間伐材の利用状況 ·· 9
10 林道開設(新設)量 ··· 9
11 保安林の種類別面積 ·· 9
12 気象災害、林野火災 ·· 10
13 森林保険事業実績 ··· 10
14 野生動物による森林被害 ··· 10
15 森林・林業に関する専門技術者 ··· 11
16 林業普及指導職員等の数 ··· 11
17 森林・林業関係の教育機関数 ··· 11

林業

18 所有形態別林野面積(民有) ··· 12
19 林業経営体数及び保有山林面積 ··· 12
20 林業経営体(林家)の林業経営 ··· 12
21 林業機械の保有台数 ·· 13
22 総人口及び就業者数 ·· 13
23 産業別、年齢階級別就業者数 ··· 13
24 林業への新規就業者の就業先 ··· 14
25 林業従事者の賃金 ··· 14
26 労働災害の発生率 ··· 14
27 森林組合の事業活動等 ·· 14
28 森林組合の主要事業別の取扱高 ··· 14

林産物

29 丸太生産量 ·· 15

30　木材需給表(丸太換算) ·· 15

31　木材需要(供給)量(丸太換算) ·· 16

32　木材自給率の動向 ·· 17

33　我が国への産地別木材(用材)供給量(丸太換算) ··············· 18

34　我が国への製材用木材供給量(丸太換算) ························ 18

35　木材の主な品目別輸入量 ·· 19

36　近年の丸太価格 ··· 19

37　近年の製材品価格 ·· 20

38　山元立木価格、丸太価格、製材品価格、山林素地価格 ········· 20

39　特用林産物の生産量及び生産額 ····································· 21

40　木質バイオマスの利用量(燃料用) ··································· 22

41　木材チップの由来別利用量(燃料用) ································ 23

木材産業等

42　製材、合板、集成材、CLT 及び木材チップの工場数及び生産量等 ··· 24

43　ラミナ消費量 ··· 24

44　プレカット工場数とシェア ··· 24

45　木材流通事業者数及び取扱量 ·· 25

46　新設住宅着工戸数及び床面積 ·· 25

47　工法別新設木造住宅着工戸数 ······································· 26

海外の森林

48　世界各国の森林面積 ··· 27

49　世界の木材生産量と木材貿易量 ····································· 28

50　産業用材の主な生産・輸出入国 ····································· 28

51　製材の主な生産・輸出入国 ·· 28

52　合板等の主な生産・輸出入国 ·· 28

53　木質パルプの主な生産・輸出入国 ·································· 28

54　JICA を通じた森林・林業分野の技術協力プロジェクト等 ········ 29

55　森林・林業分野の有償資金協力事例 ······························ 30

56　森林・林業分野の無償資金協力事例 ······························ 30

国有林野事業

57　国有林野事業における主要事業量 ·································· 31

58　保護林区分別の箇所数及び面積 ···································· 31

59　レクリエーションの森の整備状況及び利用者数 ·················· 31

60　遊々の森等の箇所数及び面積 ······································· 31

その他

61　林業等に対する金融機関別の貸付残高 ···························· 32

参考図表

森林の整備及び保全

1 森林の有する多面的機能·······································33
2 森林計画制度の体系···34
3 特定苗木の生産(予定)···35
4 地方公共団体による森林整備等を主な目的とした住民税の超過課税の取組状況·····35
5 森林管理プロジェクトの登録件数の推移(累計)·····················35
6 我が国のユネスコエコパーク····································36
7 森林保険における保険金支払額の推移····························36

林業

8 主要樹種の都道府県別素材生産量(令和4(2022)年の生産量が多い10道県)·····37
9 諸外国の森林蓄積量に対する木材生産量の比率······················37
10 林家・林業経営体の関係イメージ図·····························38
11 森林組合における事業取扱高の内訳·····························38
12 森林組合の事業量の内訳(作業依頼者別)··························38
13 森林組合の事業量の推移······································38
14 全国の林業大学校等一覧······································39
15 森林組合の雇用労働者の社会保険等への加入割合····················39
16 高性能林業機械の保有台数の推移·······························39

特用林産物

17 きのこ生産者戸数の推移······································40
18 しいたけの輸入量の推移······································40
19 きのこ類の年間世帯購入数量の推移·····························40

山村(中山間地域)

20 過疎地域の集落の状況··40

木材需給

21 世界の産業用丸太消費量及び輸入量の推移························41
22 紙・板紙生産量の推移··41
23 パルプ生産に利用されたチップの内訳····························41
24 我が国の木材(用材)供給状況(令和4(2022)年)···················42
25 針葉樹合板価格の推移··43
26 紙・パルプ用木材チップ価格の推移····························43

木材利用

27 森林と生活に関する世論調査 木造住宅の意向に関する調査結果···········43
28 「顔の見える木材での家づくり」グループ数及び供給戸数の推移···········43
29 都道府県別公共建築物の木造率(令和4(2022)年度)·················44

30　国が整備する公共建築物における木材利用推進状況 ················· 45

31　木質ペレットの生産量の推移 ················· 45

32　木質資源利用ボイラー数の推移 ················· 45

木材産業

33　木材加工・流通の概観 ················· 46

34　CLTの普及に向けた新ロードマップ〜更なる利用拡大に向けて〜 ················· 47

35　合板供給量の状況(令和4(2022)年) ················· 48

36　木材チップ生産量の推移 ················· 48

国有林野

37　樹木採取権制度における事業実施の基本的な流れ ················· 48

東日本大震災

38　岩手県、宮城県、福島県における素材生産量及び製材品出荷量の推移 ················· 49

39　調査地における部位別の放射性セシウム蓄積量の割合の変化 ················· 49

40　きのこ原木のマッチングの状況 ················· 50

政策評価

41　「森林・林業基本計画」(令和3(2021)年6月15日閣議決定)に基づく測定指標 ················· 51

森林・林業白書一括検索 ················· 53

「令和5年度 森林及び林業の動向」資料一覧

特集　花粉と森林

資料 特−1　各地の原生的なスギ天然林 4

資料 特−2　各地のスギ林業地 4

資料 特−3　造林作業の様子 6

資料 特−4　戦後の樹種別造林面積の推移 6

資料 特−5　スギ花粉症の有病率の推移 8

資料 特−6　スギ花粉飛散総数の推移 9

資料 特−7　スギ人工林の林齢別面積の推移 9

資料 特−8　定点スギ林における雄花着生状況の例 10

資料 特−9　少花粉スギ品種の例 12

資料 特−10　無花粉スギ品種の例 13

資料 特−11　花粉の少ないスギ苗木の生産量等の推移 14

資料 特−12　スギ花粉飛散防止剤の開発 14

資料 特−13　花粉症対策　初期集中対応パッケージの概要 16

資料 特−14　花粉発生源となるスギ人工林の将来像 17

資料 特−15　花粉発生源の減少に向けた取組 17

資料 特−16　スギ人工林伐採重点区域のイメージ 18

資料 特−17　スギを活用した建築用木材の例 19

資料 特−18　国産材を活用した住宅の表示 19

資料 特−19　スギを活用した新たな木質部材の開発 20

資料 特−20　内外装にスギ材製品を活用した事例 20

資料 特−21　スギ材によるDIYの事例 20

資料 特−22　花粉の少ない苗木の生産の流れ 21

資料 特−23　林業の生産性向上に資する技術 22

資料 特−24　造林・育林の軽労化等に資する技術 23

資料 特−25　森林・林業基本計画の指向する森林の状態 24

第I章　森林の整備・保全

資料 I−1　人工林の齢級構成の変化 38

資料 I−2　我が国の森林蓄積の推移 39

資料 I−3　森林面積の内訳 39

資料 I−4　森林に期待する働きの変遷 40

資料 I−5　我が国の二酸化炭素吸収量(令和4(2022)年度) 40

資料 I−6　森林・林業基本計画における森林の有する
　　　　　　多面的機能の発揮に関する目標 41

資料 I−7　森林・林業基本計画における木材供給量の目標と総需要量の見通し 41

資料 I−8　森林・林業基本計画のポイント 42

資料 I−9　全国森林計画における計画量 43

参考資料

資料Ⅰ−10　主伐面積と人工造林面積の推移 ………………………………………………………46

資料Ⅰ−11　森林整備の実施状況(令和4 (2022)年度) ………………………………………………47

資料Ⅰ−12　苗木の生産量の推移 ……………………………………………………………………48

資料Ⅰ−13　特定母樹の指定状況 ……………………………………………………………………48

資料Ⅰ−14　令和4 (2022)年度特定苗木の樹種別生産実績 …………………………………………48

資料Ⅰ−15　路網整備における路網区分及び役割 …………………………………………………49

資料Ⅰ−16　林内路網の現状と整備の目安 …………………………………………………………49

資料Ⅰ−17　森林環境譲与税の活用状況 ……………………………………………………………52

資料Ⅰ−18　森林づくり活動を実施している団体の数の推移 ……………………………………56

資料Ⅰ−19　企業による森林づくり活動の実施箇所数の推移 ……………………………………56

資料Ⅰ−20　森林管理プロジェクトのクレジット認証量の推移(累計) …………………………58

資料Ⅰ−21　漫画を活用した森林・林業の発信 ……………………………………………………60

資料Ⅰ−22　保安林の種類別面積 ……………………………………………………………………62

資料Ⅰ−23　山地災害等に伴う被害の推移 …………………………………………………………64

資料Ⅰ−24　主要な野生鳥獣による森林被害面積の推移 …………………………………………68

資料Ⅰ−25　松くい虫被害量(材積)の推移 …………………………………………………………69

資料Ⅰ−26　ナラ枯れ被害量(材積)の推移 …………………………………………………………70

資料Ⅰ−27　林野火災の発生件数及び焼損面積の推移 ……………………………………………71

資料Ⅰ−28　世界の森林面積の変化(1990-2020 年) ………………………………………………72

資料Ⅰ−29　モントリオール・プロセスの7基準54指標(2008 年) ………………………………73

資料Ⅰ−30　主要国における認証森林面積とその割合 ……………………………………………74

資料Ⅰ−31　我が国におけるFSC及びSGEC の認証面積の推移 ……………………………………74

資料Ⅰ−32　パリ協定の概要 …………………………………………………………………………75

資料Ⅰ−33　我が国の温室効果ガス排出削減と森林吸収量の目標 ………………………………76

資料Ⅰ−34　「昆明・モントリオール生物多様性枠組」(2022 年)における
　　　　　　主な森林関係部分の概要 ………………………………………………………………78

資料Ⅰ−35　独立行政法人国際協力機構(JICA)を通じた
　　　　　　森林・林業分野の技術協力プロジェクト等(累計) …………………………………78

第Ⅱ章　林業と山村(中山間地域)

資料Ⅱ− 1　林業産出額の推移 ………………………………………………………………………82

資料Ⅱ− 2　国産材の素材生産量の推移 ……………………………………………………………83

資料Ⅱ− 3　全国平均山元立木価格の推移 …………………………………………………………83

資料Ⅱ− 4　林家の数の推移 …………………………………………………………………………84

資料Ⅱ− 5　林家の規模別の保有山林面積推移 ……………………………………………………84

資料Ⅱ− 6　林業経営体数及び保有山林面積の推移 ………………………………………………85

資料Ⅱ− 7　林業経営体数の組織形態別内訳 ………………………………………………………85

資料Ⅱ− 8　組織形態別の作業面積の推移 …………………………………………………………86

資料Ⅱ− 9　生産形態別及び組織形態別の素材生産量 ……………………………………………86

資料Ⅱ−10　素材生産量規模別の林業経営体数等の推移 …………………………………………87

資料 II－11　組織形態別の素材生産量等の推移 ……………………………………………… 87

資料 II－12　総事業取扱高別の森林組合数及び割合 …………………………………………… 88

資料 II－13　林業従事者数の推移 ………………………………………………………………… 90

資料 II－14　年齢階層別の林業従事者数の推移 ………………………………………………… 90

資料 II－15　新規就業者数(現場技能者として林業経営体へ
　　　　　　　新規に就業した者の集計値)の推移 …………………………………………… 91

資料 II－16　林業の労働災害発生件数の推移 …………………………………………………… 94

資料 II－17　森林組合の雇用労働者の年間就業日数 …………………………………………… 95

資料 II－18　現在の主伐と再造林の収支イメージ ……………………………………………… 96

資料 II－19　森林クラウドを活用した森林施業の集約化のイメージ ………………………… 99

資料 II－20　「新しい林業」に向け期待される新技術 ……………………………………… 100

資料 II－21　新たな育苗手法の開発 …………………………………………………………… 103

資料 II－22　きのこ類の国内生産量の推移 …………………………………………………… 104

資料 II－23　木炭の国内生産量の推移 ………………………………………………………… 108

資料 II－24　販売向け薪の国内生産量と価格の推移 ………………………………………… 108

資料 II－25　竹材の国内生産量の推移 ………………………………………………………… 109

資料 II－26　漆の国内生産量の推移 …………………………………………………………… 109

資料 II－27　消滅集落跡地の森林・林地の管理状況 ………………………………………… 111

資料 II－28　山村地域の集落で発生している問題上位 10 回答(複数回答) ……………… 111

資料 II－29　地方移住に関する相談・問合せ数 ……………………………………………… 112

資料 II－30　森林空間利用に対するニーズ(複数回答) …………………………………… 114

第III章　木材需給・利用と木材産業

資料 III－1　世界の木材(産業用丸太・製材・合板等)輸入量(主要国別) ……………… 119

資料 III－2　世界の木材(産業用丸太・製材・合板等)輸出量(主要国別) ……………… 119

資料 III－3　木材需要量の推移 ………………………………………………………………… 121

資料 III－4　木材供給量と木材自給率の推移 ………………………………………………… 122

資料 III－5　品目別の木材輸入量の推移 ……………………………………………………… 123

資料 III－6　令和 4 (2022)年の木材需給の構成 …………………………………………… 124

資料 III－7　我が国の木材価格の推移 ………………………………………………………… 125

資料 III－8　循環利用のイメージ ……………………………………………………………… 129

資料 III－9　用途別・階層別・構造別の着工建築物の床面積 …………………………… 130

資料 III－10　新設住宅着工戸数と木造率の推移 …………………………………………… 131

資料 III－11　建築用製材における人工乾燥材の割合 ……………………………………… 131

資料 III－12　木造軸組住宅の部材別木材使用割合(大手住宅メーカー) ……………… 132

資料 III－13　木造軸組住宅の部材別木材使用割合(工務店) …………………………… 132

資料 III－14　低層非住宅の規模別着工床面積と木造率 …………………………………… 133

資料 III－15　木材利用の事例 ………………………………………………………………… 134

資料 III－16　中規模木造ビルの標準モデル ………………………………………………… 133

資料 III－17　建築物木材利用促進協定の代表的な形態 …………………………………… 136

資料 III－18　事業者等と国との協定締結の実績(令和5 (2023)年度締結分) ………………136

資料 III－19　建築物全体と公共建築物の木造率の推移 ………………………………………138

資料 III－20　改質リグニンを使用した製品開発の例 …………………………………………140

資料 III－21　燃料材の国内消費量の推移 ………………………………………………………141

資料 III－22　事業所が所有する利用機器別木質バイオマス利用量 …………………………141

資料 III－23　ウッド・チェンジロゴマークと木づかいサイクルマーク ……………………145

資料 III－24　森林の環応援団の活動内容 ………………………………………………………145

資料 III－25　ウッドデザイン賞 2023 優秀賞の例 ……………………………………………146

資料 III－26　我が国の木材輸出額の推移 ………………………………………………………147

資料 III－27　木材・木製品製造業の生産規模の推移 …………………………………………150

資料 III－28　製材工場の規模別工場数と国産原木消費量 ……………………………………150

資料 III－29　合板工場の規模別工場数と国産原木消費量 ……………………………………151

資料 III－30　製材・合板工場等の分布 …………………………………………………………151

資料 III－31　素材生産者から製材工場等への直送量の推移 …………………………………154

資料 III－32　丸太末口直径別の供給量見込み …………………………………………………155

資料 III－33　製材工場の出力規模別の原木消費量の推移 ……………………………………158

資料 III－34　国内の製材工場における製材品出荷量(用途別)の推移 ………………………158

資料 III－35　国内の製材工場における原木入荷量と国産材の割合 …………………………159

資料 III－36　集成材の供給量の推移 ……………………………………………………………159

資料 III－37　合板用材の供給量の推移 …………………………………………………………161

資料 III－38　木材チップ用原木入荷量の推移 …………………………………………………162

第IV章　国有林野の管理経営

資料 IV－1　国有林野の分布 ……………………………………………………………………166

資料 IV－2　国有林が果たすべき役割(複数回答) ……………………………………………167

資料 IV－3　機能類型区分ごとの管理経営の考え方 …………………………………………168

資料 IV－4　「保護林」と「緑の回廊」の位置図 ……………………………………………170

資料 IV－5　我が国の世界自然遺産の陸域に占める国有林野の割合 ………………………171

資料 IV－6　国有林野におけるコンテナ苗の植栽面積の推移 ………………………………173

資料 IV－7　森林共同施業団地の設定状況 ……………………………………………………174

資料 IV－8　樹木採取権の設定及び検討状況 …………………………………………………175

資料 IV－9　国有林野からの素材販売量の推移 ………………………………………………176

資料 IV－10　「レクリエーションの森」の設定状況 …………………………………………179

資料 IV－11　「日本 美 しの森 お薦め国有林」の例 …………………………………………180

第V章　東日本大震災からの復興

資料 V－1　東日本大震災による林野関係の被害 ……………………………………………182

資料 V－2　JR船引駅(福島県田村市) ………………………………………………………185

資料 V－3　福島県の森林内の空間線量率の推移 ……………………………………………186

資料 V－4　東日本地域(北海道を除く 17 都県)におけるしいたけ生産量の推移 …………189

参考付表

国民経済及び森林資源

1 林業関係基本指標

項目	単位	H12年 (2000)	17 (05)	22 (10)	27 (15)	30 (18)	R1 (19)	2 (20)	3 (21)	4 (22)
① 国内総生産（名目）	億円	5,354,177	5,325,156	5,055,306	5,380,323	5,566,301	5,579,108	5,398,082	5,525,714	5,597,101
林業	億円	1,760	1,367	1,964	2,340	2,487	2,479	2,319	2,690	2,766
林業/総生産	％	0.03	0.03	0.04	0.04	0.04	0.04	0.04	0.05	0.05
② 就業者総数	万人	6,446	6,356	6,257	6,401	6,682	6,750	6,710	6,713	6,723
林業	万人	7	6	8	7	7	8	6	6	7
林業/総就業	％	0.11	0.09	0.13	0.11	0.10	0.12	0.09	0.09	0.10
③ 国土面積	万ha	3,779	3,779	3,780	3,780	3,780	3,780	3,780	3,780	3,780
④ 森林面積	万ha	2,515	2,512	2,510	2,508	2,505	2,505	2,505	2,505	2,502
森林/国土	％	67.5	67.4	67.3	67.3	67.2	67.2	67.2	67.2	67.1
⑤ 保安林面積	万ha	893	1,165	1,202	1,217	1,221	1,223	1,225	1,226	1,227
保安林/森林	％	35.5	46.4	47.9	48.5	48.7	48.8	48.9	48.9	49.0
⑥ 森林蓄積	億㎥	35	40	44	49	52	52	52	52	56
⑦ 木材需要（供給）量	万㎥	10,101	8,742	7,188	7,516	8,248	8,191	7,444	8,213	8,509
国内生産量	万㎥	1,906	1,790	1,892	2,492	3,020	3,099	3,115	3,372	3,462
輸入量	万㎥	8,195	6,952	5,296	5,024	5,228	5,092	4,329	4,841	5,048
木材自給率	％	18.9	20.5	26.3	33.2	36.6	37.8	41.8	41.1	40.7
⑧ 新設住宅着工戸数	万戸	123	124	81	91	94	91	82	86	86
木造率	％	45.2	43.9	56.6	55.5	57.2	57.8	57.6	58.7	55.6

注1：国土面積には北方四島の面積を含む。森林面積には北方四島の面積を含まない。
　2：森林/国土の割合における国土面積には、北方四島を含まない。
　3：保安林面積は、実面積の数値。
　4：木材需要（供給）量、国内生産量及び輸入量は、丸太換算の数値。
資料：①内閣府「2022年度（令和4年度）国民経済計算年次推計」、②総務省「労働力調査年報」、③国土交通省「全国都道府県市区町村別面積調」、④⑤⑥林野庁業務資料、⑦林野庁「木材需給表」、⑧国土交通省「住宅着工統計」

2 林業産出額

（単位：億円）

項目	H12年 (2000)	17 (05)	22 (10)	27 (15)	30 (18)	R1 (19)	2 (20)	3 (21)	4 (22)
林業産出額	5,311.5	4,170.5	4,257.0	4,544.7	5,017.3	4,972.8	4,830.6	5,456.6	5,806.6
木材生産	3,221.8	2,105.0	1,952.9	2,340.8	2,648.3	2,700.0	2,464.3	3,254.1	3,604.6
針葉樹	2,653.3	1,774.1	1,701.6	1,981.9	2,099.9	2,130.1	1,790.2	2,517.0	2,787.8
すぎ	1,237.8	875.3	935.0	1,180.9	1,264.4	1,274.3	1,073.9	1,472.6	1,674.5
広葉樹	547.2	317.1	237.6	195.1	184.2	169.5	158.2	152.5	145.3
薪炭生産	61.6	60.9	50.8	53.1	55.4	58.1	59.6	62.3	63.9
栽培きのこ類生産	1,968.9	1,985.0	2,189.1	2,105.2	2,253.7	2,166.7	2,259.6	2,091.6	2,079.5
林野副産物採取	59.2	19.6	64.2	45.5	59.9	48.0	47.1	48.6	58.6
生産林業所得	3,519.1	2,457.8	2,292.2	2,510.2	2,664.5	2,643.5	2,535.7	2,864.5	3,070.0

注1：木材生産は、平成23（2011）年以降は燃料用チップ素材の産出額を含む。
　2：木材生産の針葉樹には、その他針葉樹及びパルプ用素材の産出額を含む。
　3：薪炭生産は、平成13（2001）年以降は竹炭及び粉炭の産出額を含む。
　4：栽培きのこ類生産は、平成13（2001）年以降はエリンギ及びその他栽培きのこ類の産出額を含む。
　5：林野副産物採取は、平成14（2002）年以降は木ろう及び生うるし、平成22（2010）年以降は野草、平成28（2016）年以降は野生鳥獣の産出額を含む。
　6：計の不一致は四捨五入による。
資料：農林水産省「林業産出額」

3 我が国の森林資源の現況

（単位：千ha、万㎥）

区　　　分			総　　数		立　木　地				無立木地		竹林面積
					人　工　林		天　然　林				
			面　積	蓄　積	面　積	蓄　積	面　積	蓄　積	面　積	蓄　積	
総　　　　数			25,025	556,020	10,093	354,549	13,553	201,372	1,204	99	175
国有林	総　　　　数		7,657	130,055	2,247	55,373	4,756	74,621	653	60	0
	林野庁所管	総　　　数	7,587	129,537	2,243	55,332	4,696	74,144	649	60	0
		国　有　林	7,510	127,654	2,176	53,472	4,693	74,122	640	60	0
		官行造林	77	1,883	66	1,861	2	22	8	0	-
		対象外森林	0	0	-	-	-	-	0	0	-
	その他省庁所管		70	518	5	41	61	477	4	-	-
民有林	総　　　　数		17,368	425,965	7,846	299,176	8,796	126,750	551	39	175
	公有林	総　　　数	3,009	65,913	1,334	42,773	1,548	23,111	121	30	6
		都道府県	1,296	26,878	534	15,628	710	11,225	52	24	1
		市町村・財産区	1,713	39,036	800	27,144	838	11,886	69	6	5
	私　有　林		14,311	359,671	6,500	256,228	7,220	103,434	426	9	165
	対　象　外　森　林		47	381	12	175	28	205	4	0	3

注1：森林法第2条第1項に規定する森林の数値。
　2：無立木地は、伐採跡地、未立木地。
　3：対象外森林とは、森林法第5条に基づく地域森林計画及び同法第7条の2に基づく国有林の地域別の森林計画の対象となっている森林以外の森林をいう。
　4：令和4（2022）年3月31日現在の数値。
　5：「0」は四捨五入後、単位に満たないもの、「 - 」は事実のないもの。
　6：計の不一致は四捨五入による。
資料：林野庁業務資料

4 都道府県別森林面積

（単位：千ha）

都道府県	総　数	人工林	天然林	無立木地	竹　林	都道府県	総　数	人工林	天然林	無立木地	竹　林
全　国	25,025	10,093	13,553	1,204	175	三　重	372	230	133	7	2
北海道	5,536	1,456	3,762	317	-	滋　賀	204	85	112	6	1
青　森	633	263	341	29	-	京　都	342	131	200	5	5
岩　手	1,169	482	624	63	0	大　阪	57	28	26	1	2
宮　城	414	194	201	17	2	兵　庫	559	238	306	12	3
秋　田	839	407	406	27	0	奈　良	284	172	107	3	1
山　形	669	185	441	44	0	和歌山	362	219	136	6	1
福　島	972	336	587	48	1	鳥　取	259	140	110	5	3
茨　城	189	112	69	7	2	島　根	524	206	297	10	11
栃　木	347	154	180	13	1	岡　山	485	193	276	10	6
群　馬	425	176	222	25	1	広　島	612	201	396	12	2
埼　玉	119	59	58	1	0	山　口	437	187	232	5	12
千　葉	148	50	77	12	10	徳　島	315	190	115	5	5
東　京	79	35	39	5	0	香　川	88	23	58	3	3
神奈川	94	36	53	4	1	愛　媛	401	244	142	11	4
新　潟	855	161	565	127	2	高　知	594	387	195	7	5
富　山	284	54	169	61	1	福　岡	224	138	65	6	15
石　川	285	102	164	18	2	佐　賀	111	74	28	7	3
福　井	311	124	179	7	1	長　崎	243	104	125	10	4
山　梨	348	153	173	22	0	熊　本	459	279	148	21	10
長　野	1,067	443	558	65	1	大　分	451	228	180	28	14
岐　阜	861	384	428	48	1	宮　崎	585	331	233	15	6
静　岡	496	278	191	23	4	鹿児島	594	268	288	18	20
愛　知	218	140	72	3	2	沖　縄	103	12	86	4	0

注1：森林法第2条第1項に規定する森林の数値。
　2：無立木地は、伐採跡地、未立木地。
　3：令和4（2022）年3月31日現在の数値。
　4：「0」は四捨五入後、単位に満たないもの、「 - 」は事実のないもの。
　5：計の不一致は四捨五入による。
資料：林野庁業務資料

5 人工造林面積

(単位：ha)

		H12年 (2000)	17 (05)	22 (10)	27 (15)	30 (18)	R1 (19)	2 (20)	3 (21)	4 (22)
総 数		35,908	28,576	24,128	25,173	30,182	33,404	33,707	33,786	33,026
民有林	民 有 林 計	31,316	25,584	18,756	19,429	21,568	22,788	22,777	23,015	24,133
	私 営	15,292	14,325	12,041	12,775	14,236	15,139	15,515	15,593	16,663
	公営 計	16,024	11,259	6,715	6,653	7,332	7,648	7,262	7,422	7,470
	森林整備法人等	2,193	464	282	167	260	217	203	298	242
	森林研究・整備機構	6,643	5,202	2,416	2,681	3,018	3,248	3,217	3,574	3,612
	市 町 村	2,832	1,950	1,551	1,867	1,888	2,053	1,831	1,763	1,972
	都 道 府 県	4,356	3,643	2,466	1,938	2,167	2,131	2,011	1,787	1,645
国 有 林		4,592	2,992	5,372	5,745	8,614	10,616	10,930	10,771	8,893

注1：国有林には、林野庁所管以外の国有林を含まない。
　2：森林整備法人等とは、森林整備法人及び林業公社。
　3：人工造林面積は、治山事業や自力等によるものを含む面積であり、育成複層林施業（人工林）における樹下植栽等（改良を除く）の面積も含む。
　4：森林研究・整備機構によるものは、平成20（2008）年4月1日までは独立行政法人緑資源機構、平成29（2017）年4月1日までは国立研究開発法人森林総合研究所によるもの。
　5：計の不一致は四捨五入による。
資料：林野庁業務資料

6 樹種別人工造林面積

(単位：ha)

	総 数	針 葉 樹					広 葉 樹
		スギ	ヒノキ	マツ類	カラマツ	その他	
H12(2000)年	(31,316) 28,480	(8,223) 7,967	(11,574) 10,745	(233) 223	(2,524) 2,493	(4,954) 4,014	(3,808) 3,038
17　(05)	(25,584) 22,498	(5,216) 5,011	(7,096) 6,307	(226) 183	(3,534) 3,423	(5,728) 4,611	(3,784) 2,963
22　(10)	(18,756) 16,388	(4,132) 3,844	(2,820) 2,262	(247) 237	(4,604) 4,418	(4,265) 3,381	(2,688) 2,246
27　(15)	(19,429) 16,607	(5,537) 5,390	(2,039) 1,930	(185) 168	(4,467) 4,027	(5,250) 3,450	(1,950) 1,642
30　(18)	(21,568) 19,340	(6,899) 6,597	(1,845) 1,760	(277) 272	(5,486) 5,165	(5,106) 3,799	(1,956) 1,747
R1　(19)	(22,788) 20,562	(7,189) 7,005	(1,821) 1,745	(311) 308	(6,466) 6,139	(5,046) 3,692	(1,954) 1,673
2　(20)	(22,777) 20,686	(7,571) 7,359	(1,894) 1,738	(309) 294	(6,681) 6,198	(4,412) 3,445	(1,910) 1,653
3　(21)	(23,015) 20,266	(8,207) 7,477	(2,230) 1,798	(249) 210	(6,662) 6,271	(3,760) 2,901	(1,906) 1,609
4　(22)	(24,133) 20,796	(9,127) 8,253	(2,298) 1,673	(205) 168	(6,732) 6,153	(3,907) 3,033	(1,864) 1,516

注1：民有林の樹種別人工造林面積であり、国有林を含まない。
　2：（　）内は、育成複層林施業における樹下植栽等を含む面積。
　3：マツ類は、アカマツ、クロマツ。
資料：林野庁業務資料

参 考 資 料

7 山行苗木生産量

（単位：百万本）

	総　　数	針　葉　樹					広葉樹
		スギ	ヒノキ	マツ類	カラマツ	その他	
H22（2010）年	63 (0.3)	17 (0.2)	12 (0.0)	2 (0.0)	12 (0.0)	12 (0.0)	8 (0.0)
25　（13）	56 (1.1)	16 (0.7)	9 (0.2)	2 (0.2)	10 (0.1)	11 (0.0)	8 (0.0)
26　（14）	57 (2.6)	17 (1.1)	9 (0.3)	2 (0.9)	9 (0.1)	11 (0.1)	8 (0.0)
27　（15）	61 (4.7)	19 (2.4)	9 (0.8)	2 (1.2)	12 (0.2)	12 (0.1)	6 (0.0)
28　（16）	60 (7.1)	20 (3.9)	8 (1.1)	3 (1.6)	14 (0.4)	10 (0.2)	5 (0.0)
29　（17）	60 (10.0)	22 (6.2)	8 (1.3)	3 (1.3)	12 (0.8)	10 (0.3)	5 (0.1)
30　（18）	60 (13.7)	21 (7.5)	6 (1.8)	3 (2.2)	15 (1.7)	9 (0.5)	5 (0.1)
R1　（19）	61 (19.0)	25 (11.1)	7 (2.2)	2 (1.6)	16 (3.2)	8 (0.7)	5 (0.1)
2　（20）	66 (22.9)	27 (13.2)	8 (3.3)	2 (1.8)	16 (3.5)	7 (0.8)	5 (0.3)
3　（21）	65 (26.2)	28 (16.1)	8 (3.6)	1 (0.8)	17 (4.2)	7 (1.1)	4 (0.3)
4　（22）	67 (30.8)	30 (19.2)	8 (4.5)	1 (0.6)	17 (4.6)	8 (1.6)	3 (0.4)

注1：（　）内は、山行苗木生産量のうちコンテナ苗生産量。
　2：マツ類は、アカマツ、クロマツ。
　3：計の不一致は四捨五入による。
資料：林野庁業務資料

8 人工林の齢級別面積

（単位：千ha）

	1齢級	2	3	4	5	6	7	8	9	10	11	12	13	14	15	16	17	18	19	20	21
S60（1985）年	604	895	1,263	1,691	1,762	1,569	947	337	240	205	178	137	111	83	148						
H1　（89）	436	700	943	1,351	1,691	1,746	1,413	777	270	224	183	151	118	93	79	52	62				
6　（94）	278	421	699	937	1,336	1,686	1,719	1,388	735	262	213	172	139	112	86	67	105				
13（2001）	131	226	350	589	874	1,149	1,599	1,677	1,522	946	353	204	171	144	112	89	62	52	70		
18　（06）	88	168	227	352	593	873	1,143	1,582	1,649	1,500	918	345	200	168	141	106	90	62	120		
23　（11）	73	114	159	231	347	584	852	1,111	1,565	1,631	1,473	921	345	194	164	138	105	87	174		
28　（16）	68	102	114	164	224	348	582	846	1,108	1,529	1,592	1,428	893	340	190	162	135	104	86	172	
R3　（21）	77	97	103	112	159	229	346	580	842	1,092	1,487	1,535	1,380	861	337	186	161	133	103	88	168

注1：数値は各年度末のもの。
　2：昭和60（1985）年は15齢級を、平成元（1989）年、6（1994）年は17齢級を、平成13（2001）年、18（2006）年、23（2011）年は19齢級を、28（2016）年は
　　20齢級を、令和3（2021）年は21齢級を最大齢級としており、それ以上の齢級は最大齢級にまとめている。
　3：森林法第5条及び第7条の2に基づく森林計画対象森林の「立木地」の面積。
資料：林野庁業務資料

9　間伐実績及び間伐材の利用状況

| | 間伐実績（千ha） | | | 間伐材利用量（万㎥） | | | | | |
| | | | | | 民有林 | | | | 国有林 |
	計	民有林	国有林	計	小計	製材	丸太	原材料	
H22（2010）年度	556	445	110	665	443	270	42	131	222
25　（13）	521	400	121	811	565	323	44	197	246
26　（14）	465	339	126	769	521	291	33	197	247
27　（15）	452	341	112	813	565	297	35	232	248
28　（16）	440	319	121	823	576	295	30	251	247
29　（17）	410	304	106	812	556	275	28	253	256
30　（18）	370	269	101	746	494	237	25	232	252
R1　（19）	365	268	98	768	521	253	30	237	247
2　（20）	357	261	96	729	479	226	29	225	250
3　（21）	365	269	96	782	500	245	30	225	282
4　（22）	329	236	93	746	480	237	24	218	266

注1：間伐実績は、森林吸収源対策の実績として把握した数値。
　2：間伐材利用量は丸太材積に換算した量（推計値）。
　3：製材とは、建築材、こん包材等。
　4：丸太とは、足場丸太、支柱等。
　5：原材料とは、木材チップ、おが粉等。
　6：計の不一致は四捨五入による。
資料：林野庁業務資料

10　林道開設（新設）量

（単位：km）

				H12年（2000）	17（05）	22（10）	27（15）	30（18）	R1（19）	2（20）	3（21）	4（22）
民有林林道	補助林道	国庫補助	一般林道	714	387	224	153	127	116	132	125	105
			道整備交付金	…	15	80	67	42	38	43	32	33
			農免	3	1	…	…	…	…	…	…	…
			森林研究・整備機構	39	13	…	…	…	…	…	…	…
			林業構造改善	54	6	…	…	…	…	…	…	…
			山村振興	8	1	…	…	…	…	…	…	…
			その他	14	1	…	…	…	…	…	…	…
			小計	832	425	305	221	169	155	174	157	138
		県単独補助		199	76	29	13	6	7	5	3	3
		計		1,031	501	334	234	175	162	179	160	141
	融資林道			…	…	…	…	…	…	…	…	…
	自力林道			57	12	3	3	0	1	0	1	1
	合計			1,088	513	337	238	175	162	179	161	142
国有林林道				99	138	97	175	129	131	118	105	99
総計				1,187	651	434	413	305	294	297	266	241
林道舗装実績				1,340	567	751	230	236	128	140	133	127

注1：各年度末の新設延長。
　2：「…」は実績のないもの。
　3：計の不一致は四捨五入による。
　4：森林研究・整備機構によるものは、平成20（2008）年4月1日までは独立行政法人緑資源機構、平成29（2017）年4月1日までは国立研究開発法人森林総合研究所によるもの。
資料：林野庁業務資料

11　保安林の種類別面積

（単位：千ha）

区分	合計	国有林	民有林
水源かん養保安林	9,263	5,701	3,562
土砂流出防備保安林	2,618	1,079	1,539
土砂崩壊防備保安林	61	20	41
飛砂防備保安林	16	4	12
防風保安林	56	23	33
水害防備保安林	1	0	1
潮害防備保安林	14	5	9
干害防備保安林	126	50	76
防雪保安林	0	-	0
防霧保安林	62	9	53
なだれ防止保安林	19	5	14
落石防止保安林	3	0	2
防火保安林	0	0	0
魚つき保安林	60	8	52
航行目標保安林	1	1	0
保健保安林	704	359	345
風致保安林	28	13	15
合計	13,033	7,277	5,756
（実面積）	12,273	6,919	5,354

注1：令和5（2023）年3月31日現在の数値。
　2：同一箇所で2種類以上の保安林に指定されている場合、それぞれの保安林に計上。
　3：国有林には、林野庁所管以外の国有林を含む。
　4：当該保安林種が存在しない場合は「-」、当該保安林種が存在しても面積が0.5千ha未満の場合は「0」と表示。
　5：計の不一致は四捨五入による。
資料：林野庁業務資料

参考資料

12 気象災害、林野火災

		H12年(2000)	17(05)	22(10)	27(15)	30(18)	R1(19)	2(20)	3(21)	4(22)
気象災害	被 害 面 積（ha）	14,645	2,516	2,087	5,686	3,985	1,952	674	1,370	555
	風　　　　害	3,402	364	23	3,858	3,233	1,022	192	421	92
	水　　　　害	2,633	526	208	39	198	81	83	71	124
	雪　　　　害	1,863	920	1,440	1,414	111	27	4	170	109
	干　　　　害	6,161	656	342	319	228	449	187	621	111
	凍　　　　害	585	48	73	57	216	90	208	88	120
	潮 ・ 雹 害	…	3	…	…	…	282	0	…	…
林野火災	出 火 件 数（件）	2,805	2,215	1,392	1,106	1,363	1,391	1,239	1,227	1,239
	焼 損 面 積（ha）	1,455	1,116	755	538	606	837	449	789	605
	被 害 額 （億円）	7	9	1	3	2	3	2	2	3

注1：気象災害は、私・公有林の被害。
　2：林野火災は、私・公、国有林（林野庁所管以外も含む。）の被害。
　3：被害がない場合は「…」、被害面積が0.5ha未満の場合は「0」と表示。
資料：林野庁業務資料、消防庁業務統計

13 森林保険事業実績

	年度末契約保有高			損害補填補償額			
	件数(件)	面積(千ha)	責任保険金額(百万円)	件数(件)	面積(ha)	損害額(百万円)	支払額(百万円)
H12(2000)年度	137,479	1,203	863,007	7,884	2,502	3,587	1,374
17　(05)	184,670	1,296	1,345,535	7,543	2,161	3,622	2,246
22　(10)	135,861	969	965,327	2,419	611	938	456
27　(15)	108,859	742	807,708	1,956	872	1,508	587
30　(18)	93,253	652	718,837	1,865	883	1,468	701
R1　(19)	89,011	615	683,338	1,467	495	876	394
2　(20)	85,394	591	660,542	1,207	440	701	304
3　(21)	82,033	571	638,324	1,315	507	761	374
4　(22)	79,359	546	616,922	787	325	441	234

注：平成26（2014）年度までは森林国営保険によるもの、平成27（2015）年度以降は国立研究開発法人森林研究・整備機構森林保険センターが行う森林保険によるもの。
資料：平成26（2014）年度までは林野庁業務資料、平成27（2015）年度以降は国立研究開発法人森林研究・整備機構森林保険センター調べ。

14 野生動物による森林被害

（単位：千ha）

	合計	サル	ノネズミ	ノウサギ	カモシカ	シカ	イノシシ	クマ
H12(2000)年度	8.2	0.7	0.3	0.6	1.0	4.6	0.5	0.6
17　(05)	5.8	0.0	0.3	0.3	0.8	3.5	0.4	0.4
22　(10)	6.2	0.0	0.4	0.1	0.3	4.0	0.2	1.2
27　(15)	7.9	0.0	0.7	0.1	0.3	6.0	0.1	0.7
30　(18)	5.9	0.0	0.7	0.1	0.2	4.2	0.1	0.6
R1　(19)	4.9	0.0	0.6	0.1	0.2	3.5	0.1	0.4
2　(20)	5.7	0.0	0.7	0.2	0.2	4.2	0.1	0.3
3　(21)	5.0	0.0	0.7	0.1	0.1	3.6	0.1	0.4
4　(22)	4.6	0.0	0.6	0.1	0.1	3.3	0.1	0.5

注1：国有林（林野庁所管）、民有林の合計。
　2：森林及び苗畑の被害。
　3：東日本大震災の影響により、平成22（2010）年度については未計上の県がある。
資料：林野庁業務資料

15 森林・林業に関する専門技術者

(単位：人)

	H12年度 (2000)	17 (05)	22 (10)	27 (15)	R1 (19)	2 (20)	3 (21)	4 (22)	5 (23)
技術士（森林部門）	555	711	960	1,260	1,535	1,554	1,622	1,670	1,714
林 業 技 士	8,024	9,322	11,341	12,983	13,932	14,115	14,221	14,395	14,536
森 林 総 合 監 理 士	…	…	…	717	1,397	1,477	1,530	1,578	1,686
森林インストラクター	1,132	2,261	2,926	3,104	3,091	3,085	3,068	3,052	3,031
樹 木 医	778	1,331	1,905	2,453	2,828	2,819	2,906	2,989	3,071
認定森林施業プランナー	…	…	…	1,483	2,299	2,405	2,538	2,691	2,824
認定森林経営プランナー	…	…	…	…	…	…	67	113	160

注1：技術士（森林部門）：技術士法に基づく資格（21部門のうち森林部門）を有し、科学技術に関する高等の専門的応用能力を必要とする事項についての計画、研究、設計、
　　分析、試験、評価又はこれらに関する指導の業務を行う者。数値は毎年度3月末現在のもの。
　2：林業技士：一般社団法人日本森林技術協会が認定する資格を有し、森林土木等の技術的業務に関する専門知識の実践を行う者。数値は毎年度4月1日現在の延べ認
　　定者数。
　3：森林総合監理士：林業普及指導員資格試験の地域森林総合監理区分に合格し、地域の森林づくりの全体像を示すとともに市町村及び地域の林業関係者等へ技術的支
　　援を行う者。数値は毎年度3月末現在のもの。
　4：森林インストラクター：一般社団法人全国森林レクリエーション協会が認定する資格を有し、一般の人々に、森林や林業に関する知識の提供、森林の案内、森林内
　　での野外活動の指導等を行う者。数値は毎年度2月末現在のもの。
　5：樹木医：一般財団法人日本緑化センターが認定する資格を有し、「ふるさとのシンボル」として親しまれている巨樹・古木林等の保護や樹勢回復・治療等を行う者。
　　数値は毎年度3月末現在のもの。
　6：認定森林施業プランナー：森林施業プランナー協会が認定する資格を有し、森林所有者に施業方針や収支等を提示して施業の実施を働き掛けて集約化し、提案型集
　　約化施業を担う者。数値は毎年度3月末現在の総認定者数。
　7：認定森林経営プランナー：提案型集約化施業の実績、所定の研修受講等により、森林施業プランナー協会が認定する資格を有し、木材の有利販売や森林の持続経営
　　について企画・実践する者。数値は毎年度3月末現在の総認定者数。
　8：「…」は事実のないもの。
資料：林野庁業務資料、技術士（森林部門）は公益社団法人日本技術士会、林業技士は一般社団法人日本森林技術協会、認定森林施業プランナー及び認定森林経営プランナー
　　は森林施業プランナー協会調べ。

16 林業普及指導職員等の数

(単位：人)

	H12年度 (2000)	17 (05)	22 (10)	27 (15)	R1 (19)	2 (20)	3 (21)	4 (22)	5 (23)
林業専門技術員（SP）	336	…	…	…	…	…	…	…	…
林業改良指導員（AG）	1,862	…	…	…	…	…	…	…	…
林 業 普 及 指 導 員	…	1,811	1,398	1,304	1,283	1,264	1,232	1,237	1,236
計	2,198	1,811	1,398	1,304	1,283	1,264	1,232	1,237	1,236

注：平成17（2005）年度の制度改正により、林業専門技術員と林業改良指導員の2つの資格を林業普及指導員に一元化している。
資料：林野庁業務資料

17 森林・林業関係の教育機関数

区　　　　分	学　校　数
森林・林業関係学科（科目）をもつ 高等学校	71
森林・林業関係学科（科目）をもつ 大学	33
森林・林業関係学科（科目）をもつ 林業大学校等	24

注1：令和5（2023）年4月現在の数値。
　2：「森林・林業関係学科（科目）をもつ林業大学校等」には、地方公共団体の研修機
　　関又は学校教育法に基づく専門職短期大学、専修学校若しくは各種学校のうち
　　地方公共団体が設置しているもので、修学・研修期間がおおむね1年かつおお
　　むね1,200時間以上であり、期間を通して林業への就業に必要な技術や知識を
　　習得させる学校等を掲載。
資料：林野庁業務資料

参
考
資
料

林業

18 所有形態別林野面積（民有）

	H27（2015）年		R2（2020）年	
	所有林野面積（ha）	比率（%）	所有林野面積（ha）	比率（%）
総　　　数	17,626,761	100.0	17,616,863	100.0
私　　　有	13,563,827	77.0	13,560,696	77.0
公　　　有	3,370,380	19.1	3,407,898	19.3
都 道 府 県	1,271,571	7.2	1,310,110	7.4
森林整備法人	391,189	2.2	351,519	2.0
市 区 町 村	1,406,063	8.0	1,434,838	8.1
財　産　区	301,557	1.7	311,431	1.8
独 立 行 政 法 人 等	692,554	3.9	648,269	3.7

注1：独立行政法人等とは、独立行政法人、国立大学法人、特殊法人が所有しているもの。
　2：計の不一致は四捨五入による。
資料：農林水産省「農林業センサス」

19 林業経営体数及び保有山林面積

（単位：経営体、ha）

	合計		3ha未満		3〜5ha		5〜20ha		20〜50ha		50〜100ha		100ha以上	
	経営体数	面積	経営体数	面積	経営体数	面積	経営体数	面積	経営体数	面積	経営体数	面積	経営体数	面積
総　　数	34,001	3,322,691	(1,028) 1,520	628	6,236	22,979	15,220	148,280	6,045	176,477	2,151	142,598	2,829	2,831,728
法 人 経 営	4,093	1,245,256	983	210	201	757	765	8,398	611	19,542	423	29,441	1,110	1,186,908
農事組合法人	72	9,121	5	-	4	16	9	106	17	504	17	1,179	20	7,316
会　　　社	1,994	663,822	656	114	90	322	372	3,868	270	8,221	143	9,562	463	641,736
各 種 団 体	1,608	314,120	271	87	65	256	268	3,229	267	8,842	229	16,117	508	285,588
農　　協	47	15,354	-	-	1	3	4	40	8	298	4	283	30	14,730
森 林 組 合	1,388	212,763	238	87	51	198	229	2,751	234	7,702	209	14,682	427	187,343
その他の各種団体	173	86,003	33	-	13	55	35	438	25	842	16	1,152	51	83,516
その他の法人	419	258,192	51	8	42	163	116	1,195	57	1,976	34	2,583	119	252,267
法人でない経営	29,080	723,038	536	417	6,031	22,207	14,399	139,244	5,374	154,949	1,648	107,263	1,092	298,959
個 人 経 営 体	27,776	616,223	494	398	5,883	21,634	13,940	134,299	5,093	146,131	1,484	95,694	882	218,067
地方公共団体・財産区	828	1,354,397	1	1	4	15	56	638	60	1,986	80	5,894	627	1,345,862

注1：（　）内は保有山林のない経営体数で内数。
　2：「-」は事実のないもの。
　3：林業経営体とは、①保有山林面積が3ha以上かつ過去5年間に林業作業を行うか森林経営計画を作成している、②委託を受けて育林を行っている、③委託や立木の購入により過去1年間に200m3以上の素材生産を行っているのいずれかに該当する者。
資料：農林水産省「2020年農林業センサス」

20 林業経営体（林家）の林業経営

項　　　　　目	単位	H16年度（2004）平均	17（05）平均	18（06）平均	19（07）平均	20（08）平均	25（13）平均	30年（18）平均	保有山林面積規模別（ha）			
									20〜50未満	50〜100	100〜500	500以上
林 業 粗 収 益	千円	2,497	2,396	2,603	1,904	1,784	2,484	3,780	2,168	5,549	7,803	14,415
立 木 販 売 収 入	千円	300	266	409	275	206	233	207	140	122	575	2,256
素 材 生 産 収 入	千円	1,786	1,667	1,635	1,246	1,041	1,744	2,144	1,126	3,212	4,775	8,973
そ の 他	千円	412	464	559	383	537	507	1,429	902	2,215	2,453	3,186
林 業 経 営 費	千円	2,081	2,109	2,125	1,613	1,681	2,371	2,742	1,497	4,235	5,640	9,781
雇 用 労 賃	千円	379	339	345	270	300	300	306	168	640	272	1,056
原 木 費	千円	230	248	308	125	130	112	298	116	849	91	495
器具・機械修繕費	千円	201	208	209	117	169	279	465	362	683	488	1,226
賃 借 料 ・ 料 金	千円	202	195	194	174	150	192	185	95	249	427	1,367
請 負 わ せ 料 金	千円	613	707	626	539	557	982	1,065	502	1,092	3,810	3,566
そ の 他	千円	455	409	443	389	375	506	423	254	722	552	2,071
林 業 所 得	千円	417	287	478	291	103	113	1,038	671	1,314	2,163	4,634
投 下 労 働 時 間	時間	698	609	632	571	536	645	807	702	1,031	824	1,348
家 族	時間	496	426	447	422	380	447	653	614	745	664	407
雇 用	時間	202	183	185	149	156	198	154	88	286	160	941

注1：数値は1経営体当たりの数値。
　2：調査の対象は、平成25年度調査において保有山林面積が20〜50ha未満の経営体は世帯員等による30日以上の施業労働日数を要件としたが、平成30年調査では保有山林面積20ha以上で世帯員等による30日以上の施業労働日数を要件としたほか、30日未満であっても、(a)主伐面積1ha以上、(b)植林又は利用間伐面積が2ha以上、(c)保育面積5ha以上のいずれかに該当する経営体を対象とした。このため平成25（2013）年度以前の調査と平成30年調査は接続しない。
　3：調査期間は、平成25（2013）年までは各調査年の4月1日から翌年3月31日まで、平成30（2018）年は1月から12月までの1年間。
　4：林業粗収益は、調査期間に林業事業により得られた総収益であり、販売・受取、内部仕向、在庫増減額の合計である。
　5：林業粗収益のその他とは、特用林産物収入や受託収入等。なお、平成30年調査より林業粗収益に造林補助金を含む。
　6：林業経営費は、流動的経費及び減価償却費からなる林業粗収益を得るために要した一切の経費であり、購入・支払、減価償却費、処分差損益、在庫増減額の合計である。
　7：雇用労賃には、労働災害保険を含む。
　8：林業経営費のその他とは、種苗費、諸材料費、建物維持修繕費、負債利子、物件税・公課諸負担等。
　9：器具・機械修繕費は、平成25年度までは器具費を含まない。平成25年度までの器具費は林業経営費のその他に含む。
　10：林業所得＝林業粗収益−林業経営費
　11：計の不一致は四捨五入による。
資料：農林水産省「林業経営統計調査報告」

21 林業機械の保有台数

(単位：台)

		H12年度(2000)	17(05)	22(10)	27(15)	30(18)	R1(19)	2(20)	3(21)	4(22)	対前年度増減率(%)
高性能林業機械	フェラーバンチャ	42	25	85	145	161	166	172	207	229	10.6
	ハーベスタ	379	442	836	1,521	1,849	1,918	1,997	1,999	2,101	5.1
	プロセッサ	854	1,002	1,312	1,802	2,069	2,155	2,210	2,239	2,256	0.8
	スキッダ	164	163	141	126	115	111	106	98	90	▲ 8.2
	フォワーダ	509	722	1,213	2,171	2,650	2,784	2,888	2,863	3,651	27.5
	タワーヤーダ	190	174	148	152	152	149	141	143	152	6.3
	スイングヤーダ	134	340	708	959	1,082	1,095	1,117	1,120	1,134	1.3
	フォーク収納型グラップルバケット								2,298	2,649	15.3
	その他の高性能林業機械	13	41	228	810	1,581	1,840	2,224	306	339	10.8
	小計	2,285	2,909	4,671	7,686	9,659	10,218	10,855	11,273	12,601	11.8
在来型林業機械	大型集材機	8,013	6,009	5,042	3,951	3,295	3,019	2,987			
	小型集材機	7,525	5,460	4,276	3,103	2,359	2,108	2,000			
	チェーンソー	300,300	245,998	211,869	170,361	123,031	110,158	97,114			
	刈払機	350,765	298,718	243,468	186,528	126,427	107,615	93,779			
	トラクタ	3,290	2,630	2,039	1,486	1,265	1,208	1,134			
	運材車	22,238	18,083	14,024	11,477	8,622	8,378	8,009			
	モノレール	981	859	793	657	560	568	528			
	動力枝打機	12,695	10,077	7,465	5,182	3,422	3,035	2,653			
	自走式搬器	1,991	1,757	1,563	1,342	1,134	1,063	960			

注1：林業経営体が自己で使用するために、当該年度中に保有した機械の台数を集計したものであり、保有の形態(所有、他からの借入、リース、レンタル等)、保有期間の長短は問わない。
　2：「フォーク収納型グラップルバケット」には、フェリングヘッド付きのものを含む。
　3：令和2(2020)年度以前は「その他高性能林業機械」の台数に「フォーク収納型グラップルバケット」の台数を含む。
　4：在来型林業機械の台数調査は令和2(2020)年度まで実施。
　5：「フォワーダ」は、令和3(2021)年度以前はグラップルローダを搭載しているもののみの台数であり、令和4(2022)年度以降はグラップルローダを搭載していないものの台数を含む。
資料：林野庁業務資料

22 総人口及び就業者数

(単位：万人)

	総人口	就業者数				うち雇用者数				
		全産業総数	農林業	うち林業	非農林業	全産業総数	農林業	うち林業	非農林業	うち製造業
H12(2000)年	12,688	6,446	297	7	6,150	5,356	34	4	5,322	1,205
17　(05)	12,766	6,356	259	6	6,097	5,393	36	4	5,356	1,059
22　(10)	12,739	6,257	234	8	6,023	5,463	53	6	5,410	996
27　(15)	12,705	6,401	209	7	6,193	5,663	53	6	5,610	988
30　(18)	12,670	6,682	210	7	6,472	5,954	58	6	5,895	1,017
R1　(19)	12,648	6,750	207	8	6,542	6,028	61	7	5,967	1,021
2　(20)	12,622	6,710	200	6	6,510	6,005	59	5	5,946	1,009
3　(21)	12,572	6,713	195	6	6,517	6,016	58	5	5,959	1,007
4　(22)	12,495	6,723	192	7	6,531	6,041	58	5	5,983	1,006

注1：日本標準産業分類の改定に伴い、平成15(2003)年以降の製造業の結果は平成14(2002)年以前の結果と時系列接続していない。
　2：表章単位未満の位で四捨五入してある。また、総数に分類不能又は不詳の数を含むため、総数と内訳の合計とは必ずしも一致しない。
資料：総務省「労働力調査年報」

23 産業別、年齢階級別就業者数

(単位：万人)

	全産業	農業	林業	鉱業、採石業、砂利採取業	建設業	製造業	その他
総数	6,723	185	7	2	479	1,044	5,006
15～19歳	106	1	-	-	3	10	92
20～24歳	441	4	0	0	21	59	357
25～29歳	558	5	0	0	32	91	430
30～34歳	552	6	0	0	30	95	421
35～39歳	619	8	1	0	39	105	466
40～44歳	694	10	0	0	48	120	516
45～49歳	830	11	1	0	68	145	605
50～54歳	806	11	1	0	66	141	587
55～59歳	662	11	1	0	49	112	489
60～64歳	542	18	1	0	42	77	404
65歳以上	912	99	2	1	81	90	639

注1：令和4(2022)年の平均値。
　2：「0」は数値が表章単位に満たないもの、「-」は該当数値のないことを示す。
　3：表章単位未満の位で四捨五入してある。また、総数に分類不能又は不詳の数を含むため、総数と内訳の合計は必ずしも一致しない。
資料：総務省「労働力調査年報」(令和4(2022)年)

参考資料

24 林業への新規就業者の就業先

(単位：人)

	H12年度 (2000)	17 (05)	22 (10)	27 (15)	30 (18)	R1 (19)	2 (20)	3 (21)	4 (22)
総　　　数	2,314	2,843	4,014	3,204	2,984	2,855	2,903	3,043	3,119
民 間 事 業 体	864	1,149	2,296	2,005	2,059	1,959	2,023	2,158	2,214
森 林 組 合	1,450	1,694	1,718	1,199	925	896	880	885	905

資料：林野庁業務資料

25 林業従事者の賃金

(単位：円/日)

	H12年度 (2000)	17 (05)	22 (10)	27 (15)	30 (18)	R1 (19)	2 (20)	3 (21)	4 (22)
造　　　林	12,082	11,795	11,728	12,237	13,039	13,260	13,564	13,487	13,885
伐　　　出	13,648	13,119	12,921	13,197	13,974	14,139	14,466	14,467	14,816

注：全国農業会議所が作成した調査票に基づき、都道府県農業会議の指導の下、市町村農業委員会が行った調査であり、農外諸賃金のうち都道府県別平均の造林（新植、撫育作業）、伐出を抜粋したもの。
資料：全国農業会議所「農作業料金・農業労賃に関する調査結果」

26 労働災害の発生率

		H12年 (2000)	17 (05)	22 (10)	27 (15)	30 (18)	R1 (19)	2 (20)	3 (21)	4 (22)
死傷年千人率	全　　　産　　　業	2.8	2.4	2.1	2.2	2.3	2.2	2.2	2.3	2.3
	林　　　業	28.7	26.8	28.6	27.0	22.4	20.8	25.4	24.7	23.5
	木材・木製品製造業	11.5	9.9	7.4	11.2	10.9	10.6	10.5	12.0	12.3
	建　　　設　　　業	6.3	5.8	4.9	4.6	4.5	4.5	4.4	4.6	4.5
	製　　　造　　　業	3.6	3.3	2.6	2.8	2.8	2.7	2.6	2.7	2.7
	鉱　　　　　　　業	17.4	18.8	13.9	7.0	10.7	10.2	10.0	10.8	9.9

注：死傷年千人率とは、労働者1,000人当たり1年間で発生する労働災害による死傷者数（休業4日以上）を示すもの。
　（死傷年千人率＝1年間の死傷者数（休業4日以上）÷1年間の平均労働者数×1,000）
　平成24（2012）年より千人率の計算に用いる資料が「労働者災害補償保険事業年報」及び「労災保険給付データ」から「労働者死傷病報告書」及び「労働力調査」に変更。
資料：厚生労働省「労働災害統計」

27 森林組合の事業活動等

	H12年度 (2000)	17 (05)	22 (10)	27 (15)	29 (17)	30 (18)	R1 (19)	2 (20)	3 (21)	対前年度 増減率(%)
森 林 組 合 数	1,174	846	679	629	621	617	613	613	610	▲ 0.5
組 合 員 数 （千人）	1,669	1,618	1,567	1,531	1,512	1,503	1,495	1,487	1,475	▲ 0.8
1組合当たり払込済出資金（千円）	42,206	61,261	78,418	86,286	87,570	87,997	88,569	88,444	88,656	0.2
主要事業量 新 植 面 積 （ha）	25,433	18,722	15,268	15,323	15,829	16,870	17,068	16,900	16,346	▲ 3.3
丸 太 生 産 量 （千㎥）	2,835	2,818	3,612	5,433	6,146	6,513	6,598	6,256	6,548	4.7

資料：林野庁「森林組合統計」

28 森林組合の主要事業別の取扱高

(単位：百万円)

	販売・林産	加　　工	購　　買	森林整備	その他	合　　計
H12(2000)年度	77,555	40,441	16,434	167,376	40,325	342,131
17　（05）	57,190	34,290	12,221	111,287	40,685	255,673
22　（10）	67,371	32,988	10,832	114,020	45,449	270,661
27　（15）	91,224	33,848	9,183	94,954	41,077	270,286
29　（17）	98,684	34,152	9,019	90,878	39,315	272,048
30　（18）	103,034	34,112	8,646	87,222	38,037	271,051
R1　（19）	102,883	33,947	8,902	88,549	39,165	273,447
2　（20）	96,219	30,420	8,889	89,165	37,785	262,477
3　（21）	120,096	37,040	9,121	90,610	39,020	295,886

資料：林野庁「森林組合統計」

林産物

29　丸太生産量

（単位：千㎥）

			H12年(2000)	17(05)	22(10)	27(15)	30(18)	R1(19)	2(20)	3(21)	4(22)	対前年増減率(%)
	総　　数		17,034	16,166	17,193	20,049	21,640	21,883	19,882	21,847	22,082	1.1
樹種別	針葉樹	計	13,707(80)	13,695(85)	14,789(86)	17,815(89)	19,462(90)	19,876(91)	18,037(91)	20,088(92)	20,386(92)	1.5
		ス　ギ	7,671	7,756	9,049	11,226	12,532	12,736	11,663	12,917	13,238	2.5
		うち、製材用	7,258⟨57⟩	6,737⟨58⟩	6,695⟨63⟩	7,869⟨66⟩	8,237⟨66⟩	8,582⟨67⟩	7,841⟨68⟩	8,630⟨67⟩	8,900⟨69⟩	3.1
		ヒ　ノ　キ	2,273	2,014	2,029	2,364	2,771	2,966	2,722	3,079	2,971	▲3.5
		アカマツ・クロマツ	1,034	783	694	779	628	601	570	529	559	5.7
		カラマツ・エゾマツ・トドマツ	2,410	2,910	2,816	3,268	3,366	3,405	2,940	3,183	3,362	5.6
		その他	319	232	201	170	165	168	142	380	256	▲32.6
	広葉樹		3,327(20)	2,471(15)	2,404(14)	2,236(11)	2,178(10)	2,007(9)	1,845(9)	1,759(8)	1,696(8)	▲3.6
用途別	製材		12,798(75)	11,571(72)	10,582(62)	12,004(60)	12,563(58)	12,875(59)	11,615(58)	12,861(59)	12,937(59)	0.6
	合板		138(1)	863(5)	2,490(14)	3,356(17)	4,492(21)	4,745(22)	4,195(21)	4,661(21)	4,912(22)	5.4
	木材チップ		4,098(24)	3,732(23)	4,121(24)	4,689(23)	4,585(21)	4,263(19)	4,072(20)	4,325(20)	4,233(19)	▲2.1

注1：（　）内は総数に対する割合。
　2：⟨　⟩内は製材用に対する割合。
　3：林地残材を含まない。
　4：総数は製材用、合板用、木材チップ用の計。なお、「木材需給報告書」の平成12(2000)年の丸太生産量にはパルプ用及びその他用が含まれており、これらを除いて掲載。
　5：計の不一致は四捨五入による。
　6：平成29年調査から、素材需要量のうち「合板用」を新たにLVL用を含めた「合板等用」に変更。また、素材供給量は、素材需要量（製材工場、合単板工場及び木材チップ工場への素材の入荷量）をもって供給量としている。
資料：農林水産省「木材需給報告書」

30　木材需給表（丸太換算）

（単位：千㎥）

総需要量の各列：計／用材[小計／製材用材／合板用材／チップ・パルプ用材／その他用材]／しいたけ原木／燃料材
国内消費の各列：計／用材[小計／製材用材／合板用材／チップ・パルプ用材／その他用材]／しいたけ原木／燃料材[小計／木炭用材／薪用材／燃料用チップ等用材]
輸出の各列：計／用材[小計／丸太／製材品等／合板等／木材パルプ・チップ等／その他]／燃料材[小計／木炭用材／薪用材／燃料用チップ等用材]

供給＼需要		総需要量 計	用材 小計	製材用材	合板用材	チップ・パルプ用材	その他用材	しいたけ原木	燃料材	国内消費 計	用材 小計	製材用材	合板用材	チップ・パルプ用材	その他用材	しいたけ原木	燃料材 小計	木炭用材	薪用材	燃料用チップ等用材	輸出 計	用材 小計	丸太	製材品等	合板等	木材パルプ・チップ等	その他	燃料材 小計	木炭用材	薪用材	燃料用チップ等用材
総供給量	計	(18,855) 85,094	(6,242) 67,494	26,263	9,820	(6,242) 29,547	1,865	209	(12,613) 17,390	(18,855) 82,052	(6,242) 64,457	25,973	9,596	(6,242) 28,349	539	209	(12,613) 17,385	745	62	(12,613) 16,579	3,042	3,036	1,324	290	224	1,197	2	5	1	0	3
用材	丸太	(6,242) 27,678	(6,242) 27,678	16,105	5,355	(6,242) 4,472	1,746			(6,242) 24,643	(6,242) 24,643	15,818	5,131	(6,242) 3,275	419						3,035	3,035	1,324	287	224	1,197	2				
用材	林地残材	94	94			94				94	94			94																	
用材	輸入木材製品	39,723	39,723	10,158	4,465	24,980	120			39,719	39,719	10,155	4,465	24,980	120						3	3		3							
	しいたけ原木	209						209		209						209															
	燃料材	(12,613) 17,390							(12,613) 17,390	(12,613) 17,385							(12,613) 17,385	745	62	(12,613) 16,579	5							5	1	0	3
国内生産	計	34,617	24,144	12,937	4,912	4,563	1,732	209	10,264	31,583	21,114	12,651	4,692	3,366	405	209	10,260	49	57	10,154	3,034	3,029	1,324	286	220	1,197	2	5	1	0	3
用材	丸太	24,060	24,050	12,937	4,912	4,469	1,732			21,020	21,020	12,651	4,692	3,272	405						3,029	3,029	1,324	286	220	1,197	2				
用材	林地残材	94	94			94				94	94			94																	
	しいたけ原木	209						209		209						209															
	燃料材	10,264							10,264	10,260							10,260	49	57	10,154	5							5	1	0	3
輸入	計	50,477	43,351	13,326	4,908	24,983	134		7,126	50,468	43,342	13,322	4,904	24,983	134		7,126	696	6	6,424	9	8		4	4						
用材	丸太	3,628	3,628	3,168	443	3	14			3,623	3,623	3,167	439	3	14						5	5		1	4						
用材 木材製品	小計	39,723	39,723	10,158	4,465	24,980	120			39,719	39,719	10,155	4,465	24,980	120						3	3		3							
用材 木材製品	製材品等	10,158	10,158	10,158						10,155	10,155	10,155									3	3		3							
用材 木材製品	合板等	4,465	4,465		4,465					4,465	4,465		4,465																		
用材 木材製品	木材パルプ	5,055	5,055			5,055				5,055	5,055			5,055																	
用材 木材製品	木材チップ等	19,925	19,925			19,925				19,925	19,925			19,925																	
用材 木材製品	その他	120	120				120			120	120				120																
	燃料材	7,126							7,126	7,126							7,126	696	6	6,424											

注1：大中角・盤等の輸入半製品は、輸入の「製材品等」に計上。
　2：木材チップのうち、パルプ、紙、繊維板及び削片板等の原料になったものを「パルプ・チップ用材」に、発電等エネルギー源として利用されたものを「燃料用チップ等用材」に計上。
　3：パルプ・チップ用材及び燃料材の（　）書は外数であり、工場残材及び解体材・廃材から生産された木材チップ等。
　4：林地残材とは、立木を伐採した後の林地に残されている根株、枝条等のうち、利用を目的に木材チップ工場に搬入されたもの。
　5：その他用材は、枕木、電柱、くい丸太、足場丸太等。
　6：輸出及び輸入の用材の「その他」は、改良木材、枕木、のこくず・木くず。
　7：計の不一致は四捨五入による。
資料：林野庁「令和4(2022)年木材需給表」

31 木材需要(供給)量(丸太換算)

（単位：千m³）

	総需要(供給)量				部門別用材需要量				形態別用材供給量		
	計	用 材	燃料材 (薪炭材)	しいたけ 原木	製材用材	合板用材	パルプ・ チップ用材	その他用材	国内生産	輸入丸太	輸入製品
S30 (1955)年	65,206	45,278	19,928	…	30,295	2,297	8,285	4,401	42,794	1,969	515
35 (60)	71,467	56,547	14,920	…	37,789	3,178	10,189	5,391	49,006	6,674	867
40 (65)	76,798	70,530	6,268	…	47,084	5,187	14,335	3,924	50,375	16,721	3,434
45 (70)	106,601	102,679	2,348	1,574	62,009	13,059	24,887	2,724	46,241	43,281	13,157
50 (75)	99,303	96,369	1,132	1,802	55,341	11,173	27,298	2,557	34,577	42,681	19,111
55 (80)	112,211	108,964	1,200	2,047	56,713	12,840	35,868	3,543	34,557	42,395	32,012
60 (85)	95,447	92,901	572	1,974	44,539	11,217	32,915	4,230	33,074	31,391	28,436
H2 (90)	113,242	111,162	517	1,563	53,887	14,546	41,344	1,385	29,369	33,861	47,932
7 (95)	113,698	111,922	721	1,055	50,384	14,314	44,922	2,302	22,916	25,865	63,141
12 (2000)	101,006	99,263	940	803	40,946	13,825	42,186	2,306	18,022	18,018	63,223
17 (05)	87,423	85,857	1,001	565	32,901	12,586	37,608	2,763	17,176	12,119	56,562
22 (10)	71,884	70,253	1,099	532	25,379	9,556	32,350	2,968	18,236	6,044	45,974
27 (15)	75,160	70,883	3,962	315	25,358	9,914	31,783	3,829	21,797	4,824	44,262
30 (18)	82,478	73,184	9,020	274	25,708	11,003	32,009	4,465	23,680	4,541	44,964
R1 (19)	81,905	71,269	10,386	251	25,270	10,474	31,061	4,464	23,805	4,118	43,346
2 (20)	74,439	61,392	12,805	242	24,597	8,919	26,064	1,812	21,980	3,306	36,106
3 (21)	82,130	67,142	14,742	246	26,179	10,294	28,743	1,926	24,127	3,879	39,136
4 (22)	85,094	67,494	17,390	209	26,263	9,820	29,547	1,865	24,144	3,628	39,723

注1：その他用材は、輸出用丸太、枕木、電柱、くい丸太、足場丸太等。
　2：「…」は事実不詳又は調査を欠くもの。
　3：計の不一致は四捨五入による。
　4：貿易統計により把握する品目のうち、昭和63(1988)年から鉋がけ材を「その他用材」から「製材用材」に移動。また、平成3(1991)年から構造用集成材、平成20(2008)年から木製パネル(HSコード4421に含まれるもの)を新たに「その他用材」に計上(令和2(2020)年からは「製材用材」に移動)。
　5：平成26(2014)年から木質バイオマス発電施設等においてエネルギー利用された燃料用チップを「燃料用チップ等用材」として新たに計上することとし、これを踏まえ、項目名を「薪炭材」から「燃料材」に変更。このため、「燃料材(薪炭材)」には、平成25(2013)年以前は「薪炭材」、平成26(2014)年からは「燃料材」の数量を記載。
　6：令和2(2020)年から、貿易統計により把握する集成材、構造用集成材、セルラーウッドパネル及び加工材の数量は「製材用材」に、再生木材の数量は「パルプ・チップ用材」に計上。(いずれも令和元(2019)年までは「その他用材」に計上。)
資料：林野庁「木材需給表」

32 木材自給率の動向

(単位：千㎥)

			H12年 (2000)	17 (05)	22 (10)	27 (15)	30 (18)	R1 (19)	2 (20)	3 (21)	4 (22)	対前年 増減率(%)
総需要（供給）量			101,006	87,423	71,884	75,160	82,478	81,905	74,439	82,130	85,094	3.6
	用 材		99,263	85,857	70,253	70,883	73,184	71,269	61,392	67,142	67,494	0.5
	しいたけ原木		803	565	532	315	274	251	242	246	209	▲ 15.0
	燃料材（薪炭材）		940	1,001	1,099	3,962	9,020	10,386	12,805	14,742	17,390	18.0
国 内 生 産			19,058	17,899	18,923	24,918	30,201	30,988	31,149	33,721	34,617	2.7
輸 入			81,948	69,523	52,961	50,242	52,277	50,917	43,290	48,409	50,477	4.3
自 給 率（%）			18.9	20.5	26.3	33.2	36.6	37.8	41.8	41.1	40.7	▲ 0.4
用材	計	総 需 要 量	99,263	85,857	70,253	70,883	73,184	71,269	61,392	67,142	67,494	0.5
		国 内 生 産	18,022	17,176	18,236	21,797	23,680	23,805	21,980	24,127	24,144	0.1
		輸 入	81,241	68,681	52,018	49,086	49,505	47,464	39,412	43,015	43,351	0.8
		自 給 率（%）	18.2	20.0	26.0	30.8	32.4	33.4	35.8	35.9	35.8	▲ 0.1
	製材用材	総 需 要 量	40,946	32,901	25,379	25,358	25,708	25,270	24,597	26,179	26,263	0.3
		国 内 生 産	12,798	11,571	10,582	12,004	12,563	12,875	11,615	12,861	12,937	0.6
		輸 入	28,148	21,330	14,797	13,354	13,145	12,395	12,982	13,318	13,326	0.1
		自 給 率（%）	31.3	35.2	41.7	47.3	48.9	51.0	47.2	49.1	49.3	0.2
	合板用材	総 需 要 量	13,825	12,586	9,556	9,914	11,003	10,474	8,919	10,294	9,820	▲ 4.6
		国 内 生 産	138	863	2,490	3,530	4,492	4,745	4,195	4,661	4,912	5.4
		輸 入	13,687	11,723	7,066	6,384	6,511	5,729	4,724	5,633	4,908	▲ 12.9
		自 給 率（%）	1.0	6.9	26.1	35.6	40.8	45.3	47.0	45.3	50.0	4.7
	パルプ・チップ用材		(6,537)	(7,974)	(6,192)	(6,667)	(6,792)	(6,258)	(5,634)	(7,210)	(6,242)	▲ 13.4
		総 需 要 量	42,186	37,608	32,350	31,783	32,009	31,061	26,064	28,743	29,547	2.8
		国 内 生 産	4,749	4,426	4,785	5,202	5,089	4,651	4,420	4,744	4,563	▲ 3.8
		輸 入	37,437	33,181	27,565	26,581	26,920	26,410	21,644	24,000	24,983	4.1
		自 給 率（%）	11.3	11.8	14.8	16.4	15.9	15.0	17.0	16.5	15.4	▲ 1.1
	その他用材	総 需 要 量	2,306	2,763	2,968	3,829	4,465	4,464	1,812	1,926	1,865	▲ 3.2
		国 内 生 産	337	316	379	1,061	1,536	1,534	1,750	1,862	1,732	▲ 7.0
		輸 入	1,969	2,447	2,589	2,767	2,930	2,931	62	65	134	106.2
		自 給 率（%）	14.6	11.4	12.8	27.7	34.4	34.4	96.6	96.6	92.8	▲ 3.8
しいたけ原木		総 需 要 量	803	565	532	315	274	251	242	246	209	▲ 15.0
		国 内 生 産	803	565	532	315	274	251	242	246	209	▲ 15.0
		輸 入	-	-	-	-	-	-	-	-	-	
		自 給 率（%）	100.0	100.0	100.0	100.0	100.0	100.0	100.0	100.0	100.0	0.0
燃料材（薪炭材）			…	…	…	(12,473)	(12,918)	(12,827)	(13,029)	(12,887)	(12,613)	▲ 2.1
		総 需 要 量	940	1,001	1,099	3,962	9,020	10,386	12,805	14,742	17,390	18.0
		国 内 生 産	233	159	155	2,806	6,248	6,932	8,927	9,348	10,264	9.8
		輸 入	707	842	943	1,156	2,772	3,454	3,878	5,394	7,126	32.1
		自 給 率（%）	24.8	15.9	14.1	70.8	69.3	66.7	69.7	63.4	59.0	▲ 4.4

注1：自給率＝国内生産量÷総需要量×100
　2：その他用材は、輸出用丸太、枕木、電柱、くい丸太、足場丸太等。
　3：（　）内は、工場残材及び解体材・廃材から生産された木材チップ等で、外数。
　4：「-」は事実のないもの。
　5：「…」は事実不詳又は調査を欠くもの。
　6：計の不一致は四捨五入による。
　7：平成26（2014）年から木質バイオマス発電施設等においてエネルギー利用された燃料用チップを「燃料用チップ等用材」として新たに計上することとし、これを踏まえ、項目名を「薪炭材」から「燃料材」に変更。このため、「燃料材(薪炭材)」には、平成25（2013）年以前は「薪炭材」、平成26（2014）年からは「燃料材」の数量を記載。
　8：令和2（2020）年から、「用材」の内訳について、貿易統計により把握する集成材、構造用集成材、セルラーウッドパネル及び加工材の数量は「製材用材」に、再生木材の数量は「パルプ・チップ用材」に計上。
　9：対前年増減率のうち、自給率における数値は、前年との差である。
資料：林野庁「木材需給表」

33　我が国への産地別木材（用材）供給量（丸太換算）

(単位：千㎥、%)

			H12年 (2000)	17 (05)	22 (10)	27 (15)	30 (18)	R1 (19)	2 (20)	3 (21)	4 (22)
輸入材	米材	計	(28.9) 28,700	(18.8) 16,129	(19.2) 13,506	(17.5) 12,415	(16.3) 11,898	(15.3) 10,893	(14.8) 9,068	(14.6) 9,835	(14.7) 9,937
		米国	14,460	6,844	5,838	6,057	6,273	5,754	5,488	5,590	6,174
		カナダ	14,240	9,285	7,668	6,359	5,625	5,139	3,580	4,245	3,763
	南洋材	計	(13.7) 13,569	(12.2) 10,511	(8.9) 6,287	(8.3) 5,848	(7.4) 5,421	(6.9) 4,949	(6.9) 4,215	(6.7) 4,504	(6.7) 4,492
		マレーシア	6,690	5,888	3,773	2,917	2,514	2,213	1,771	1,820	1,730
		インドネシア	5,858	4,137	2,304	2,804	2,759	2,548	2,333	2,625	2,669
		その他	1,021	486	209	127	148	187	111	59	92
	北洋材	ロシア	(7.5) 7,429	(8.6) 7,411	(3.3) 2,343	(2.9) 2,081	(3.3) 2,411	(3.5) 2,459	(3.3) 2,050	(3.3) 2,202	(2.4) 1,606
	欧州材	欧州	(4.7) 4,675	(6.9) 5,937	(7.1) 4,967	(7.6) 5,374	(8.0) 5,880	(8.4) 5,974	(9.3) 5,695	(7.9) 5,311	(9.1) 6,139
	その他の輸入材	ニュージーランド	(4.4) 4,374	(3.4) 2,878	(3.9) 2,720	(2.3) 1,638	(2.0) 1,484	(2.0) 1,393	(1.8) 1,086	(1.9) 1,291	(1.6) 1,083
		チリ	(3.8) 3,795	(4.6) 3,952	(6.7) 4,726	(5.6) 3,987	(5.5) 4,055	(4.9) 3,479	(4.9) 2,994	(3.7) 2,457	(3.3) 2,208
		オーストラリア	(8.7) 8,604	(10.2) 8,729	(11.0) 7,722	(6.6) 4,662	(6.3) 4,604	(6.0) 4,271	(4.3) 2,628	(5.1) 3,432	(5.2) 3,505
		中国	(2.5) 2,445	(3.0) 2,544	(3.0) 2,084	(2.8) 1,967	(2.6) 1,901	(2.5) 1,777	(2.6) 1,591	(3.2) 2,144	(2.4) 1,588
		ベトナム				(7.6) 5,418	(8.1) 5,939	(9.0) 6,446	(9.5) 5,840	(11.0) 7,364	(11.3) 7,599
		その他	(7.7) 7,651	(12.3) 10,591	(10.9) 7,663	(8.0) 5,696	(8.1) 5,911	(8.2) 5,823	(6.9) 4,245	(6.7) 4,476	(7.7) 5,193
		計	(81.8) 81,241	(80.0) 68,681	(74.0) 52,018	(69.2) 49,086	(67.6) 49,505	(66.6) 47,464	(64.2) 39,412	(64.1) 43,015	(64.2) 43,351
国産材			(18.2) 18,022	(20.0) 17,176	(26.0) 18,236	(30.8) 21,797	(32.4) 23,680	(33.4) 23,805	(35.8) 21,980	(35.9) 24,127	(35.8) 24,144
合計			99,263	85,857	70,253	70,883	73,184	71,269	61,392	67,142	67,494

注1：国産丸太及び輸入丸太の供給量に、丸太材積に換算した輸入製品、パルプ・チップ、合板等の値を加えて、各国別の供給量を算出したもの。
　2：南洋材のその他とは、フィリピン、シンガポール、ブルネイ、パプアニューギニア、ソロモン諸島からの輸入。
　3：欧州材の欧州とは、ロシアを除くヨーロッパ各国からの輸入。
　4：「その他の輸入材」のその他とは、アフリカ諸国等からの輸入。
　5：ベトナムについては、平成26（2014）年以前は「その他の輸入材」のその他に含む。
　6：計の不一致は四捨五入による。
　7：（　）内は、合計に占める割合。
資料：林野庁「木材需給表」、財務省「貿易統計」に基づいて算出。

34　我が国への製材用木材供給量（丸太換算）

(単位：千㎥)

産地・国			H12年 (2000)	17 (05)	22 (10)	27 (15)	30 (18)	R1 (19)	2 (20)	3 (21)	4 (22)
輸入製材品	米材	計	8,233	5,187	4,266	3,635	3,207	2,726	2,192	2,172	1,717
		米国	1,112	268	624	511	393	395	314	224	225
		カナダ	7,121	4,919	3,642	3,124	2,814	2,330	1,878	1,948	1,492
	南洋材	計	1,289	579	215	187	147	143	385	412	476
		マレーシア	651	311	170	137	105	96	90	84	94
		インドネシア	622	259	34	36	37	44	279	311	311
		その他	16	9	11	14	5	3	16	17	72
	北洋材	ロシア	878	1,695	1,174	1,218	1,338	1,439	1,425	1,494	1,390
	欧州材	欧州	3,448	4,528	3,558	3,746	4,022	4,032	5,177	4,731	5,521
	その他の輸入材	ニュージーランド	433	273	195	117	104	105	81	90	97
		チリ	778	660	454	449	500	462	331	356	395
		その他	854	384	273	119	99	89	529	650	563
輸入製材品計			15,913	13,305	10,136	9,472	9,418	8,996	10,121	9,903	10,158
輸入製材用丸太	米材		7,311	4,927	3,402	3,151	3,136	2,896	2,495	2,876	2,796
	南洋材		425	237	83	63	40	x	31	35	33
	北洋材		3,259	1,938	355	119	92	69	26	74	36
	ニュージーランド材		1,058	744	763	427	387	347	289	337	270
	その他		182	179	58	124	72	x	20	93	33
輸入製材用丸太計			12,235	8,025	4,661	3,882	3,727	3,399	2,861	3,415	3,168
国産材製材用丸太			12,798	11,571	10,582	12,004	12,563	12,875	11,615	12,861	12,937
合計			40,946	32,901	25,379	25,358	25,708	25,270	24,597	26,179	26,263

注1：輸入製材品の値は、貿易統計の結果を丸太材積に換算したもの。
　2：南洋材のその他とは、フィリピン、シンガポール、ブルネイ、パプアニューギニア、ソロモン諸島からの輸入。
　3：欧州材の欧州とは、ロシアを除くヨーロッパ各国からの輸入。
　4：「その他の輸入材」のその他とは、中国、オーストラリア、アフリカ諸国等からの輸入。
　5：令和2（2020）年から、輸入製材品には集成材、構造用集成材、セルラーウッドパネル及び加工材等の数量を含む。
　6：輸入製材用丸太は、「木材需給報告書」の値から半製品を差し引いたもの。
　7：国産材製材用丸太は、「木材需給報告書」の値である。なお、同報告書（資料）のデータは製材工場に入荷する時点をとらえたもの。
　8：調査対象数が2以下の場合には、調査結果の秘密保護の観点から、当該結果を「x」表示とする秘匿措置を施している。なお、全体（計）からの差引きにより、秘匿措置を講じた当該結果が推定できる場合には、本来秘匿措置を施す必要のない箇所についても「x」表示としている。
　9：計の不一致は四捨五入による。
資料：財務省「貿易統計」、農林水産省「木材需給報告書」に基づいて試算。

35　木材の主な品目別輸入量

(単位：千㎥)

		H12年 (2000)	17 (05)	22 (10)	27 (15)	30 (18)	R1 (19)	2 (20)	3 (21)	4 (22)
丸太	総　　数	15,949	10,654	4,757	3,450	3,278	3,019	2,301	2,639	2,501
	米　　材	4,786	3,453	2,980	2,622	2,574	2,372	1,852	2,257	2,182
	南　洋　材	3,032	1,409	554	233	157	135	82	21	29
	北　洋　材	5,605	4,689	447	147	141	129	62	35	7
	ニュージーランド材	1,843	922	737	422	382	355	284	306	260
	チ　リ　材	110	106	…	…	…	…	…	…	…
	欧　州　材	70	36	30	18	17	20	14	13	15
	ア フ リ カ 材	231	12	3	5	4	4	2	2	2
	中　　国	43	9	5	1	1	1	1	1	2
	そ　の　他	230	18	2	2	2	2	3	3	3
製材品	総　　数	9,951	8,395	6,415	5,997	5,968	5,700	4,933	4,830	4,895
	米　　材	5,223	3,293	2,709	2,305	2,034	1,727	1,372	1,361	1,070
	南　洋　材	721	319	119	103	81	79	60	56	63
	北　洋　材	559	1,078	747	775	852	916	812	846	778
	ニュージーランド材	276	174	124	74	66	67	51	57	47
	チ　リ　材	496	420	289	286	319	294	210	226	251
	欧　州　材	2,189	2,878	2,264	2,383	2,558	2,565	2,384	2,210	2,619
	ア フ リ カ 材	4	1	2	4	3	4	2	2	2
	中　　国	375	155	104	46	34	33	32	64	57
	そ　の　他	109	77	56	19	21	15	11	9	8
合板	総　　数	4,609	4,118	2,654	2,274	2,275	1,916	1,660	1,865	1,948
	米　　材	186	32	5	2	2	0	1	2	4
	南　洋　材	4,280	3,795	2,300	1,947	1,923	1,630	1,407	1,512	1,508
	そ　の　他	142	291	348	325	351	285	252	351	437

注1：合板は集成材等の積層木材を含まない。
　2：南洋材はフィリピン、インドネシア、マレーシア、パプアニューギニア、シンガポール、ソロモン諸島、ブルネイの7か国より輸入された材。
　3：欧州材はロシアを除くヨーロッパ各国より輸入された材。
　4：「…」は実績のないもの。
　5：計の不一致は四捨五入による。
資料：財務省「貿易統計」

36　近年の丸太価格

(単位：円/㎥)

年・月	国産材				米材
	スギ中丸太 径　14〜22cm 長　3.65〜4.0m	ヒノキ中丸太 径　14〜22cm 長　3.65〜4.0m	カラマツ中丸太 径　14〜28cm 長　3.65〜4.0m	エゾ・トドマツ中丸太 径　20〜28cm 長　3.65〜4.0m	米マツ丸太 径　30cm上 長　6.0m上
H22 (2010)年	11,800	21,600	10,600	…	25,900
27　(15)	12,700	17,600	11,700	…	32,100
R1　(19)	13,500	18,100	12,400	…	25,600
2　(20)	12,700	17,200	12,500	13,100	21,000
3　(21)	16,100	25,900	13,200	13,100	26,600
4　(22)	17,600	25,100	16,100	…	…
5　(23)	15,800	22,000	16,000		
R5年　1月	17,400	23,000	16,400	…	…
2月	17,300	23,000	16,300	…	…
3月	16,700	22,700	16,300	…	…
4月	15,800	21,900	16,200	…	…
5月	15,100	20,700	16,200	…	…
6月	14,700	20,600	16,200	…	…
7月	14,500	20,500	16,100	…	…
8月	14,400	20,800	15,400	…	…
9月	15,200	21,400	16,000	…	…
10月	15,900	22,600	15,800	…	…
11月	16,200	23,500	15,800	…	…
12月	15,900	23,600	15,800	…	…

注1：価格は、各工場における工場着購入価格。
　2：平成24（2012）年までは平成17（2005）年の調査対象都道府県別の年間の素材の消費量による加重平均値、平成25（2013）年から平成29（2017）年までは平成22（2010）年の調査対象都道府県別の年間の素材の消費量による加重平均値、平成30（2018）年からは平成28（2016）年の調査対象都道府県別の年間の素材の消費量による加重平均値。
　3：平成25（2013）年から調査対象等の見直しを行ったことから、スギ中丸太、米マツ丸太のデータは、平成24（2012）年以前のデータとは連続しない。
　4：平成30（2018）年から調査対象等の見直しを行ったことから、平成29（2017）年以前のデータと連続しない。
　5：エゾ・トドマツ中丸太の調査は、令和2（2020）年1月から令和3（2021）年12月まで実施。
　6：米マツ丸太の調査は、令和3（2021）年12月で終了。
　7：「…」は事実不詳又は調査を欠くもの。
資料：農林水産省「木材需給報告書」

37 近年の製材品価格

(単位：円/㎥、合板は円/枚)

年・月	国産材				米材		
	スギ正角	スギ正角（乾燥材）	ヒノキ正角	ヒノキ正角（乾燥材）	米ツガ正角（防腐処理材）	米マツ平角	針葉樹合板
	厚 10.5cm 幅 10.5cm 長 3.0m 2級	厚 10.5cm 幅 10.5cm 長 3.0m 2級	厚 10.5cm 幅 10.5cm 長 3.0m 2級	厚 10.5cm 幅 10.5cm 長 3.0m 2級	厚 10.5(※12.0)cm 幅 10.5(※12.0)cm 長 4.0m 2級	厚 10.5～12cm 幅 24.0cm 長 3.65～4.0m 2級	厚 1.2cm 幅 91.0cm 長 1.82m 1類
H22(2010)年	41,600	60,100	64,900	81,000	※ 66,100	54,300	910
27 (15)	58,100	65,100	78,600	84,600	※ 75,300	70,400	1,090
R1 (19)	61,900	66,700	76,900	85,900	※ 83,100	66,000	1,290
2 (20)	62,400	66,700	77,600	85,500	79,600	63,400	1,250
3 (21)	66,800	105,700	88,700	132,500	109,600	95,600	1,360
4 (22)	64,600	124,800	90,700	149,900	141,400	…	2,220
5 (23)	53,000	94,600	75,800	110,700	127,900	…	2,020
						…	
R5年 1月	59,700	104,100	81,800	122,000	140,200	…	2,330
2月	59,200	103,800	80,700	117,100	136,000	…	2,290
3月	58,600	101,800	77,700	114,500	134,600	…	2,210
4月	55,500	99,300	76,600	112,600	131,600	…	2,120
5月	54,300	97,000	76,500	111,000	129,500	…	2,040
6月	50,100	95,900	75,400	110,100	127,300	…	1,990
7月	50,100	90,600	73,800	108,200	125,000	…	1,940
8月	50,000	89,500	73,100	108,100	124,300	…	1,890
9月	48,300	88,500	72,600	105,800	124,300	…	1,880
10月	50,000	88,400	72,800	105,400	123,200	…	1,900
11月	50,100	88,600	73,100	106,200	119,400	…	1,860
12月	50,100	88,200	75,400	107,500	119,400	…	1,790

注1：価格は、木材市売市場にあってはせり又は入札による取引価格、木材センター及び木材販売業者にあっては店頭渡し販売価格。
2：スギ正角、スギ正角（乾燥材）、ヒノキ正角、ヒノキ正角（乾燥材）、米ツガ正角（防腐処理材）、米マツ平角、針葉樹合板のいずれも平成24(2012)年までは平成17(2005)年における年間の推定販売量による加重平均値、平成25(2013)年から平成29(2017)年までは平成23(2011)年における年間の推定販売量による加重平均値、平成30(2018)年からは平成28(2016)年における年間の推定販売量による加重平均値。
3：平成25(2013)年から調査対象等の見直しを行ったことから、スギ正角（乾燥材）、ヒノキ正角、針葉樹合板のデータは、平成24(2012)年以前のデータと連続しない。
4：平成30(2018)年から調査対象等の見直しを行ったことから、平成29(2017)年以前のデータと連続しない。
5：米ツガ正角（防腐処理材）の価格は、平成22(2010)年から令和元(2019)年までは厚12.0cm、幅12.0cm、令和2(2020)年は厚10.5cm、幅10.5cmの規格のものであるため、連続しない。
6：米マツ平角の調査は、令和3(2021)年12月で終了。
7：「…」は事実不詳又は調査を欠くもの。
資料：農林水産省「木材需給報告書」

38 山元立木価格、丸太価格、製材品価格、山林素地価格

(単位：円/㎥、スギ集成管柱・ホワイトウッド集成管柱は円/本)

	山元立木価格			丸太価格			製材品価格						山林素地価格（用材林地）
	スギ	ヒノキ	マツ	スギ中丸太	ヒノキ中丸太	カラマツ中丸太	スギ正角	スギ正角（乾燥材）	ヒノキ正角	ヒノキ正角（乾燥材）	スギ集成管柱	ホワイトウッド集成管柱	
				径14～22cm 長3.65～4.0m	径14～22cm 長3.65～4.0m	径14～28cm 長3.65～4.0m	厚10.5cm 幅10.5cm 長3.0m	厚10.5cm 幅10.5cm 長3.0m	厚10.5cm 幅10.5cm 長3.0m	厚10.5cm 幅10.5cm 長3.0m	厚10.5cm 幅10.5cm 長2.98～3.0m	厚10.5cm 幅10.5cm 長2.98～3.0m（※3.0m）	(10a当たり)
S30(1955)年	4,478	5,046	2,976	8,400	9,300	…	14,100	…	20,800	…	…	…	8,927
35 (60)	7,148	7,996	4,600	11,300	12,000	…	17,800	…	26,400	…	…	…	16,005
40 (65)	9,380	10,645	5,743	14,300	18,000	…	22,900	…	35,600	…	…	…	20,586
45 (70)	13,168	21,352	7,677	18,800	37,600	10,600	35,500	…	80,100	…	…	…	32,705
50 (75)	19,726	35,894	10,899	31,700	66,200	14,500	61,200	…	122,900	…	…	…	64,797
55 (80)	22,707	42,947	11,162	39,600	76,400	19,100	72,700	…	146,700	…	…	…	85,990
60 (85)	15,156	30,991	7,920	25,500	54,000	14,500	52,800	…	91,700	…	…	…	86,820
H2 (90)	14,595	33,607	7,528	26,600	67,800	14,300	61,700	…	120,200	…	…	…	83,038
7 (95)	11,730	27,607	5,966	21,700	53,500	12,900	56,800	…	100,600	…	…	…	75,633
12(2000)	7,794	19,297	4,168	17,200	40,300	11,000	47,400	60,400	75,700	93,700	…	…	68,659
17 (05)	3,628	11,988	2,037	12,400	25,500	9,400	41,800	55,000	67,200	80,300	…	※2,000	59,991
22 (10)	2,654	8,128	1,496	11,800	21,600	10,600	41,600	60,100	64,900	81,000	…	※2,200	50,899
27 (15)	2,833	6,284	1,531	12,700	17,600	11,700	58,100	65,100	78,600	84,600	…	※2,600	44,277
R1 (19)	3,061	6,747	1,799	13,500	18,100	12,400	61,900	66,700	76,900	85,900	…	※2,500	41,930
2 (20)	2,900	6,358	1,814	12,700	17,200	12,500	62,400	66,700	77,600	85,500	2,000	2,000	41,372
3 (21)	3,200	7,137	1,989	16,100	25,900	13,200	66,800	105,700	88,700	132,500	2,700	3,400	41,080
4 (22)	4,994	10,840	2,729	17,600	25,100	16,100	64,600	124,800	90,700	149,900	3,700	4,700	41,082
5 (23)	4,361	8,865	2,672	15,800	22,000	16,000	53,000	94,600	75,800	110,700	2,800	2,700	40,960

注1：山元立木価格は、利用材積1m3当たり平均価格（各年3月末現在）。
2：丸太価格は、各工場における工場着購入価格。
3：製材品価格は、木材市売市場にあってはせり又は入札による取引価格、木材センター及び木材販売卸売業者にあっては店頭渡し販売価格。集成管柱の製材品価格は、令和2(2020)年から工場着出荷価格とし、集成材工場から販売先への出荷時の販売価格。
4：ホワイトウッド集成管柱の価格は、令和元(2019)年まで長さ3.0m、令和2(2020)年から長さ2.98～3.0mの規格のものであるため、連続しない。
5：「…」は事実不詳又は調査を欠くもの。
6：令和2(2020)年1月調査から、スギ集成管柱の価格の把握を開始。
資料：一般財団法人日本不動産研究所「山林素地及び山元立木価格調」、農林水産省「木材需給累年報告書」、「木材需給報告書」

39　特用林産物の生産量及び生産額

		単位	H12年(2000)	17(05)	22(10)	27(15)	30(18)	R1(19)	2(20)	3(21)	4(22)	対前年増減率(%)
食用	乾しいたけ	トン	5,236	4,091	3,516	2,631	2,635	2,414	2,302	2,216	2,034	▲8.2
		百万円	13,106	13,484	15,064	12,730	10,931	8,622	8,518	8,799	8,557	▲2.8
	生しいたけ	トン	67,224	65,186	77,079	67,869	69,754	71,071	70,280	71,058	69,532	▲2.1
		百万円	69,375	68,837	72,146	69,973	67,522	67,446	67,117	64,450	68,420	6.2
	なめこ	トン	24,942	24,801	27,261	22,897	22,809	23,285	22,835	24,063	23,738	▲1.4
		百万円	11,848	9,375	10,141	9,731	10,310	10,129	9,636	9,673	10,350	7.0
	えのきたけ	トン	109,510	114,542	140,951	131,683	140,038	128,974	127,914	129,587	126,321	▲2.5
		百万円	38,438	30,583	32,842	34,238	30,668	26,698	32,106	29,028	30,317	4.4
	ひらたけ	トン	8,546	4,074	2,535	3,263	4,001	3,862	3,824	4,463	4,501	0.9
		百万円	3,718	1,552	1,080	1,615	2,457	2,564	2,692	3,021	2,390	▲20.9
	ぶなしめじ	トン	82,414	99,787	110,486	116,152	117,916	118,597	122,802	119,545	122,840	2.8
		百万円	44,586	42,310	54,138	51,455	51,765	51,353	55,629	47,818	47,662	▲0.3
	まいたけ	トン	38,998	45,111	43,446	48,852	49,670	51,108	54,993	54,521	56,763	4.1
		百万円	29,833	27,969	32,628	31,656	45,299	48,195	47,239	39,637	35,080	▲11.5
	く　り	トン	17,488	12,370	23,500	16,300	16,500	15,700	16,900	15,700	15,600	▲0.6
		百万円	6,873	5,208	8,860	8,525	9,471	11,492	11,137	10,849	13,931	28.4
	そ　の　他	百万円	58,613	59,313	49,613	43,208	46,131	42,507	40,360	37,241	39,022	4.8
	計	百万円	276,390	258,631	276,512	263,131	274,554	269,006	274,434	250,516	255,729	2.1
非食用	生うるし	kg	1,808	1,340	1,580	1,182	1,845	1,997	2,051	2,036	1,766	▲13.3
		百万円	68	48	73	60	102	114	117	116	101	▲12.9
	竹　　材	千束	2,008	1,290	963	1,235	1,143	1,071	1,030	916	828	▲9.6
		百万円	1,994	1,181	790	780	1,895	1,836	1,762	1,591	1,420	▲10.7
	桐　　材	㎥	3,213	1,757	817	599	404	264	200	187	230	23.0
		百万円	261	141	66	48	32	21	16	15	20	33.3
	木　炭(竹炭を含む)	トン	56,456	35,029	25,888	18,222	15,232	14,840	13,397	12,009	12,308	2.5
		百万円	6,556	5,356	3,416	2,493	2,103	2,306	2,139	1,943	1,900	▲2.2
	そ　の　他	百万円	11,781	11,523	3,928	4,871	5,386	5,122	5,224	6,583	6,655	1.1
	計	百万円	20,660	18,249	8,273	8,252	9,518	9,399	9,258	10,248	10,096	▲1.5
合　　計		百万円	297,050	276,880	284,785	271,383	284,072	278,405	283,692	260,764	265,825	1.9

資料：林野庁「特用林産基礎資料」、農林水産省「作物統計」

40　木質バイオマスの利用量（燃料用）

| 都道府県 | R4（2022）年 | | | | |
| | （絶乾トン） | （トン） | | | |
	木材チップ	木質ペレット	薪	木粉（おが粉）	左記以外の木質バイオマス
全　　　国	11,058,554	2,289,712	47,294	403,186	1,056,721
北　海　道	750,979	11,779	2,917	884	30,925
青　　　森	404,660	2,298	545	66,600	100
岩　　　手	355,441	2,014	3,571	594	52,586
宮　　　城	220,617	129,852	528	200	4,050
秋　　　田	389,509	7,456	2,550	5,877	19,167
山　　　形	263,258	70,727	32	-	8,950
福　　　島	460,496	286,268	585	16,850	50,472
茨　　　城	667,230	-	48	7,200	821
栃　　　木	354,287	270	177	11,597	1,436
群　　　馬	175,942	1,242	1,339	8,279	11,688
埼　　　玉	-	970	148	-	3,800
千　　　葉	216,986	-	-	-	164,706
東　　　京	x	-	51	x	-
神　奈　川	322,877	-	100	10	-
新　　　潟	364,691	2,082	989	2,307	-
富　　　山	167,303	73,831	-	23,000	18,450
石　　　川	38,626	1,491	520	4,150	340
福　　　井	191,464	132	-	241	-
山　　　梨	138,969	562	1,071	20	-
長　　　野	89,652	1,069	1,264	110	4,949
岐　　　阜	361,561	2,963	3,069	2,569	15,359
静　　　岡	541,001	4,518	2,933	8,968	264,575
愛　　　知	486,284	156,174	104	29,752	445
三　　　重	223,221	154,337	-	4,849	140,915
滋　　　賀	28,155	-	98	4	-
京　　　都	45,556	3,981	-	4,848	1,813
大　　　阪	105,960	5	-	-	-
兵　　　庫	398,056	64	800	1,500	-
奈　　　良	51,100	196	469	3,208	600
和　歌　山	106,985	1	240	322	8,001
鳥　　　取	183,572	160	133	-	2,008
島　　　根	147,409	61,009	1,038	100	7,669
岡　　　山	179,433	5,058	723	3,960	1,170
広　　　島	197,691	247,301	347	86,443	530
山　　　口	280,208	730,609	150	4,865	10,827
徳　　　島	176,944	19	397	2,033	4,309
香　　　川	10,365	x	342	x	-
愛　　　媛	136,103	5,578	760	49,553	9,123
高　　　知	185,538	5,508	553	3,374	14,693
福　　　岡	135,815	262,279	-	-	17,710
佐　　　賀	x	-	-	x	-
長　　　崎	2,198	-	-	-	5,905
熊　　　本	351,980	1,551	999	5,121	49,393
大　　　分	326,424	-	-	-	88,544
宮　　　崎	512,028	10,051	14,766	18,305	39,502
鹿　児　島	257,599	27,911	2,938	1,145	1,190
沖　　　縄	-	x			

注1：木質バイオマスエネルギーを利用した発電機及びボイラーを有する事業所における利用量。
　　2：「-」は事実のないもの。
　　3：調査対象者数が2事業体以下の都道府県については、調査結果の秘密保護の観点から、「x」表示とする秘匿措置を施している。なお、全体からの差引きにより、秘匿措置を講じた結果が推定できる場合には、本来秘匿措置を施す必要のない箇所についても「x」表示としている。
資料：農林水産省「令和4年木質バイオマスエネルギー利用動向調査」

41 木材チップの由来別利用量(燃料用)

都道府県	R4(2022)年 計	間伐材・林地残材等	製材等残材	建設資材廃棄物(解体材、廃材)	輸入チップ	輸入丸太を用いて国内で製造	左記以外の木材(剪定枝等)
全　　　国	11,058,554	4,518,511	1,731,619	3,941,095	429,183	-	438,146
北　海　道	750,979	502,504	104,650	114,656	20,793	-	8,376
青　　森	404,660	277,248	51,650	6,453	69,252	-	57
岩　　手	355,441	232,938	109,155	11,611	-	-	1,737
宮　　城	220,617	25,657	84,579	106,508	-	-	3,873
秋　　田	389,509	151,775	114,106	123,204	-	-	424
山　　形	263,258	224,293	31,293	5,442	-	-	2,230
福　　島	460,496	182,413	33,215	244,865	-	-	3
茨　　城	667,230	73,539	101,763	477,248	-	-	14,680
栃　　木	354,287	98,140	64,749	186,622	-	-	4,776
群　　馬	175,942	55,618	55,002	54,293	-	-	11,029
埼　　玉	-	-	-	-	-	-	-
千　　葉	216,986	20,470	19,659	175,707	-	-	1,150
東　　京	x	x	-	-	-	-	-
神　奈　川	322,877	32,373	91	194,706	-	-	95,707
新　　潟	364,691	106,353	12,100	245,532	-	-	706
富　　山	167,303	105,434	8,727	49,242	-	-	3,900
石　　川	38,626	3,621	22,532	290	-	-	12,183
福　　井	191,464	57,916	14,776	38,183	79,948	-	641
山　　梨	138,969	32,894	14,243	-	-	-	91,832
長　　野	89,652	63,453	24,941	1,258	-	-	-
岐　　阜	361,561	161,477	18,043	153,674	10,726	-	17,641
静　　岡	541,001	15,505	17,188	477,417	-	-	30,891
愛　　知	486,284	51,068	13,778	246,267	156,275	-	18,896
三　　重	223,221	82,993	32,176	108,052	-	-	-
滋　　賀	28,155	1,065	-	16,275	-	-	10,815
京　　都	45,556	5,888	39,346	124	183	-	15
大　　阪	105,960	16,000	-	67,400	-	-	22,560
兵　　庫	398,056	110,085	11,012	162,177	92,006	-	22,776
奈　　良	51,100	25,325	18,586	-	-	-	7,189
和　歌　山	106,985	91,382	5,309	10,068	-	-	226
鳥　　取	183,572	93,429	65,814	22,652	-	-	1,677
島　　根	147,409	111,442	23,546	12,321	-	-	100
岡　　山	179,433	100,927	48,154	29,954	-	-	398
広　　島	197,691	83,658	81,804	32,229	-	-	-
山　　口	280,208	62,329	4,859	167,921	-	-	45,099
徳　　島	176,944	59,661	42,954	74,329	-	-	-
香　　川	10,365	-	x	x	-	-	-
愛　　媛	136,103	40,716	58,896	36,491	-	-	-
高　　知	185,538	121,681	19,052	43,105	-	-	1,700
福　　岡	135,815	79,742	13,922	42,151	-	-	-
佐　　賀	x	x	x	x	-	-	-
長　　崎	2,198	1,191	1,007	-	-	-	-
熊　　本	351,980	163,757	147,068	40,289	-	-	866
大　　分	326,424	252,278	30,663	39,490	-	-	3,993
宮　　崎	512,028	283,975	126,387	101,666	-	-	-
鹿　児　島	257,599	233,621	23,169	809	-	-	-
沖　　縄	-	-	-	-	-	-	-

注1:木質バイオマスエネルギーを利用した発電機及びボイラーを有する事業所における利用量。
　2:「-」は事実のないもの。
　3:調査対象者数が2事業体以下の都道府県については、調査結果の秘密保護の観点から、「x」表示とする秘匿措置を施している。なお、全体からの差引きにより、秘匿措置を講じた結果が推定できる場合には、本来秘匿措置を施す必要のない箇所についても「x」表示としている。
資料:農林水産省「令和4年木質バイオマスエネルギー利用動向調査」

木材産業等

42 製材、合板、集成材、CLT及び木材チップの工場数及び生産量等

		単位	H12年 (2000)	17 (05)	22 (10)	27 (15)	30 (18)	R1 (19)	2 (20)	3 (21)	4 (22)
製材	工 場 数	工場	11,692	9,011	6,569	5,206	4,582	4,382	4,115	3,948	3,804
	素材入荷量	千㎥	26,526	20,540	15,762	16,182	16,672	16,637	14,851	16,650	16,363
	製材品出荷量	千㎥	17,231	12,825	9,415	9,231	9,202	9,032	8,203	9,091	8,600
合板	工 場 数	工場	354	271	192	185	180	176	173	158	155
	素材入荷量	千㎥	5,401	4,636	3,811	4,218	5,287	5,448	4,626	5,093	5,355
	普通合板生産量	千㎥	3,218	3,212	2,645	2,756	3,298	3,337	2,999	3,172	3,059
	特殊合板生産量	千㎥	1,534	1,037	647	524	580	562	551	494	516
集成材	工 場 数	工場	281	259	182	157	165	162	148	132	140
	生 産 量	千㎥	892	1,512	1,455	1,485	1,923	1,920	1,740	1,982	1,659
CLT	工 場 数	工場	…	…	…	…	9	9	11	11	9
	生 産 量	千㎥	…	…	…	…	14	13	13	15	15
木材チップ	工 場 数	工場	2,657	2,040	1,577	1,424	1,303	1,250	1,196	1,082	1,110
	生 産 量	千トン	…	6,005	5,407	5,745	5,706	5,266	4,753	6,070	5,278
		(千㎥)	10,851	…	…	…	…	…	…	…	…

注1：製材工場数、合板工場数、CLT工場数、木材チップ工場数は、12月31日現在の工場数（3か月未満休業中のものを含む）。
　2：製材工場数、製材用素材入荷量、製材品出荷量は、製材用動力の出力数が7.5kW以上の製材工場の数値。
　3：合板等用素材の入荷量は、平成29年調査から、素材需要量（製材工場、合単板工場及び木材チップ工場への素材の入荷量）のうち「合板用」を新たにLVL用を含めた「合板等用」に変更。このため、平成28（2016）年以前の数値とは比較ができない。
　4：集成材工場数は、平成28（2016）年までは3月時点の数値。平成29（2017）年からは、12月31日現在の工場数（3か月未満休業中のものを含む）。
　5：集成材生産量は、平成29（2017）年値から、出典資料を変更した。このため、平成28（2016）年以前の数値とは比較できない。
　6：木材チップ生産量は、燃料用チップを除く。
　7：「…」は事実不詳又は調査を欠くもの。
資料：製材、合板、CLT、木材チップは、農林水産省「木材需給報告書」。集成材は、日本集成材工業協同組合調べ（平成12（2000）～平成28（2016）年）、農林水産省「木材需給報告書」（平成29（2017）以降）。

43 ラミナ消費量

（単位：千㎥）

	計			集成材用			CLT用		
	合計	国産材	輸入材	小計	国産材	輸入材	小計	国産材	輸入材
H29 (2017)年	2,775	928	1,847	2,755	908	1,847	20	20	-
30 (18)	2,711	1,071	1,640	2,691	1,051	1,640	20	20	-
R1 (19)	2,706	x	x	2,686	x	x	20	x	x
2 (20)	2,421	784	1,637	2,400	763	1,637	21	21	-
3 (21)	2,647	1,037	1,610	2,625	1,015	1,610	22	22	-
4 (22)	2,529	1,156	1,373	2,503	1,130	1,373	26	26	0

注1：調査対象数が2以下の場合には、調査結果の秘密保護の観点から、当該結果を「x」表示とする秘匿措置を施している。なお、全体（計）からの差引きにより、秘匿措置を講じた当該結果が推定できる場合には、本来秘匿措置を施す必要のない箇所についても「x」表示としている。
　2：「-」は事実のないもの。
資料：農林水産省「木材需給報告書」

44 プレカット工場数とシェア

	H13年 (2001)	18 (06)	23 (11)	27 (15)	28 (16)	29 (17)	30 (18)	R1 (19)	2 (20)	3 (21)	4 (22)
プレカット工場数	757	664	659	…	730	…	756	…	…	…	…
木造軸組構法住宅のうちプレカットのシェア(%)	55	81	88.0	91.4	92.0	91.7	92.8	93.1	93.2	94.1	94

注：「…」は事実不詳又は調査を欠くもの。
資料：プレカット工場数は農林水産省「木材流通構造調査報告書」、プレカットのシェアは一般社団法人全国木造住宅機械プレカット協会調べ。

45 木材流通事業者数及び取扱量

（単位：千㎥）

			H13年 (2001)	18 (06)	23 (11)	28 (16)	30 (18)
事　業　所　数		計	11,145	9,946	8,869	7,900	…
		木材市売市場等	567	516	465	413	…
		うち、木材市売市場	523	…	…	378	…
		うち、木材センター	44	…	…	35	…
		木材販売業者	10,578	9,430	8,404	7,487	…
木材流通業者計	素材 入荷量	計	25,777	25,681	27,554	25,703	28,472
		国　産　材	13,622	14,433	16,283	20,208	21,841
		輸　入　材	12,155	11,248	11,272	5,495	6,630
	製材品 出荷量	計	16,654	22,358	25,310	19,315	19,589
		国　産　材	9,649	9,650	10,463	9,636	11,075
		輸入材（国内生産）	7,005	21,707	14,667	9,679	8,514
木材市売市場・ 木材センター	素材 入荷量	計	8,907	9,039	9,557	11,183	11,992
		国　産　材	8,432	8,390	9,110	10,998	11,936
		輸　入　材	476	650	448	185	55
	製材品 出荷量	計	4,396	4,288	4,049	2,687	2,392
		国　産　材	3,309	2,829	2,664	1,939	1,934
		輸入材（国内生産）	1,087	1,460	1,385	748	458
木材販売業者	素材 入荷量	計	16,869	16,641	17,997	14,520	16,480
		国　産　材	5,190	6,043	7,173	9,210	9,905
		輸　入　材	11,679	10,598	10,824	5,310	6,575
	製材品 出荷量	計	12,258	18,069	21,081	16,628	17,197
		国　産　材	6,340	6,822	7,799	7,697	9,141
		輸入材（国内生産）	5,918	11,248	13,282	8,931	8,056

注１：木材市売市場とは、市売売買と称される売買方式によって木材の売買を行わせる事業所をいう。
　２：木材センターとは、２つ以上の売手を同一の場所に集め、買手を対象として相対取引によって木材の売買を行わせる事業所をいう。
　３：木材販売業者とは、木材を購入して販売する事業所をいう。
　４：製材品出荷量のうち、平成13（2001）年については「外材」から「外材のうち、輸入製材品」を除いた値。
　５：「…」は事実不詳又は調査を欠くもの。
資料：農林水産省「木材流通構造調査」

46 新設住宅着工戸数及び床面積

			H12年 (2000)	17 (05)	22 (10)	27 (15)	R1 (19)	2 (20)	3 (21)	4 (22)	5 (23)	対前年 増減率(%)
新設住宅着工戸数（戸）	総　数		1,229,843	1,236,175	813,126	909,299	905,123	815,340	856,484	859,529	819,623	▲ 4.6
	資金別	民間資金	752,205	1,044,946	690,736	806,400	809,933	734,987	779,374	783,892	748,913	▲ 4.5
		公的資金	477,638	191,229	122,390	102,899	95,190	80,353	77,110	75,637	70,710	▲ 6.5
	利用関係別	持　　家	451,522	353,267	305,221	283,366	288,738	261,088	285,575	253,287	224,352	▲ 11.4
		分譲住宅	345,291	369,067	201,888	241,201	267,696	240,268	243,944	255,487	246,299	▲ 3.6
		貸　　家	421,332	504,294	298,014	378,718	342,289	306,753	321,376	345,080	343,894	▲ 0.3
		給与住宅	11,698	9,547	8,003	6,014	6,400	7,231	5,589	5,675	5,078	▲ 10.5
	構造別	木造率(%)	(45.2)	(43.9)	(56.6)	(55.5)	(57.8)	(57.6)	(58.7)	(55.6)	(55.4)	▲ 0.2
		木　　造	555,814	542,848	460,134	504,318	523,319	469,295	502,330	477,883	454,427	▲ 4.9
		非　木　造	674,029	693,327	352,992	404,981	381,804	346,045	354,154	381,646	365,196	▲ 4.3
新設住宅着工床面積（千㎡）	総　数		119,879	106,593	72,910	75,059	74,876	66,454	70,666	69,010	64,178	▲ 7.0
	資金別	民間資金	65,116	88,446	61,641	65,654	66,346	59,315	63,679	62,440	58,179	▲ 6.8
		公的資金	54,763	18,147	11,268	9,405	8,530	7,139	6,988	6,570	5,999	▲ 8.7
	利用関係別	持　　家	63,009	47,320	38,533	34,825	34,388	30,803	33,558	29,450	25,621	▲ 13.0
		分譲住宅	33,520	34,995	19,023	21,502	23,840	21,116	21,906	22,815	21,721	▲ 4.8
		貸　　家	22,526	23,616	14,849	18,334	16,228	14,101	14,839	16,338	16,478	0.9
		給与住宅	823	662	505	397	420	434	364	407	357	▲ 12.1
	構造別	木造率(%)	(53.8)	(53.0)	(64.8)	(64.3)	(67.2)	(67.7)	(68.7)	(65.5)	(64.5)	▲ 0.9
		木　　造	64,531	56,494	47,278	48,279	50,298	44,991	48,564	45,184	41,423	▲ 8.3
		非　木　造	55,347	50,100	25,632	26,780	24,578	21,463	22,102	23,826	22,754	▲ 4.5
1戸当たり床面積（㎡）	総　数		97.5	86.2	89.7	82.5	82.7	81.5	82.5	80.3	78.3	▲ 2.5
	資金別	民間資金	86.6	84.6	89.2	81.4	81.9	80.7	81.7	79.7	77.7	▲ 2.5
		公的資金	114.7	94.9	92.1	91.4	89.6	88.8	90.6	86.9	84.8	▲ 2.3
	利用関係別	持　　家	139.5	133.9	126.2	122.9	119.1	118.0	117.5	116.3	114.2	▲ 1.8
		分譲住宅	97.1	94.8	94.2	89.1	89.1	87.9	89.8	89.3	88.2	▲ 1.2
		貸　　家	53.5	46.8	49.8	48.4	47.4	46.0	46.2	47.3	47.9	1.2
		給与住宅	70.4	69.3	63.1	66.0	65.6	60.0	65.1	71.7	70.4	▲ 1.8
	構造別	木　　造	116.1	104.1	102.7	95.7	96.1	95.9	96.7	94.5	91.2	▲ 3.6
		非　木　造	82.1	72.3	72.6	66.1	64.4	62.0	62.4	62.4	62.3	▲ 0.2

注１：資金別で公的資金と民間資金を併用した住宅は、公的資金に含めて計上。
　２：対前年増減率のうち、木造率における数値は、前年との差。
　３：計の不一致は四捨五入による。
資料：国土交通省「住宅着工統計」

47 工法別新設木造住宅着工戸数

(単位：戸)

	H12年 (2000)	17 (05)	22 (10)	27 (15)	R1 (19)	2 (20)	3 (21)	4 (22)	5 (23)	対前年 増減率(%)
木造軸組工法(在来工法)住宅	(80.3) 446,359	(78.5) 426,299	(76.0) 349,865	(74.4) 375,357	(76.7) 401,583	(77.9) 365,464	(78.8) 395,803	(78.8) 376,506	(77.7) 353,306	▲ 6.2
枠組壁工法 (ツーバイフォー工法)住宅	(14.2) 79,114	(17.7) 95,824	(20.9) 96,104	(22.7) 114,617	(20.9) 109,625	(19.8) 93,009	(19.1) 96,018	(19.1) 91,233	(20.0) 90,792	▲ 0.5
木質プレハブ工法住宅	(5.5) 30,341	(3.8) 20,725	(3.1) 14,165	(2.8) 14,344	(2.3) 12,111	(2.3) 10,822	(2.1) 10,509	(2.1) 10,144	(2.3) 10,329	1.8
合　　　計	555,814	542,848	460,134	504,318	523,319	469,295	502,330	477,883	454,427	▲ 4.9

注1：（　）内は、新設木造住宅着工戸数に占める割合。
　2：木造軸組工法(在来工法)住宅の戸数は、国土交通省「住宅着工統計」の新設木造住宅戸数の合計から、枠組壁工法(ツーバイフォー工法)及び木質プレハブ工法による新設住宅の戸数の合計を差し引いて算出。
　3：計の不一致は四捨五入による。
資料：国土交通省「住宅着工統計」

海外の森林

48 世界各国の森林面積

国 名	土地面積 (千ha)	森林面積 (千ha)	人工林面積 (千ha)	森林率 (%)	国 名	土地面積 (千ha)	森林面積 (千ha)	人工林面積 (千ha)	森林率 (%)
オーストリア	8,252	3,899	1,672	47.3	アンゴラ	124,670	66,607	807	53.4
ベルギー	3,028	689	438	22.8	カメルーン	47,271	20,340	61	43.0
チェコ	7,721	2,677	2,539	34.7	コンゴ民主共和国	226,705	126,155	58	55.6
デンマーク	4,199	628	412	15.0	エチオピア	111,972	17,069	1,203	15.2
エストニア	4,347	2,438	216	56.1	マダガスカル	58,180	12,430	312	21.4
フィンランド	30,391	22,409	7,368	73.7	マ リ	122,019	13,296	568	10.9
フランス	54,756	17,253	2,434	31.5	モザンビーク	78,638	36,744	74	46.7
ド イ ツ	34,886	11,419	5,710	32.7	ナイジェリア	91,077	21,627	216	23.7
ギ リ シ ャ	12,890	3,902	139	30.3	南アフリカ	121,309	17,050	3,144	14.1
ハンガリー	9,053	2,053	789	22.7	スーダン	186,665	18,360	130	9.8
アイスランド	10,025	51	40	0.5	タンザニア	88,580	45,745	553	51.6
アイルランド	6,889	782	674	11.4	ザンビア	74,339	44,814	52	60.3
イ タ リ ア	29,414	9,566	645	32.5	ジンバブエ	38,685	17,445	108	45.1
ラトビア	6,218	3,411	465	54.9	アフリカ計	2,989,130	636,639	11,390	21.3
リトアニア	6,265	2,201	611	35.1	中 国	942,470	219,978	84,696	23.3
ルクセンブルグ	243	89	30	36.5	イ ン ド	297,319	72,160	13,269	24.3
オランダ	3,369	370	332	11.0	インドネシア	187,752	92,133	4,526	49.1
ノルウェー	30,413	12,180	108	40.0	イ ラ ン	162,876	10,752	1,001	6.6
ポーランド	30,619	9,483	…	31.0	イスラエル	2,164	140	85	6.5
ポルトガル	9,161	3,312	2,256	36.2	日 本	36,456	24,935	10,184	68.4
ロ シ ア	1,637,687	815,312	18,880	49.8	マレーシア	32,855	19,114	1,697	58.2
スロバキア	4,808	1,926	749	40.1	ミャンマー	65,308	28,544	427	43.7
スロベニア	2,014	1,238	46	61.5	韓 国	9,745	6,287	2,263	64.5
スペイン	49,966	18,572	2,590	37.2	タ イ	51,089	19,873	3,537	38.9
スウェーデン	40,731	27,980	13,912	68.7	トルコ	76,963	22,220	717	28.9
ス イ ス	3,952	1,269	149	32.1	ベトナム	31,007	14,643	4,349	47.2
英 国	24,193	3,190	2,846	13.2	アジア計	3,108,538	622,687	135,230	20.0
ヨーロッパ計	2,213,357	1,017,461	75,193	46.0	アルゼンチン	273,669	28,573	1,436	10.4
カ ナ ダ	909,351	346,928	18,163	38.2	ボ リ ビ ア	108,330	50,834	63	46.9
コスタリカ	5,106	3,035	87	59.4	ブ ラ ジ ル	835,814	496,620	11,224	59.4
メ キ シ コ	194,395	65,692	100	33.8	チ リ	74,353	18,211	3,185	24.5
米 国	914,742	309,795	27,521	33.9	コロンビア	110,950	59,142	427	53.3
北央アメリカ計	2,132,756	752,710	47,027	35.3	エクアドル	24,836	12,498	111	50.3
オーストラリア	768,230	134,005	2,390	17.4	ペ ル ー	128,000	72,330	1,088	56.5
ニュージーランド	26,331	9,893	2,084	37.6	ベネズエラ	88,205	46,231	1,358	52.4
オセアニア計	848,655	185,248	4,812	21.8	南アメリカ計	1,746,111	844,186	20,245	48.3
					世 界 計	13,038,547	4,058,931	293,895	31.1

注1：OECD加盟国（2023年3月時点）、及び、森林面積が1,000万ha以上かつ人口が1,000万人以上の国を対象。
　2：「…」はデータ無し。
　3：土地面積は内水面面積を除く。
資料：FAO「世界森林資源評価2020」

49　世界の木材生産量と木材貿易量

① 木材生産量

（単位：木質パルプは千トン、その他は千㎥）

地　域		丸　太	産業用材	燃料用材	製　材	合板等	木質パルプ
	世　界　計	3,983,336	2,016,041	1,967,294	481,256	375,289	195,794
大陸別	ア フ リ カ	806,773	78,899	727,875	11,770	3,201	2,184
	北　　　米	604,071	526,355	77,717	118,933	45,062	61,989
	中 南 米	543,897	266,725	277,172	30,512	20,104	33,968
	ア ジ ア	1,153,394	458,764	694,630	145,248	215,201	46,685
	ヨ ー ロ ッ パ	794,124	614,032	180,092	165,299	88,741	48,262
	オ セ ア ニ ア	81,077	71,268	9,809	9,494	2,980	2,707

② 木材輸出量

地　域		丸　太	産業用材	燃料用材	製　材	合板等	木質パルプ
	世　界　計	116,183	108,561	7,621	143,105	94,139	69,531
大陸別	ア フ リ カ	5,657	3,957	1,701	3,807	663	1,131
	北　　　米	11,342	11,171	171	30,710	10,307	16,170
	中 南 米	6,248	6,224	24	8,634	6,506	26,460
	ア ジ ア	2,107	2,077	30	7,284	32,713	7,479
	ヨ ー ロ ッ パ	65,669	59,975	5,694	90,951	43,153	17,408
	オ セ ア ニ ア	25,159	25,158	1	1,718	798	882

③ 木材輸入量

地　域		丸　太	産業用材	燃料用材	製　材	合板等	木質パルプ
	世　界　計	124,087	118,580	5,507	137,333	92,889	68,181
大陸別	ア フ リ カ	2,425	729	1,696	7,619	3,914	715
	北　　　米	4,210	4,130	81	28,431	19,603	7,382
	中 南 米	299	298	1	4,515	4,311	2,028
	ア ジ ア	58,265	58,092	173	51,054	25,637	39,212
	ヨ ー ロ ッ パ	58,857	55,302	3,554	44,419	38,258	18,427
	オ セ ア ニ ア	31	29	2	1,294	1,167	418

注1：2022年の数値。
　2：合板等には、合板、パーティクルボード、OSB及び繊維板を含む。
　3：計の不一致は四捨五入による。
資料：FAO「FAOSTAT」(2023年12月21日現在有効なもの)

50　産業用材の主な生産・輸出入国
（単位：千㎥）

主な生産国	生産量	主な輸出国	輸出量	主な輸入国	輸入量
米　　国	382,544	ニュージーランド	20,182	中　　国	43,602
ロ シ ア	182,082	ド イ ツ	9,849	オーストリア	8,519
ブ ラ ジ ル	170,681	チ ェ コ	9,046	スウェーデン	6,506
中　　国	165,881	米　　国	7,420	ベ ル ギ ー	6,136
カ ナ ダ	143,811	ノルウェー	4,269	ド イ ツ	5,576
世界計	2,016,041	世界計	108,561	世界計	118,580

注1：2022年の数値。
　2：生産量、輸出量、輸入量について、それぞれ上位5か国及び世界計を計上。
　3：中国はChina, mainland の数値。
資料：FAO「FAOSTAT」(2023年12月21日現在有効なもの)

51　製材の主な生産・輸出入国
（単位：千㎥）

主な生産国	生産量	主な輸出国	輸出量	主な輸入国	輸入量
米　　国	81,676	カ ナ ダ	24,606	米　　国	27,000
中　　国	79,517	ロ シ ア	24,186	中　　国	26,472
ロ シ ア	38,000	スウェーデン	13,789	イ タ リ ア	6,062
カ ナ ダ	37,257	ド イ ツ	11,502	英　　国	5,997
ド イ ツ	25,342	フィンランド	8,576	日　　本	4,903
世界計	481,256	世界計	143,105	世界計	137,333

注1：2022年の数値。
　2：生産量、輸出量、輸入量について、それぞれ上位5か国及び世界計を計上。
　3：中国はChina, mainland の数値。
資料：FAO「FAOSTAT」(2023年12月21日現在有効なもの)

52　合板等の主な生産・輸出入国
（単位：千㎥）

主な生産国	生産量	主な輸出国	輸出量	主な輸入国	輸入量
中　　国	151,781	中　　国	13,850	米　　国	16,927
米　　国	33,287	カ ナ ダ	8,028	ド イ ツ	5,558
ロ シ ア	15,831	タ　　イ	5,993	日　　本	3,901
イ ン ド	15,486	ド イ ツ	5,773	イ タ リ ア	3,691
ト ル コ	12,570	ロ シ ア	5,687	ポ ー ラ ン ド	3,388
世界計	375,289	世界計	94,139	世界計	92,889

注1：2022年の数値。
　2：合板等には、合板、パーティクルボード、OSB及び繊維板を含む。
　3：生産量、輸出量、輸入量について、それぞれ上位5か国及び世界計を計上。
　4：中国はChina, mainland の数値。
資料：FAO「FAOSTAT」(2023年12月21日現在有効なもの)

53　木質パルプの主な生産・輸出入国
（単位：千トン）

主な生産国	生産量	主な輸出国	輸出量	主な輸入国	輸入量
米　　国	47,789	ブ ラ ジ ル	19,800	中　　国	25,404
ブ ラ ジ ル	25,639	カ ナ ダ	8,187	米　　国	6,948
中　　国	22,220	米　　国	7,983	ド イ ツ	4,339
カ ナ ダ	14,200	インドネシア	5,788	イ タ リ ア	3,536
スウェーデン	11,778	フィンランド	3,963	イ ン ド	2,272
世界計	195,794	世界計	69,531	世界計	68,181

注1：2022年の数値。
　2：合板等には、合板、パーティクルボード、OSB及び繊維板を含む。
　3：生産量、輸出量、輸入量について、それぞれ上位5か国及び世界計を計上。
　4：中国はChina, mainland の数値。
資料：FAO「FAOSTAT」(2023年12月21日現在有効なもの)

54 JICAを通じた森林・林業分野の技術協力プロジェクト等

地域	国　名	プロジェクト名等	活動の内容
アジア	ラ　オ　ス	効果的なREDD+資金活用に向けた持続的森林管理能力強化プロジェクト 2022年2月～2027年2月	REDD+プログラム及びREDD+資金との連携の下持続的な森林管理能力を強化するため、政策・法規制整備、国家REDD+及び全国森林モニタリングシステムロードマップの実施、サバナケット県におけるREDD+準備を支援。
	ベ ト ナ ム	持続的自然資源管理強化プロジェクト　フェーズ2 2021年5月～2025年5月	持続的自然資源管理に必要な国家能力を強化するため、中央における政策支援（法整備支援、森林認証制度の構築支援、REDD+成果支払い金獲得支援等）及び地方対象省における持続的森林管理計画作成支援を実施。
	カンボジア	持続的自然資源管理能力強化プロジェクト 2020年10月～2024年10月	持続的自然資源管理に必要な国家能力を強化するため、中央における政策支援及び地方対象省における持続的森林管理計画作成支援を実施。
	東ティモール	重点流域における森林減少抑制及び気候変動強靱化のためのランドスケープ管理能力向上プロジェクト 2022年4月～2027年4月	中山間地の貧困農民を対象とした住民参加型の土地利用計画と天然資源管理活動の拡大のため、国際機関「緑の気候基金（Green Climate Fund：GCF）」の受託金も活用して面的に展開するとともに、政策としての制度設計を実施。
	イ ン ド	ウッタラカンド州山地災害対策プロジェクト 2017年3月～2024年3月	円借款事業「ウッタラカンド州森林資源管理事業」と連携して、山地災害を防止するため治山技術を確立・普及。
	ミャンマー	持続可能な自然資源管理能力向上支援プロジェクト 2018年6月～2024年6月	森林減少や環境悪化が深刻化する同国において、森林保全、インレー湖統合流域管理、生物多様性保全の基盤整備を強化。
	ネ パ ー ル	持続的森林管理を通じた気候変動適応策プロジェクト 2022年10月～2027年9月	持続的森林管理を通じた気候変動適応策を普及する国・地方レベルの政府職員の能力を強化するため、ガイドライン等の気候変動適応政策や現場レベルの持続的森林管理を支援。
	インドネシア	気候変動適応へ向けた森林遺伝資源の利用と管理による熱帯林強靱性の創出（※） 2022年9月～2027年9月	気候変動に強靱な林業樹種をインドネシアの大学、研究所、民間企業と共同開発し、気候変動に脆弱な既存林業のレジリエンス（復元力・回復力）を高め、気候変動への高い適応性と生産性をもつ遺伝資源の利用に対する価値普及に貢献。
		森林土地火災予防のためのコミュニティ運動プログラム実施体制強化プロジェクト 2023年6月～2027年6月	対象3州において、①泥炭地火災対策のための制度構築、②コミュニティベースの火災予防モデル/泥炭地管理モデルの開発、③国家レベルの政策支援、を行い、ホットスポットおよび火災跡地の減少を図り、対象州内の他県及び対象州外へ、ひいては国家レベルでの成果の波及を支援。
大洋州	パプアニューギニア	森林伐採モニタリングシステム改善を通じた商業伐採による森林劣化に由来する排出削減プロジェクト 2022年4月～2025年4月	森林劣化に由来する温室効果ガス排出量の削減のため、森林伐採規則の順守のための森林公社職員の能力強化、モニタリングシステム改善を通じた業務効率化、天然林更新方法の普及等を支援。
中南米	ブ ラ ジ ル	先進的レーダー衛星及びAI技術を用いたブラジルアマゾンにおける違法森林伐採管理改善プロジェクト 2021年7月～2026年7月	衛星画像とAIを活用し、ブラジルアマゾンにおける違法伐採地のモニタリングと予測の取組を実施。
	ペ ル ー	ペルーアマゾンにおける気候変動緩和のための森林湿地生態系の自然資源管理能力強化プロジェクト 2022年7月～2027年7月	ペルーアマゾンの森林と湿地生態系の自然資源管理能力を強化するため、湿地マッピング技術の強化、森林モニタリングシステムの強化を実施。
		アンデス-アマゾンにおける山地森林生態系保全のための統合型森林管理システムモデルの構築プロジェクト（※） 2022年9月～2027年9月	アンデス-アマゾンを対象として、森林管理と森林配置を支援するシステムを開発し、関係機関の能力強化と地域住民の参加を通じて、持続的な山地森林生態系保全と利用を実現。
欧州	コソボ共和国	国家森林火災情報システム（NFFIS）とEco-DRRによる災害リスク削減のための能力強化プロジェクト 2021年3月～2026年3月	国家森林火災情報システム導入による森林火災の早期警報及び生態系を活用した防災・減災の実践により、同国の災害リスクの軽減に係る能力を強化。
	モンテネグロ	国家森林火災情報システム（NFFIS）とEco-DRRによる災害リスク削減のための能力強化プロジェクト 2021年3月～2026年3月	国家森林火災情報システム導入による森林火災の早期警報及び生態系を活用した防災・減災の実践により、同国の災害リスク軽減に係る能力を強化。
中東	イ ラ ン	カルーン河上流域における参加型森林・草地管理能力強化プロジェクト 2018年6月～2024年6月	住民参加型の森林草地管理の実施や治山技術の導入による政府関係者の流域管理に関する能力強化。
アフリカ	エチオピア	農業及び森林・自然資源管理を通じた気候変動レジリエンス強化プロジェクト 2021年3月～2026年3月	州レベルの気候変動レジリエンス強化のための行動計画の策定及び農業・自然資源管理の実施促進のための体制強化と、その成果を踏まえた中央政府の政策強化。
	カメルーン	持続的森林エコシステム管理能力強化プロジェクト 2019年1月～2025年1月	温室効果ガス排出量削減活動の促進のため、REDD+等の主要な政策・計画の策定や実施、排出削減シナリオの策定等の実施を通じて、政府及び関係機関の能力を強化。
	モザンビーク	持続可能な森林管理及びREDD+プロジェクト 2019年4月～2024年4月	REDD+及び持続可能な森林管理を促進するため、国家森林モニタリングシステムの運用、州政府の森林管理計画プロセスの推進等を通じて、国・州政府等の能力を強化。
	コ ン ゴ 民主共和国	国家森林モニタリングシステム運用・REDD+パイロットプロジェクト 2019年4月～2025年12月	持続可能な森林管理のため、国家森林モニタリングシステムの運用やクウィル州におけるREDD+パイロット事業の実施等を通じて、国・州政府等の能力を強化。
	ボ ツ ワ ナ	マスタープラン策定を通じた森林・草原資源の保全と持続可能な利用のための能力強化プロジェクト 2021年2月～2025年1月	ボツワナ全土において、ボツワナ森林・草原資源マスタープラン案の作成及びマスタープラン案で想定される活動の試行・検証を行うことにより、政府森林・草原資源管理部局の能力を強化。
	ケ ニ ア	持続的森林管理・景観回復による森林セクター強化及びコミュニティの気候変動レジリエンスプロジェクト 2022年2月～2027年1月	ケニア国森林関連機関の持続的森林管理、景観回復、気候変動緩和・適応を促進するための能力を強化。

注1：令和5（2023）年12月末日現在実施中のプロジェクト。
　2：（※）はJICAの地球規模課題対応国際科学技術協力プログラム（SATREPS）における森林・林業分野のプロジェクト。
資料：林野庁業務資料

55　森林・林業分野の有償資金協力事例

地域	国 名	案 件 名	交換公文署名日	概　　　要
アジア	イ ン ド	シッキム州生物多様性保全・森林管理計画	2010/3/29	シッキム州に位置する国立公園及び野生生物保護区の管理能力強化、森林局の活動基盤の強化・整備などを実施するもの。
		ウッタラカンド州森林資源管理計画	2014/1/25	ウッタラカンド州において、植林活動、地域住民の生計向上活動、防災・災害対策の実施を通じ、植林面積の増大、住民組織の育成、雇用創出を図るもの。
		ナガランド州森林管理計画	2017/3/31	ナガランド州において、移動焼畑耕作地における森林の回復を行い、生計向上手段を提供するもの。
		オディシャ州森林セクター開発計画（フェーズ2）	2017/3/31	オディシャ州（オリッサ州）において、持続的な森林管理、生物多様性保全活動及びコミュニティ開発支援を実施するもの。
		ヒマーチャル・プラデシュ州森林生態系保全・生計改善計画	2018/3/29	ヒマーチャル・プラデシュ州において、持続的な森林生態系管理及び生物多様性保全、地域住民の生活基盤強化支援、活動実施体制・能力強化を実施するもの。
		トリプラ州持続的水源林管理計画	2018/10/29	トリプラ州において、持続的森林管理、水土保全活動、生計向上活動を実施するもの。
		メガラヤ州における住民参加型森林管理及び生計改善計画	2020/3/27	メガラヤ州において、持続的森林管理、生計向上活動及び組織体制強化を実施するもの。
		グジャラート州生態系再生計画	2020/3/27	グジャラート州において、マングローブ林及び防風林の造成、草地、森林、湿地の再生、人間と動物の軋轢管理体制の強化、当局の実施体制強化を実施するもの。
		タミル・ナド州気候変動対策生物多様性保全・緑化計画	2022/3/19	タミル・ナド州において、生物多様性保全、人間と野生動物の軋轢対策、林産物サプライチェーン強化、生計向上活動、及び森林局の組織体制強化等を実施するもの。
		西ベンガル州における気候変動対策のための森林・生物多様性保全事業	2023/3/29	西ベンガル州において、生態系を活用した気候変動対策活動や生物多様性の保全・再生活動、住民の生計向上活動、及び森林局の組織体制強化等を実施するもの。
	フィリピン	森林管理事業	2011/9/27	ルソン島及びパナイ島において、住民参加型の森林管理及び生計改善活動等を実施することにより、森林の再生、地域住民の生計向上を図り、もって災害に脆弱な地域における洪水、土砂災害リスクの軽減に寄与するもの。
アフリカ	チュニジア	総合植林計画（Ⅱ）	2008/3/28	チュニジアの5県（ベジャ県、ジェンドゥーバ県、ケフ県、シリアナ県、ザグアン県）において、植林、森林火災対策、地域住民の生計支援等の包括的な森林保全活動を行うことにより、森林再生やその持続的管理、同地域における自然環境改善を図るもの。

注：令和5（2023）年12月末日時点で、計画を実施中の案件。
資料：林野庁業務資料

56　森林・林業分野の無償資金協力事例

地域	国 名	案 件 名	交換公文署名日	概　　　要
中南米	ボ リ ビ ア	経済社会開発計画	2020/12/4	ボリビアに森林火災対策機材を供与することにより、同国の森林火災対応能力の向上と生活環境改善に貢献。
アフリカ	コートジボワール	森林保全計画	2010/4/19	森林資源現況の把握及び適切な森林管理計画の策定により持続可能な森林経営に資するとともに、森林分野における気候変動対策として温室効果ガス排出削減に貢献。
	コンゴ民主共和国	経済社会開発計画	2022/11/4	熱帯雨林及び泥炭地の保全に向けた研究・取組に貢献し、さらには同国の森林保全及びそれを通じた気候変動対策に貢献。

注：令和5（2023）年12月末日時点で、計画を実施中の案件。
資料：林野庁業務資料

国有林野事業

57 国有林野事業における主要事業量

		H12年度 (2000)	17 (05)	22 (10)	27 (15)	30 (18)	R1 (19)	2 (20)	3 (21)	4 (22)
収穫量 (千㎥)	総　　数	4,910	5,744	7,763	8,228	8,589	8,582	7,535	9,065	7,711
	立木販売	4,212	3,796	4,044	3,223	3,520	3,453	2,466	3,780	2,552
	丸太販売	698	1,948	3,720	5,004	5,069	5,130	5,069	5,285	5,159
更新面積 (ha)	総　　数	34,036	11,830	9,984	8,513	9,946	11,856	12,365	12,216	10,231
	人工造林	4,592	2,992	5,372	5,745	8,614	10,616	10,930	10,771	8,893
	天然更新	29,444	8,838	4,612	2,768	1,332	1,240	1,435	1,445	1,338
林道 (km)	新　　設	99	138	97	175	129	131	118	105	99
	改　　良	866	653	958	354	117	151	198	450	392
治山 (百万円)	国有林治山	48,054	20,618	18,470	17,141	16,889	21,096	20,122	14,317	14,632
	災害復旧	12,473	24,317	6,858	18,140	11,556	6,164	4,741	4,126	5,980

注1：収穫量は、立木材積であり、内部振替並びに分収造林及び分収育林民収分を含む。
　2：丸太販売は、丸太を生産した時点で年度区分している。
　3：更新面積には、森林災害復旧造林事業費による実行分を含む。
　4：人工造林には、新植のほか改植、人工下種を含む。
　5：災害復旧は、国有林野内直轄施設災害復旧事業、国有林野内直轄治山災害関連緊急事業及び国有林野内直轄特殊地下壕対策災害関連事業の額。
　6：計の不一致は四捨五入による。
資料：林野庁業務資料

58 保護林区分別の箇所数及び面積

保護林区分	箇所数	面積 (万ha)	特　徴	代表的な保護林（都道府県）
森林生態系保護地域	31	73.6	我が国の気候帯又は森林帯を代表する原生的な天然林を保護・管理	知床（北海道）、白神山地（青森県、秋田県）、小笠原諸島（東京都）、屋久島（鹿児島県）、西表島（沖縄県）
生物群集保護林	96	23.7	地域固有の生物群集を有する森林を保護・管理	利尻島（北海道）、蔵王（宮城県、山形県）、北アルプス（富山県、長野県）、剣山（徳島県）、霧島山（宮崎県、鹿児島県）
希少個体群保護林	531	4.0	希少な野生生物の生育・生息に必要な森林を保護・管理	シマフクロウ（北海道）、笠堀カモシカ（新潟県）、立山オオシラビソ（富山県）、高野山コウヤマキ（和歌山県）、奄美群島アマミノクロウサギ等（鹿児島県）
合　計	658	101.4		

注1：令和5（2023）年3月末現在の数値。
　2：計の不一致は四捨五入による。
資料：農林水産省「国有林野の管理経営に関する基本計画の実施状況」

59 レクリエーションの森の整備状況及び利用者数

区　分	箇所数	面積 (千ha)	利用者数（百万人）									代表的なレクリエーションの森 （都道府県）
			H12 年度 (2000)	17 (05)	22 (10)	27 (15)	30 (18)	R1 (19)	2 (20)	3 (21)	4 (22)	
自然休養林	79	94	27	27	29	12	11	11	12	14	19	高尾山（東京都）、赤沢（長野県）、剣山（徳島県）、屋久島（鹿児島県）
自然観察教育林	87	22	19	17	13	7	16	14	6	9	11	白神山地・暗門の滝（青森県）、ブナ平（福島県）、金華山（岐阜県）
風景林	145	62	48	42	27	61	84	74	60	70	43	えりも（北海道）、芦ノ湖（神奈川県）、嵐山（京都府）
森林スポーツ林	26	3	2	1	1	1	3	3	3	2	3	御池（福島県）、滝越（長野県）、扇ノ仙（鳥取県）
野外スポーツ地域	164	49	40	34	32	23	15	17	18	13	16	天狗山（北海道）、裏磐梯デコ平（福島県）、向坂山（宮崎県）
風致探勝林	75	13	21	21	13	6	8	8	7	8	7	温身平（山形県）、駒ヶ岳（長野県）、虹ノ松原（佐賀県）
合　　計	576	243	157	143	116	110	137	127	106	116	99	

注1：箇所数及び面積は令和5（2023）年4月1日現在の数値、利用者数は各年度の参考値。
　2：計の不一致は四捨五入による。
資料：農林水産省「国有林野の管理経営に関する基本計画の実施状況」

60 遊々の森等の箇所数及び面積

		H22年度 (2010)	25 (13)	26 (14)	27 (15)	28 (16)	29 (17)	30 (18)	R1 (19)	2 (20)	3 (21)	4 (22)
遊々の森	箇　所　数	172	172	168	165	160	154	153	154	151	147	146
	面　積(ha)	7,219	7,232	7,073	7,047	7,006	6,569	6,351	6,340	6,058	6,118	6,099
ふれあいの森	箇　所　数	137	143	140	137	137	131	126	131	127	121	122
	面　積(ha)	4,325	4,229	4,257	4,343	4,406	4,320	4,254	4,290	4,266	3,985	3,992
木の文化を支える森	箇　所　数	22	23	24	24	25	25	24	24	24	24	24
	面　積(ha)	565	1,610	1,625	1,625	1,638	1,638	1,635	1,637	1,637	1,637	1,637

注：箇所数及び面積は、各年度末現在の国と実施主体が協定を締結している箇所の数値。
資料：林野庁業務資料

その他

61　林業等に対する金融機関別の貸付残高

(単位：十億円)

		H12年度 (2000)	17 (05)	22 (10)	27 (15)	30 (18)	R1 (19)	2 (20)	3 (21)	4 (22)	対前年度 増減率(%)
総計	合計	4,659 (100)	3,132 (100)	3,211 (100)	2,980 (100)	3,066 (100)	3,027 (100)	3,120 (100)	3,101 (100)	3,116 (100)	0.5
	一般金融機関	2,931 (63)	1,849 (59)	2,080 (65)	1,997 (67)	2,118 (69)	2,101 (69)	2,165 (69)	2,175 (70)	2,213 (71)	1.8
	系統金融機関	394 (8)	234 (7)	223 (7)	172 (6)	185 (6)	179 (6)	181 (6)	179 (6)	179 (6)	▲ 0.1
	政策金融機関	1,334 (29)	1,049 (33)	908 (28)	812 (27)	763 (25)	747 (25)	774 (25)	747 (24)	724 (23)	▲ 3.0
林業	小計	1,262 (100)	1,036 (100)	1,514 (100)	1,450 (100)	1,620 (100)	1,629 (100)	1,617 (100)	1,627 (100)	1,630 (100)	0.2
	一般金融機関	193 (15)	144 (14)	698 (46)	779 (54)	972 (60)	998 (61)	994 (61)	1,025 (63)	1,046 (64)	2.0
	系統金融機関	93 (7)	48 (5)	68 (4)	36 (2)	66 (4)	68 (4)	67 (4)	68 (4)	69 (4)	0.9
	政策金融機関	976 (77)	844 (81)	748 (49)	636 (44)	582 (36)	563 (35)	556 (34)	533 (33)	515 (32)	▲ 3.4
木材・木製品製造業	小計	3,396 (100)	2,096 (100)	1,697 (100)	1,530 (100)	1,446 (100)	1,398 (100)	1,503 (100)	1,474 (100)	1,486 (100)	0.8
	一般金融機関	2,738 (81)	1,705 (81)	1,382 (81)	1,218 (80)	1,147 (79)	1,103 (79)	1,171 (78)	1,150 (78)	1,167 (79)	1.5
	系統金融機関	301 (9)	186 (9)	155 (9)	136 (9)	119 (8)	111 (8)	114 (8)	111 (8)	110 (7)	▲ 0.7
	政策金融機関	357 (11)	205 (10)	160 (9)	176 (12)	181 (13)	184 (13)	218 (15)	214 (14)	209 (14)	▲ 2.1

注1：各年度末現在の数値。
　2：系統金融機関とは、商工組合中央金庫、農林中央金庫。
　3：政策金融機関とは、日本政策金融公庫、沖縄振興開発金融公庫、日本政策投資銀行。
　4：（　）内は、合計、小計に対する割合。
　5：平成17（2005）年度の政策金融機関には、日本政策投資銀行の貸付残高を含まない。
　6：平成22（2010）年度以降の一般金融機関、農林中央金庫及び日本政策投信銀行の林業貸付残高は、農・林業の合計値。
　7：計の不一致は四捨五入による。
資料：一般金融機関は日本銀行調査統計局「日本銀行統計」、商工組合中央金庫、農林中央金庫は各金庫の資料、日本政策金融公庫、沖縄振興開発金融公庫は各公庫の資料、
　　　日本政策投資銀行は同銀行の資料。

参考図表

森林の整備・保全

1 森林の有する多面的機能

貨幣評価できる一部の機能だけでも年間70兆円

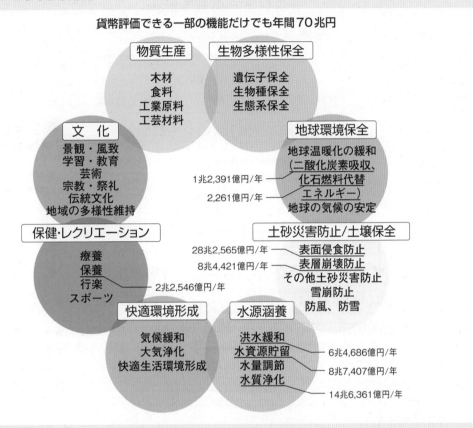

物質生産
木材
食料
工業原料
工芸材料

生物多様性保全
遺伝子保全
生物種保全
生態系保全

文化
景観・風致
学習・教育
芸術
宗教・祭礼
伝統文化
地域の多様性維持

地球環境保全
地球温暖化の緩和
（二酸化炭素吸収、
化石燃料代替
エネルギー）
地球の気候の安定
1兆2,391億円/年
2,261億円/年

保健・レクリエーション
療養
保養
行楽
スポーツ
2兆2,546億円/年

土砂災害防止/土壌保全
表面侵食防止
表層崩壊防止
その他土砂災害防止
雪崩防止
防風、防雪
28兆2,565億円/年
8兆4,421億円/年

快適環境形成
気候緩和
大気浄化
快適生活環境形成

水源涵養
洪水緩和
水資源貯留
水量調節
水質浄化
6兆4,686億円/年
8兆7,407億円/年
14兆6,361億円/年

注1：貨幣評価額は、機能によって評価方法が異なっている。また、評価されている機能は、多面的機能全体のうち一部の機能にすぎない。
　2：いずれの評価方法も、「森林がないと仮定した場合と現存する森林を比較する」など一定の仮定の範囲においての数字であり、少なくともこの程度には見積もられるといった試算の範疇を出ない数字であるなど、その適用に当たっては細心の注意が必要である。
　3：物質生産機能については、物質を森林生態系から取り出す必要があり、一時的にせよ環境保全機能等を損なうおそれがあることから、答申では評価されていない。
　4：貨幣評価額は、評価時の貨幣価値による表記である。
　5：国内の森林について評価している。
資料：日本学術会議答申「地球環境・人間生活にかかわる農業及び森林の多面的な機能の評価について」及び同関連付属資料（平成13（2001）年11月）

2 森林計画制度の体系

政府　　　　　　　　　森林・林業基本法第11条

森林・林業基本計画

● 長期的かつ総合的な政策の方向・目標

↓ 即して

農林水産大臣　　　　　　森林法第4条

全国森林計画（15年計画）

● 国の森林整備及び保全の方向
● 地域森林計画等の指針

森林整備保全事業計画（5年計画）

森林整備事業と治山事業に関する事業計画

即して　　　　　　　　　　　　　　即して

（民有林）
都道府県知事　　　　森林法第5条

地域森林計画（10年計画）

● 都道府県の森林関連施策の方向
● 伐採、造林、林道、保安林の整備の目標等
● 市町村森林整備計画の指針

樹立時に調整 ⟷

（国有林）
森林管理局長　　　　森林法第7条の2

国有林の地域別の森林計画（10年計画）

● 国有林の森林整備、保全の方向
● 伐採、造林、林道、保安林の整備の目標等

↓ 適合して

市町村　　　　　　　　森林法第10条の5

市町村森林整備計画（10年計画）

● 市町村が講ずる森林関連施策の方向
● 森林所有者等が行う伐採、造林、森林の保護等の規範

↓ 適合して

森林所有者等　　　　　森林法第11条

森林経営計画（5年計画）

森林所有者又は森林所有者から森林の経営の委託を受けた者が、自らが森林の経営を行う森林について、自発的に作成する具体的な伐採・造林、森林の保護、作業路網の整備等に関する計画

一般の森林所有者に対する措置

● 伐採及び伐採後の造林の計画の届出
● 伐採及び伐採後の造林の状況報告
● 施業の勧告
● 無届伐採に係る伐採の中止命令・造林命令
● 伐採及び伐採後の造林の計画の変更・遵守命令
● 森林の土地の所有者となった旨の届出　等

3 特定苗木の生産（予定）

苗木の生産（予定）時期
- 令和4（2022）年実績
- 令和8（2026）年まで
- 令和12（2030）年まで

令和12（2030）年までに、39道府県で生産予定。

資料：林野庁整備課調べ（令和6（2024）年3月末現在）。

4 地方公共団体による森林整備等を主な目的とした住民税の超過課税の取組状況

【導入済み（37府県）】

北海道・東北地方	関東地方	中部地方	近畿地方	中国地方	四国地方	九州地方
岩手県 宮城県 秋田県 山形県 福島県	茨城県 栃木県 群馬県 神奈川県	富山県 石川県 山梨県 長野県 岐阜県 静岡県 愛知県	三重県 滋賀県 京都府 大阪府 兵庫県 奈良県 和歌山県	鳥取県 島根県 岡山県 広島県 山口県	愛媛県 高知県	福岡県 佐賀県 長崎県 熊本県 大分県 宮崎県 鹿児島県

【主な使途（令和4（2022）年度）】

	森林整備・保全	普及啓発	木材利用促進	人材育成
府県数	37	35	23	12

資料：林野庁森林利用課調べ。

5 森林管理プロジェクトの登録件数の推移（累計）

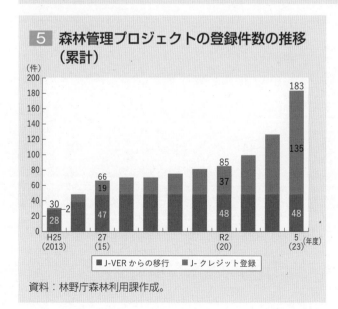

資料：林野庁森林利用課作成。

6 我が国のユネスコエコパーク

白山火山（©白山市）

祖母山（©豊後大野市）

白山
（富山県、石川県、福井県、岐阜県）

祖母・傾・大崩
（大分県、宮崎県）

綾
（宮崎県）

屋久島・
口永良部島
（鹿児島県）

志賀高原
（群馬県、長野県）

只見
（福島県）

みなかみ
（群馬県、新潟県）

甲武信
（埼玉県、山梨県、長野県、東京都）

南アルプス
（山梨県、長野県、静岡県）

大台ヶ原・大峯山
・大杉谷
（三重県、奈良県）

志賀高原（©山ノ内町）

利根川のラフティング（©みなかみ町）

縄文杉（©屋久島町）　照葉樹林（©綾町）　大杉谷峡谷シシ淵（©大台町）　甲斐駒ケ岳と水田（©南アルプス市）　西沢渓谷（©山梨市）　ブナ天然林（©只見町）

資料：文部科学省資料に基づいて林野庁森林利用課作成。

7 森林保険における保険金支払額の推移

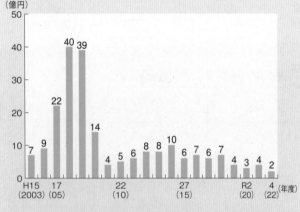

（億円）

資料：平成26（2014）年度までは、林野庁「森林国営保険事業
　　　統計書」、平成27（2015）年度以降は、国立研究開発法
　　　人森林研究・整備機構森林保険センター「森林保険に関
　　　する統計資料」。

林業

8 主要樹種の都道府県別素材生産量（令和4（2022）年の生産量が多い10道県）

（単位：万㎥）

	スギ		ヒノキ		カラマツ		広葉樹	
1	宮崎	188	高知	25	北海道	123	北海道	56
2	秋田	111	岡山	24	長野	27	岩手	18
3	大分	102	愛媛	22	岩手	26	福島	13
4	青森	83	熊本	22	山梨	4	広島	10
5	岩手	79	大分	18	青森	3	鹿児島	6
6	熊本	72	静岡	17	群馬	2	秋田	6
7	福島	67	岐阜	15	福島	2	栃木	5
8	宮城	60	三重	13	愛知	1	宮城	5
9	鹿児島	58	宮崎	13	秋田	1	島根	4
10	栃木	41	兵庫	11	岐阜	1	青森	4

資料：農林水産省「令和4年木材需給報告書」

9 諸外国の森林蓄積量に対する木材生産量の比率

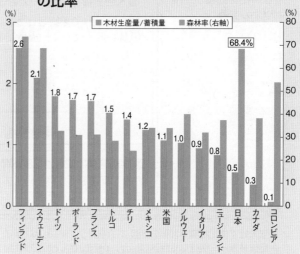

	OECD加盟国森林蓄積量上位15か国			日本
	木材生産量（百万㎥）	森林蓄積量（百万㎥）	木材生産量/蓄積量(%)	木材生産量/蓄積量(%)
2010	999	134,268	0.74	0.37
2017	1,128	138,314	0.82	0.55

注1：OECD加盟国（2023年12月時点）のうち、2017年における森林蓄積量上位15か国の比較（ポルトガル、オーストラリア、ベルギー、イスラエルについては森林蓄積量が報告されていないため除いている）。

2：木材生産量は「FAOSTAT」による2010年及び2017年の丸太生産量の数値。森林蓄積量は「世界森林資源評価2020」による2010年及び2017年の数値。森林率は「世界森林資源評価2020」に基づいて算出した、2010年及び2017年の数値。

資料：国際連合食糧農業機関（FAO）「FAOSTAT」（2023年12月21日現在有効なもの）、FAO「世界森林資源評価2020」に基づいて林野庁企画課作成。

10 林家・林業経営体の関係イメージ図

林家 690,047戸
保有山林面積が1ha
以上の世帯

個人経営体* 27,776経営体
個人(世帯)で事業を行う林業経営体。法人化している者を含まない。

自伐林家*

家族経営体 28,128経営体
世帯で事業を行う林業経営体。法人化している者を含む。

林業経営体 34,001経営体
①保有山林面積が3ha以上かつ過去5年間に林業作業を行うか森林経営計画を作成している、②委託を受けて育林を行っている、③委託や立木の購入により過去1年間に200㎡以上の素材生産を行っているのいずれかに該当する者

林業経営体の組織形態には、個人経営体、**民間事業体**(株式会社等)、**森林組合、地方公共団体・財産区**等を含む。
(家族経営体は、2005年農林業センサスから2015年農林業センサスまでの区分)

*個人経営体：林業経営体の定義②③のように保有山林を持たないものも含むが、ほとんどが林家と考えられる。
*自伐林家　：明確な定義はないが、保有山林において素材生産を行う家族経営体と考えると約3,000経営体。

資料：農林水産省「2020年農林業センサス」に基づいて林野庁企画課作成(家族経営体については組替集計。)。

11 森林組合における事業取扱高の内訳

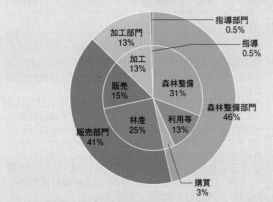

指導部門 0.5%
指導 0.5%
加工部門 13%
加工 13%
販売 15%
森林整備 31%
森林整備部門 46%
販売部門 41%
林産 25%
利用等 13%
購買 3%

注：計の不一致は四捨五入による。
資料：林野庁「令和3年度森林組合統計」

12 森林組合の事業量の内訳(作業依頼者別)

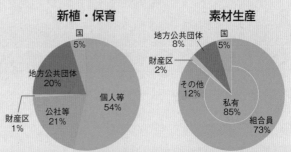

新植・保育
国 5%
地方公共団体 20%
財産区 1%
公社等 21%
個人等 54%

素材生産
地方公共団体 8%
国 5%
財産区 2%
その他 12%
私有 85%
組合員 73%

注1：「個人等」は、国、地方公共団体、財産区、公社等を除く個人や会社。「公社等」には、国立研究開発法人森林研究・整備機構を含む。「私有」は、国、地方公共団体、財産区を除く個人や会社。
　2：「新植・保育」については面積(ha)割合、「素材生産」については数量(㎡)割合。
　3：計の不一致は四捨五入による。
資料：林野庁「令和3年度森林組合統計」

13 森林組合の事業量の推移

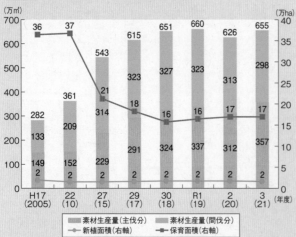

注：計の不一致は四捨五入による。
資料：林野庁「森林組合統計」

14 全国の林業大学校等一覧

道府県等	名称	道府県等	名称
北海道	北海道立北の森づくり専門学院	京都府	京都府立林業大学校
青森県	青い森林業アカデミー	兵庫県	兵庫県立森林大学校
岩手県	いわて林業アカデミー	奈良県	奈良県フォレスターアカデミー
秋田県	秋田林業大学校	和歌山県	和歌山県農林大学校
山形県	山形県立農林大学校	鳥取県日南町	日南町立にちなん中国山地林業アカデミー
福島県	林業アカデミーふくしま	島根県	島根県立農林大学校
群馬県	群馬県立農林大学校	徳島県	とくしま林業アカデミー
福井県	ふくい林業カレッジ	愛媛県宇和島市等	南予森林アカデミー
山梨県	専門学校山梨県立農林大学校	高知県	高知県立林業大学校
長野県	長野県林業大学校	熊本県	くまもと林業大学校
岐阜県	岐阜県立森林文化アカデミー	大分県	おおいた林業アカデミー
静岡県	静岡県立農林環境専門職大学短期大学部	宮崎県	みやざき林業大学校

注：地方公共団体の研修機関又は学校教育法に基づく専門職短期大学、専修学校若しくは各種学校のうち地方公共団体が設置しているもので、修学・研修期間がおおむね1年かつおおむね1,200時間以上であり、期間を通して林業への就業に必要な技術や知識を習得させる学校等を掲載。
資料：林野庁研究指導課調べ（令和6（2024）年3月末現在）。

15 森林組合の雇用労働者の社会保険等への加入割合

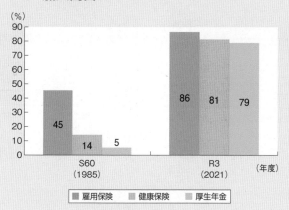

注：昭和60（1985）年度は作業班員の数値、令和3（2021）年度は雇用労働者の数値。
資料：林野庁「森林組合統計」

16 高性能林業機械の保有台数の推移

凡例：
- その他の高性能林業機械
- フォーク収納型グラップルバケット
- スイングヤーダ
- タワーヤーダ
- フォワーダ
- スキッダ
- プロセッサ
- ハーベスタ
- フェラーバンチャ

（台）
12,601
10,855
7,686
4,671
2,909
2,554

H15（2003）17（05）22（10）27（15）R2（20）4（22）（年度）

注1：林業経営体が自己で使用するために、当該年度中に保有した機械の台数を集計したものであり、保有の形態（所有、他からの借入、リース、レンタル等）、保有期間の長短は問わない。
2：「フォーク収納型グラップルバケット」には、フェリングヘッド付きのものを含む。
3：令和2（2020）年度以前は「その他高性能林業機械」の台数に「フォーク収納型グラップルバケット」の台数を含む。
4：「フォワーダ」は、令和3（2021）年度以前はグラップルローダを搭載しているもののみの台数であり、令和4（2022）年度以降はグラップルローダを搭載していないものの台数を含む。
資料：林野庁ホームページ「高性能林業機械の保有状況」

特用林産物

17 きのこ生産者戸数の推移

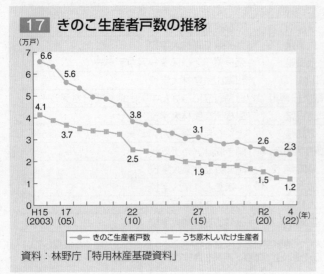

（万戸）

資料：林野庁「特用林産基礎資料」

凡例：きのこ生産者戸数　うち原木しいたけ生産者

18 しいたけの輸入量の推移

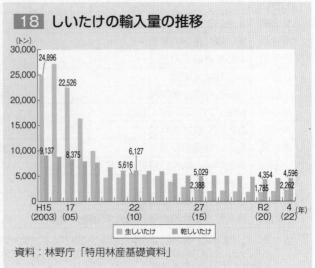

（トン）

資料：林野庁「特用林産基礎資料」

凡例：生しいたけ　乾しいたけ

19 きのこ類の年間世帯購入数量の推移

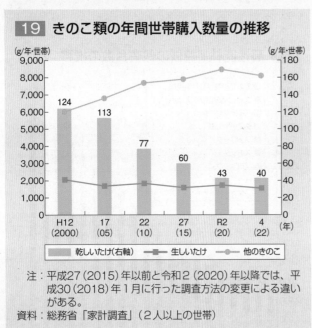

（g/年・世帯）

凡例：乾しいたけ（右軸）　生しいたけ　他のきのこ

注：平成27（2015）年以前と令和2（2020）年以降では、平成30（2018）年1月に行った調査方法の変更による違いがある。
資料：総務省「家計調査」（2人以上の世帯）

山村（中山間地域）

20 過疎地域の集落の状況

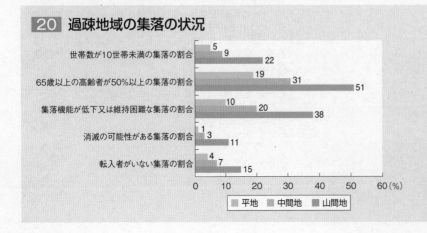

注：「山間地」は、林野率が80％以上の集落、「中間地」は、山間地と平地の中間にある集落、「平地」は、林野率が50％未満でかつ耕地率が20％以上の集落。
資料：総務省及び国土交通省「過疎地域等における集落の状況に関する現況把握調査」（令和2（2020）年3月）

木材需給

21 世界の産業用丸太消費量及び輸入量の推移

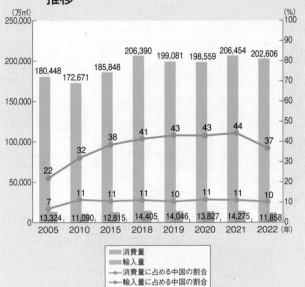

注：消費量は生産量に輸入量を加え、輸出量を除いたもの。
資料：FAO「FAOSTAT」（2023年12月21日現在有効なもの）

22 紙・板紙生産量の推移

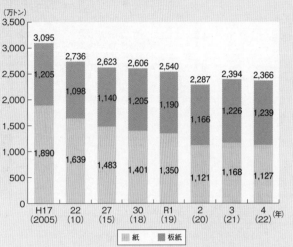

資料：経済産業省「経済産業省生産動態統計年報」

23 パルプ生産に利用されたチップの内訳

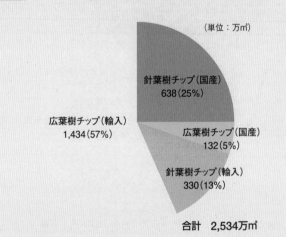

（単位：万㎥）

針葉樹チップ（国産）
638（25％）

広葉樹チップ（輸入）
1,434（57％）

広葉樹チップ（国産）
132（5％）

針葉樹チップ（輸入）
330（13％）

合計　2,534万㎥

注1：国産チップには、輸入材の残材・廃材や輸入丸太から製造されるチップを含む。
　2：パルプ生産に利用されたチップの数量であり、パーティクルボード、ファイバーボード等の原料や、発電等エネルギー源（燃料材）として利用されたチップの数量は含まれていない。
資料：経済産業省「2022年経済産業省生産動態統計年報」

参 考 資 料

24 我が国の木材（用材）供給状況（令和4（2022）年）

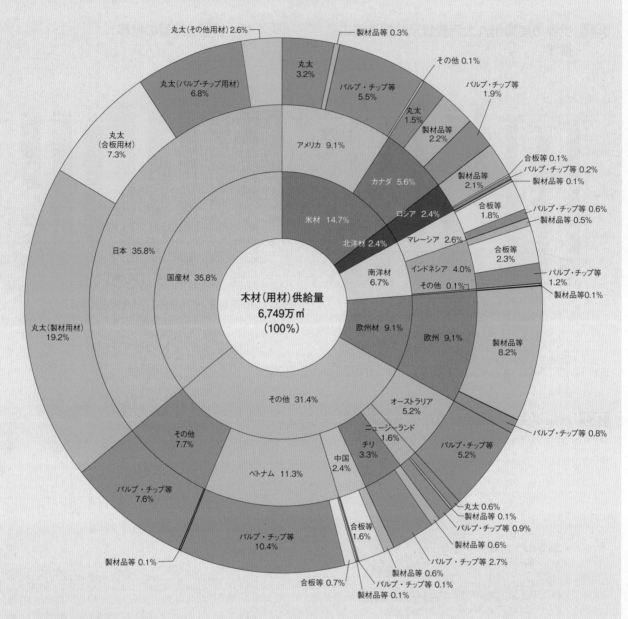

注1：木材のうち、しいたけ原木及び燃料材を除いた用材の供給状況である。
　2：いずれも丸太換算値。
　3：輸入木材については、木材需給表における品目別の供給量（丸太換算）を国別に示したものである。なお、丸太の供給量は、製材工場等における外材の入荷量を、貿易統計における丸太輸入量で按分して算出した。
　4：製材品等には、集成材等を含む。合板等には、ブロックボード等を含む。パルプ・チップ等には、再生木材（パーティクルボード等）を含む。
　5：内訳と計の不一致は、四捨五入及び少量の製品の省略による。
資料：林野庁「令和4（2022）年木材需給表」、財務省「令和4年分貿易統計」に基づいて試算。

25 針葉樹合板価格の推移

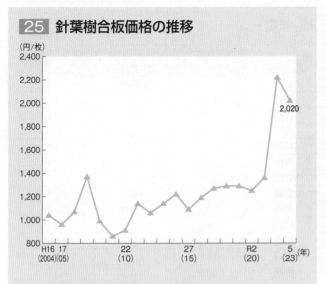

（円/枚）

注1：「針葉樹合板」（厚さ1.2cm、幅91.0cm、長さ1.82m）
　　は1枚当たりの価格。
　2：平成25（2013）年の調査対象の見直しにより、平成25
　　（2013）年以降のデータは、平成24（2012）年までのデー
　　タと必ずしも連続していない。また、平成30（2018）年
　　の調査対象の見直しにより、平成30（2018）年以降の
　　データは、平成29（2017）年までのデータと連続してい
　　ない。
資料：農林水産省「木材需給報告書」

26 紙・パルプ用木材チップ価格の推移

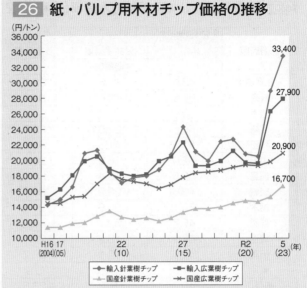

（円/トン）

輸入針葉樹チップ　　輸入広葉樹チップ
国産針葉樹チップ　　国産広葉樹チップ

注1：国産の木材チップ価格はチップ工場渡し価格、輸入され
　　た木材チップ価格は着港渡し価格。
　2：平成18（2006）年以前は、㎥当たり価格をトン当たり価
　　格に換算。
　3：「国産針葉樹チップ」及び「国産広葉樹チップ」につい
　　ては、平成25（2013）年の調査対象の見直しにより、平
　　成25（2013）年以降のデータは、平成24（2012）年ま
　　でのデータと必ずしも連続していない。
　4：令和5（2023）年の「輸入針葉樹チップ」及び「輸入広
　　葉樹チップ」の数値については、確々報値。
資料：農林水産省「木材需給報告書」、財務省「貿易統計」

木材利用

27 森林と生活に関する世論調査
木造住宅の意向に関する調査結果

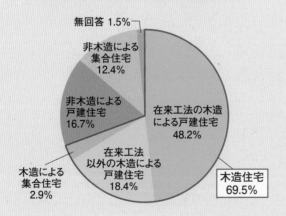

無回答 1.5%
非木造による集合住宅 12.4%
非木造による戸建住宅 16.7%
在来工法の木造による戸建住宅 48.2%
木造による集合住宅 2.9%
在来工法以外の木造による戸建住宅 18.4%
木造住宅 69.5%

注1：在来工法以外には、ツーバイフォー工法を含む。非木造
　　には、鉄筋、鉄骨、コンクリート造りを含む。
　2：計の不一致は四捨五入による。
資料：内閣府「森林と生活に関する世論調査」（令和5（2023）
　　年10月）に基づいて林野庁企画課作成。

28 「顔の見える木材での家づくり」
グループ数及び供給戸数の推移

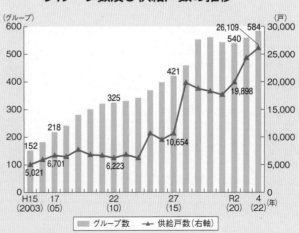

（グループ）　　　　　　　　　　　　　　　（戸）

グループ数　　供給戸数（右軸）

注：供給戸数は前年実績。
資料：林野庁木材産業課調べ。

29 都道府県別公共建築物の木造率（令和4（2022）年度）

都道府県	建築物全体			都道府県	建築物全体		
		公共建築物	うち低層			公共建築物	うち低層
		木造率(%)				木造率(%)	
北海道	43.9	13.8	32.1	滋賀	42.2	19.6	34.0
青森	65.6	43.6	51.9	京都	34.6	6.0	19.3
岩手	39.9	27.5	37.3	大阪	28.4	6.6	30.4
宮城	50.6	22.9	62.0	兵庫	40.3	7.2	26.6
秋田	57.7	41.3	45.9	奈良	51.4	15.9	21.3
山形	52.0	16.9	26.4	和歌山	52.6	17.2	23.1
福島	52.5	18.4	29.1	鳥取	58.6	20.2	45.5
茨城	43.6	23.9	36.1	島根	57.3	15.4	24.3
栃木	50.1	20.6	27.1	岡山	41.7	9.9	24.7
群馬	46.7	32.7	45.2	広島	44.5	9.5	21.3
埼玉	48.1	18.2	28.4	山口	47.5	19.1	28.7
千葉	42.7	12.1	23.7	徳島	53.2	14.6	43.3
東京	27.3	2.2	5.9	香川	41.5	5.4	7.8
神奈川	40.7	8.7	23.8	愛媛	49.9	19.5	30.1
新潟	53.8	18.6	35.6	高知	53.1	24.3	33.5
富山	48.4	20.5	46.7	福岡	37.0	13.0	36.4
石川	50.5	20.8	46.5	佐賀	43.7	20.7	32.3
福井	56.0	28.4	39.0	長崎	40.3	16.4	31.4
山梨	57.9	33.0	31.3	熊本	46.3	23.2	41.8
長野	48.7	16.5	24.5	大分	44.3	11.4	27.9
岐阜	44.3	26.4	55.1	宮崎	52.7	22.4	28.2
静岡	43.0	15.9	34.6	鹿児島	47.1	9.6	25.8
愛知	39.4	21.5	38.1	沖縄	11.5	0.6	1.1
三重	42.7	32.9	50.0	全国	41.1	13.5	29.2

注1：木造とは、建築基準法第2条第5号の主要構造部（壁、柱、床、梁、屋根又は階段）に木材を利用したものをいう。建築物の全部
又はその部分が2種以上の構造からなるときは、床面積の合計のうち、最も大きい部分を占める構造によって分類している。
2：本試算では、「公共建築物」を国、地方公共団体、地方公共団体の関係機関及び独立行政法人等が整備する全ての建築物並びに
民間事業者が建築する教育施設、医療、福祉施設等の建築物とした。また、試算の対象には新築、増築及び改築を含む（低層の
公共建築物については新築のみ）。
資料：国土交通省「建築着工統計調査（令和4年度）」のデータに基づいて林野庁木材利用課が試算。

30 国が整備する公共建築物における木材利用推進状況

整備及び使用実績	単位	令和2 (2020)年度	令和3 (2021)年度	令和4 (2022)年度
基本方針において積極的に木造化を促進するとされている公共建築物[注1] のうち木造化された公共建築物	棟数【A】	132	75	91
	延べ面積 (㎡)	13,861	10,760	13,565
※検証対象の建築物				
各省各庁において木造化になじまない等と判断された公共建築物[注2]	棟数	22	19	12
うち、施設が必要とする機能等の観点から木造化が困難であったもの[注3]	棟数	16	17	12
うち、木造化が可能であったもの[注2]	棟数【B】	6	2	0
木造化率　【A/(A+B)】		95.7%	97.4%	100.0%
内装等が木質化された公共建築物[注4]	棟数	220	177	194
木造化及び木質化による木材使用量[注5]	㎡	5,286	5,546	5,829

注1：国が整備する公共建築物（新築等）から、コストや技術の面で木造化が困難であるもののほか、当該建築物に求められる機能等の観点から木造化になじまない又は木造化を図ることが困難であると判断されると例示されている施設を除いたもの。ただし、令和3年度末までに設計に着手しているもの又は基本計画等を公表しているものにあっては、以下を除いた低層の建築物。
　　〇建築基準法その他の法令に基づく基準において耐火建築物とすること又は主要構造部を耐火構造とすることが求められる公共建築物。
　　〇当該建築物に求められる機能等の観点から、木造化になじまない又は木造化を図ることが困難であると判断されると例示されている公共建築物。
　2：1のうち、当該建築物に求められる機能等の観点から、各省各庁において木造化になじまない又は木造化を図ることが困難であると判断された施設。
　3：2について、林野庁・国土交通省の検証チームが、各省各庁にヒアリング等を行い、木造化しなかった理由等について検証をした結果。
　4：木造化された公共建築物の棟数は除いたもので集計。
　5：木造化を図った公共建築物のうち、使用量が不明なものは、0.22㎡/㎡で換算した値。なお、内装等に木材を使用した公共建築物で、使用量が不明なものについての木材使用量は未計上。
資料：林野庁プレスリリース「「令和5年度 建築物における木材の利用の促進に向けた措置の実施状況の取りまとめ」等について」（令和6（2024）年3月26日付け）

31 木質ペレットの生産量の推移

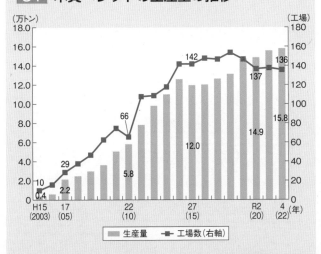

資料：平成21（2009）年までは、林野庁木材利用課調べ。平成22（2010）年以降は、林野庁「特用林産基礎資料」。

32 木質資源利用ボイラー数の推移

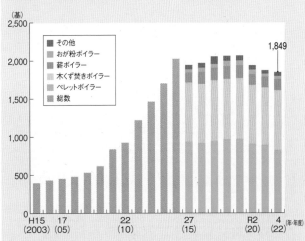

注：平成26（2014）年以前は、各年度末時点の数値。平成27（2015）年以降は、各年末時点の数値。
資料：平成26（2014）年度までは、林野庁木材利用課調べ。平成27（2015）年以降は、農林水産省「木質バイオマスエネルギー利用動向調査」。

木材産業

33 木材加工・流通の概観

（単位：万㎥（丸太換算））

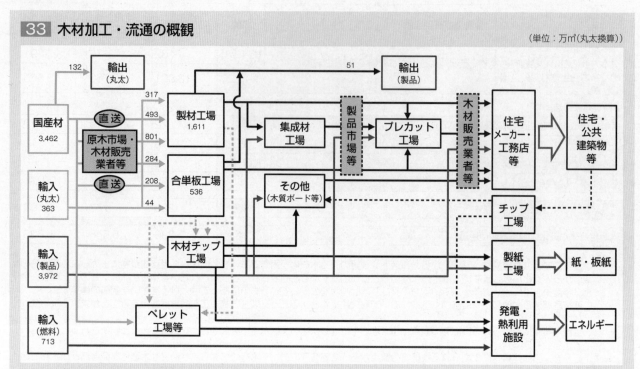

注1：主な加工・流通について図示。また、図中の数値は令和4（2022）年の数値で、統計上把握できるもの又は推計したものを記載している。

2：「直送」を通過する矢印には、製材工場及び合単板工場が入荷した原木のうち、素材生産業者等から直接入荷した原木のほか、原木市売市場との間で事前に取り決めた素材の数量、造材方法等に基づき、市場の土場を経由せず、伐採現場や中間土場から直接入荷した原木が含まれる。

3：点線の枠を通過する矢印には、これらを経由しない木材の流通も含まれる。また、その他の矢印には、木材販売業者等が介在する場合が含まれる（ただし、「直送」を通過するものを除く。）。

4：製材工場及び合単板工場から木材チップ工場及びペレット工場等への矢印には、製紙工場、発電・熱利用施設が製材工場及び合単板工場から直接入荷したものが含まれる。

資料：林野庁「令和4（2022）年木材需給表」等に基づいて林野庁作成。

CLT活用促進に関する
関係省庁連絡会議
令和3年3月25日決定
令和4年9月20日改定

継続実施
新規施策

課題	取組事項	R3年度	R4年度	R5年度	R6年度	R7年度	目指す姿
CLTの活用拡大 CLTの認知度が低い	CLTに関する情報の発信・CLTを用いた建築物の評価の向上	消費者・事業者等に向けたPR活動の展開					国民にCLTの魅力やその活用の社会的意義などが広く理解される。
		大規模イベント等における活用の促進					
		SDGs・ESG投資等への寄与の「見える化」等					
	モデル的なCLT建築物等の整備の促進	モデル的・先導的建築物の建築、実証事業等の推進					
		先駆性の高い建築物・製品の顕彰制度の推進					
		公共建築物等への積極的な活用					
		CLT建築物を活かした街づくりの実証					
		標準的な木造化モデルの作成		木造化モデルの普及			
コスト面の優位性が低い	まとまった需要の確保	公共建築物等への積極的な活用（再掲）					CLT製品価格が7〜8万円/㎥となり、他工法と比べコスト面でのデメリットが解消される。
	効率的な量産体制の構築	製造施設の整備（令和6年度末までに年間50万㎥のCLT生産体制を目指す）					
		CLTパネル等の寸法等の標準化・規格化に向けた連携体制の構築		規格化されたCLTパネル等の普及			
		低コストの接合方法等の開発		低コスト接合方法等の普及			
	建築コスト関連の情報提供	S造やRC造等とのコスト比較等に関する情報の提供					
需要に応じたタイムリーな供給を行えていない	安定的供給体制の構築	製造施設の整備（再掲）					全国どこでも、需要者からのリクエストに対して安定的に供給される体制が整備される。
		製造メーカー間の連携による安定供給体制の構築		製造メーカー間の連携による安定供給を推進			
CLTの活用範囲が狭い	建築基準・材料規格の合理化	中層CLT建築物等の構造計算・防耐火規制等の合理化・普及					幅広い範囲の建築物、構造物等でCLTの活用が進む。
		幅広い層構成の基準強度の設定等		告示の普及等			
		効率性の高い非等厚CLT等の規格の拡充			規格の普及		
	建築以外の分野での活用	土木分野で活用可能な製品の開発推進			土木分野での活用の実証		
CLTの設計・施工等をしてくれる担い手がみつかりにくい	設計者等の設計技術等の向上	設計者・施工者等に向けた講習会等の推進					CLT建築物の設計等を行うことの出来る設計者等が増加し、必要な設計者等を円滑に選定できる。
		設計者への一元的サポートの推進					
	設計等のプロセスの合理化	設計・積算ツールの開発			設計・積算ツールの普及		
		建築物の部材製造、設計、施工プロセスの一体的デジタル化の推進					
	担い手情報の提供	担い手に関する情報の積極的提供					
CLTの維持・管理の方法が分かりにくい	適切な維持・管理情報の提供	既存建築におけるCLT等の木質材料の維持・管理について分析・整理			CLT等の木質材料の維持・管理に関する留意点等の普及		建築主等の間で適切な維持・管理の方法が的確に理解される。

資料：CLT活用促進に関する関係省庁連絡会議

参考資料

35 合板供給量の状況(令和4(2022)年)

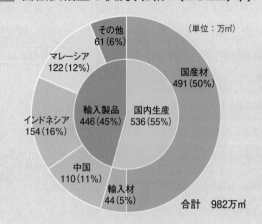

(単位:万㎥)

- その他 61(6%)
- マレーシア 122(12%)
- インドネシア 154(16%)
- 中国 110(11%)
- 輸入製品 446(45%)
- 国産材 491(50%)
- 国内生産 536(55%)
- 輸入材 44(5%)

合計 982万㎥

注1:数値は合板用材の供給量で丸太換算値。
　2:薄板、単板及びブロックボードに加工された木材を含む。
　3:計の不一致は四捨五入による。
資料:林野庁「令和4(2022)年木材需給表」、財務省「令和4年分貿易統計」

36 木材チップ生産量の推移

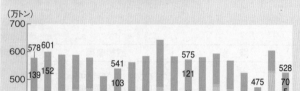
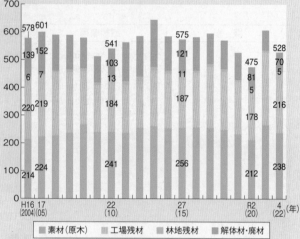

(万トン)

	H16(2004)	17(05)		22(10)		27(15)		R2(20)	4(22)
計	578	601		541		575		475	528
解体材・廃材	139	152		103		121		81	70
林地残材	6	7		13		11		5	5
工場残材	220	219		184		187		178	216
素材(原木)	214	224		241		256		212	238

■ 素材(原木)　■ 工場残材　■ 林地残材　■ 解体材・廃材

注:燃料用チップを除く。
資料:農林水産省「木材需給報告書」

国有林野

37 樹木採取権制度における事業実施の基本的な流れ

樹木採取区の指定(国)

新規需要創出動向調査(マーケットサウンディング)により、木材需要増加の確実性を確認できた地域において、効率的かつ安定的な林業経営の育成を図るため、基準に該当する国有林野を指定

(マーケットサウンディング)
● 資源状況等をふまえ、樹木採取区が指定可能な森林計画区において調査を実施し、具体的な木材需要増加の確実性を確認

(指定の基準)
● 樹木の採取に適する相当規模の森林資源が存在する一団の国有林野であること
● 国有林と民有林に係る施策を一体的に推進することにより産業の振興に寄与すると認められるものであること 等

公募~審査・評価~選定(国)

審査基準に適合している者の中から、申請内容を総合的に評価して、関係都道府県知事に協議の上、権利を受ける者を選定

(単独による申請の他、複数の事業者が水平連携して協同組合等の法人として申請することも可能)

(審査基準)
● 意欲と能力のある林業経営者又は同等の能力を有する者
● 川中事業者、川下事業者と連携する者 等

(総合的な評価の項目例)
樹木料の申請額、事業の実施体制(同種事業の実績等)、地域の産業の振興に対する寄与(雇用の増大等) 等

樹木採取権の設定(国⇒樹木採取権者)

権利設定料の納付、
運用協定の締結(権利存続期間満了まで)

5年(又は5年より短い期間)を一期とした施業の計画を含む実施契約の締結
(国⇔樹木採取権者)

樹木料の納付(毎年度、伐採箇所を確定して算定)

● 国が樹木採取区ごとに定める基準や地域管理経営計画に適合する必要
公益的機能の確保の観点から、現行の国有林のルールを厳守

(例)● 一箇所当たりの皆伐面積の上限(5ha)
● 尾根や渓流沿いへの保護樹帯(50m以上)の設定 等

● 樹木採取権者は伐採と一体的に植栽を実施

樹木採取権の行使(樹木採取権者)

毎年度の実施状況の報告
(樹木採取権者⇒国)

● 定期報告に加え、必要に応じて、国から樹木採取権者に対して報告を求め、調査し、指示
● 重大な契約違反や指示に従わない場合は権利を取消し

5年ごとに繰り返し

権利存続期間満了

38 岩手県、宮城県、福島県における素材生産量及び製材品出荷量の推移

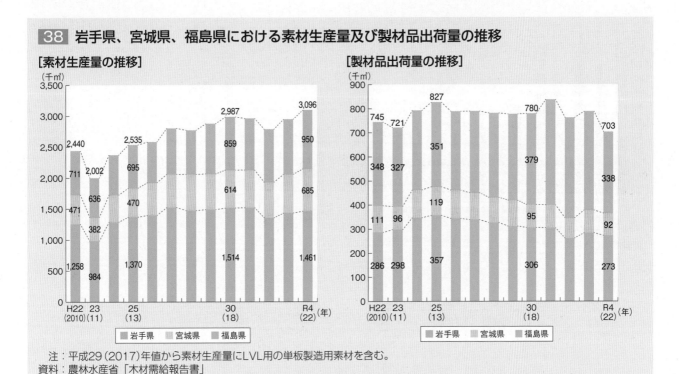

[素材生産量の推移]

[製材品出荷量の推移]

注：平成29（2017）年値から素材生産量にLVL用の単板製造用素材を含む。
資料：農林水産省「木材需給報告書」

39 調査地における部位別の放射性セシウム蓄積量の割合の変化

[常緑樹林（スギ林（川内村））]

[落葉樹林（コナラ林（大玉村））]

注：落葉樹林（コナラ林（大玉村））については、平成30（2018）年より隔年調査として実施。
資料：林野庁ホームページ「令和4年度 森林内の放射性物質の分布状況調査結果について」

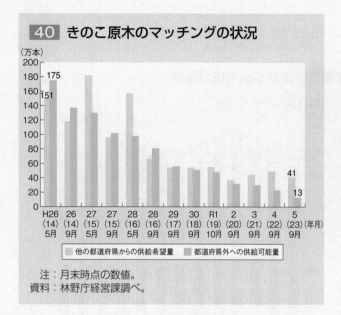

40 きのこ原木のマッチングの状況

（万本）

凡例：
- 他の都道府県からの供給希望量
- 都道府県外への供給可能量

注：月末時点の数値。
資料：林野庁経営課調べ。

41 「森林・林業基本計画」（令和3（2021）年6月15日閣議決定）に基づく測定指標

政策 分野名	測定指標	単位	基準値	基準 年度	年度ごとの目標値					目標値	目標 年度
					3年度	4年度	5年度	6年度	7年度		
⑲ 森林の有する多面的機能の発揮	齢級別面積の分散	%	0%	29年度	-	-	26	検 討 中		26%	5年度
	私有人工林における集積・集約化の目標（私有人工林の5割）に対する達成割合	%	71%	27年度	79	81	84	86	89	100%	10年度
	航空レーザ計測を実施した民有林面積の割合	%	40%	2年度	-	53	60	67	74	80%	8年度
	林業用苗木のうち、エリートツリー等の苗木の本数	万本	283万本	元年度	324	359	401	454	518	3,000万本	12年度
	ICT等新たな技術による森林ゾーニング補助ツール等を活用し、造林適地の判別を行った都道府県数	都道府県	0都道府県	2年度			30	39	47	47都道府県	7年度
	令和3年度以降に人工造林を実施した面積	万ha	0万ha	2年度	3	8	13	19	26	70万ha	12年度
	人工造林面積のうち、造林の省力化や低コスト化を行った面積の割合	%	22%	29年度	37	40	44	検 討 中		44%	5年度
	鳥獣害防止森林区域を設定した市町村のうち、シカ被害発生面積が減少した市町村の割合	%	59%	2年度	対前年度以上	対前年度以上	対前年度以上	対前年度以上	対前年度以上	対前年度以上	毎年度
	令和3年度以降に間伐等を実施した面積	万ha	0万ha	2年度	38	78	120	163	207	450万ha	12年度
	林道等の整備量	万km	19.49万km	元年度	19.62	19.69	19.76	19.84	19.93	21万km	17年度
	育成単層林のうち、育成複層林へ誘導した森林の割合	%	1.9%	30年度	2.5	2.7	2.9	検 討 中		2.9%	5年度
	市町村における森林の集積・集約化のための意向調査の実施面積	万ha	40万ha	2年度	-	83	105	127	148	170万ha	8年度
	国産材の供給量	万㎥	3,100万㎥	元年度	3,300	3,400	3,600	3,800	4,000	4,000万㎥	7年度
	保安林の面積	万ha	1,221万ha	30年度	1,237	1,243	1,248	1,253	1,259	1,301万ha	15年度
	治山対策を実施したことにより周辺の森林の山地災害防止機能等が確保される集落の数	千集落	56.2千集落	30年度	57.6	58.1	58.6	検 討 中		58.6千集落	5年度
	適切に保全されている海岸防災林等の割合	%	96%	30年度	98	99	100	検 討 中		100%	5年度
	保全すべき松林の被害率が1%未満の「微害」に抑えられている都府県の割合	%	85%	元年度	90	93	95	98	100	100%	7年度
	高緯度・高標高の被害先端地域が存する都府県の保全すべき松林の被害率に対する全国の保全すべき松林における被害率の割合	%	100%	2年度	100以上	100以上	100以上	100以上	100以上	100%以上	毎年度
	国産の燃料材利用量	万㎥	693万㎥	元年度	720	740	760	780	800	800万㎥	7年度
	新規就業者（林業作業士（フォレストワーカー）1年目研修生）の就業3年後の定着率	%	73%	元年度	75	76	78	79	80	80%	7年度
	「森林サービス産業」に取り組む地域数	地域	0地域	元年度	20	30	35	40	45	45地域	7年度
	フォレストサポーターズの登録数	万件	6.9万件	2年度	7.0	7.0	7.1	7.1	7.2	7.2万件	7年度
	森林ボランティア団体数	団体	4,502団体	2年度	4,512	4,522	4,542	4,562	4,582	4,582団体	7年度
	民有林における企業による森林づくり活動の実施箇所数	箇所	1,101箇所	元年度	1,121	1,131	1,144	1,157	1,170	1,170箇所	7年度
	持続可能な森林経営を推進する民間団体等による国際協力プロジェクト数	件	90件	2年度	92	94	96	97	99	99件	7年度

政策分野名	測定指標	単位	基準値	基準年度	年度ごとの目標値					目標値	目標年度
					3年度	4年度	5年度	6年度	7年度		
⑳ 林業の持続的かつ健全な発展	人工造林面積のうち、造林の省力化や低コスト化を行った面積の割合【再掲】	%	22%	29年度	37	40	44	検 討 中		44%	5年度
	自動化等の機能を持った高性能林業機械等の実用化件数	件	0件	2年度	-	2	4	6	8	8件	7年度
	スマート林業をモデル的に導入した都道府県数	都道府県	12都道府県	2年度	20	28	37	47	-	47都道府県	6年度
	デジタル林業戦略拠点構築に向けた取組を実施する都道府県数	都道府県	7都道府県	5年度	-	-	7	17	27	47都道府県	9年度
	私有人工林における集積・集約化の目標（私有人工林の5割）に対する達成割合【再掲】	%	71%	27年度	79	81	84	86	89	100%	10年度
	認定森林施業プランナーの現役人数	人	2,167人	2年度	2,300	2,433	2,566	2,700	2,833	3,500人	12年度
	認定森林経営プランナーの現役人数	人	0人	2年度	100	300	500	500	500	500人	7年度
	林業経営体の労働生産性（主伐）	㎥/人・日	7㎥/人・日	30年度	8	8	9	9	9	11㎥/人・日	12年度
	林業経営体の労働生産性（間伐）	㎥/人・日	4㎥/人・日	30年度	5	5	6	6	6	8㎥/人・日	12年度
	安全かつ効率的な技術を有する新規就業者数（林業作業士（フォレストワーカー）1年目研修生の人数）	人	772人	元年度	1,200	1,200	1,200	1,200	1,200	1,200人	毎年度
	新規就業者（林業作業士（フォレストワーカー）1年目研修生）の就業3年後の定着率【再掲】	%	73%	元年度	75	76	78	79	80	80%	7年度
	統括現場管理責任者（フォレストマネージャー）等の育成人数	人	3,128人	元年度	4,670	5,570	6,250	6,730	7,200	7,200人	7年度
	森林組合雇用労働者の年間就業日数210日以上の割合	%	65%	30年度	69	71	73	75	77	77%	7年度
	林業の死傷年千人率	年千人率	25.5年千人率	2年	24.2	23.0	21.7	20.4	19.1	12.8年千人率	12年
	国産きのこの生産量	万トン	47万トン	30年度	47.2	47.4	47.6	47.8	48.0	49万トン	12年度
㉑ 林産物の供給及び利用の確保	国産材の供給量【再掲】	万㎥	3,100万㎥	元年度	3,300	3,400	3,600	3,800	4,000	4,000万㎥	7年度
	素材生産者から製材工場等への直送率	%	40%	30年度	-	-	51	-	-	51%	5年度
	建築用材における国産材利用量	万㎥	1,800万㎥	元年度	2,000	2,100	2,200	2,300	2,500	2,500万㎥	7年度
	JAS製材（機械等級区分構造用製材）の認証工場数	工場	90工場	2年度	94	98	102	106	110	110工場	7年度
	横架材用のラミナ及び羽柄材を含む国産材建築用材（ひき割類）の出荷量	千㎥	2,036千㎥	30年度	2,070	2,080	2,090	2,100	2,110	2,110千㎥	7年度
	公共建築物の木造率	%	13.8%	元年度	16	17	18	19	20	20%	7年度
	木材を購入する際、国産材であることを重視する人の割合	%	20%	2年度	22	24	26	28	30	30%	7年度
	ウッド・チェンジロゴマークの使用登録数	件	136件	3年度	-	215	300	395	500	500件	7年度
	国産の燃料材利用量【再掲】	万㎥	693万㎥	元年度	720	740	760	780	800	800万㎥	7年度
	新素材の開発・実証件数	件	2件	2年度	3	3	3	3	3	3件	毎年度
	製材・合板の輸出額	億円	125億円	元年度	176	209	249	296	351	351億円	7年度
	第一種登録木材関連事業者が取り扱う合法性が確認できた木材の量	万㎥	3,035万㎥	元年度	3,473	3,693	3,912	4,131	4,350	4,350万㎥	7年度

注：当該年度の目標値を設定していない場合には、「-」と記載している。

資料：農林水産省「新たな「森林・林業基本計画」に基づく測定指標」（令和3年度農林水産省政策評価第三者委員会（令和3（2021）年8月3日）資料2）及び令和4〜5年度農林水産省政策評価第三者委員会資料に基づいて林野庁作成。

森林・林業白書一括検索

　これまで膨大に蓄積された白書の活用を図るため、過去の白書を一括で閲覧・キーワード検索できるサイトを林野庁ホームページ内に開設しています。一冊一ファイルになっていますので単年度内での検索も簡単に行えます。是非、ご利用ください。

これまでの森林・林業白書（一括検索サービス）
https://www.rinya.maff.go.jp/j/kikaku/old-hakusho-search/index.html

参考資料

「森林・林業白書」についてのご意見等は、
下記までお願いします。

林野庁林政部企画課年次報告班
　　電　話：03-6744-2219
　　ご意見・お問い合わせ窓口
　　（https://www.contactus.maff.go.jp/rinya/form/
　　rinsei/inquiry_rinya_160801.html）

令和6年版　森林・林業白書

2024年7月25日　発行

編集　　林野庁
　　　　〒100-8952　東京都千代田区霞が関1-2-1
　　　　　　　　　電話（03）3502-8111（代表）
　　　　　　　　　https://www.rinya.maff.go.jp/

発行　　一般社団法人　全国林業改良普及協会
　　　　〒100-0014　東京都千代田区永田町1-11-30
　　　　　　　　　サウスヒル永田町5F
　　　　　　　　　電話（03）3500-5030（代表）
　　　　　　　　　FAX（03）3500-5038
　　　　　　　　　http://www.ringyou.or.jp

ISBN978-4-88138-461-9　C3061　￥2300E
定価：2,530円（本体価格2,300円＋税）